Bernd Zinn / Ralf Tenberg / Daniel Pittich (Hg.)
Technikdidaktik

Bernd Zinn / Ralf Tenberg / Daniel Pittich (Hg.)

Technikdidaktik

Eine interdisziplinäre Bestandsaufnahme

Umschlagabbildung:
Kopf © fantom_rd / shutterstock; Zahnräder © Artistdesign29 / shutterstock

Bibliografische Information der Deutschen Nationalbibliothek:
Die Deutsche Nationalbibliothek verzeichnet diese Publikation in der Deutschen
Nationalbibliografie; detaillierte bibliografische Daten sind im Internet über
<http://dnb.d-nb.de> abrufbar.

Dieses Werk einschließlich aller seiner Teile ist urheberrechtlich geschützt.
Jede Verwertung außerhalb der engen Grenzen des Urheberrechtsgesetzes
ist unzulässig und strafbar.
© Franz Steiner Verlag, Stuttgart 2018
Druck: Hubert & Co., Göttingen
Gedruckt auf säurefreiem, alterungsbeständigem Papier.
Printed in Germany.
ISBN 978-3-515-11941-2 (Print)
ISBN 978-3-515-11942-9 (E-Book)

Inhaltsverzeichnis

Editorial 9

1. Disziplinäre Zugänge zur Technikdidaktik

1.1 Technikdidaktik revisit – ihre Impulse, Position und Grenzen
    Friedhelm Schütte 17
1.2 Das Phänomen „Technik" und seine Didaktik –
    philosophische Perspektive
    Petra Gehring / Philipp Richter................................... 29
1.3 Soziologische Perspektiven der Technikdidaktik
    Uwe Pfenning 39
1.4 Das Phänomen „Technik" aus arbeitswissenschaftlicher Perspektive
    Anette Weisbecker / Helmut Zaiser / Jürgen Wilke 51

2. Technikdidaktik in den Anwendungsfeldern

2.1 Technikdidaktik in der Allgemeinbildung
    Bernd Zinn 63
2.2 Technikdidaktik in der beruflichen Bildung
    Alfred Riedl... 71
2.3 Technik- und Ingenieurdidaktik in der hochschulischen Bildung
    *Claudius Terkowsky / Silke Frye / Tobias Haertel / Dominik May /
    Uwe Wilkesmann / Isa Jahnke* 87

3. Zentrale Bezugspunkte der Technikdidaktik

3.1 Kompetenz als Zielperspektive technischer Bildung
Daniel Pittich 101

3.2 Technischer Unterricht
Bernd Zinn 115

3.3 Die technische Unterweisung aus Kompetenz-Perspektive:
Eine Methoden-Analyse
Ralf Tenberg 123

3.4 Das technische Experiment als ein zentrales methodisches Element
in der technischen Bildung
Bernd Zinn 147

3.5 Medien in gewerblich-technischen Lehr-Lernprozessen
Alexandra Bach 157

4. Forschung

4.1 Technikdidaktik im Kontext von Modellversuchsforschung
Uwe Faßhauer / Josef Rützel 175

4.2 Hypothesenprüfende Zugänge zur Technikdidaktik und
ausgewählte empirische Befunde
Reinhold Nickolaus 189

5. Bildungs-Praxis

5.1 Technisches Lernen in Kindergarten und Grundschule
Ingelore Mammes 203

5.2 Technikbezogenes Lernen in der Sekundarstufe 1
Bernd Geißel 215

5.3 Technisches Lernen am Gymnasium
Bernd Zinn 231

5.4 Technisches Lernen im Übergangsbereich
Britta Bergmann 239

5.5 Technisches Lehren und Lernen an Berufsschulen/Berufskollegs
Ralf Tenberg 257

5.6 Technisches Lernen an Fachhochschulen und Universitäten
Daniel Pittich 279

6. Internationale Perspektive

6.1 International perspectives on technology education pedagogy
Marc J. de Vries 303
6.2 Arbeitsbezogenes Lernen An- und Ungelernter für Produktionsarbeit in China
Jürgen Wilke / Karin Hamann / Helmut Zaiser 309
6.3 Interdisciplinarity at the cutting edge of post-secondary engineering education: Research and praxis
Joachim Walther / Nicola W. Sochacka 319

Editorial

Ralf Tenberg

Die Idee zu diesem Sammelband entstand im Frühjahr 2016 bei den Herausgebern des JOTED (Journal of Technical Education), einem internationalen open access online journal. Dieses Journal ist explizit technikdidaktisch ausgerichtet, was im deutschsprachigen Raum den Einbezug der drei großen Bildungsbereiche Allgemeinbildung, Berufliche Bildung und Tertiärbildung bedeutet. So klar die adressierten Bildungsräume des JOTED sind, so unklar ist bislang dessen inhaltliche Ausrichtung, denn Technikdidaktik ist keine Disziplin und es ist auch kein Prozess erkennbar, dass sie absehbar eine solche werden könnte. Angesichts der aktuell feststellbaren Wandlungen und Entgrenzungen vieler traditioneller Disziplinen und der zunehmenden Aufwertung von Interdisziplinarität bzw. Transdisziplinarität muss dies jedoch nicht als Manko hingenommen werden, sondern eher als ein Merkmal dafür eingeschätzt, dass die Technikdidaktik auf einen überdisziplinären Bezugsraum deutet, der zwar erschlossen, nicht aber exakt begrenzt werden kann; dies zum einen, da die Technikdidaktik national und international in sehr unterschiedlicher Weise verstanden wird, zum anderen, da sie sich ähnlich dynamisch wie die in ihrem Kern verankerte Technik weiter entwickelt. Ähnlich einer open source software (z. B. LINUX) ist die Technikdidaktik also ein interdisziplinäres Projekt, an dem jeder mitarbeitet, der an dessen Entwicklung interessiert ist, d. h. also jene, die deren Ergebnisse nutzen wollen, ebenso wie jene, die einfach gerne weiterentwickeln, oder jene, die versuchen, sie in eine Richtung zu lenken, ebenso wie jene, die ihre Vielfalt intendieren.

Somit kann weder exakt noch erschöpfend geklärt werden, was die Technikdidaktik aktuell ist und es kann auch kaum prognostiziert werden, wohin sie sich entwickeln wird. Angesichts ihres Bedeutungsgewinns im zurückliegenden Jahrzehnt ist jedoch anzunehmen, dass sie sich zum einen weiter verbreiten, zum anderen aber auch deutlich konkretisieren wird. Denn inzwischen ist das, was im Wirtschaftssektor schon lange selbstverständlich ist, im Bildungssektor angekommen: Die Bedeutung der Technik für die Menschen und Gesellschaften in einem Zeitalter, in dem digitale Informations- und Kommunikationssysteme bald jeden Lebensbereich bestimmen, in dem menschliche Physis und Kognition zunehmend von Robotern ersetzt wird, also in einem Zeitalter in dem Eigenverantwortlichkeit ohne technisches Verständnis bald nicht mehr beansprucht werden können wird. Technikdidaktische Fragen nach dem Was, dem Warum und dem Wie man Menschen mit Technik vertraut macht, sind dann nicht mehr (nur) utilitaristische Fragen, sondern substanzielle Fragen für eine Gesellschaft, die nur dann demokratiefähig bleiben kann, wenn deren Menschen Technik (anhaltend) verstehen, hinterfragen, entwickeln, gestalten, handhaben und kontrollieren können.

Dieser Sammelband versteht sich nicht als konsistenter Ansatz, die Technikdidaktik gesamtheitlich zu umrahmen, sondern vielmehr als ein Versuch, einen (temporären) Querschnitt durch diese zu legen, um deren unterschiedliche Facetten darzustellen. Neben einer Innenperspektive, in welcher TechnikdiaktikerInnen theoretische und praktische Themen behandeln, werden auch zwei Außenperspektiven adressiert: zum einen nehmen benachbarte Disziplinen Stellung zu ihrer Sicht und ihrer Beziehung zur Technikdidaktik, zum anderen kommen internationale ExpertInnen zu Wort.

Als Einstieg in den Sammelband wird eine Perspektive gewählt, die sich dem Zusammenhang „Technik und Bildung" sehr grundlegend widmet. Im **Kapitel 1** „disziplinäre Zugänge" finden sich erziehungswissenschaftliche, philosophische, soziologische und arbeitswissenschaftliche Aufsätze, die sich überwiegend phänomenologisch mit grundlegenden Paradigmen, Bezugspunkten, Entwicklungssträngen in unterschiedlichen disziplinären Bezugsräumen auseinandersetzen. Technikdidaktik ist hier insbesondere ein Reflexionsgegenstand, der disziplinär geprägt betrachtet und bewertet wird. In erziehungswissenschaftlicher Perspektive nimmt Friedhelm **Schütte** die Technikdidaktik in einem berufspädagogischen Kontext als Theoriefamilie wahr, welche er der beruflichen Fachdidaktik und der Berufsfelddidaktik nebenordnet. Im Kontrast zu diesen wird die Genese der beruflichen Technikdidaktik in ihrem zeitlichen Verlauf referiert und diskutiert. Petra **Gehring** und Philipp **Richter** fokussieren das Phänomen „Technik" und deren Didaktik aus einer philosophischen Perspektive, in Abstützung auf die Technikphilosophie, aber auch deren Überschreitung. Diese erfolgt entlang der Hypothese, dass eine technische Allgemeinbildung ohne philosophische und ethische Reflexion verkürzt wäre, was sich in konkreten Überlegungen zu adäquaten Kompetenzmodellen und technikdidaktischen Konzepten niederschlägt. Vor einem soziologischen Hintergrund ordnet Uwe **Pfennig** die Technikdidaktik als sozio-technisches Konzept ein, welches soziale und gesellschaftliche Bezüge der Techniken und Technologien interpretiert. Ihr Bezugspunkt in modernen Gesellschaften als Hochtechnologie-Standorten ist ein neues Bildungsideal, die Technikemanzipation, ihre übergreifende Aufgabe die Vermittlung individueller Technikmündigkeit vor dem Hintergrund des sozialen Sinns von Technik. Eine weitere Perspektive nehmen Anette **Weisbecker**, Helmut **Zaiser** und Jürgen **Wilkes** aus Sicht der Arbeitswissenschaften ein. Ähnlich wie im philosophischen Zugang wird hier „Technik" zunächst als ein Phänomen betrachtet, jedoch nicht in ontologischer Offenheit, sondern in unmittelbarer Ausrichtung auf deren Bedeutung für menschliche Arbeit. An Hand des Dreiecks Mensch-Technik-Organisation werden hier wesentliche Aspekte technischen Lernens in ihren verschiedenen Wechselwirkungen erörtert und verdeutlicht, wo hier Erfordernisse, Räume, Möglichkeiten aber auch Grenzen der Einflussnahme und Gestaltung liegen.

Im Anschluss an diese Außenperspektive benachbarter Disziplinen auf die Technikdidaktik wird in **Kapitel 2** unmittelbar in deren Anwendungsfelder gesehen. Im Deutschen Bildungssystem sind dies primär die Allgemeinbildung, die berufliche Bildung und die tertiäre Bildung. Bernd **Zinn** umreißt hier – ausgehend von den Bezugswissenschaften der allgemeinbildenden Technikdidaktik – deren zentrale Modelle, Ansätze und Forschung. Alfred **Riedl** positioniert die berufliche Technikdidaktik sowohl in der betrieblichen Ausbildung als auch in berufsschulischem Unterricht als einen Konvergenzbereich zwischen Pädagogik und Fachwissenschaften. Claudius **Terkowsky**, Silke **Frye**, Tobias **Haertel**, Dominik **May**, Uwe **Wilkesmann** und Isa **Jahnke** stellen Technikdidaktik und Ingenieurdidaktik gegenüber, mit dem Ziel einer aktuellen Bestandsaufnahme und einer Klärung bestehender Desiderata im Hochschulbereich.

Nach der Verortung der Technikdidaktik in unserem Bildungssystem erfolgt in **Kapitel 3** eine Auseinandersetzung mit ihren zentralen Bezugspunkten. An erster Stelle steht hier das Konstrukt der Kompetenz als zentrale Zielperspektive technischer Bildung. Daniel **Pittich** setzt sich damit auseinander, indem er ein theoretisch fundiertes und empirisch exploriertes technikdidaktisches Kompetenzmodell detailliert vorstellt und dessen Stärken und Schwächen diskutiert. Daran anschließend werden zwei sehr unterschiedliche Konzepte technischer Bildung vorgestellt. Zunächst befasst sich hier Bernd **Zinn** mit technischem Unterricht. Dabei konstatiert er technische Literalität generell als eine Grundvoraussetzung für die nachkommenden Generationen, gesellschaftliche Entscheidungen, Entwicklungen und den Einsatz von Technik im Hinblick auf die intendierten und nicht intendierten Folgen und Unwägbarkeiten wissensbasiert bewerten zu können. Als nicht weniger bedeutsam stellt er zudem die Bedeutung unmittelbarer technischer Kompetenzen für das lebensweltliche Handeln von Kindern und Jugendlichen heraus. Ralf **Tenberg** befasst sich mit dem Konzept der Unterweisung, also einem tradierten Ansatz in der betrieblichen Aus- und Weiterbildung. Hier wird offengelegt, dass die gerne als veralteter Ansatz diskreditierte Unterweisung mit ihrem spezifischen Akzent auf einem reflektierten motorischen Lernen durchaus zeitgemäß ist, da sie mit heutigen Ansprüchen an die Vermittlung beruflicher Kompetenzen in hohem Maße korrespondiert. Zudem zeigt sich, dass dieses methodische Konzept nach wie vor der einzige theoretisch und empirisch abgesicherte Ansatz ist, indem motorisches und kognitives Lernen in einem tätigkeitsbezogenen Zusammenhang umgesetzt werden. Anschließend erfolgt eine Auseinandersetzung mit methodischen Schlaglichtern im technikdidaktischen Bezugsraum. Hier stellt Bernd **Zinn** zunächst das technische Experiment als ein zentrales methodisches Element in der technischen Bildung vor, welches in der allgemeinen Bildung ebenso verankert ist, wie in der beruflichen Bildung und der Hochschulbildung. Dies bettet er in eine Gesamtbetrachtung des Methodenspektrums für technisches Lehren und Lernen ein. Anschließend gibt Alexandra **Bach** einen Überblick über Medien im technischen Unterricht. Dabei orientiert sie sich an verschiedenen Ordnungsprämissen und macht damit einerseits die hier vorliegende Vielfalt deutlich, andererseits auch die in dieser Thematik liegende Entgrenzung.

Wenngleich in vielen der hier vorliegenden Aufsätze wissenschaftliche Zugänge und Befunde referiert, bilanziert bzw. akzentuiert werden, widmet sich **Kapitel 4** explizit der Forschung im technikdidaktischen Bezugsraum um einerseits einen strukturierten Überblick über diesen inkonsistenten Forschungsraum zu schaffen, andererseits um einen Eindruck von der hier vorliegenden Vielfalt zu geben. Josef **Rützel** und Uwe **Fasshauer** berichten zunächst über hypothesengenerierende Ansätze. Dabei arbeiten sie die Bedeutung einer gestaltungsorientierten technikdidaktischen Forschung heraus, stellen hermeneutische und qualitative Ansätze und Designs vor und geben einen Einblick in die vielfältigen Studien, Ergebnisse und Erkenntnisse, die im Zusammenhang derartiger Zugänge stehen. Reinhold **Nickolaus** fokussiert dem gegenüber hypothesenprüfende Ansätze. Er stellt dazu die theoretisch-methodologische Basis dieser – gegenüber den hypothesengenerierenden Ansätzen – relativ jungen Forschungslinie dar und analysiert sie im Hinblick auf deren Bedeutung und Tragfähigkeit. Mit einer Bilanzierung und einigen Beispielen wird hier verdeutlicht, wie inferenzstatistische und probabilistische Ansätze für eine technikdidaktische Effektforschung nutzbar gemacht wurden und welcher tragfähige Stand hier bislang erreicht wurde.

Im Fokus von **Kapitel 5** steht die Praxis technischen Lehrens und Lernens. Hier werden unsere zentralen Bildungssektoren nochmals sehr differenziert hinsichtlich der jeweils vollzogenen technischen Bildungspraxis betrachtet. Im Sektor der Allgemeinbildung beginnt Ingelore **Mammes** mit dem Elementarbereich. Sie beschreibt das technische Lernen im Kindergarten und in der Grundschule als sehr bedeutsam für die Grundlegung technischer Literalität. In konkreten Beispielen zeigt sie die Bedeutung einer Orientierung an der Lebenswelt von Kindern für deren technisches Lernen. Zudem legt sie offen, dass zwischen den hier vorliegenden Bildungsplänen und der konkreten Bildungspraxis große Diskrepanzen vorliegen. Dem technischen Lernen im Sek-I-Bereich wendet sich Bernd **Geißel** zu. Ausgehend von der grundlegenden Frage um eine adäquate Gegenstands- und Zielstrukturierung beschreibt er die empirische Fundierung der Technikdidaktik in diesem Bildungssektor als gering ausgebildet und das Methodenspektrum in der Praxis weitgehend auf Konstruktions- und Fertigungsaufgaben begrenzt. Dem stellt er erste Ansätze gegenüber, in welchen mit Methoden der Lehr-Lernforschung Gestaltungsvarianten technikbezogenen Unterrichts wirkungsbezogen untersucht werden. Das technische Lernen an Gymnasien wird von Bernd **Zinn** erörtert. Angesichts der Tatsache, dass dies in den meisten Bundesländern noch sehr rudimentär umgesetzt wird bzw. noch gar keine Aufnahme in den Fächerkanon stattgefunden hat, fokussiert er sich auf das Fach NWT (Naturwissenschaft & Technik) in Baden-Württemberg indem er dessen Bildungsstandards der schulpraktischen Umsetzung gegenüberstellt.

Zwischen allgemeiner und beruflicher Bildung beschreibt Britta **Bergmann** die technikdidaktischen Ansätze im sog. Übergangsbereich. In diesem Zwischensegment an der sog. 1. Schwelle in unserem Bildungssystem, befinden sich SchülerInnen, welche die allgemeine Schule beendet, jedoch noch keine Berufsausbildung aufgenommen haben. Wenngleich hier deutschlandweit unzählige Konzepte für eine Förderung der zumeist bildungsbenachteiligten Jugendlichen umgesetzt werden, hat sich dieses Segment in den beiden zurückliegenden Jahrzehnten als „Warteschleifenbereich" etabliert, denn trotz der häufig mehrjährigen Verweilzeiten der Jugendlichen kommen von ihnen zu wenige in Ausbildung und Beruf. Technisches Lernen spielt hier bislang eine nachgeordnete Rolle. Da ein Nachweis technischer Kompetenzen für eine große Anzahl von Handwerks- und Industrieberufen hoch relevant wäre, müsste dies deutlich aufgewertet werden, was anhand eines Beispiels aus der hessischen Berufsfachschule verdeutlicht wird.

Für den Sektor der beruflichen Bildung beschreibt Ralf **Tenberg** das technische Lernen an Berufsschulen. Er geht dabei vom aktuellen Anspruch einer Vermittlung beruflicher Handlungskompetenz aus und analysiert deren curriculare Umsetzung kritisch. Im Weiteren zeigt er, welche Folgen diese Basisdefizite für die Schulpraxis nach sich ziehen und verdeutlicht mit Hilfe empirischer Befunde, welchen Herausforderungen sich jene Lehrpersonen stellen müssen, die gegenwärtig technischen Berufsschulunterricht konzipieren und umsetzen.

Auch im Sektor der hochschulischen Bildung wird umfassend Technikdidaktik praktiziert, wenngleich dies hier bislang am wenigsten explizit wird. Daniel **Pittich** beschreibt diese Gesamtsituation als einen unscharfen hochschulmethodischen Kontext, in welchem fundierte technikdidaktische Zugänge bislang die Ausnahme sind. In einem diesbezüglichen Problemaufriss verdeutlicht er die dabei maßgebliche Grundproblematik unserer immer noch traditionell geprägten Hochschullehre und verdeutlicht am Beispiel des Konzepts der Lernfabrik, wie dies in Teilbereichen innovativ überschritten werden kann.

Als Abschluss dieses Sammelbandes beinhaltet **Kapitel 6** noch drei Arbeiten, welche die Technikdidaktik aus einer internationalen Perspektive betrachten. Marc J. **de Vries** bilanziert und diskutiert dazu das International Handbook of Technology Education. Jürgen **Wilke**, Karin **Hamann** und Helmut **Zaiser** berichten allgemein über den Export von Bildungsdienstleistungen nach China und speziell aus dem Projekt DRAGON, in dem versucht wird, durch die Implementierung einer Berufsausbildung dem Fachkräftemangel in China zu begegnen. Schließlich berichten Joachim **Walther** und Nickola **Schoacka** aus dem aktuellen Stand und den Entwicklungstendenzen der nordamerikanischen Ingenieur-Ausbildung im Hinblick auf die interdisziplinäre Erweiterung dieser Studiengänge in Reaktion auf bzw. Antizipation der technologischen Entwicklungen des 21. Jahrhunderts.

Die Herausgeber dieses Sammelbands bedanken sich bei allen Autorinnen und Autoren für ihre Beteiligung an diesem Buch. Den Lesern wünschen sie anregende Lektüre und hoffen, damit zum einen die Technikdidaktik ein wenig greifbarer gemacht zu haben und zum anderen potenzielle Autorinnen und Autoren für den Folgeband zu gewinnen, der sicher in ein paar Jahren erforderlich sein wird. Bis dahin freuen wir uns über interessante und hochwertige Aufsätze für das Journal of Technical Education, die dort jederzeit eingereicht werden können und – bei erfolgreichem Review – noch innerhalb eines Jahres veröffentlicht werden.

1.
Disziplinäre Zugänge zur Technikdidaktik

1.1 Technikdidaktik revisit – ihre Impulse, Position und Grenzen

Friedhelm Schütte (Technische Universität Berlin)

Zusammenfassung

Technikdidaktik repräsentiert eine eigene ‚Theoriefamilie' neben Fach- und Berufsfelddidaktik. Seit den 1970er Jahren nimmt sie Einfluss auf die Didaktik beruflicher Bildung. Waren die Impulse der frühen Technikdidaktik weitreichend, so sind sie heute verblasst und teilweise in das Lernfeldkonzept integriert. In der Abgrenzung zu den anderen ‚Theoriefamilien' lässt sich deren Besonderheit aufzeigen. Die Absicht des Beitrags ist damit formuliert.

Abstract

Revisiting technology-related didactics – impulses, position and limits

Besides didactics of a specific subject and didactics of a specific vocational field didactics of technics represents an own ‚family of theory'. Since the 1970s it has influenced the didactics of vocational education. But lately it seems to have lost much of its initial impetus and disappears partly within the concept of learning fields (Lernfeldkonzept) in which instructions revolves around thematic units rather than individual subjects. Didactics of technics is defined by dissociating it from the other ‚families of theory' and therefore outstanding. Hence the purpose of this article is formulated.

1 Einleitung

Historische Didaktik ist eine verkannte Teildisziplin der Didaktik beruflicher Bildung. Die Frage nach Genese und Historie der Technikdidaktik, dem erziehungswissenschaftlichen Aufstieg der Fachdidaktik, aber auch dem Anspruch der Berufsfelddidaktik offenbart fraglos eine Leerstelle im disziplinären Diskurs der Berufs- und Wirtschaftspädagogik resp. Berufsbildungsforschung.[1] Der chronisch blinde Fleck wird unübersehbar, wenn einerseits nach dem Verhältnis von berufsfachlicher Didaktik und Allgemeiner Didaktik gefragt wird, andererseits das Lernfeldkonzept auf seine didaktische Rahmung hin befragt wird. Diese Feststellung kann für alle drei o. g. ‚Theoriefamilien' der Didaktik beruflicher Bildung gleichermaßen Gültigkeit beanspruchen.[2]

Zielt der Hinweis auf die Allgemeine Didaktik sowohl auf die Übernahme geteilter Erkenntnisse als auch auf die Beziehung zu den so genannten Bereichs- und Fachdidaktiken, so beinhaltet die Rückfrage an das didaktische Selbstverständnis des Lernfeldkonzepts, oder dessen Vorstellung davon, eine Verständigung über die Theorielinien berufsfachlicher Didaktik.[3] Welche theoretische Inspiration u. a. die Technikdidaktik auf das zum berufspädagogischen Standard erhobene Unterrichtskonzept Handlungsorientierung ausgeübt hat, soll im Folgenden ebenso beantwortet werden, wie die Frage nach der Zukunft dieses Ansatzes. Die Frage, „Wie geht es weiter mit der Allgemeinen Didaktik?", ist mitnichten nur eine rhetorische (Terhart 2005). Sie betrifft uneingeschränkt alle ‚Theoriefamilien' und die Allgemeine Technikdidaktik im Besonderen.

Zur Systematisierung didaktischer Theoriebildung und der theoretischen Verortung (nicht nur!) der Technikdidaktik im Feld berufsfachlicher Didaktiken wird im Anschluss an *Bijan Adl-Amini* (1986) von einer Dreiteilung des didaktischen Objektbereichs ausgegangen. In methodologischer Absicht lassen sich derart didaktische Aspekte einer berufspädagogischen Ziel-, Prozess- und Handlungstheorie diskutieren. In den Blick geraten somit auf der ersten Ebene Fragen nach den Zielen beruflicher Bildung und Erziehung. Berufsfachliche Bildungsgänge teilzeit- und vollzeitschulischer Provenienz innerhalb des Systems beruflicher Bildung sowie deren Curricula stehen hierbei im Mittelpunkt. Berufserziehung und -bildung in einer hocharbeitsteiligen Post-Industriegesellschaft lassen sich demnach eingedenk normativer Ideale reflektieren und historisch einordnen. Die formulierten Ziele prozesstheoretisch via Curriculum in Form einer beruflichen Erstausbildung oder einer nicht-akademischen beruflichen Ausbildung nach Landesrecht zu realisieren umfasst den Objektbereich der zweiten Ebene. Die beiden Ebenen sind nicht nur didaktisch eng miteinander verbunden, sie markieren auch ein ordnungspolitisches Problem staatlicher Steuerung.[4] Objektbereich der Handlungstheorie, der dritten Ebene, ist der berufsfachliche Unterricht, differenziert nach Bildungsgängen, Berufsbildern und Lernorten.

---

[1] Im Folgenden wird nicht zwischen der geisteswissenschaftlichen Berufs- und Wirtschaftspädagogik und der sozialwissenschaftlich argumentierenden Berufsbildungsforschung differenziert.
[2] Zu einem ersten Versuch der Systematisierung berufsdidaktischer ‚Theoriefamilien': Schütte 1998. Zum Kommentar der Systematik: Bonz 2011, S. 32; Tenberg 2011, S. 42 ff.; Pahl 2012, S. 574 ff. Zur Vielfalt berufsfachlicher Didaktiken neuerdings: Mersch & Pahl 2013, S. 159, insbes. Anm. 1.
[3] Die Begriffe Didaktik beruflicher Bildung und berufsfachliche Didaktik(en) werden synonym und als Sammelbezeichnung für die genannten ‚Theoriefamilien' (Fach-, Technik- und Berufsfelddidaktik) verwendet. Zur Tradition der Unterrichtsmethodik in der DDR: Schütte 2003, S. 23 ff.
[4] Im Folgenden wird zwischen ordnungspolitischer, sie zielt auf die Steuerung der Lernorte, und didaktischer Dualität, sie thematisiert das spezifische Verhältnis von ‚Theorie' und ‚Praxis' in berufsfachlichen Lehr- und Lernprozessen unterschieden. Die Differenz berührt alle drei didaktischen Theorieebenen.

2 Theoretischer Korpus der Technikdidaktik – Genese und Charakteristika

Die Technikdidaktik hat zwei zeitgenössische Diskurse aufgegriffen und sich damit radikal von der Berufsschulpädagogik und deren klassische Unterrichtsmethode abgewendet. Damit leistete sie einen Beitrag zur sozialwissenschaftlichen Wende der Berufs- und Wirtschaftspädagogik. Zum einen lieferte die Technikkritik der 1970er Jahre die zentralen Stichworte, u. a. befeuert durch eine ideologiekritische Studie von *Jürgen Habermas* (1972) sowie der Aufforderung zur gesellschaftlichen „Selbstbegrenzung" von *Ivan Illich* (1975), zum anderen der Aufruf der Curriculumforschung zur Revision überkommener Lehrpläne, der mittelbar mit den Anliegen der Qualifikationsforschung korrespondierte. Mit dieser doppelten Rezeption unternahm die frühe, allgemeine Technikdidaktik den Versuch, sich vom geisteswissenschaftlichen Paradigma der klassischen Berufspädagogik zu emanzipieren. Sie bediente sich dabei sowohl der Rhetorik als auch der Methodik der im akademischen Aufwind befindlichen Sozialwissenschaften. Stillschweigend wurde an die vornehmlich durch die Soziologie inspirierten Vorarbeiten von *Heinrich Abel, Burkart Lutz* und vor allem *Wolfgang Lempert* angeknüpft und mit curriculumtheoretischen Überlegungen verbunden. *Lempert* (1973, S. 294 ff.) plädierte in dem für die Disziplin richtungsweisenden Aufsatz „Grundfragen und Aufgaben der empirischen Forschung im beruflichen Bildungswesen" für eine wissenschaftstheoretische Öffnung der Disziplin und damit als einer der ersten für eine sozialwissenschaftlichen Wende.[5]

Helmut Nölker und dessen Ansatz der ‚Human Technologie'

Diese theoretische Botschaft hat *Helmut Nölker* kompromisslos aufgegriffen und in eine scharfe Kritik an der herkömmlichen „Techniklehre" umgemünzt (Nölker 1973, 1977, 1980). *Nölker* plädierte für eine umfassende Revision der Techniklehre von der Primarstufe bis zur Hochschulbildung. Drei zeitgenössische Diskurse resp. kulturkritische Stimmungen belehnte *Nölker* (1977, S. 245) für eine „grundlegende Infragestellung der Technik": erstens eine verbreitete Kulturkritik und Technikfeindlichkeit, zweitens die mit einer Positivismuskritik eng verbundene „Sachzwang-Ideologie" und schließlich drittens eine Kapitalismuskritik, die den technischen Fortschritt mit seinen u. a. ökologischen Folgen anzweifelte. Alle drei Aspekte dienten der Begründung einer Reformierung bestehender Bildungsinstitutionen, vom Gymnasium über die Berufsschule bis hin zur „praktischen Ausbildung". Das ganze Feld technischer Bildung und Erziehung stand mithin zur Disposition. Im Zentrum stand die Humanisierung der Technologie. „Der Terminus ‚Humanisierung' signalisiert die Einbeziehung der relevanten Aspekte der Humanwissenschaft in die Technologie. Es folgt daraus aber auch eine Technologieorientierung der Humanwissenschaften" (Nölker 1977, S. 256). Diese Idee einer neuen Techniklehre gründete auf dem Vorschlag, dass die Technologie sich von den Naturwissenschaften als einzige Grundlagenwissenschaft zu emanzipieren habe. „Hu-

---

5 „Nicht einmal (…) die Organisation, Didaktik und Methodik des Unterrichts, kann sie (die BWP. F. S.) ohne die Hilfe anderer Wissenschaften erhellen" (Lempert 1973, S. 297, zuerst 1967).

man-Technologie" sollte demnach nicht nur „die übliche Zuordnung von Naturwissenschaft und Technologie" überwinden, sondern auch „die Trennung von Natur- und Geisteswissenschaften" (ebd., S. 257). Dieser Aufruf mündete wissenschaftstheoretisch in einer Ver-Sozialwissenschaftlichung der Techniklehre und einer Öffnung gegenüber ökonomischen, politischen, psychologischen und informationstechnischen Fragen. Damit vollzog *Nölker* (1977, S. 246) sowohl eine Abgrenzung gegenüber dem Neuhumanismus als auch der Kritischen Theorie. Beiden philosophischen Schulen wirft er ein Desinteresse an der Technik vor.

In seinem drei Jahre später vorgelegten Beitrag „Technik und Bildung – Überlegungen zur Problematik und Begründung einer allgemeinen Didaktik der Technologie" präzisiert *Nölker* (1980) seine grundsätzliche Technikkritik. Insbesondere der instrumentelle Umgang mit Technik und die heraufziehende, vom Club of Rome umfangreich dokumentierte, Verwüstung der ökologischen Grundlagen lieferten dem Autor die Argumente. Der sog. Nord-Süd-Konflikt und die Atomkraft bildeten den gesellschaftskritischen Rahmen für einen Gegenentwurf. „Es gilt dabei das Leitbild der großen Industrie und ‚harten' Technologie zu relativieren durch Einbeziehung von Technik-Konzeptionen der sozial angepassten, der ökologieorientierten und ‚sanften' Technologie, der Klein-, Alternativ und Robust-Technik" (Nölker 1980, S. 21). Die ziel- und prozesstheoretische Perspektive der beruflichen Bildung steht folglich im Zentrum des technikdidaktischen Ansatzes.

In zieltheoretischer Absicht forderte *Nölker* (1977, S. 253) Technik als angepasste Technologie zu denken und dieses Vorhaben mit dem Aufbau von lokalen Ökonomien („Gemeinde-Entwicklung", „Genossenschaftswesen" etc.) im Kontext einer weltweiten Arbeitsteilung zu verbinden. Die prozesstheoretische Intervention zielt einerseits auf die Aufhebung der Fächerstruktur, namentlich in der Ingenieurausbildung[6], andererseits auf das Ende der dozentenzentrierten Lehrmethodik. „Die heute noch vorherrschende Lehrpraxis in der Technik ist – neben dem Fehlen einer kritischen Dimension – durch rigide Fächertrennung, durch spezialisierte und systematische Lehrgänge sowie durch eine zumeist überwältigende Dominanz lehrerzentrierter Methodik gekennzeichnet" (Nölker 1977, S. 249). Zu beobachten sei zudem „ein Bündel anti-emanzipatorischer Phänomene beim Lernenden" (ebd.).

Damit war der bildungspolitische Auftrag verbunden, „eine überzeugende curriculare und didaktische Antwort" vorzulegen (Nölker 1977, S. 250). *Nölkers* technikdidaktische Intervention gründet – wie oben dargelegt – auf drei Argumenten: einer Entspezialisierung des Technikdiskurses, einer Orientierung am „Modell der Human-Technologie" (ebd.) unter Einbeziehung der Sozialwissenschaften sowie der Formulierung „didaktisch legitimierter Lernziele und Lerninhalte" (ebd., S. 258). Mit der didaktischen Neuorientierung war die Forderung nach „interdisziplinärer Kooperation" sowie Selbsttätigkeit „zur Schaffung von Aktionsräumen für die Jugendlichen und Studenten verbunden" (ebd., S. 258 f.). *Nölkers* Vision stützte sich auf eine „didaktische Drei-Ebenen-Theorie" der zufolge die Allgemeine Technologie eine übergeordnete Position ein-

---

6 Eine „apriorische Spezialisierung" der universitären Ausbildung beklagt Nölker (1977, S. 256) und stützt sich dabei auf Studien von Friedrich Rapp und Günter Ropohl.

nimmt und Einfluss auf die zweite Ebene, die berufliche Grundbildung sowie die dritte Ebene der Spezialbildung ausübt (ebd., Abb. 2, S. 259; 1980, S. 27 ff.).

Allgemeine Technikdidaktik – der Ansatz von Bonz und Lipsmeier

Die von *Bernhard Bonz* und *Antonius Lipsmeier* (1980) in den didaktischen Diskurs beruflicher Bildung eingeführte Allgemeine Technikdidaktik ist im Kern als Bereichsdidaktik angelegt. Das von *Günter Ropohl* (1979) vorgelegte Modell der Systemtheorie der Technik diente dieser Version von Technikdidaktik insofern zur Orientierung, als der damit verbundene Anspruch, technische Aufklärung im Horizont einer Allgemeinen Technologie zu betreiben, ein „autonomes Curriculum der Berufsschule" in Aussicht stellte (Lipsmeier 1991, S. 116). Der nunmehr erweiterten Technikdidaktik bot sich unter Rückgriff auf die *Ropohl*'sche Analyse technischer Sachsysteme die Chance, Technologie als fächerübergreifendes und gesellschaftstheoretisches Projekt zu denken (Lipsmeier 1995). Um diese curriculare und didaktische Vision einzuholen, legte *Lipsmeier* (1995, S. 238 ff.) ein Bündel von sieben technikdidaktischen Zugriffen mit dem Ziel vor, die Zusammenhänge von Technik und Wirtschaft sowie Mensch und Gesellschaft aufzuzeigen. Mit diesem Ansatz war sowohl die Vorstellung einer Ganzheitlichkeit der ‚Technik' verbunden als auch, in bildungstheoretischer Absicht, die Erziehung zur Mündigkeit (ebd., S. 236).[7]

Während die frühe Technikdidaktik der Co-Autoren die methodische Seite der Technikvermittlung in den Mittelpunkt rückte (Bonz 1976, 1976a), fällt das aktuelle Verständnis von Technikdidaktik durch einen weitgefassten Gegenstandsbereich auf. „Technikdidaktik betrifft sowohl die allgemeine Didaktik der Technik als auch die technikberufliche Fachdidaktik oder die Didaktik technikberuflicher Fachrichtungen" (Bonz 2011, S. 31). Insofern versteht sich diese Version von Technikdidaktik weiterhin als Bereichsdidaktik im Feld der nicht-akademischen Berufsbildung, die einen Beitrag zur „Curriculumforschung unter berufspädagogischem Aspekt" zu leisten beansprucht (Lipsmeier 1982, S. 236).

Der fachsystematische Blick auf Technik in seinen unterschiedlichen Dimensionen und Phänomen prägt diesen, weitgehend bildungstheoretischen Ansatz (Bonz & Lipsmeier 1980, passim). Dieser spezielle Zugang zur Didaktik beruflicher Bildung ist neben der Fachdidaktik und Berufsfelddidaktik fraglos ins berufspädagogische Abseits geraten.[8]

Die Technikdidaktik präsentiert sich folglich weiterhin als didaktisch offener, „fragmentarischer" Ansatz (Lipsmeier 2006, S. 290).[9] Die methodischen Erkenntnisse teilt die vorliegende Technikdidaktik mit der Allgemeinen Didaktik. Die zieltheoretische Argumentation verbleibt – im Gegensatz zur *Nölker*'schen Version – im System be-

---

[7] Zur Charakterisierung des Technikdidaktik-Ansatzes von Bonz & Lipsmeier: Schütte 1998; Ott 1995; Ropohl 2003; Bonz 2011; Tenberg 2011.
[8] Im Zeitraum 2006 bis 2016 sind keine einschlägigen Beiträge in der ZBW erschienen.
[9] Ropohl (2003, S. 150) spricht von einer „konzeptionellen Zersplitterung" der Technikdidaktik. Siehe auch: Mersch & Pahl (2013, S. 164), die keine „in sich geschlossene(n) Didaktiken oder didaktische(n) Modelle" im Feld der beruflichen Erstausbildung erkennen. Ferner: Pätzold & Reinisch 2010, S. 166 f.

ruflicher Bildung. Die handlungstheoretische Perspektive wird ausgeklammert und den (Unterrichts-) ‚MethodikerInnen' überlassen (Bonz & Lipsmeier 1991). Bereits die Curriculumforschung mit ihrer Kritik an der normativen Lehrplantheorie und deren Ignoranz gegenüber der technologischen Produktivkraftentwicklung hatte diesen didaktischen Gegenstandsbereich nur benannt nicht dezidiert ausgeführt (Robinsohn 1973). – Man darf vermuten, dass die zeitgenössische Kritik an der geisteswissenschaftlichen Lehrplantheorie zunächst den Lehrkanon und damit die Inhaltsfrage klären wollte. Damit wäre die prozesstheoretisch-curriculare Frage geklärt, Die handlungstheoretische, auf den konkreten Unterricht abzielende Frage bleibt jedoch unbeantwortet. Für die Fach- und Technikdidaktik konnte das nur einen Einstieg in die Qualifikationsforschung bedeuten. Die unterrichtliche Handlungstheorie ist mithin eine noch zu füllende didaktische Leerstelle der vorliegenden Technikdidaktik. Professionalisierung der Lehrkräfte vom Unterricht her zu denken, das ist Aufgabe aller eingangs angesprochenen ‚Theoriefamilien' (Schütte 2016, 2017).

Zur Vorgeschichte – die klassische Unterrichtsmethode

Fach- und Technikdidaktik erlangten im berufspädagogischen Diskurs nicht nur wegen eines Generationenwechsels eine besondere Wirksamkeit, sondern vielmehr aufgrund der Abkehr von der geisteswissenschaftlich inspirierten Unterrichtsmethodik. Die in der Tradition von *Herbart* und *Dörpfeld* stehende Berufsschuldidaktik stützte sich auf normative Überlieferungen hinsichtlich Inhaltsauswahl und einer der Berufserziehung verpflichtete Unterrichtslehre.[10] Methodik im engeren Sinne zielte auf bestimmte Unterrichts- resp. Lehrtechniken, die unter Berücksichtigung einzelner Fächer einen möglichst reibungslosen Ablauf des technischen Unterrichts garantieren sollten. Hinweise zur Leitung eines Lehrgesprächs waren damit ebenso verbunden wie systematische Übungsphasen und Wiederholungen. Die traditionelle Unterrichtslehre konzentrierte sich unter Einsatz ausgewählter Medien auf die Vermittlung beruflich relevanter Inhalte, abgeleitet aus bestehenden Erwerbsberufen, ohne die Wahl der Unterrichtsthemen zu begründen. Sie reflektierte die Lehrinhalte nur in unterrichtsmethodischer Perspektive und konzentrierte sich vornehmlich auf die Technik des Lehrens.

Die dem didaktischen Primat des Fertigens verpflichtete Frankfurter Methodik war eine wirkungsmächtige Berufsschuldidaktik, die vornehmlich in der Zwischenkriegszeit eine eigenständige Unterrichtsmethodik entwickelte (Wissing 1954).[11] Sie bot dem technikdidaktischen Diskurs zwei systematische Anknüpfungspunkte: zum einen die berufspädagogische Idee, berufsspezifische Themen im curricularen Rahmen von Ausbildungs(halb-)jahren zu entwickeln – die curriculare Differenzierung zwischen Grund- und Fachbildung wurde hiermit eingeführt –, zum anderen lernpsychologische Erkenntnisse zu berücksichtigen. Insbesondere die ‚methodische' Verschränkung von berufsfachlichen Anforderungen (Praxis) und fachtheoretischen Erkenntnissen

---

10 Zur Geschichte der Berufsschuldidaktik: Schütte 2006, Kap. 5 und 7; Lipsmeier 1982.
11 Zum Autorentrio der Frankfurter Methodik gehörten Richard Botsch, Ludwig Geißler und Jürgen A. Wissing.

(Theorie) führte zu einer berufsschulgenuinen Methodik. Im Werkkunde-Unterricht fand sie ihren unterrichtsmethodischen Ausdruck. Die wechselseitige Durchdringung „ein und desselben fachlichen Problems" in unterschiedlichen thematischen Kontexten (Konstruktion, Werkstoff- und Werkzeugwahl, Fertigung etc.) charakterisieren den methodisch-curricularen Ansatz Frankfurter Provenienz (ebd., S. 38).

Eingebettet in sog. Fächer (Fachkunde, -zeichnen, -rechnen) wurde eine Unterrichtslehre favorisiert, die sich von einem ganzheitlichen, methodisch ausgerichteten Konzept leiten ließ. Der manuell-technische Erwerbs- bzw. Ausbildungsalltag bildete den Ausgangspunkt berufspädagogischen Handelns. Die Herbart'sche Formalstufentheorie bestehend aus der Anschauungs-, der Vergeistigungs- und der Anwendungsphase lieferte der Methodik den theoretischen Rahmen. Diese methodische Schrittfolge diente in lernpsychologischer Hinsicht der Schüleraktivierung. Die praktischen und technischen Perspektiven, die mit der werkkundlichen, rechnerischen und zeichnerischen Thematisierung des Unterrichtsstoffes initiiert wurden, förderten die Integration beruflicher Erfahrung und technischem Denken. Der Lehrkraft kam die berufspädagogische Funktion zu, naturwissenschaftliche und technische Bezüge zur Berufs- resp. Ausbildungspraxis herzustellen. Eine inhaltlich-fachsystematische Berücksichtigung ingenieurwissenschaftlicher Wissensgebiete lag außerhalb des theoretischen Horizonts der Frankfurter Methodik. Allein die Naturwissenschaften dienten der technischen Grundlagenbildung als stoffliche Ressource.

Mit der didaktischen Hinwendung zu einzelnen ingenieurwissenschaftlichen Bezugsdisziplinen wurde ein didaktisch-methodischer Paradigmenwechsel vollzogen, der neuen didaktischen Ansätzen den Weg ebnete. Der zunächst mit dem Diskurs der ‚Fachdidaktik' eingeleitete Paradigmenwechsel beförderte die Frage nach der Legitimität sowohl des beruflichen Curriculums als auch der Inhaltsauswahl. Eine Annäherung an die Allgemeine Didaktik war damit ebenso verbunden wie eine fachlich-inhaltliche Einbeziehung angrenzender Ingenieurwissenschaften. Vor allem die Inhaltsfrage, eingeleitet durch die Rezeption der bildungstheoretischen Didaktik, aber auch die Beiträge der Curriculumforschung zeichneten dafür verantwortlich, dass die traditionelle berufspädagogische Reflexion über Unterricht ins Abseits geriet. Die Kontroverse zwischen lehr- und bildungstheoretischer Didaktik um den Primat der Didaktik beeinflusste die Didaktik beruflicher Bildung in der ersten wie in der zweiten Ausbildungsphase der Lehrkräftebildung nachhaltig. Ein weiterer Impuls ging von der Technikdidaktik aus, der ferner die Berufsfelddidaktik beeinflusste.

3 Technikdidaktik – die Differenz zu Fach- und Berufsfelddidaktik

Technikdidaktik als Bereichsdidaktik i.S. einer allgemeinen Didaktik der Technik weist Differenzen sowohl zur Fachdidaktik als auch zur Berufsfelddidaktik auf (Schütte 1998). Die frühe Technikdidaktik reflektierte alle Bildungs- und Studiengänge, die sich mit Technik im engeren, d.h. didaktischen und im weiteren, gesellschaftspolitischen Sinne beschäftigten. In normativer Hinsicht suchte die Allgemeine Technikdidaktik

Anschluss an die geisteswissenschaftliche Pädagogik. In analytischer Perspektive bediente sie sich der Sozialwissenschaften. Insofern trat die frühe Technikdidaktik als berufspädagogische Theorie mit bildungstheoretischen Wurzeln in einem von Technik geprägten sozialen Feld auf. Ihr berufspädagogisch angelegter Zugang zur Technik folgte gesellschaftstheoretischen bzw. marxistischen Argumenten, die Technik als elementaren Bestandteil gesellschaftlicher Reproduktion reflektierte (Schütte & Gonon 2004). Insoweit lieferte sie mit der Rezeption sozialwissenschaftlicher Theorieangebote (Ökologie, Industriesoziologie etc.) einen Beitrag zur De-Legitimation der klassischen Berufsbildungstheorie. Im didaktischen Horizont argumentierte die Technikdidaktik primär zieltheoretisch und bot der Revision der Curricula in allen Technikfeldern damit eine Begründung an.

Die Differenz zur Fachdidaktik beruht vor allem auf der Definition von Didaktik bzw. Fachdidaktik und dem didaktischen Zugang zu berufsfachlichen Lehr- und Lernprozessen. Während die Allgemeine Technikdidaktik die sozialen, kulturellen, ökonomischen und globalen Rahmenbedingungen technischer Bildung thematisierte und damit die gesellschaftliche Dimension von Technik hinterfragte, setzte die von der Münsteraner Arbeitsgruppe um *Herwig Blankertz* propagierte „Curriculum-Revision" im Kontext einer fachdidaktischen Curriculumforschung auf eine bildungspolitische Reform sowohl des Gymnasiums als auch des Systems beruflicher Bildung (Blankertz 1991, Kap. 6–8). Technikkritik und Curriculumrevision wurden hier nicht auf der makro-didaktischen, sondern auf der prozesstheoretischen Ebene verhandelt, mithin vor dem Hintergrund neu einzurichtender „studienbezogener und berufsqualifizierender" Bildungsgänge innerhalb einer integrierten Sekundarstufe II (ebd., S. 201 ff.; Zitat S. 201). Technik war mithin vom ‚Fach', der korrespondieren Fachwissenschaft (Informatik; Mess- oder Fahrzeugtechnik) her zu denken und in eine Methodische Leitfrage i. S. des ‚Primats der didaktischen Frage' einzubinden, die die handlungs- mit der curricular-prozesstheoretischen Ebene verbinden sollte (Schütte 2006, S. 72 f.). Insofern teilte sie die Technikkritik der Technikdidaktik, verlegte sie aber in das handlungstheoretische Feld von Unterrichtsplanung unter Berücksichtigung der didaktischen Interdependenz zwischen Zielbeschreibung, Inhalts-, Methoden- und Medienauswahl.

Die fachdidaktische Denkfigur von berufsfachlichem Lehren und Lernen in unterschiedlichen Bildungsgängen rekurrierte sowohl auf bildungs- als auch lerntheoretische Erkenntnisse und argumentierte systematisch im Theoriegebäude der Allgemeinen Didaktik (Terhart 2013). Die Technikdidaktik hingegen verstand sich in der Variante einer „berufspädagogische(n) Curriculumforschung" als eine an empirische Qualifikationsanforderungen und staatlichem Bildungsauftrag rückgebundene, spezielle berufsfachliche Bereichsdidaktik (Lipsmeier 1982; Bonz 2003, S. 8 ff., 2011, S. 33 ff.; Ott 1995, S. 84 ff.). Die zentrale Differenz beider Ansätze beruht auf der unterschiedlichen didaktischen Akzentuierung von Ziel- und Inhaltsfragen einerseits, von curricularen- und unterrichtsmethodischen Aspekten andererseits.[12]

---

[12] Insbesondere in der didaktischen Herausstellung der Methodischen Leitfrage zeigt sich die Abgrenzung gegenüber der Technikdidaktik wie auch der kritisierten Didaktischen Analyse à la Klafki, die Blankertz zu überwinden suchte (Schütte 2006, S. 73 f.).

Als Antithese zur Fachdidaktik begreift sich die Berufsfelddidaktik. „Generell ist fraglich, ob die Fachsystematik überhaupt für berufliches Lehren und Lernen insbesondere in der Berufs- oder Berufsfachschule angemessen ist. (…) Der Beruf, das Berufsfeld und die Beruflichkeit stellen wichtige Kategorien für eine Didaktik beruflichen Lehrens und Lernens dar" (Mersch & Pahl 2013, S. 166 f.). Die Herausstellung von Beruf und Berufsfeld als didaktisch kategoriale Orientierung markiert die zentrale Differenz zur klassischen Fachdidaktik, nicht jedoch zur Technikdidaktik. Technik- und Berufsfelddidaktik gemeinsam ist der Rekurs auf die Berufs- und Arbeitswelt sowie in zieltheoretischer Perspektive die Erziehung sowohl zu beruflicher Tüchtigkeit als auch beruflicher Mündigkeit. Der Bezug zur Technik hingegen wird, vergleichbar der Technikdidaktik, als berufsübergreifende Kategorie i. S. einer Bereichsdidaktik verwendet, allerdings nur für technisch verwandte Berufsgruppen (Ausbildungsberufe) in Industrie und Handwerk reserviert. In der didaktischen Wendung des Arbeitsprozesswissens spiegelt sich nicht nur die theoretische Differenz zwischen Technik- sowie Fachdidaktik, sondern vornehmlich die Neuinterpretation von Beruflichkeit unter Einbeziehung berufswissenschaftlicher Arbeitsplatzstudien (Schütte 2017). Technik wird in diesem Konstrukt als in einen widerspruchsfreien Arbeitsprozess inkorporierte Dimension berufsfachlichen Handelns in spezifischen Tätigkeitsdomänen interpretiert – und damit gleichsam ziel- wie prozesstheoretisch verortet. Die handlungstheoretische Ebene der Berufsfelddidaktik hingegen teilt mit der beruflichen Fachdidaktik die Wissensbestände der Allgemeinen Didaktik (Pahl & Mersch 2016).

4 Schluss – Was bleibt von der Technikdidaktik?

Die Allgemeine Technikdidaktik hat ihre Konturen in Gestalt einer dezidierten Technikkritik und Ver-Sozialwissenschaftlichung des berufs- und wirtschaftspädagogischen Diskurses weitgehend verloren. Die speziellen technikdidaktischen Varianten innerhalb des Systems beruflicher Bildung lassen ein breites Spektrum von Zugängen mit additivem bzw. disparatem Charakter erkennen. Die Einbeziehung der akademischen Berufsbildung, namentlich im Bereich ingenieurwissenschaftlicher Studiengänge, die noch die frühe Technikdidaktik prägte, bildet die Ausnahme (Pahl 2012). Insoweit beschränkt sich die vorliegende Technikdidaktik auf den Kern der beruflichen Aus- und Weiterbildung unter Berücksichtigung der vorberuflichen Berufserziehung.

Der Einfluss der Technikdidaktik zeigt sich insbesondere in der Umsetzung des Lernfeldkonzepts mit dem didaktischen Prinzip der Handlungsorientierung im Zentrum. Die Stärkung der Subjekte im berufsfachlichen Lehr- und Lernprozess war seinerzeit ein wesentliches Element der Kritik der Technikdidaktik an der Berufsschuldidaktik mit ihren erstarrten Lehr- und Unterrichtsmethoden. Die in diese Kritik eingelagerte Forderung nach weitreichender Curriculumrevision wird mit dem Lernfeldkonzept insofern eingelöst, als die Integration von wissenschaftlicher Fachsystematik und beruflicher Handlungspragmatik eine erste Antwort auf die ‚Techniklehre' darstellt sowie „die Eignung der Lerninhalte für prinzipielle Einsichten, ihre Fruchtbarkeit für horizontalen und vertikalen Transfer" didaktisch spiegelt (Nölker 1977, S. 258).

Die Informatisierung der Lebens- und Arbeitswelt im globalen Maßstab einer weltumspannenden Güterproduktion ist fraglos eine technikdidaktische Herausforderung. Im aktuellen Diskurs zur Zukunft der ‚digitalen Fabrik' spiegelt sich nicht nur der instrumentelle Umgang mit Technik (Technologie), vielmehr bietet er Anlass, sich der disziplinären Wurzeln zu vergewissern und an die *Marx*'sche Sentenz zu erinnern: ‚Die Kritik ist nicht eine Leidenschaft des Kopfes, sondern der Kopf der Leidenschaft'. In diesem Sinne müsste sich die Technikdidaktik neu erfinden, um neue Wirkung als ‚Theoriefamilie' außerhalb und innerhalb der Didaktik beruflicher Bildung zu erzielen.

Literatur

Adl-Amini, B. (1986). Ebenen didaktischer Theoriebildung. In: Enzyklopädie Erziehungswissenschaften Bd. 3 (27–48). Stuttgart: Klett Verlag.
Arnold, R. & Lipsmeier, A. (Hrsg.) (1995/2006). Handbuch der Berufsbildung. Wiesbaden: VS Verlag.
Bader, R. & Jenewein, K. (Hrsg.) (2000). Didaktik der Technik zwischen Generalisierung und Spezialisierung. Frankfurt/M: Lang Verlag.
Blankertz, H. (1991). Theorien und Modelle der Didaktik. 13. Aufl. Weinheim/München: Juventa Verlag.
Bonz, B. (1976). Berufliche und allgemeine Bildung als didaktisches Problem. In: B. Bonz 1976a, 125–139.
Bonz, B. (1980). Individuelle und gesellschaftliche Ansprüche im Technikunterricht. In: B. Bonz & A. Lipsmeier, 61–73.
Bonz, B. (2011). Technikdidaktik zwischen Qualifikation und Bildung. In: B. Siecke, & D. Heisler (Hrsg.), Berufliche Bildung zwischen politischem Reformdruck und pädagogischem Diskurs (31–44). Paderborn: Eusel Verlag.
Bonz, B. (Hrsg.) (1976a). Didaktische Beiträge zur Berufsbildung. bzp 5. Stuttgart: Holland & Josenhans Verlag.
Bonz, B. & Lipsmeier, A. (Hrsg.) (1980). Allgemeine Technikdidaktik. Bedingungen und Ansätze des Technikunterrichts. bzp 8. Stuttgart: Holland & Josenhans Verlag.
Bonz, B. & Lipsmeier, A. (Hrsg.) (1991). Computer und Berufsbildung. bzp 14. Stuttgart: Holland & Josenhans Verlag.
Bonz, B. & Ott, B. (Hrsg.). Allgemeine Technikdidaktik – Theorieansätze und Praxisbezüge. Baltmannsweiler: Schneider Verlag.
Bonz, B. & Schütte, F. (Hrsg.) (2013). Berufspädagogik im Wandel. Baltmannsweiler: Schneider Verlag.
Illich, I. (1975). Selbstbegrenzung. Eine politische Kritik der Technik. Reinbek: Rowohlt Verlag.
Habermas, J. (1968). Technik und Wissenschaft als ‚Ideologie'. Frankfurt/M: Suhrkamp Verlag.
Lempert, W. (1973). Leistungsprinzip und Emanzipation. 3. Aufl. Frankfurt/M: Suhrkamp Verlag.
Lipsmeier, A. (1982). Die didaktische Struktur des beruflichen Bildungswesens. In: Enzyklopädie Erziehungswissenschaften, Bd. 9.1 (227–249). Stuttgart: Klett Verlag.
Lipsmeier, A. (1991). Ganzheitlichkeit, Handlungsorientierung und Schlüsselqualifikationen – über den berufspädagogischen Gehalt der neuen Zielgrößen für die berufliche Bildung im Kontext der neuen Technologien. In: B. Bonz & A. Lipsmeier, 103–124.
Lipsmeier, A. (2006). Didaktik gewerblich-technischer Berufsausbildung (Technikdidaktik). In: R. Arnold & A. Lipsmeier, 281–298.
Mersch, F. F. & Pahl, J.-P. (2013). Die kategorialen Referenzen ‚Fach' und ‚Beruf'. In: B. Bonz & F. Schütte, 158–176.
Nickolaus, R., Pätzold, G., Reinisch, H. & Tramm, T. (Hrsg.) (2010). Handbuch Berufs- und Wirtschaftspädagogik. Bad Heilbrunn: Klinkhardt Verlag.

Nölker, H. (1973). Didaktik der Technik – Grundprobleme, Widerstände, Chancen. Die Deutsche Berufs- und Fachschule 69 (5), 323–345.
Nölker, H. (1977). Probleme einer Technikdidaktik. In: W. Voigt (Hrsg.), Berufliche Bildung, Berufsbildungspolitik, Berufsschullehrerausbildung (245–262). Berlin: Technische Univ. Berlin.
Nölker, H. (1980). Technik und Bildung. Überlegungen zur Problematik und Begründung einer allgemeinen Didaktik der Technologie. In: B. Bonz & A. Lipsmeier, 18–31.
Ott, B. (1995). Ganzheitliche Berufsbildung. Stuttgart: Steiner Verlag.
Pätzold, G. & Reinisch, H. (2010). Didaktik der beruflichen Fachrichtung. In: R. Nickolaus & G. Pätzold u. a., 160–168.
Pahl, J.-P. (2012). Berufsbildung und Berufsbildungssystem. Darstellung und Untersuchung nicht-akademischer und akademischer Lernbereiche. Bielefeld: Bertelsmann Verlag.
Pahl, J.-P. & Mersch, F. F. (2016): Bausteine beruflichen Lernens im Bereich ‚Arbeit und Technik'. Bd. 4. Baltmannsweiler: Schneider Verlag.
Pahl, J.-P. (Hrsg.) (2016). Lexikon Berufsbildung. Ein Nachschlagewerk für die nicht-akademischen und akademischen Berufe. 3. Aufl. Bielefeld: Bertelsmann Verlag.
Robinsohn, S. B. (1973). Bildungsreform als Reform des Curriculums. Neuwied: Luchterhand Verlag.
Ropohl, G. (2003). Allgemeine Technologie: Wissenschaft in didaktischer Absicht. In: B. Bonz & B. Ott, 148–161.
Schütte, F. (1998). Didaktik beruflicher Bildung zwischen ‚Fachbildung' und ‚Handlungsorientierung'. Ein Beitrag zur Systematisierung didaktischen Denkens. In: F. Schütte & E. Uhe (Hrsg.), Die Modernität des Modernen. Das deutsche System der Berufsausbildung zwischen Krise und Akzeptanz (321–340). Berlin: BIBB Verlag.
Schütte, F. (2003). Technikdidaktik zwischen Lehrmethode und Fachmethodik. Methodische Organisation von Lehren und Lernen in den Berufsfeldern Metall- und Elektrotechnik. In: B. Bonz & B. Ott (Hrsg.), Allgemeine Technikdidaktik – Theorieansätze und Praxisbezüge (19–35). Baltmannsweiler: Schneider Verlag.
Schütte, F. (2006). Berufliche Fachdidaktik. Theorie und Praxis der Fachdidaktik Metall- und Elektrotechnik. Stuttgart: Franz Steiner Verlag.
Schütte, F. (2006a). Fachdidaktik Metall- und Maschinentechnik. Tradition, Paradigmen, Perspektiven. In: F. Schütte, 88–109.
Schütte, F. (2013a). Akademisierung und Professionalisierung der Berufsschullehrerbildung. In: B. Bonz & F. Schütte, 130–157.
Schütte, F. (2016). Lehrkräftebildung und Professionalität. In: B. Mahrin (Hrsg.), Wertschätzung – Kommunikation – Kooperation. Perspektiven von Professionalität in der Lehrkräftebildung, Berufsbildung und Erwerbsarbeit (44–56). Berlin: TUB Verlag.
Schütte, F. (2017). Von der ‚gestaltungsorientierten Berufsbildung' zum ‚Arbeitsprozesswissen' – ein bildungstheoretischer Kommentar zum berufs(feld)wissenschaftlichen Ansatz. In: A. Grimm & V. Herkner u. a. (Hrsg.): 20 Jahre biat – Flensburger Perspektiven zur Lehre und Forschung für die Berufsbildung. Frankfurt/M (in Druck).
Schütte, F. & Gonon, P. (2004). Technik und Bildung – technische Bildung. In: D. Benner & J. Oelkers (Hrsg.). Historisches Wörterbuch der Pädagogik (988–1015). Belz Verlag.
Tenberg, R. (2011). Vermittlung fachlicher und überfachlicher Kompetenzen in technischen Berufen. Theorie und Praxis der Technikdidaktik. Stuttgart: Steiner Verlag.
Terhart, E. (2005). Über Tradition und Innovationen oder: Wie geht es weiter mit der Allgemeinen Didaktik? Zeitschrift für Pädagogik, 51(1), 1–13.
Terhart, E. (2013). Fachdidaktik aus der Sicht der Erziehungswissenschaft: Probleme, Bedingungen, Perspektiven. In: Ders., Erziehungswissenschaft und Lehrerbildung (148–166). Münster/New York: Waxmann Verlag.
Wissing, J. A. (1954). Zur Didaktik des werkkundlichen Berufsschulunterrichts. 2. Aufl. Weinheim/Berlin: Beltz Verlag.

1.2 Das Phänomen „Technik" und seine Didaktik – philosophische Perspektive

Petra Gehring (Technische Universität Darmstadt)
Philipp Richter (Technische Universität Darmstadt)

Zusammenfassung

Der Beitrag argumentiert im Ausgang von einem kurzen Abriss der Technikphilosophie und aktuellen technikphilosophischen Überlegungen (1) dafür, dass eine technische Allgemeinbildung ohne Bezug zum philosophischen und vor allem ethischen Reflektieren unvollständig ist – vor allem da „Technik" nicht nur als Einsatz von Instrumenten gedacht und ein Bereich des Technischen nicht eindeutig abgegrenzt werden kann. Kompetenzmodelle für die technische Bildung müssten daher (2) stärker die Konstitution und die Wertdimension des Technischen berücksichtigen – in der Perspektive einer als distanzierte Reflexionswissenschaft verstandenen Ethik (nicht einer inhaltlichen Moral). Die erforderliche Ausarbeitung didaktischer Konzepte wird (3) in einem Ausblick angedeutet. Dargestellt wird ein gemeinsames Desiderat für Technikdidaktik und Philosophie.

Abstract

„Technology" and „Technical Education" from a philosophical point of view

Considering developments in philosophy of technology and its current issues, which are briefly outlined, a concept of general technical education without reference to philosophical and ethical reflection is incomplete (1). First of all, because „technology" has to be considered not only as a conglomeration of instruments or means for single use only. In addition, „technology" or „technics" is not a clearly restricted class of objects or actions, but a concept of reflection. Furthermore, we point out that competency models or technical education teaching concepts should therefore consider values in technical reasoning, but avoid some sort of special moral (2). The paper finally gives a short outlook on didactic concept requirements regarding the aforementioned, and it names tasks for a cooperation of technical education didactics and philosophy (3).

1 Die Technik und die Techniken in der Philosophie

Das Nachdenken über Technik hat in der Philosophie eine lange Tradition. Die Grundlinien dieses Nachdenkens lassen sich differenzieren zum einen in die Frage nach „der" Technik oder auch des Technischen im Allgemeinen und zum anderen in zahlreiche Auseinandersetzungen mit konkreten Techniken und technischen Praktiken im gesellschaftlichen Kontext (vgl. zur Problemgeschichte des Technischen in der Philosophie: Fischer 1996, S. 255–355; Hubig 2000; Hubig 2006, Kap. 3 u. 4). Technikphilosophisches Nachdenken versucht im ersten Fall diejenigen im technischen Handeln liegenden Bedingungen aufzuweisen, die für unser Menschsein konstitutiv sein mögen – „Menschsein" wäre dabei zu verstehen als Inbegriff aller möglichen Welt- und Selbstverhältnisse. Als ein erster Vertreter einer solchen Weise der Reflexion des Technischen wird oftmals der mittelalterliche Philosoph Cusanus (1401–1464) genannt, aber auch moderne Konzepte technischer Weltverhältnisse wird man hier anführen können, etwa Martin Heidegger als Techniktheoretiker oder auch den Anthropologen Arnold Gehlen. Im zweiten Fall kann unter Technikphilosophie das Nachdenken über die einzelnen Techniken, ihre historische Entwicklung sowie ihr Einfluss auf die menschliche Kultur und Welterschließung verstanden werden – den Philosophen Christian Wolff (1679–1754) sehen viele als einen der ersten und paradigmatischen Vertreter dieser Position. Eine explizite Rede von Technikphilosophie findet sich allerdings weder bei Cusanus noch bei Wolff, vielmehr gilt erst Ernst Kapp (1808–1896) mit seinem Werk „Grundlinien einer Philosophie der Technik" als Begründer einer philosophischen Subdisziplin mit dem Namen „Technikphilosophie" (vgl. Fischer 1996; Hubig 2000). Erst unter dem Eindruck der sich etablierenden hochtechnisierten Industriezweige wie Elektro- und Chemieindustrie, haben sich im ausgehenden 19. und im 20. Jahrhundert zahlreiche anthropologisch ausgerichtete philosophische Ansätze entwickelt, die Technik – wiewohl ausgehend von konkreten technischen Neuerungen – als wesentliche Bestimmung des Menschen verstehen (vgl. Red. 1998).

Zur Beantwortung der – im Grunde gewiss hoffnungslos allgemeinen – Frage „Was ist Technik?" hält die philosophische Tradition deutlich unterschiedliche Positionen und Denkwege bereit (vgl. Gehring 2013, S. 132 f.): Verwiesen wird, was die Grenze zum Technischen angeht, auf das Artefakthafte, auf das Werkzeug, auf Mittel und Zwecke oder – sichtlich ratlos – auf das „Machen" (Banse 2007) bis hin zu anspruchsvollen Formtheorien des Technischen (Blumenberg 1963, Kaminski 2010). Auch historisch gibt es keinen Nullpunkt, der das Technische ursprünglich erklärt: frühe Faustkeile, frühe Ornamente an zu Gebrauchsgegenständen gewordenen Naturprodukten deuten auf einen mit Kulturentstehung insgesamt identischen Übergang zwischen animalischem Werkzeuggebrauch und der mehr oder weniger gezielten kulturellen Produktion von Artefakten hin (vgl. Leroi-Gourhan 1964/65).

Die Komplexität des Technischen, seine systemische Vernetzung und eine Uneindeutigkeit in der Abgrenzung von anderen, nämlich „nicht-technischen" Gegenständen oder Handlungsweisen sind heute ebenso offensichtlich wie ihre zutiefst sinnhafte und handfest soziale Dimension: „Jedenfalls komplexe Technik sprengt stets Fachgrenzen auf. Kein in Prozessketten eingepasstes, integriertes, smartes oder gar lernendes Artefakt kann zur Produktreife kommen, ohne Zuständigkeiten für konstruktive, verfahrenstechnische und materialwissenschaftliche Aspekte gleichermaßen, für Energieversorgung und digitale Steuerung, für Ergonomie, Designfragen, Marktbedarf und rückstandsarme Entsorgung. Technik ist systemisch, sie lebt von Vernetzung, Schnittstellen – und sie muss kommunikativ wie physisch in der Welt ankommen, also nicht bloß Möglichkeit der Möglichkeiten bleiben, sondern ihre Zielgruppen erreichen" (Gehring 2013, S. 133). Zentral sind damit Ziel-Zweck-Konstellationen. Philosophisch betrachtet geht es einem technischen Denken und Handeln nicht bloß um die einmalige „Realisierung von Zwecken, sondern auch und gerade [um, pgg/PR] die Sicherung der Wiederholbarkeit solcher Realisierungen" (Hubig 2006, S. 13). Weil dem Technischen dieses systematische Sichern und Erschließen von Möglichkeiten eigen zu sein scheint und etwas eigentümlich Technisches sich nicht gegenständlich klassifizieren oder klar abgrenzen ließe, kann mit „Technik" nicht nur die Erzeugung von Artefakten und deren singulärer Gebrauch als Instrumente gemeint sein. Vielmehr bezeichnet „Technik" grundlegender eine Denkweise oder „Hinsicht",[1] unter der „wir Verfahren, Fähigkeiten, konkrete Vollzüge und deren Resultate identifizieren nach Maßgabe ihrer Disponibilität, der Wahl ihres Einsatzes und ihrer Aktualisierung" (Hubig 2006, S. 233f.). Es lässt sich demnach nicht sachlich und gegenständlich ein klar begrenzbarer Bereich des Technischen identifizieren. Es erscheint stattdessen Manches unter der Maßgabe der Verfügbarkeit (und der systematischen Absicherung dieses Verfügens) als technisch relativ zum beabsichtigten Handeln und Geschehen (z. B. in Abgrenzung dazu, was sich als Natur oder Kultur bezeichnen lässt). Die einzelnen Techniken und Technologien wie z. B. Maschinenbau, Mechatronik oder Metallbearbeitung stellten demnach besondere Ausprägungen dieser bestimmten Hinsicht als einem „Blick" für Möglichkeiten dar (vgl. Kaminski 2010, S. 42f. mit Bezug auf Cassirer). Jede vermeintlich klare, sachbezogene Abgrenzung zwischen „technischen Gewerken" und den Fächern im Bereich der Ingenieurwissenschaften bleibt demnach ein Behelf (vgl. Tenberg 2011, S. 44f.).

Man spricht daher heute von den Technikwissenschaften zu Recht im Plural. In Abgrenzung zur gleichsam selbstzweckhaft betriebenen Wissenschaft von „der Natur" werden die Technikwissenschaften gedacht über das Ziel des technischen Gestaltens von „neuartigen Gegenständen, Funktionen und Strukturen, die es zuvor nicht gegeben hat" (Ropohl 2009, S. 164). Das Wissen und Können der Disziplinen bemisst sich an seiner Leistung für die „Erschaffung neuer Realität" (vgl. ebd., S. 164f.; vgl. auch Rapp 2012). Etwas ganz Vergleichbares trifft auf die technischen Fächer an Universi-

---

[1] Terminologisch präziser gesprochen: „Technik" ist ein Reflexionsbegriff und kein nur auf Gegenstände bezogener Begriff; vgl. Hubig 2006, S. 232.

täten und in der beruflichen Ausbildung zu. Das Potenzial zur Problemlösung in der technischen Praxis kann und soll auch hier vermittelt werden und die Problemorientierung stellt auch das Paradigma einer spezifischen Wissenschaftlichkeit dar, die man früher eher pauschal als Ingenieurskunst charakterisiert hat, die aber der genauer zu analysieren und auch in reflexiver Hinsicht zu vermitteln bzw. zu lehren lohnt.

Der Bestand an erforderlichem Wissen und Können für die Problemlösung speist sich im technischen Kontext gerade nicht nur aus den klassischen Naturwissenschaften oder der Mathematik, sondern auch aus zahlreichen anderen Wissensformen und Bereichen, die mit gleichem Recht in Problemstellungen wie in Lösungen Eingang finden, so z. B. aus den Sozial- und Wirtschaftswissenschaften oder auch aus einem alltagspsychologischem Gespür für die Inszenierung von Produkten sowie aus nicht vollständig explizierbarem technischen Know-How und Erfindungskunst. Gegenstand der Technikwissenschaften, so Günter Ropohl, „ist die technische Praxis, das Handeln der Ingenieure bei der Herstellung von Sachsystemen und das Handeln der Benutzer bei der Verwendung von Sachsystemen." Dieses Vermögen der technischen Gestaltung und Problemlösung schließt Wissen über „wirkliche und mögliche Sachsysteme sowie deren Funktions- und Strukturprinzipien" ein (vgl. Ropohl 2009, S. 164). Insofern weist die technische Gestaltungskompetenz eine hohe Eingriffstiefe in die Verhaltensweisen der „Nutzer/innen" der technischen Systeme auf und hat insofern – gewollt und ungewollt, reflektiert oder unbedacht – immer einen normierenden Einfluss auf menschliche Praxis. Wie gerade neuere, phänomenologisch-orientierte Arbeiten in der Technikphilosophie gezeigt haben, greift die Rede von „Werten", die Subjekte beliebig wählen und frei in die Systematisierung einbringen könnten, in diesem Zusammenhang eigentlich zu kurz. Denn Technik legt sich nicht gleichsam von außen auf Praxis auf, sondern ermöglicht und stiftet sie – ist ihr also von vornherein inhärent und kann als etwas, das Wirklichkeiten herstellt, betrachtet werden (vgl. Waldenfels 1998, S. 2014 ff.; Waldenfels 2002, S. 362 ff.). Technisches Gestalten hat als Handlungsweise demnach eine Wirklichkeiten schaffende und reorganisierende Dimension, die über die Gesichtspunkte von Effizienz und Effektivität in der Optimierung von Mitteln für anderweitig vorgegebene Ziele hinausreicht. Das bedeutet, dass Technik und Techniken nicht wertneutral jenseits der menschlichen Praxis vorkommen (Artefakte und Instrumente zum beliebigen Gebrauch) und dann dieser zur freien Verfügung überantwortet werden, vielmehr sind alle Schritte in der technischen Gestaltung – Entwicklung, Konstruktion, Qualitätskontrolle, Fertigung und Montage, Vertrieb, Inbetriebnahme, Reparatur, Entsorgung, Stilllegung, Deponierung und vieles mehr (vgl. Ropohl 2009, S. 174) – als ambivalentes Handeln zu begreifen (vgl. Hubig 2007, S. 61 f.; vgl. mit Blick auf die Technikdidaktik: Schmayl/Wilkening 1995, S. 11 und 21). Alle Aktionen des technischen Gestaltens operieren demnach implizit oder explizit mit wertbesetzten Zielvorstellungen, die in vielfacher Weise moralisch relevant sind: Vorstellungen vom richtigen Einsatz einzelner Artefakte, von den angemessenen Bedürfnissen der Nutzer/innen, vom guten – technisch unterstützten – Leben im Ganzen und explizit technokratischen Anschauungen über eine Optimierung und Um- oder Neugestaltung menschlicher Praxis. Auch ein scheinbar wertneutraler Blick mit technischem Sachverstand prägt also das menschliche Handeln – mindestens unter bestimmten Zielvorstellungen, oft auch, indem er mehr oder weniger noch unbekannte Möglichkeiten eröffnet. Eben darauf hebt auch das Schema der (möglichst umfassenden) „Problemlösung" ab, das im Grunde auf deutlich mehr, nämlich eine Reorganisation ganzer Problemlagen abzielt.

Hingewiesen wurde deshalb nicht zuletzt auf den intensiven Zukunftsbezug moderner, umfassender technischer Anstrengungen (vgl. Luhmann 1990). Technik antizipiert eine bestimmte Zukunft, die sie dann konkret auch festschreibt – in Gestalt einer bestimmten Lösung, die zur „Pfadwahl" wird, weil sie Folgen zeitigt, mit denen kommende Generationen konfrontiert sein werden. So ziehen Technikfolgen nicht selten weitere Technik nach sich. Bekanntestes Beispiel für eine solche – womöglich fatale – Temporalmacht des Technischen ist die Atomkraft: Bildlich gesprochen schiebt hier eine einmal geschaffene Technologie eine Fülle ungelöster, auf die gegenwärtige Zukunft verschobener Probleme vor sich her und in künftige Gegenwarten (die dann damit „umgehen müssen") hinein.

2 Didaktik der Technik – in philosophischer und ethischer Perspektive

Was folgt aus diesem kurzen technikphilosophischen Abriss für die Technikdidaktik? Was sollte in dieser Perspektive in technischen Fächern gelehrt und gelernt werden? In der Technikdidaktik wird – ähnlich wie im technikphilosophischen Nachdenken – zwischen einer Allgemeinbildung des Technischen und einer Didaktik der beruflichen Bildung der einzelnen Professionen unterschieden (Tenberg 2011, S. 42 f.). Leitende Differenz ist im letzteren Fall der didaktische Bezug auf einen bestimmten beruflichen Hintergrund und ein dezidiertes Arbeits- und Praxisfeld. In dieser beruflichen Bildung sind philosophische Überlegungen sicher nicht notwendig relevant, wohl aber lassen sie sich in Kooperation mit dem Ethikunterricht anschließen. Dagegen müsste eine allgemeine Technikdidaktik sich auf alle Konzepte und Facetten von Technik beziehen und hierüber verallgemeinerte Aussagen treffen (ebd., S. 42). Vor dem Hintergrund dieser Unterscheidung kann aus technikphilosophischer Sicht zunächst die Bedeutung einer – auch theoriefreudigen – Auseinandersetzung mit der „allgemeinen" Seite des Technischen unterstrichen werden. Es ist offensichtlich, dass in der Konzeption und auch der Durchführung von Unterricht mit dem Ziel technischer Allgemeinbildung philosophische Reflexion und begriffliche Differenzierungen eine Rolle spielen müssen. Hierbei ist es insbesondere bedeutsam, sich von „Gerätekonzepten" des Technischen zu lösen. Denn Technik ist gerade nicht das technische Ding. Gefragt werden muss also: Was meinen wir, wenn wir von „Technik" sprechen – gibt es „Untechnisches" und woran lässt es sich erkennen? Wie ist das seltsam „Immateriale" als Kern des Technischen zu denken, das ja in der Reorganisation von Möglichkeiten sich ausdrückt und nicht zum Beispiel im Bedienknopf oder in der Apparatur? Wie prägen in einem allgemeinen Sinne technische Entwicklungen die Lebens- und Arbeitswelt? Ist der technische Fortschritt unausweichlich? Wann, warum und wie ersetzt man in der Moderne Technik durch „immer bessere" Technik?

Da es zugleich offenkundig zutrifft, dass „Technik" kein wertneutrales Subsystem jenseits der politischen, moralischen und sozialen Praxis darstellt, weswegen technisches Gestalten, wie jedes Handeln, wertgebunden und darüber hinaus auch wirklichkeitsprägend ist, sind die Tätigkeiten, Wirkweisen und Folgen der technischen Praxis überdies rechtlich, moralisch und ethisch von Gewicht. Technik und Technikeinsatz tragen Verantwortungsfragen in sich – und zwar nicht nur manchmal, sondern immer. Von dieser Anforderung sind nun beide Aspekte der Technikdidaktik gleichermaßen betroffen: Eine Didaktik der Technik müsste das Lernziel einer Sensibilisierung für Verantwortungslagen sowie einer ethischen Reflexionsfähigkeit einschließen, die dem Technischen gerecht wird. Dieses Moment der Verantwortung im technischen Handeln findet sich auch in den Rahmenlehrplänen der Kultusministerkonferenz für den Unterricht in der Berufsschule wieder (vgl. Pittich/Tenberg 2013, S. 8), obzwar in Formulierungen, die recht vage bleiben. In der aktuellen Version von 2007 wird „berufliche Handlungskompetenz als übergeordnete und integrative Bildungsperspektive der beruflichen Bildung festgeschrieben" (vgl. ebd.). Die entsprechenden Teilkompetenzen werden u. a. gefasst als die „Befähigung zu eigenverantwortlichem Handeln in beruflichen, gesellschaftlichen und privaten Situationen" (KMK 2007).

Wenn akzeptiert wird, dass Technik – wie oben ausgeführt – ambivalentes, zu verantwortendes Handeln und kein bloßes Geschehen mit amoralischer Logik darstellt und weiter im politischen Pluralismus keine höhere und eindeutige Moral zur Reproduktion in technischen Gestaltungsprozessen zur Verfügung steht (der entsprechend zu handeln „verantwortlich" wäre; vgl. hierzu mit Blick auf den Ethikunterricht: Richter 2016), dann müssen die gängigen Kompetenzmodelle für die berufliche Bildung erweitert werden (vgl. auch De Vries 2016, S. 148). Die Kompetenzmodelle von Erpenbeck/Rosenstiel 2007 und auch von Pittich 2011 (vgl. Pittich/Tenberg 2013) müssten um die Dimension des kognitiven Umgangs mit Werten und Normen – im Sinne der ergebnisoffenen Reflexion, begrifflichen Differenzierung und Argumentation der philosophischen Ethik – erweitert werden (vgl. Gehring/Richter 2016). Julia Dietrich hat darauf hingewiesen, dass dem etablierten Schlüsselqualifikations-Quadrivium der beruflichen und allgemeinen technischen Bildung (Fach-, Methoden-, Sozial,- und Selbst- bzw. Personalkompetenz) diese normative Dimension fehle – dem postulierten Anspruch, Verantwortung und die entsprechende Handlungsbereitschaft abzubilden, zum Trotz (vgl. Dietrich 2007, S. 50 f.). Die im Modell fehlende ethische Kompetenz lässt sich nämlich nicht auf einen Aspekt von Selbst- oder Sozialkompetenz reduzieren (z. B. im Sinne einer Konfliktlösungs- oder Teamfähigkeit). Vielmehr kommt man ums Denken und ums normenkritische Abwägenkönnen nicht herum. Es müsste jegliches Können der vier Felder wiederum reflektiert und in kritischer Distanz eingeschätzt werden können. In der Technikdidaktik besteht zwar ein Problembewusstsein für die Ambivalenz des Technischen, jedoch schlägt sich diese wirklichkeitsprägende und Werte bezogene Dimension noch nicht in ausreichendem Maße in den fachdidaktischen Konzepten nieder. So sprechen beispielsweise Schmayl/Wilkening davon, dass technische Bildung „sachliche, soziale und moralische Befähigung" einschließe (Schmayl/Wilkening 1995, S. 24 f.) und eine „aktualisierte Ethik der Technik" nötig sei (ebd., S. 22). Allerdings wird in den weiteren Ausführungen der Unterschied von Ethik und inhaltlicher Moral übersehen (vgl. Gehring/Richter 2016), sodass die Erläuterungen vage oder zirkulär bleiben: Technik soll, so Schmayl/Wilkening, u. a. „seelisches und körperliches Wohlergehen schaffen", dabei sollen die „Wertmaßstäbe für das technische Tun [...] aus dem Menschlichen kommen" (nicht aus der Technik selbst), allerdings entwickeln sich diese Maßstäbe „mit dem Menschen und der Technik" weiter (vgl. ebd., S. 26) – was aber ist dann eine „gute" Technikgestaltung? Woran genau soll sie sich orientieren? Hier müsste eine Klärung durch ethische Reflexion ansetzen und einen Bezug zu den Positionen der Ethik und Technikethik herstellen. Insgesamt wird dem Thema „Ethik in der technischen Allgemeinbildung" und einer Fachdidaktik der Ethik für die berufliche Bildung/Berufsschule bisher jedoch, so lässt sich festhalten, kaum Beachtung geschenkt. Eine vom Standpunkt der Inhalte, Methoden und Kompetenzen der philosophischen Ethik ausgearbeitete Fachdidaktik stellt hier ein Desiderat dar.

3 Fachdidaktische Desiderate einer Technikdidaktik aus Sicht der Philosophie/Ethik

Der gymnasiale Philosophie- bzw. Ethikunterricht wird zumeist im Sinne eines „kleinen Seminars" konzipiert, mit Einführung in die Philosophiegeschichte und textbasierte Problemdiskussion anhand ausgewählter Klassiker oder zumindest – jedoch auch in Orientierung am Vorbild klassischer Philosophen (z. B. Platon, Aristoteles, Kant, Mill) – als Ausübung eigentümlich philosophischer Tätigkeiten wie vor allem Argumentation, begriffliche Differenzierung und Reflexion in der freien Problemdiskussion (vgl. Pfister 2010). Eine Übertragung dieses didaktischen Grundmodells auf Ethik im beruflich-technischen Bildungsbereich erscheint nicht ohne weiteres sinnvoll.

Erstens ist dieser Bereich weit heterogener als Gymnasien (gestufte Berufsfachschule, Berufsschule bzw. Schulberufssystem, berufliches Gymnasium etc.), da die Gruppen der Schüler/innen weniger einheitlich sind, die Auseinandersetzung mit Texten für viele Neuland ist (oder auf Sprachschwierigkeiten stößt) und auch die Präsenz- und mögliche Aufwandszeit für ethischen Unterricht stark abweichen kann. Zweitens ist aufgrund des berufspraktischen Umfeldes mit weniger literarischer Vorbildung, geringerer Lektürekompetenz oder Begeisterung für die Verfeinerung des sprachlichen und schriftlichen Ausdrucks zu rechnen – auch das (philosophische) Diskutieren ist mindestens ungewohnt. „Kleine Seminare" werden von daher schwer realisierbar sein. Drittens existieren aber auch wenig geeignete Texte oder Materialien, die technikphilosophische Problemstellungen auf das Umfeld der beruflichen Bildung „herunterbrechen" bzw. auf geeignete Beispielwelten eingehen. Ethikkurse haben derzeit einen Überhang in biomedizinischen Fragen, dagegen sind Problemstellungen aus Maschinenbau/Verfahrenstechnik, Elektrotechnik oder Informatik, Drucktechnik oder Gartenbau etc. weniger im Fokus. Das gemeinsame argumentative und reflektierende Nachdenken über gelebte Werte und Normen (= „Ethik"; vgl. aus didaktischer Sicht zum Begriff: Gehring/Richter 2016) findet viertens – auch wenn man vom Beispiel ausgeht – dann doch wieder in einem überfachlichen und nicht instrumentell-verfügbaren Bereich statt, der kein klares Reproduktionswissen aufweist (z. B. über die richtigen Werte und Normen). Insofern bleibt die fehlende direkte Relevanz zur beruflichen Praxis auch in dieser Hinsicht ein Problem: Es gibt kein „Rezeptwissen"; Philosophie generell und erst recht Ethik ist nicht auf „Lösungen" aus.

Dennoch ist eine Technikdidaktik gerade für die berufliche Bildung wichtig und auch ein philosophisches Desiderat. Nicht zuletzt bildet sich in den geschilderten Vermittlungsschwierigkeiten ja ein Stück der besonderen, eben in der Praxis verborgenen „Macht der Technik" (Hubig 2015) ab. Die erforderliche Loslösung vom akademischen Fach und der Philosophiegeschichte sollte allerdings weder in einen nur unverbindlichen Meinungsaustausch in Wertfragen, noch zu einer inhaltlichen Moralerziehung führen – da eine solche höhere Moral im Pluralismus inhaltlich nicht vorliegt, sondern höchstens als Minimalbedingung eines formalen Aushandlungsprozesses in Wertfragen angenommen werden kann (Richter 2016). Stattdessen gilt es, konkreter Technik ihre Selbstverständlichkeit zu nehmen, den Sinn fürs Nicht-Triviale auch von Alltagstechnologien zu schärfen sowie die abstrakte Seite von Technik im gut greifbaren Fall oder Szenario verständlich zu machen und auch einzuüben, wie sich Verantwortungsfragen aus dem zunächst allzu Selbstverständlichen von (vertrauter) Technik, gleichsam herauslesen lassen.

Eine Fachdidaktik dieser „indirekten Ethik" in der beruflichen Bildung müsste überdies die Problem- und Lebensweltorientierung und die Fragen der jungen Erwachsenen, die beruflich tätig sind/werden, ernst nehmen: Wie stehe ich zu technischen Neuerungen – begrüße ich diese grundsätzlich, sehe ich sie stets skeptisch, sind mir ihre Implikationen und Folgen egal? Was ermöglicht/erleichtert eine bestimmte Technik im Alltag, was wird durch sie schwieriger? Wie langfristig schafft sie „Sachzwänge" – und wie stehe ich zu diesen, wenn ich solche als Techniker/in mit schaffe? Was muss ich überhaupt als *guter* Mitarbeiter oder als Techniker/in leisten? Was heißt es, für die Familie oder den Partner „da zu sein"? etc. Andererseits sollten jedoch auch die Pfadabhängigkeiten und Gestaltungsmöglichkeiten des technischen Handelns, also die Sach- bzw. Rollenkompetenz der Schüler/innen mit Blick auf problematisierendes, unabgeschlossenes „Weiterfragen" verdeutlicht werden. Direktes Lernziel ist auch die Erhöhung der sprachlichen Kompetenzen zur charakterisierenden Unterscheidung von *verschiedenen* Technologien – und den jeweils mit ihnen verbunden Spielräumen in einem gesellschaftlichen Zusammenhang, in welchem Technik etwas Unwahrscheinliches ist und auch eine neue Technik jedenfalls nicht automatisch einfach „Fortschritte" realisiert.

Insofern stünden dann doch vor allem *begriffliche* Differenzierungen der Begriffe Freiheit, Verantwortung und der Technik selber in systematischer und historischer Perspektive im Mittelpunkt eines Ethikunterrichts in der beruflichen Bildung. Die Themenfelder der sog. Angewandten Ethik, insofern sie fallbasiert auf „Entscheidung" abheben, sind dagegen weniger geeignet, Technik in den Blick zu nehmen. Sie laden vielmehr zum bloßen (mehr oder weniger pragmatischen) Reagieren auf Technik ein sowie zur Reproduktion moralischer Vorurteile oder belangloser Pro-Kontra-Diskussion – jedenfalls solange man die typischen Fallbeispiele nicht zugleich mit der Theoriengeschichte der Positionen der Ethik und Metaethik in Zusammenhang stellt. Insgesamt muss freilich konstatiert werden, dass überzeugende Konzepte für einen Ethikunterricht unter den Bedingungen der technisch-beruflichen Bildung bislang nicht existieren. Technikdidaktik und Philosophie sind hier vielmehr zu einer kooperativen Entwicklung aufgefordert.

4 Literatur

Banse, G. (2007). Technikwissenschaften – Wissenschaften vom Machen. In: H. Parthey, G. Spur (Hrsg.), Wissenschaft und Technik in theoretischer Reflexion. Jahrbuch Wissenschaftsforschung 2006 (131–150), Frankfurt am Main, Berlin u. a.: Peter Lang.
Blumenberg, H. (1963). Lebenswelt und Technisierung unter Aspekten der Phänomenologie. In: ders., Wirklichkeiten, in denen wir leben. Aufsätze und eine Rede (7–54). Stuttgart: Reclam.
De Vries, M. (2016). Zur Revision natur- und technikwissenschaftlicher Bildung. In: G. Graube, & I. Mammes (Hrsg.), Gesellschaft im Wandel. Konsequenzen für natur- und technikwissenschaftliche Bildung in der Schule (140–149). Bad Heilbrunn: Klinkhardt.
Dietrich, J. (2007). Was ist ethische Kompetenz? Ein philosophischer Versuch einer Systematisierung und Konkretion. In: R. Ammicht Quinn, G. Badura-Lotter, M. Knödler-Pasch, G. Mildenberger & B. Rampp (Hrsg.), Wertloses Wissen? Fachunterricht als Ort ethischer Reflexion (31–51). Bad Heilbrunn: Klinkhardt.
Fischer, P. (1996). Zur Genealogie der Technikphilosophie. In: ders. (Hrsg.), Technikphilosophie. Von der Antike bis zur Gegenwart (255–335). Leipzig: Reclam.
Gehring, P. (2013). Technik in der Interdisziplinaritätsfalle – Anmerkungen aus Sicht der Philosophie. Journal of Technical Education (JOTED), 1(1), 132–146.
Gehring, P. & Richter, P. (2016). Art. Ethik/Ethik im Unterricht. In: P. Richter (Hrsg.), Professionell Ethik und Philosophie unterrichten. Ein Arbeitsbuch (149–154). Stuttgart: Kohlhammer.
Hubig, C. (2000). Historische Wurzeln der Technikphilosophie. In: ders., G. Ropohl & A. Huning (Hrsg.), Nachdenken über Technik. Die Klassiker der Technikphilosophie (19–40). Berlin: VDI.
Hubig, C. (2006). Die Kunst des Möglichen I. Technikphilosophie als Reflexion der Medialität. Bielefeld: transcript.
Hubig, C. (2007). Die Kunst des Möglichen II. Ethik der Technik als provisorische Moral. Bielefeld: transcript.
Hubig C. (2015). Die Kunst des Möglichen III. Macht der Technik. Bielefeld: transcript.
Kaminski, A. (2010): Technik als Erwartung. Grundzüge einer allgemeinen Technikphilosophie. Bielefeld: transcript.
KMK (2007). Handreichungen für die Erarbeitung von Rahmenlehrplänen der Kultusministerkonferenz (KMK) für den berufsbezogenen Unterricht in der Berufsschule und ihre Abstimmung mit Ausbildungsordnungen des Bundes für anerkannte Ausbildungsberufe – online, 1–39, http://www.kmk.org/fileadmin/Dateien/veroeffentlichungen_beschluesse/2007/2007_09_01-Handreich-Rlpl-Berufsschule.pdf, Stand vom 05.10.2016.
Leroi-Gourhan, A. (1964/65). Le geste et la parole. Paris: Albin.
Luhmann, N. (1990). Die Zukunft kann nicht beginnen. Temporalstrukturen der modernen Gesellschaft. In: P. Sloterdijk (Hrsg.), Vor der Jahrtausendwende. Berichte zur Lage der Zukunft Bd. 1 (119–150). Frankfurt am Main: Suhrkamp.
Pfister, J. (2010). Fachdidaktik Philosophie. Bern: Haupt/UTB.
Pittich, D. & Tenberg, R. (2013). Wie funktioniert Kompetenzmessung im technischen Unterricht? In: Die berufsbildende Schule 1(65), 7–14.
Rapp, F. (2012). Analysen zum Verständnis der modernen Welt. Wissenschaft – Metaphysik – Technik. Freiburg im Breisgau: Alber.
Red. (1998). Art. Technik. In: Historisches Wörterbuch der Philosophie, hrsg. v. J. Ritter & K. Gründer, Bd. 10 (940–952), Basel: Schwabe. [Dort vor allem „C. 20. Jh. – 1. Technik-Philosophie gegen Ende des 19. und am Anfang des 20. Jh."]

Richter, P. (2016). Konzeption und föderale Wirklichkeit. Philosophie/Ethikunterricht im Pluralismus. In: ders. (Hrsg.), Professionell Ethik und Philosophie unterrichten. Ein Arbeitsbuch (15–30). Stuttgart: Kohlhammer.

Ropohl, G. (2009). Signaturen der technischen Welt. Neue Beiträge zur Technikphilosophie. Berlin: LIT.

Schmayl, W. & Wilkening, F. (1995). Technikunterricht. Bad Heilbrunn: Klinkhardt.

Tenberg, R. (2011). Vermittlung fachlicher und überfachlicher Kompetenzen in technischen Berufen. Theorie und Praxis der Technikdidaktik. Stuttgart: Franz Steiner.

Waldenfels, B. (1998). Grenzen der Normalisierung. Studien zur Phänomenologie des Fremden 2. Frankfurt am Main: Suhrkamp.

Waldenfels, B. (2002). Bruchlinien der Erfahrung: Phänomenologie, Psychoanalyse, Phänomenotechnik. Frankfurt am Main: Suhrkamp.

1.3 Soziologische Perspektiven der Technikdidaktik

Uwe Pfenning (Deutsches Zentrum für Luft- und Raumfahrt (DLR))

Zusammenfassung

Technikdidaktik in modernen Gesellschaften, die als Hochtechnologie-Standorte gelten, wird in diesem Beitrag als erweitertes sozio-technisches Konzept zur Vermittlung sozialer und gesellschaftlicher Bezüge der Technik und ihrer Technologien interpretiert. Zu fachlichen Themen und Methoden gesellen sich Aspekte des sozialen Sinns von Technologien, individueller Technikmündigkeit als neues Bildungsideal und Technikemanzipation als neues gesellschaftliches Technikverständnis.

Abstract

Sociological Perspectives in Technical Didactics

Technological literacy and didactics means to transmit specific knowledge towards technologies to individuals. In modern societies, known as high-technology-nations, a socio-technological is an innovative approach for technological didactic. Beside and complementary to specifically science topics there are sociological issues, according to the social sense of technologies, technological literacy as individual competence to choose and use innovative technologies and attributing technic as science, including a process of emancipation from natural science disciplines. Both becomes more closer and interdisciplinary.

1 Zur Soziotechnik einer modernen Technikdidaktik

Technikdidaktik fokussiert im tradierten Verständnis primär auf Kompetenzen und Methoden zur Vermittlung technischen Fachwissens und technischer Verfahren (vgl. DGTB 2015). Was so trivial klingt, ist bei genauem Hinsehen nicht ohne Probleme.

Denn ein sozialwissenschaftliches Verständnis von Technik zielt auf den Umgang mit Technik durch ihre Nutzer (interaktive Ebene), ihre gesellschaftliche Funktionen (systemische Ebene) und den sozialen Sinn ihrer Produkte und Verfahren (kognitive Ebene). Die Betrachtung der Wechselbeziehungen zwischen diesen drei Ebenen macht Technikdidaktik komplex.

Die nachfolgende Grafik aus einen der ersten Ingenieurbarometer 2000 verdeutlicht den Handlungsbedarf. Von Abschlusskohorte zu Abschlusskohorte verschlechtern sich die Bewertungen des Studiums (Ausnahme Teamorientierung). Besonders auffällig ist die zunehmende Verschlechterung bei den Kriterien „berufsbezogen", „konkret" und „praxisbezogen". Es zeigt sich ein Zwiespalt zwischen Theorie und Praxis. Dies fordert die Technikdidaktik eigentlich heraus.

Abbildung 1: Zufriedenheit mit dem Ingenieurstudium: Abschlusskohorten 1900 bis 2000

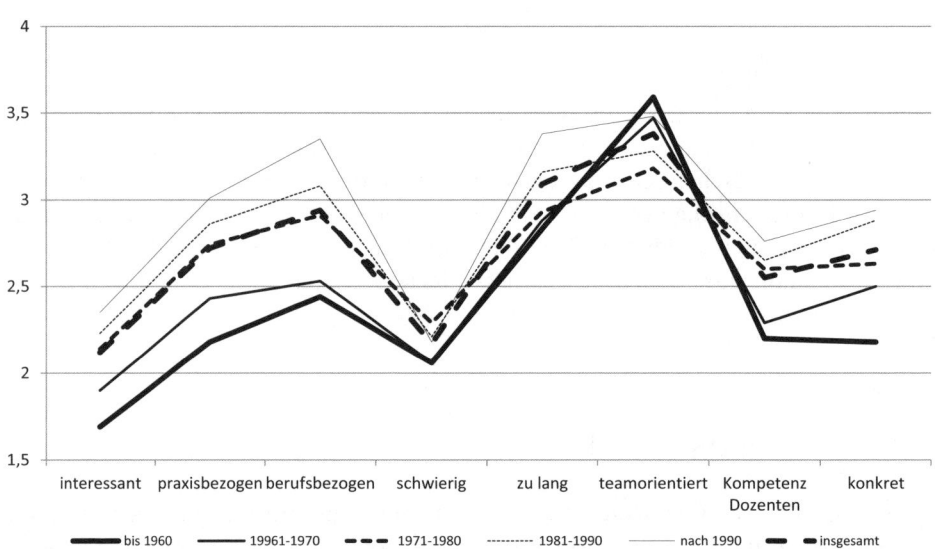

Mittelwerte, Skala 1 = sehr gut – 5 = sehr schlecht, n = 1053 Ingenieure und Naturwissenschaftler.
Quelle: Eigene Berechnungen, Ingenieurbarometer 2001 (VDI/TA-Akademie),Pfenning/Renn/Mack 2002.

Soll Didaktik kein Selbstzweck sein, sollte sie in ihrer Ausgestaltung die nötigen Kenntnisse für ein umfassendes Verständnis von Technik vermitteln. Nachfolgend werden deshalb grundlegende soziologische Assoziationen aufgeführt, die die individuelle und gesellschaftliche Nutzung von Technik mit Bildungsaspekten verknüpfen.

1.1 Selbstverständnis von Technik: Technikemanzipation und ihre Soziohistorie

So verändert(e) sich das Selbstverständnis von Technik bei ihren Akteuren ebenso wie in der Gesellschaft. Technik hat ihre Soziohistorie. Sie wurde zur Technikwissenschaft mit philosophischen Attributen des Erkennens, Erklärens und Verstehens, was die

Welt im Innersten zusammenhält (Goethe 1808). Vom eingeschränkten Verständnis als umsetzungsbezogenen Appendix der Naturwissenschaften hat sie sich längst emanzipiert (Sachs 2015). Naturwissenschaftliche Erkenntnisse gelingen zunehmend nur noch durch hochkomplexe Technologien wie zur Beobachtung des Kosmos[1], von Atomstrukturen[2], Veränderungen im Genom[3] oder enormen Computerkapazitäten[4]. Es wächst fachlich zusammen, was kulturell einst getrennt wurde (Pfenning 2010).

Der Begriff Technikemanzipation (Pfenning & Renn 2012) bezeichnet diese Soziohistorie der Technik. Für die Didaktik gilt es deshalb, Technik als Wissenschaft qua Technikemanzipation zu vermitteln. Gesellschaftlich ist diese Attribuierung von Technik als Wissenschaft ein zentraler Punkt ihrer Legitimation als Bildungsziel. Individuell kann sie Motivation für das Ergreifen technischer Berufe mit dem Fokus auf wissenschaftlicher Forschung sein.

1.2 Technikinterpenetration & Technikmündigkeit

Technik durchdringt in der Moderne Freizeit, Beruf und Alltag der Menschen wie auch die Gesellschaft mittels Infrastrukturen zur Mobilität, Kommunikation und der Daseinsvorsorge und ist Grundlage wirtschaftlicher Prosperität sowie von Zivilisation. Wenn eine Gesellschaft ein solches Entwicklungsstadium erreicht hat, wird Technikbildung zwingend zur Allgemeinbildung. Real ist diese in der Allgemeinbildung defizitär[5] Diese Interpenetration bedingt für die Handhabung von Alltagstechnologien eine individuelle Kompetenz. Als Beispiel mag die Vision des autonomen Fahrens dienen. Für Systemtechnologien bedingt dies ein Wissen und eine Diskussion über Chancen und Risiken, Kosten und Folgen (Renn 2014). Auf dieser Basis können eigene Urteile über diese Technologien getroffen werden, ob mann&frau sie nutzt, toleriert oder ablehnt. Diese gesellschaftliche Diskussion und demokratische Entscheidung über System- und Gesellschaftstechnologien ist wichtig, um auch bei individueller Ablehnung solcher Technologien deren Tolerierung zu gewährleisten (Akzeptabilität). Dies ist für technologische Innovationen bedeutsam.

Beide Bereiche der Vermittlung einer individuellen Technikkompetenz zum Verständnis der jeweiligen Technologien, deren Risiken und Chancen kennzeichnen eine Technikmündigkeit als Bildungsziel (Pfenning & Renn 2012). Bürger sollen durch Bildung in die Lage versetzt werden, individuelle Alltagstechnologien adäquat zu nutzen,

---

[1] Vgl. zum Beispiel die Erfolgsgeschichte der Weltraumteleskope wie Hubble & Co und die neuen Erkenntnisse zu Theorien über die Entstehung des Universums, dessen Expansion, dunkler Materie u. v. a.
[2] Vgl. dazu Elektronen- und Rastermikroskope zur Abbildung von atomaren „Umwelten" und klassischen naturwissenschaftlichen Atommodellen.
[3] Vgl. dazu die Fortschritte in den Gentechnologien von Retroviren bis zum modernen CRISPsp-Verfahren und deren ethische Implikationen.
[4] Vgl. dazu die Szenarien und Simulationen zum Klimawandel, zur Entschlüsselung des menschlichen Genoms.
[5] Hierzu sei auf die Etablierung der vielen außerschulischen Lernorte verwiesen. So sehr dieses Engagement für die Technikbildung soziologisch zu begrüßen ist, so sehr ist es systemtheoretisch gedacht eine latente Kritik am bestehenden Bildungssystem und dessen tradierten Fächerkanon ohne Technikunterricht (VDI/Acatech 2012).

Systemtechnologien (z. B. Bio- und Gentechnologien) hinsichtlich ihres Sinns, Risiken, Bedenken, Chancen und Potenzialen einschätzen zu können sowie Gesellschaftstechnologien auszuwählen.

1.3 Auswahl von Gesellschaftstechniken

Diese Annahme leitet über zu Gesellschaftstechnologien: Technologien, auf die sich eine Gesellschaft für grundlegende Funktionen ihrer Daseinsvorsorge verständigt hat. Sie sollten aus einem breit angelegten gesellschaftlichen Diskurs (Habermas) hervorgehen, weil sie darin ihre demokratische Legitimation findet. Dies betrifft aktuell die Energiewende sowie – damit verbunden – eine Neuausrichtung der individuellen Mobilität auf die so genannte E-Mobilität. Leitbild ist eine All Electric Society (AllES) als nachhaltige Energieversorgung mit erneuerbaren Ressourcen. Im Gegensatz zu Systemtechnologien verbleibt dem Individuum als Nutzer oder Konsument dieser Technologien keine Wahl oder Alternative. Sie wird von der Gesellschaft vorgegeben.

Der besondere Status einer Gesellschaftstechnik legitimiert die Vermittlung dieser Technik (z. B. erneuerbare Energien) und ihrer Technologien (z. B. Photovoltaik, Biomasse, Wind, Wärmepumpen u. a.) als obligatorische Bildungsaufgabe. Diese geht weit über die reine Wissensvermittlung im Rahmen der Schulbildung hinaus, sondern umfasst auch die Intention zur Verhaltenssozialisation zur Nutzung dieser Technologien (z. B. Energieeffizienz). Sie wird zur Norm und sie setzt Verhaltensnormen, die idealerweise auf individuellen Überzeugungen basieren (Zinn 2013:11–21). In der Soziologie wird dieser Prozess als Sozialisation beschrieben: die Internalisierung gesellschaftlich gewünschter individueller Verhaltensweisen aufgrund erlernter Überzeugungen und Motivationen. Die Technikdidaktik ist gefordert, Methoden zu finden, die jungen Menschen solche Sozialisationsprozesse ermöglichen. Ansatzpunkt könnte die Vermittlung des sozialen Sinns der jeweiligen Technologien sein, um eine intrinsische Motivation zu generieren, sich näher damit zu beschäftigen.

1.4 Zur Vermittlung des sozialen Sinns von Technologien

Ein wesentliches Element der Vermittlung von Gesellschaftstechnologien ist die Vermittlung von deren sozialen Sinns (Minks 2004). Was ist der soziale Sinn einer Technik? Nun, es ist deren Ziel und die Konformität zu allgemeinen Wertorientierungen. Der soziale Sinn der Humangenetik sind bessere Heilungschancen für genetische wie auch andere gefährlichen Krankheitsbilder. Der soziale Sinn der Energietechnik ist die nachhaltige Versorgung mit Strom und Wärme, um den Klimaschutz zu verbessern. Der eigentliche soziale Sinn des Internets ist die weltweite kommunikative Verknüpfung von Menschen miteinander (i. e. Netzwerk) und die Verteilung von Wissen. Der soziale Sinn der Informatik ist die Nutzung von Computern im Alltag und Beruf, Unterhaltung zu erleben oder sich zu vernetzen. Der soziale Sinn der Raumfahrttechnik ist die Neugierde auf neue Erkenntnisse zum Kosmos und das Erschließen neue Welten. Sozialer Sinn kann mithin reale Praxis wie auch Visionen beinhalten. Eine weitere Herausforderung für die Technikdidaktik.

Ohne Vermittlung ihres sozialen Sinns ist eine Gesellschaftstechnologie ohne Legitimation, auch wenn sie umfänglich genutzt wird (vgl. Kernenergie). Manchmal geht der soziale Sinn tradierter Technologien in neue, diese ersetzende Technologien auf. In anderen Fällen konterkarieren und konkurrieren soziale Sinnsetzungen von Technologien miteinander, z. B. im Wettstreit von Verbrennungs- und E-Motoren im Widerstreit von Reichweiten und Umweltschutz.

Der soziale Sinn scheint eine besondere Bedeutung für die Gewinnung von technisch-naturwissenschaftlich talentierten und interessierten Mädchen für solche Berufe zu haben. Diese sind signifikant in technischen Berufen mit offensichtlichen sozialen Bezügen wie Umwelt-, Energie- und Medizintechnik weitaus häufiger vertreten (> 30 %) als in den klassischen Technikdisziplinen wie Maschinenbau (ca. 10 %) oder Elektrotechnik (< 8 %), denen ihr sozialer Sinn abhandenkam bei ihrer Vermittlung (Spangenberger 2016; Wetzel et al. 2011; Godroy-Genin 2010; Ihsen et al 2009).

1.5 Nachwuchskräfte für Technikberufe – zum Wissen über Technikberufe

Obschon Technik in der klassischen deutschen Philosophie als bildungsfremd angesehen wurde (vgl. Kapitel 2.2 in diesem Buch), gebührt der Technik heute der Rang, dass sie maßgeblich ökonomische Prosperität bewirkt und damit gesellschaftlichen Wohlstand sichert (FEANI 2010, Prognos/VDMA 2002, VDI 2007). Diese gesellschaftliche Funktionalität steht im scheinbaren Widerspruch zur langanhaltenden und immer noch aktuellen Debatte zum Fachkräftemangel in technisch-naturwissenschaftlichen Berufen, handwerklich wie akademisch (Zwick & Renn 2000; Pfenning et al 2002; VDI/acatech 2010; Mammes & Glaube 2015). Soziologisch dokumentiert diese Debatte eher die Diskrepanz zwischen der funktionalen Notwendigkeit hunderttausendfach interessierte und talentierte Ingenieur/innen für solche Berufe zu gewinnen und der fehlenden individuellen, motivationalen Förderstruktur hierfür im Bildungssystem[6]. Der Nachwuchsmangel ist ein Systemversagen in der technischen Allgemeinbildung.

Die vorliegenden wissenschaftlichen Studien verweisen auf marginale Effekte bei punktuellen Maßnahmen für junge Heranwachsende (Kirshner & Sweller 2006), hinreichenden Effekten bei intensiven, kontinuierlichen Effekten durch schulische Angebote (Ziefle & Jakobs 2009; Arnold, Hiller & Weiss 2010; LeLa 2013; Guderian & Priemer 2008) und erhoffen bessere Effekte durch frühkindliche Angebote zur MINT-Bildung, mithin Sozialisationseffekte (Ziefle & Jakobs 2009). Eine der erfolgreichsten Initiativen, die Stiftung Haus der kleinen Forscher, widmet sich genau diesen Anliegen (Pahnke & Rössler 2012). Dahinter verbirgt sich die Erkenntnis, dass die „Rekrutierung" von Nachwuchskräften sich immer weniger aus strukturellen Anreizen wie der Lage am Ar-

---

[6] Hierbei gilt die Annahme, dass die berufliche Technikbildung an Gewerbeschulen wie auch an Technischen Gymnasien der individuellen Entscheidungsfindung der jungen Menschen nachgeordnet sind. Sie sozialisieren nicht mehr das Interesse, sondern kultivieren die Fachausbildung auf Basis einer zuvor betroffenen individuellen Entscheidung Pro-Technikberuf.

beitsmarkt ergibt, sondern am nachhaltigsten durch eine institutionell kontinuierlich geförderte individuelle Motivation (VDI & acatech 2009; OECD 2008), mithin generativen Effekten.

Für die Technikdidaktik erschließen sich hier neue Zielgruppen mit neuen Themen, nämlich Kinder und Jugendliche unter 14 Jahren. Pädagogisch erscheint in diesen Kontexten der soziale Sinn bedeutsamer, praktisch stehen einfache Experimente und Haptik (Werken) im Vordergrund. Es wird interessant, ob die Technikdidaktik dadurch soziologischer und sozialpädagogischer wird als bisher? Inhaltlich geht es hierbei um die didaktisch attraktive Wissensvermittlung von Berufs- und Tätigkeitsprofilen, die im Ingenieurbereich zunehmend auseinander treiben.

Die Vermittlung von Wissen über Technikberufe, oder allgemeiner MINT-Berufe, wird dadurch auch zur Aufgabe der Technikdidaktik. Die beiden Schaubilder verdeutlichen die Vielzahl der Motivlagen (auf Basis von explorativen Faktorenanalysen) und deren Unterschiedlichkeit nach Geschlecht. Es reicht also wohl nicht eine Technikdidaktik aus.

Abbildung 2a und 2b: Motivlagen von Schülerinnen (oben) und Schülern (unten)

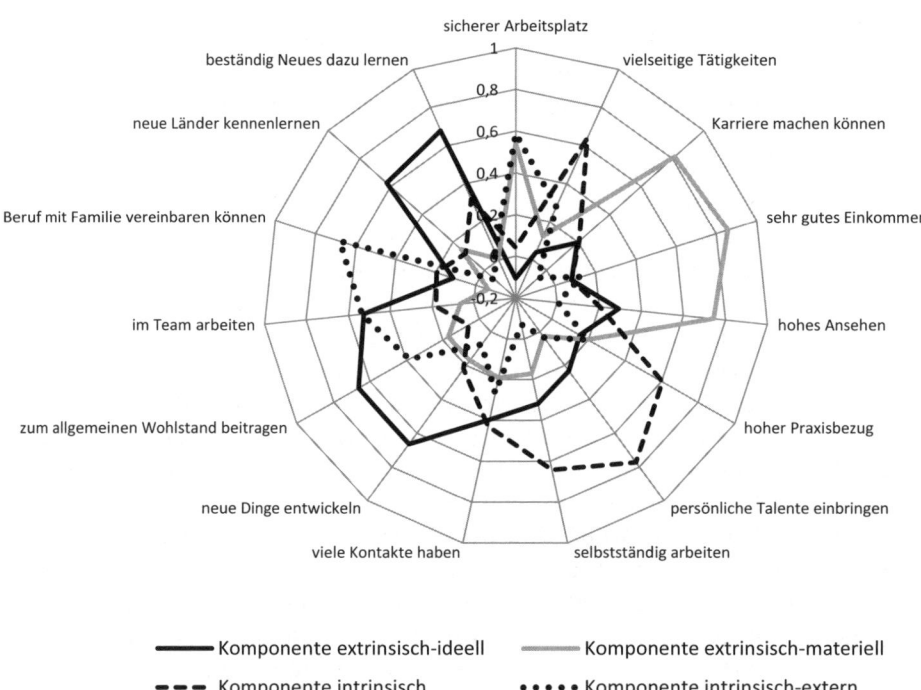

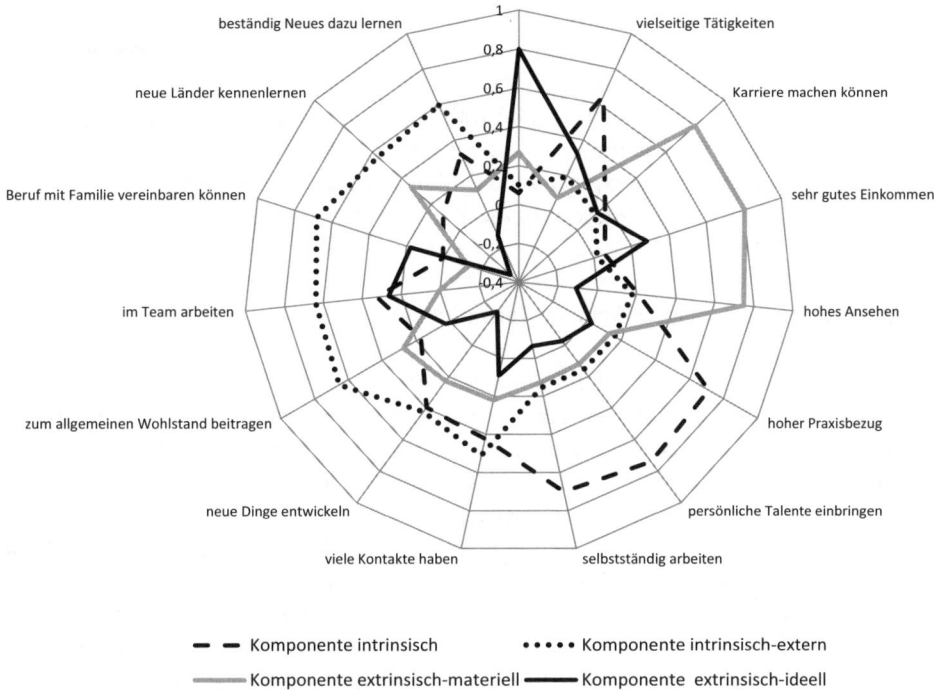

KMO-Bartlett-Test p=.0001, erklärte Varianz =58 %, Hauptkomponentenanalyse, Varimax-Rotation, Kommunalitäten zwischen .45 und .85

1.6 Technische Didaktik und digitale Bildung

Zudem ist der Vermittlung der Technik eine Reflexivität auf sich selbst zu Eigen. Der Fortschritt in der audiovisuellen-virtuellen Darstellung von Lerninhalten verändert die technischen Unterrichtswelten. Sie werden digital, mehrdimensional, funktional, virtuell und interdisziplinär. Digitale Informationsmöglichkeiten wie Wissensdatenbanken („Wiki's") erweitern individuelle wie gesellschaftliche Wissenshorizonte enorm. Computerprogramme als Hilfsmittel helfen komplexe technische Zusammenhänge zu visualisieren und zu analysieren. Komplexe oder gefährliche Experimente können via Simulationen virtuell durchgeführt werden. 3D-Drucker, digitale Fräsen und Miniaturen von Automatisierung (FESTO-Meclab, Pitschellies 2012) bilden Produktionsprozesse ab.

Die solchen Unterrichtswelten assoziierten konkreten Lernumwelten segregieren sich allerdings in semiprofessionelle Science Center und außerschulischen Schülerforschungszentren (VDI & acatech 2010; acatech 2011; DIHK 2016) „versus" oftmals nur unzureichend ausgestatteten Schulen. Deshalb wird die Kooperation von solchen außerschulischen Lernorten und Schulen bedeutsamer und nimmt Einfluss auf die Technikdidaktik. Denn die Vermittlung der Modernität von Technik vollzieht sich am besten durch den Einsatz moderner technischer Geräte und Verfahren im Unterricht. Durch diese Projektbezüge kommen sich Theorie und Praxis näher und näher und verschmelzen letztlich miteinander. Damit verbunden ist auch eine erhöhte Interdisziplinarität zur Vermittlung von Technik und Naturwissenschaften. Computergestützte mathematische Auswertungen von Messdiagrammen, sensorengestützte, physikalische Messdaten von chemischen Experimenten, Bionik, Mechatronik und Photonik u. v. a. repräsentieren diese gelebte Interdisziplinarität. MINT kommt zum Vorschein.

2 Sozio-MINT – Zum sozialen Sinn der Technikdidaktik

Dieser Fachband trägt der Vielfalt der Technikdidaktik als wissenschaftliche Disziplin ausgiebig Rechnung. Wichtig ist aus soziologischer Sicht eine grundlegende Unterscheidung in der Technikdidaktik zwischen der Technikdidaktik selbst und den einzelnen Technologiedidaktika. Gewissermaßen kann von einer allgemeinen und spezifischen Technikdidaktik gesprochen werden.

Die Nutzung von Technologien durch Akteure und Konsumenten wirkt a) zurück auf die Ausgestaltung der Technik ihrer selbst und b) definiert Technik als Technik aus Sicht der Nutzer/innen erst. So macht es aus analytischer Sicht der Soziotechnik einen Unterschied, ob ich Strom nur als Mittel der Daseinsvorsorge ansehe oder auch als Beitrag zum Klimaschutz. Dies bestimmt die Auswahl der Energieträger zur Stromerzeugung und hat als sozial geteiltes Verhalten Rückwirkungen auf das gesamte Energieversorgungssystem. Solche Wechselbeziehungen charakterisieren nach Günter Ropohl das Konzept einer technikphilosophischen Soziotechnik. Es gibt zwei grundlegende Erkenntnisse des Anthropozäns, die die Soziotechnik als Basis einer modernen Technikdidaktik rechtfertigen:

Erstens die Erkenntnis, dass menschliche Handhabungen von Technologien, im kleinen individuellen wie im großen gesellschaftlichen Rahmen, globale Öko-Systeme mit oftmals unintendierten negativen Effekten[7] aus ihrem natürlichen Gleichgewicht bringen.

Zweitens die Möglichkeit, dass **nachhaltige** Technologien diese Effekte kompensieren können. Also Verhaltensänderungen im Umgang mit Technologien wirken. Allerdings nur wenn es sich um Kreislaufsysteme und einen sozialverträglichen Umgang handelt. Dies bedeutet: Technologien und ihre gesellschaftliche Funktionalität wie auch individuelle Nutzung erbringen gemeinsam den Sinn. Dazu zählen auch Konventionen und die Legitimation von Einschränkungen von technischen Optionen[8].

---

[7] Das bekannteste Beispiel ist derzeit sicherlich der Klimawandel durch Treibhausemissionen durch Verbrennungsmotoren (i. e. Technologie). Aber auch das Ozonloch durch fluorierte Kohlenwasserstoffe (FCKW) oder die Überfischung von Meeren wie auch die Gefährdung der Ost- und Nordsee durch massive Dünnsäureverklappung und von Gewässern und Einleitung ungeklärter Abwässer ließen sich in einer Soziohistorie damit verbinden.

[8] Das bekannteste Beispiel hierfür ist die Gentechnologie mit ihren Optionen zu Eingriffen in die Keimbahn und DNA von Lebewesen.

Diese beiden Erkenntnisse legitimieren und erfordern eine allgemeine Technikbildung maßgeblich, neben deren Durchdringung der Lebenswelten. Für die Technikdidaktik bedeutet dies die Aufnahme soziologischer, philosophischer und soziotechnischer Aspekte.

Die soziotechnische Deutung der Technikdidaktik zielt primär auf eine Allgemeinbildung mit den Zielen der Vermittlung eines a) modernen Technikverständnis (Technikemanzipation), b) ihrer individueller Bezügen (Technikmündigkeit und Technikinterpenetration), c) ihrer gesellschaftlichen Funktionalitäten (Prosperität und Zivilisation) und d) ihrer Soziohistorie. In diesen Punkten kommt die Soziotechnik zum Ausdruck, um Technik als soziales Konstrukt und als soziales System darzustellen. Das soziale Konstrukt kann anhand von Biographien relevanter Forscher/innen und Entdecker/innen vermittelt werden, deren Visionen und Ideen nach und nach gesellschaftlich anerkannt und in Wissenschaft und Wirtschaft Anwendung fanden. Technik als soziales System findet sich in der individuellen Anwendung von Alltagstechnologien und ihrer Aufgabe der Daseinsvorsorge. Der schöne Begriff Sozio-MINT bezeichnet diesen Ansatz sehr treffend. Ihm sind etliche philosophische Themen (Erkennen und Verstehen), wissenschaftstheoretische Implikate (Interdependenzen von Technik- und Naturwissenschaften, Interdisziplinarität) sowie der Wissenschaftskommunikation (Vermittlung gesellschaftlicher, individueller und sozialer Zusammenhänge) immanent. Diese allgemeine Technikdidaktik hat eigentlich als Zielgruppe alle Menschen im Blick. Sie ist Teil der Allgemeinbildung an allen Schulen (Buhr & Hartmann 2008; De Vries 2012).

Die spezifischen Technologiedidaktika fokussieren hingegen auf die Vermittlung von a) dem jeweiligen Fachwissen, b) jeweiligen experimentellen Anwendungen, c) assoziierten praktischen Anwendungen, d) technischen und naturwissenschaftlichen Theoriebezügen sowie e) der Darstellung damit verbundener Berufsbilder und Tätigkeitsprofile. Primäre Lernziele sind basale Kenntnisse der Technik zu vermitteln sowie den Schüler/innen die Option anzubieten, zu erkennen, ob sie technisch interessiert und talentiert sind. Die spezifische Technikdidaktik ist nahe an der Talentförderung, wie sie vielen MINT-Initiativen als Ziel formuliert ist. Die spezifische Didaktik kann verstärkt auf bewährte Lern- und Lehrmethoden zurückgreifen und hat eine große Schnittstelle zur bisherigen klassischen Technikdidaktik (DGTB 2015). Die Erkenntnisse sind hierzu als valide, erprobt und bewährt einzuschätzen. Wir wissen um die Vermittlung technischer Komplexitäten und Zusammenhänge. Wagt mann&frau einen Blick in die Inhaltsverzeichnisse der Jahresbericht zu den Tagungen der Deutschen Gesellschaft für technische Bildung, zeigen sich zunehmend interdisziplinäre Themen zu Natur, Alltag und zur Philosophie. Die Praxis scheint von der Theorie nicht mehr weit entfernt. Es fehlt „nur" die didaktische Klammer. Diese war ausgeklammert, weil „der" Technikdidaktiker sich bisher überwiegend bis ausschließlich auf seine technische Fachdidaktik konzentrierte, zumindest in der Praxis.

Zielgruppe	Spezifische Themenfelder der Technikdidaktik	Methodik
Kinder Grundschule	Bezüge zum Alltag und Freizeit Technik und Zivilisation Technikwissenschaft als Forschung Technik und Erkennen	Einfache Experimente Forscherrollenspiele Storylines zu Erfinder/innen und Entdecker/innen
Sekundarstufe I	Bezüge zur Gesellschaft und Wirtschaft Vermittlung der verschiedenen Technikbereiche - Alltagstechnologien - Systemtechnologien - Gesellschaftstechnologien Vermittlung der Technikphilosophie - Technik und Erklären - Technik und Verstehen - Kenntnis und Erkennen Vermittlung Technikmündigkeit	Komplexe Experimente Nutzung von Freizeittechnologien - Smartphones - Internet Beispiele für Gesellschaftstechniken: - Energiewende - Internet PUSH-Konzepte Besuche/Workshops in Science Center
Sekundarstufe II	Technikverständnis der Neuzeit Bezüge zu Technikberufen - Forschung und Entwicklung - Produktion - Vertrieb und Service - akademisch und gewerblich Darstellung der Interdisziplinarität - Bionik - Photonik - MINT Vermittlung Technikemanzipation und Soziohistorie der Technik Sozio – MINT und Soziotechnik - sozialer Sinn der Technologien - Abwägung Risiken und Chancen - Interaktionismus Mensch-Technik	Interdisziplinäre Experimente Forschungsprojekte Praktika Literaturarbeiten Geschichte von technischen Fehlentwicklungen und positiven Technikleitbildern Technikfolgenabschätzung

Übersicht 1: Raster für eine soziotechnische Vermittlung von Technik als Aufgabe der Technikdidaktik

3 Zusammenfassung

Die soziologische Perspektive zur Technikdidaktik ist ambitioniert. Zielt sie doch auf a) eine wichtige inhaltliche Ergänzung hinsichtlich der Vermittlung eines individuellen emanzipierten Verständnisses und mündigen Umgangs mit Technologien, b) die Vermittlung gesellschaftlicher Zusammenhänge von Technik und c) die Verbindung von fachspezifischen Kenntnissen mit ihren soziotechnischen Implikationen von Nutzung, Akzeptanz und Akzeptabilität sowie Technikfolgenabschätzung. Dies mündet in einer

Ausdifferenzierung von allgemeiner und spezifischer Technikdidaktik mit der zusätzlichen Unterscheidung zwischen Technik und Technologien als zentrale Foki der jeweiligen Didaktik.

Zentrale Annahmen sind, dass Technikbildung in modernen, technikgeprägten Wissensgesellschaften zwingend Teil der Allgemeinbildung sein muss. Für die Technikdidaktik hat dies zur Folge, dass sie von einer Fachdidaktik zusätzlich auch zu einer allgemeinen Technikdidaktik wird. Sie gewinnt dadurch an Bedeutung im Bildungssystem, trägt aber auch mehr Verantwortung für die Vermittlung der zentralen Wissenserkenntnisse der Moderne. Der Beeinflussung globaler Ökosysteme durch anthropogene Nutzungen von Technologien! Eine adäquate sinnvolle Nutzung von Technologien schließt deshalb die Vermittlung deren sozialen Sinns ein und legitimiert den Ausschluss anderer technischer Optionen.

Literatur

Acatech – Deutsche Akademie der Technikwissenschaften (2011). Monitoring von Motivationskonzepten für den Techniknachwuchs. Reihe „acatech berichtet und empfiehlt" Nr. 5. München/Berlin: Springer Verlag Heidelberg.

Acatech – Deutsche Akademie der Technikwissenschaften & VDI (2009). Nachwuchsbarometer Technikwissenschaften. Ergebnisbericht. München/Düsseldorf.

Arnold, A., Hiller, S. & Weiss, V. (2010). Lernmotivation im Technikunterricht. Projektbericht. Stuttgart: Universität Stuttgart.

Buhr, R. & Hartmann E. A. (2008, Hrsg.). Technikbildung für Alle – Ein vernachlässigtes Schlüsselelement der Innovationspolitik. Berlin: Institut für Innovation und Technik.

De Vries, M. J. (2012). Teaching for Science and Technological Literacy: An International Comparison. In: U. Pfenning, & O. Renn, (2012, Hrsg.). Wissenschafts- und Technikbildung auf dem Prüfstand (93–110). Berlin-Brandenburgische Akademie der Wissenschaften. Baden-Baden: Verlag Nomos.

Deutsche Gesellschaft für technische Bildung (DGTB) (2015). Hrsg. von W. Bienhaus, & C. Wiesmüller,: Technische Bildung und MINT. Chance oder Risiko. 16.Tagung der DGTB in Oldenburg. Offenbach.

Deutscher Industrie- und Handelstag (DIHK) (2016). Qualitätssicherung von MINT-Bildungsprojekten. Darmstadt.

Fédération Européenne d'Associations Nationales d'Ingénieurs (FEANI) (2010). More Engineers for Europe. FEANI News Vol./Issue 6, February 2010. Brüssel.

Godfroy-Genin, A. S. (2010, Hrsg.). Prometea – Women in Engineering and Technology Research. Münster/Berlin.

Goethe, W. v. (1808). Faustus – der Tragödie erster Teil. Szene „Die Nacht".

Guderian, P. & Priemer, B. (2008). Interessenförderung durch Schülerlaborbesuche – eine Zusammenfassung der Forschung in Deutschland. In: Physik und Didaktik in Schule und Hochschule, 27–36.

Ihsen, S., Jeanrenaud, Y. & Hantschel, V. (2009). Potenziale nutzen – Ingenieurinnen zurückgewinnen – zum Drop-Out von Ingenieurinnen. TU München & Impuls- Stiftung. München/Stuttgart.

Kirschner, P. A., Sweller, J. & Clark, R. E. (2006). Why Minimal Guidance During Instruction Does Not Work: An Analysis of the Failure of Constructivist, Discovery, Problem-Based, Experimental, and Inquiry-Based Teaching. In: Educational Psychologist Nr. 41(2) (75–86). Lawrence Erlbaum Associates Inc.

LeLa-Magazin (2013). Wirkungen schulischer Vorbereitung auf den Besuch des DLR_School_Lab. Ausgabe 11/2013 (Nr.7). Bundesverband der Schülerlabore. Klett-MINT-Verlag. Stuttgart.

Mammes, I. & Graube, G. (2016). Gesellschaft im Wandel. Konsequenzen für natur- und technikwissenschaftliche Bildung in der Schule. Bad Heilbrunn: Verlag Klinkhardt.

Minks, K. H. (2004). Wo ist der Ingenieurnachwuchs. In: Kurzinformation des Hochschul-Informations-Systems (HIS) (2004). Aktuelle Informationen zur Attraktivität des Hochschulstandortes Deutschland. A5/2004. (13–29). Hannover.

OECD (2008). Measuring Improvements in Learning Outcomes. Best practices to assess the value-added of schools. Paris: OECD Publishing.

Pahnke, J. & Rösner, P. (2012). Frühe MINT-Bildung für alle Kinder – die Initiative „Haus der kleinen Forscher". In: U. Pfenning& O. Renn (2012, Hrsg.). Wissenschafts- und Technikbildung auf dem Prüfstand (233–248). Berlin-Brandenburgische Akademie der Wissenschaften (BBAW). Baden-Baden: Verlag Nomos.

Pfenning, U. & Renn, O. (2012, Hrsg.). Wissenschafts- und Technikbildung auf dem Prüfstand. Zum Fachkräftemangel und zur Attraktivität der MINT-Bildung und -Berufe im europäischen Vergleich. Berlin-Brandenburgische Akademie der Wissenschaften. Baden-Baden: Verlag Nomos.

Pfenning, U. (2010). Mehr Technikbildung, bitte! In: DIDACTA Das Magazin für lebenslanges Lernen, Heft 3/2010 (September/Oktober) (7–14). Darmstadt.

Pfenning, U., Renn, O. & Mack, U. (2002). Zur Zukunft technischer und naturwissenschaftlicher Berufe – Strategien gegen den Nachwuchsmangel. Stuttgart:Akademie für Technikfolgenabschätzung in Baden-Württemberg.

Pittschellis, R. (2012). Der Beitrag von FESTO für die didaktische Strukturierung der Technikbildung. In: U. Pfenning & O. Renn (Hrsg). Wissenschafts- und Technikbildung auf dem Prüfstand (223–232). Baden-Baden: Verlag Nomos.

Prognos AG & Stiftung Impuls VDMA (2002). Mittel- bis langfristiger Bedarf an Ingenieuren im deutschen Maschinen- und Anlagenbau. Prognos AG (Hrsg.) im Auftrag der Stiftung IMPULS. Stuttgart/Basel.

Renn, O (2014). Das Risikoparadox – Warum wir uns vor dem Falschen fürchten. Frankfurt a. M.:Fischer-Verlag.

Sachs, B. (2015). Gegen eine naturale Verkürzung Technischer Bildung – Technikunterricht im Sog der MINT-Bewegung. In: DGTB, Jahrestagung 2014 (41–54). Offenbach.

Spangenberger, P. (2016). Zum Einfluss eines Nachhaltigkeitsbezugs auf die Wahl technischer Berufe durch Frauen. Eine Analyse am Beispiel des Windenergiesektors. Wissenschaftsladen Bonn.

VDI, Verein Deutscher Ingenieure (2007, Hrsg.). Ingenieurmangel in Deutschland – Ausmaß und wirtschaftliche Konsequenzen, erstellt vom Institut der Deutschen Wirtschaft im Auftrag des VDI. Düsseldorf.

Wentzel, W., Mellies, S. & Schwarze, B. (2011, Hrsg.). Generation Girls'Day. Berlin: Verlag Budrich, UniPress Opladen.

Ziefle, M. & Jakobs E. M. (2009). Wege zur Technikfaszination – Sozialisationsverläufe und Interventionszeitpunkte. Berlin: Springer Verlag.

Zinn, B. (2013). Überzeugungen zu Wissen und Wissenserwerb von Auszubildenden. Münster: Waxmann Verlag.

Zwick, M. M. & Renn, O. (2000). Die Attraktivität von technischen und ingenieurwissenschaftlichen Fächern bei der Studien- und Berufswahl junger Frauen und Männer. Stuttgart: Akademie für Technikfolgenabschätzung in Baden-Württemberg.

1.4 Das Phänomen „Technik" aus arbeitswissenschaftlicher Perspektive

Anette Weisbecker (Fraunhofer IAO Stuttgart)
Helmut Zaiser (Institut für Arbeitswissenschaft und Technologiemanagement IAT der Universität Stuttgart)
Jürgen Wilke (Fraunhofer IAO Stuttgart)

Zusammenfassung

Aus der Perspektive der Arbeitswissenschaft ist bedeutsam, dass mit der Wahl bestimmter Technikalternativen Arbeitsbedingungen positiv gestaltet werden können, ohne damit die Effizienz von Arbeitsprozessen zu verringern, wenn nicht zu verbessern. Die sozio-technischen arbeitswissenschaftlichen Ansätze zeigen, dass Technik ein Arbeitssystem nicht determiniert, sondern dass Mensch, Technik und Organisation (MTO) in einer arbeitsaufgabenbezogenen, variablen Wechselwirkung stehen. Auch im Zuge der Digitalisierung bleibt für die Gestalt von und für die Rolle des Menschen in Arbeitssystemen die Mensch-Technik-Funktionsteilung entscheidend. Dagegen wirft die mit der Entwicklung von Internettechnologien verbundene Ausbreitung neuer Arbeitsformen offene Fragen auf.

Abstract

Technology from an industrial science perspective

From an industrial science perspective it is important that by choosing particular technology options it is possible to design labour conditions in such a way that the efficieny of work is, at least, not diminished, if not enhanced. As socio-technical approaches of industrial science show, technology does not determine a system of work, but working human beings, technology, and organization interrelate in a mutually variable, task-related way. Also in the process of digitalization of work the division of functions between man and technology remains decisive for the design of a work system and the role of human beings in it. Compared with that, the spread of new forms of work related to Internet technologies brings up open questions to industrial science.

1 Arbeitswissenschaft und Technikeinsatz: zwischen Rationalisierung und menschengerechter Arbeit

Als Ausgangspunkt einer Betrachtung der Perspektive der Arbeitswissenschaft auf Technik kann deren, im Jahre 1987 im Rahmen eines Forschungsprojekts erarbeitete „Kerndefinition" dienen (Luczak 1997, S. 12–13):
„Arbeitswissenschaft" beschäftigt sich mit der – jeweils systematischen – Analyse, Ordnung und Gestaltung der technischen, organisatorischen und sozialen Bedingungen von Arbeitsprozessen mit dem Ziel, daß die arbeitenden Menschen in produktiven und effizienten Arbeitsprozessen
- schädigungslose, ausführbare, erträgliche und beeinträchtigungsfreie Arbeitsbedingungen vorfinden,
- Standards sozialer Angemessenheit nach Arbeitsinhalt, Arbeitsaufgabe, Arbeitsumgebung sowie Entlohnung und Kooperation erfüllt sehen,
- Handlungsspielräume entfalten, Fähigkeiten erwerben und in Kooperation mit anderen ihre Persönlichkeit erhalten und entwickeln können."

Wie sich daraus ableiten lässt, handelt es sich bei der Arbeitswissenschaft um eine primär gestaltungsorientierte Wissenschaft. Sie strebt an, möglichst vollständige und widerspruchsfreie Hinweise geben zu können, um menschliche Arbeit in wirtschaftlichen Erwerbsarbeits- und Produktionszusammenhängen sowohl menschengerecht als auch effizient zu gestalten. Die ökonomische Logik der Erwerbsarbeit ist auf Arbeitsintensivierung zur Optimierung des Aufwand-Nutzen-Verhältnisses und damit auf Effizienzsteigerung bzw. ständige „Rationalisierung" gerichtet. In diesem Kontext ist für die Arbeitswissenschaft besonders bedeutsam, dass über die Wahl bestimmter technischer Alternativen Arbeitsbedingungen positiv beeinflusst und gestaltet werden können, ohne damit die Effizienz zu verringern, wenn nicht gar die Prozesseffizienz oder Produktqualität zu verbessern. So kann z. B. beim Gießen durch bestimmte Formverfahren auf gesundheitsschädliche Bindemittel verzichtet, Lärm vermindert und gleichzeitig die Oberflächenqualität verbessert werden. Darüber hinaus geht die Arbeitswissenschaft davon aus, dass arbeitende Menschen schon aufgrund eigenmotivierter Selbstbeanspruchung und der daraus hervor gehenden Weiterentwicklung ihres Arbeitsvermögens zur Erhöhung der Flexibilität und Innovationsfähigkeit von Unternehmen und damit von der Nutzen- bzw. Wertschöpfungsseite zur Effizienzsteigerung beitragen können (vgl. Müller 1997; Schlick, Bruder & Luczak 2010, S. 26–27; Stieler-Lorenz 1997, S. 171–172).

2 Technik in Arbeitssystemen und Ansätzen sozio-technischer Systemgestaltung

Gegenstand der arbeitswissenschaftlichen Analyse, Ordnung und Gestaltung von Arbeitsprozessen sind ‚Arbeitssysteme'. Das Spektrum von Arbeitssystemen als Gegenstand arbeitswissenschaftlicher Betrachtung reicht von der Ebene eines einzelnen Arbeitsplatzes bis hin zu ganzen Unternehmen. Ein Arbeitssystem kann durch Arbeitsperson(en), Arbeitsauftrag, Arbeitsaufgabe, Arbeitsmittel, Arbeitsobjekte (Arbeitsstoffe), Umwelteinflüsse, Eingabe (Material, Information, Energie) sowie Ausgabe (Arbeitsergebnis, Quantität, Qualität) und die Beziehungen zwischen diesen Elementen beschrieben werden. Je nach Fragestellung, können unterschiedliche Elemente und Beziehungen untersucht werden. Ein Arbeitssystem besteht jedoch mindestens aus Mensch und Arbeitsaufgabe in ihrer Wechselbeziehung (vgl. Schlick, Bruder & Luczak 2010, S. 35–36).

Die Wechselwirkungen zwischen den sozialen und technischen Elementen von Arbeitssystemen finden starke arbeitswissenschaftliche Berücksichtigung in Verbindung mit den verschiedenen, seit den 1950er Jahren entwickelten Ansätzen der sozio-technischen Systemgestaltung. In der Betrachtungsweise dieser Ansätze sind Arbeitssysteme – zur Erfüllung ihrer „Primäraufgabe" geschaffene – Subsysteme einer Organisation, wie z. B. ein Betrieb oder Betriebsbereiche, mit wiederum jeweils einem sozialen und technischen Teilsystem. Das soziale Teilsystem wird von den Organisationsmitgliedern bzw. Beschäftigten mit ihren individuellen psychischen und physischen sowie gruppenspezifischen Bedürfnissen, einschließlich ihren Ansprüchen an die Arbeit einerseits sowie ihren Kenntnissen und Fähigkeiten andererseits, gebildet. Das technische Teilsystem besteht aus den Betriebsmitteln bzw. technischen Anlagen und deren Layout, wodurch die technischen und räumlichen Arbeitsbedingungen bestimmt werden (vgl. Alioth 1980, S. 26).

Eine nachträgliche Anpassung des sozialen an das technische Teilsystem und umgekehrt führt häufig zu einer suboptimalen Erfüllung der Primäraufgabe des Arbeitssystems. Den sozio-technischen Ansätzen folgend, sind das soziale und technische Teilsystem für sich und in ihrer Beziehung zu analysieren, aber mit Blick auf die Wechselwirkungen zwischen den Faktoren der menschlichen Arbeit, Technik und Organisation als ganzes Arbeitssystem gemeinsam zu gestalten und zu optimieren. Arbeitswissenschaftlich wird Arbeit so als organisatorisch geregeltes Zusammenwirken von Menschen und technischen Sachmitteln gesehen. Unter anderem daran, dass eine nachträgliche Anpassung des sozialen an das technische Teilsystem häufig zu suboptimalen Ergebnissen führt, machen die sozio-technischen Ansätze deutlich, dass Technik auch in Verbindung mit Arbeitssystemen kein nur in eine Richtung wirkender Faktor ist, der die Organisation der Arbeit determinieren würde. Nicht nur aus dem Blickwinkel der sozio-technischen Ansätze ist Technik aus arbeitswissenschaftlicher Perspektive ein Faktor, der mit den Faktoren der menschlichen Arbeit, Organisation und Arbeitsaufgabe in einer variablen Wechselwirkung steht (vgl. Bullinger 1992, S. 61–65; Schlick, Bruder & Luczak 2010, S. 26; Ulich 2005, S. 81–83, 195–196).

Der gemäß den Ansätzen sozio-technischer Systemgestaltung herausgehobene Faktor ist die Arbeitsaufgabe. Dies ergibt sich unter anderem dadurch, dass sie den Menschen mit den Organisationsstrukturen verbindet und die zentral verknüpfende Position zwischen dem sozialen und technischen Teilsystem einnimmt (wie dies an der arbeitsanalytischen Darstellung eines sozio-technischen Systems in Abbildung 1 deutlich wird).

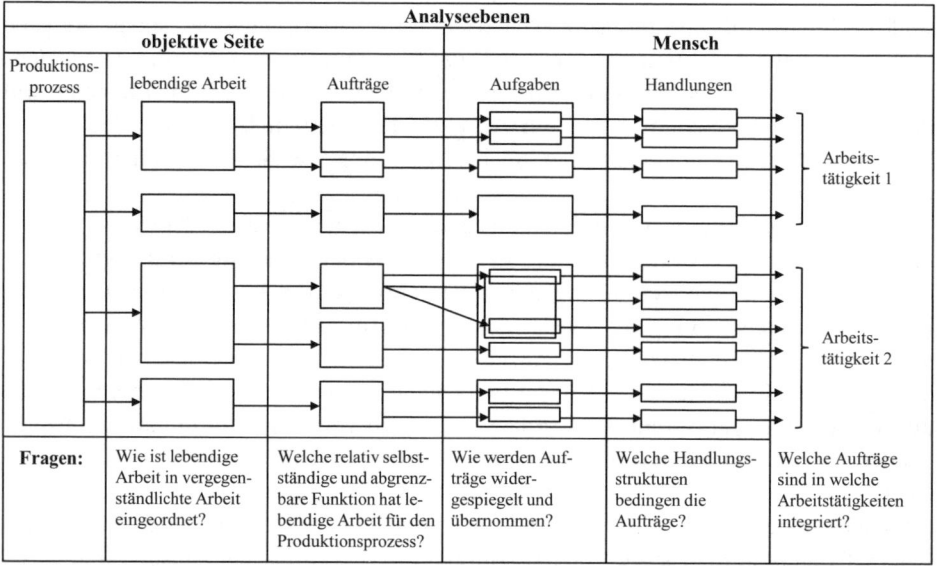

Abbildung 1: Schematische Darstellung der in psychologischen Arbeitsuntersuchungen relevanten Analyseebenen (aus: Ulich 2005, S. 67, nach Matern 1983)

3 MTO-Konzept und MTO-Analyse

Der bisher wohl ausdifferenzierteste sozio-technische Gestaltungsansatz ist das entsprechend vom „Primat der Aufgabe" und der variablen Wechselwirkung zwischen Mensch, Technik und Organisation (MTO) ausgehende MTO-Konzept (vgl. Ulich 1997) mit der MTO-Analyse (vgl. Strohm & Ulich 1997).

Die ganzheitlich ausgerichtete MTO-Analyse von Unternehmen erfordert Untersuchungen auf den Ebenen Unternehmen, Organisationseinheit, Gruppe und Individuum. Damit die Ergebnisse der jeweils umfassenderen Ebene in die Analyse der jeweils weniger umfassenden eingehen können, und bestimmte Ebenen bei mehr als einem (Übergangs-)Schritt berücksichtigt werden, erfolgt die MTO-Analyse in der genannten Ebenenreihenfolge in sieben Schritten. In den ersten drei Schritten werden die Ebene des Unternehmens untersucht, eine Anzahl von Durchläufen typischer Arbeitsaufträge und die Arbeitssysteme analysiert.

Dann erfolgt die Analyse von Arbeitsgruppen, die Gegenstände wie interne und externe Koordination, Qualifizierung und Möglichkeiten zur kollektiven Regulation von Arbeitsaufgaben beinhaltet. Die daran anschließende „Bedingungsbezogene Analyse von Schlüsseltätigkeiten" bezieht sich unter anderem auf die Identifikation von Regulationshindernissen, Kommunikations- und Kooperationserfordernisse sowie Mensch-Maschine-Funktionsteilung und -interaktion.

Im sechsten Schritt wird die individuelle Ebene mit der „Personenbezogenen Arbeitsanalyse" untersucht, die die Erwartungen der Beschäftigten an ihre Arbeit und deren Wahrnehmung ihrer Arbeitssituation analysiert. Abschließend findet eine Analyse der sozio-technischen Geschichte des Betriebes statt. Gemäß der Einschätzung von Latniak (1999, S. 181) handelt es sich bei der MTO-Analyse um „die im deutschsprachigen Raum wohl vollständigste Methodik, die von der strategischen Ebene, der soziotechnischen Geschichte und Marktbeziehungen bis hin zu einzelnen Arbeitsplätzen und -bedingungen ein integriertes Analyseinstrument anbietet."

Aus Sicht des MTO-Konzepts ist für die Konstruktion und Entwicklung von sozio-technischen Systemen und gerade für die Rolle des Menschen in Produktionsprozessen die Aufgabenverteilung zwischen Mensch und Technik bzw. die Mensch-Technik / Mensch-Maschine-Funktionsteilung entscheidend. Die anhaltende Vertretbarkeit dieser Position wird mit den Ausführungen im nachfolgenden Abschnitt 4.1 über Funktionsteilung, Interaktion und Verhältnis von Mensch und Technik am Beispiel der Digitalisierung der Industrie („Industrie 4.0") illustriert und gestützt.

4 Aktuelle Herausforderungen und offene Fragen

4.1 Frage des Verhältnisses zwischen Mensch und Technik in der Arbeit am Beispiel der Digitalisierung in der Industrie („Industrie 4.0")

Der Grad und die Geschwindigkeit der in Deutschland mit dem Ausdruck „Industrie 4.0" belegten Digitalisierung der Industrie ist eher noch gering (vgl. Bertschek, Ohnemus & Niebel 2016; Dworschak, Zaiser, Brand & Windelband 2012). Ebenso wurde schon vor Einführung des Ausdrucks „Industrie 4.0" unter Bezugnahme auf das synonym zu verstehende „Internet der Dinge in der Industrie" die These vertreten, dass auch die damit verbundenen Technologien kein bestimmtes Arbeitsorganisationsmodell determinieren werden. Vielmehr wählen Unternehmen schon aufgrund unterschiedlicher Kunden- und Produktionsanforderungen weiterhin verschiedene Kombinationen aus Arbeitsorganisations- und Technologieoptionen (vgl. TAB 2008). Wegen des eher geringen Umsetzungsgrades und der offenen organisatorisch-technischen Entwicklung von „Industrie 4.0" können noch keine eindeutigen Aussagen über Technologie- und Arbeitsorganisationsentwicklungspfade, etwa für bestimmte Branchen, getroffen werden. Dies macht Einschätzungen in Abhängigkeit von verschiedenen Szenarien über plausibel mögliche Entwicklungsrichtungen notwendig.

In diesem Beitrag werden die szenarienabhängigen Einschätzungen in Verbindung mit zwei auf Windelband & Spöttl (2011) zurück gehende Extremszenarien – einem „Automatisierungsszenario" und einem „Spezialisierungsszenario" – über polar entgegengesetzte mögliche Entwicklungsrichtungen getroffen. Die daran anknüpfenden Aussagen beziehen sich auf qualifikatorische Auswirkungen im Anschluss an die szenarienabhängig unterschiedliche Aufgabenverteilung zwischen der oberen, mittleren und unteren Qualifikationsebene (vgl. Dworschak & Zaiser 2016, S. 116–117). Die Angehörigen der oberen Qualifikationsebene sind Beschäftigte mit einem Hochschulabschluss. Die mittlere Ebene wird sowohl von Fachkräften mit dualer Berufsausbildung oder Berufsfachschulabschluss als auch mit bundesweit anerkannten Fortbildungsabschlüssen (wie z. B. Meister, Techniker oder Prozessmanager) gebildet. Angehörige der „unteren" Qualifikationsebene sind an- und ungelernte Arbeitnehmerinnen und Arbeitnehmer.

Bei der ersten Richtung, dem „Automatisierungsszenario", wird ein immer größer werdender Teil der Entscheidungen durch die Technik mit Hilfe der Analyse großer Datenmengen und sich selbst optimierender Auswertungsalgorithmen getroffen. Dies würde den Raum für autonome menschliche Entscheidungen und Handlungsalternativen immer weiter einschränken und wäre mit der Entstehung einer Kompetenzlücke verbunden: In einem zunehmend automatisierten System müssen gerade die Mitarbeiter der unteren wie auch mittleren Qualifikationsebene nur noch in Störfällen eingreifen, können aber die dazu notwendigen Kompetenzen im störungsfreien Betrieb nicht mehr aufbauen.

Bei der zweiten Entwicklungsrichtung, die hier als „Spezialisierungsszenario" bezeichnet wird, dient die Technik zur Unterstützung menschlicher Entscheidungen und somit zur Lösung von Problemen, deren Ursachen den entscheidenden Personen bewusst sind. Im Vergleich mit dem „Automatisierungsszenario" bleibt hier den Produktionsmitarbeitern zumindest der mittleren Qualifikationsebene ein wesentlich größerer Anteil der Entscheidungen überlassen, beispielsweise Eingriffe bei Störungen und Problemlösungen, die über die Reflexion der Ursachen zu Prozessoptimierungen oder kreativen Prozessneugestaltungen führen können.

Im Automatisierungsszenario werden die Aufgaben von den technischen Teilen des sozio-technischen Systems übernommen, in das ganz wesentlich aufgrund der Gestaltung der Mensch-Technik-Schnittstellen nur Hochqualifizierte eingreifen können. Im Spezialisierungsszenario sind die Mensch-Technik-Schnittstellen dagegen so gestaltet, dass neben den Hochqualifizierten zumindest Fachkräfte der mittleren Qualifikationsebene mit der Technik interagieren können. Dies zeigt, dass für die Rolle des Menschen auch in Industrie-4.0-Produktionsprozessen die Mensch-Maschine-Funktionsteilung und die Gestaltung der Mensch-Technik-Schnittstellen und -interaktion entscheidend bleibt.

Moderne Produktionsarbeit erfolgt in situativ veränderlichen Netzwerken aus spezialisierten Rollen, wie etwa Prozessingenieur, Produktionsplaner, Instandhalter, Maschinenbediener oder Produktions-IT-Spezialist. In Bezug auf die Mensch-Technik-Funktionsteilung entstehen in Verbindung mit „Industrie 4.0" (I4.0) neue Herausforderungen dadurch, dass Funktionen oder ganze spezialisierte Rollen nicht alleine von Menschen, sondern ebenso von technischen Rollen- und Funktionsträgern übernommen werden können. Dies bedeutet eine Erweiterung von Anforderungen in Bezug auf Mensch-Technik-Kommunikation und -interaktion in ihrer systemischen Wechselwirkung mit der Mensch-Mensch-Kommunikation und Kooperation. Weiter verlangt Industrie 4.0 eine zeitlich möglichst direkte Abbildung bzw. „echtzeitnahe" Synchronisierung der physischen Produktionsprozesse mit deren digitalen Daten (vgl. MFW BW & Fraunhofer IPA 2014). Somit ist für die mit Industrie 4.0 angestrebte Erhöhung der Produktivität und Flexibilität mitentscheidend, ob die damit verbundene Flut von Daten so aufbereitet und über die Mensch-Technik-Schnittstellen so dargestellt werden kann, dass sie den arbeitenden Menschen als wirkliche Echtzeit-Unterstützung und Entscheidungshilfe zur Verfügung stehen.

Dies bedeutet unter anderem verstärkte Herausforderungen für die Gestaltung von Mensch-Technik-Schnittstellen und Mensch-Technik-Interaktion. Diesen Herausforderungen wird unter anderem begegnet, indem künftige Nutzer im Rahmen der ISO-Norm 9241 für menschgerechte Gestaltung interaktiver Prozesse in die Gestaltung der Schnittstellen und Interaktion einbezogen werden sollen, wobei fortgeschrittene Entwicklungswerkzeuge aufeinander aufbauende Formate zur kontinuierlichen Unterstützung der Gestaltungsprozesse anbieten. Weiterhin sollten beispielsweise zur Entscheidungsunterstützung an den Mensch-Technik-Schnittstellen neben Echtzeitinformationen zum Vergleich auch Aufbereitungen von historischen Daten angeboten werden. Für Assistenzsysteme an Mensch-Maschine-Schnittstellen stehen hierzu technische Möglichkeiten der „Verschmelzung" der physischen mit der virtuellen (IT-)Realität zur Verfügung („Augmented Reality"). Meist wird dabei der Blick durch eine Brille oder Kamera eines mobilen Geräts mit Zusatzinformationen angereichert, zu denen auch Handlungsanweisungen gehören, die über das reale Objekt projiziert werden. In Verbindung mit den technischen Möglichkeiten der „Virtual Reality" können dementsprechend Übungsszenarien simuliert werden, so dass die „Augmented Reality"-Assistenzsysteme, mit entsprechenden didaktischen Konzepten, mit Lernsystemen integriert werden können (vgl. hierzu weiter gehend Spath & Weisbecker 2013).

4.2 Offene Fragen zur arbeitswissenschaftlichen Fassung des Einsatzes überorganisationaler Technik

Internettechnologien haben einen hohen Standard, eine große und wachsende Verbreitung und eine sehr hohe Nutzung erreicht. Auf der Basis allgegenwärtiger Internettechnologien sind vollkommen neue Geschäftsmodelle möglich geworden, die auf den globalen Datenaustausch setzen. Das betrifft auch die Arbeitsweisen und die vertraglichen Beziehungen zwischen Arbeitgebern und Arbeitnehmern. Selbst der Arbeitsmarkt verlagert sich teilweise ins Internet. Auf Plattformen wie www.freelance.de kann man weltweit seine Arbeitskraft anbieten oder Arbeitskräfte finden. Wenn man Prognosen folgt, ist damit zu rechnen, dass der Anteil an Solo-Selbständigen weiter steigt (vgl. Mai & Marder-Puch 2013). Für den Gegenstand der Arbeitswissenschaften hat das Konsequenzen: „Da die Arbeitswissenschaft sich bisher mit ‚unternehmerischer Arbeit' sehr begrenzt beschäftigt hat, ist die Auseinandersetzung mit der wachsenden Zahl an ‚Clickworkern' eine zusätzliche neue Herausforderung" (Zink 2015, S. 229). Das heißt für die Arbeitswissenschaften, dass eine sich **außerhalb** von Organisationen etablierende Technologie zur Veränderung des Gegenstandsbereichs der Arbeitswissenschaft führt und der Blick sich von der Gruppe der abhängig Beschäftigten verstärkt auch auf die Gruppe der Selbständigen richtet.

Die Entwicklung und Nutzung von Internettechnologien unterliegt einem schnellen Wandel, so beispielsweise im Hinblick auf die Ergänzung und den Ersatz der E-Mail-Kommunikation durch Kommunikation und Kooperation über die Sozialen Medien. Der Umgang mit den neuen Medien muss erlernt werden, was sich in Bezug auf deren Anwendung im konkreten, produktiven Arbeitsumfeld nicht nur auf die älteren, sondern auch auf die jüngeren Erwerbstätigen bezieht. Für Organisationen bedeutet dies zudem, in starkem Maße immer wieder neu Zugangs- und Nutzungsrechte zu definieren sowie Sicherheitsstandards festzulegen, wozu auch gehört, wieviel Hardware man selbst kontrollieren und administrieren will.

Investitionen in Internettechnologien unterscheiden sich insoweit von Investitionen in Produktionstechnologien, dass die Investitionsentscheidung nicht über einfache Wirtschaftlichkeitsrechnungen für alternative Szenarien gefällt werden kann, wie beispielsweise die Entscheidung für oder gegen eine bestimmte Maschine in der Produktion. Hinzu kommt, dass der Nutzen von internetbasierten Anwendungen schwer kalkulierbar ist: Wer wie viele notwendige oder überflüssige Kommunikation über E-Mails oder Soziale Medien führt, ist schwer beurteilbar oder kontrollierbar. Dennoch wird kaum eine Organisation auf die Nutzung von E-Mail Software verzichten können. Die Tatsache, dass die Nutzung von Netzmedien nicht genau definiert ist und oft auch persönlichen Vorlieben überlassen bleiben soll, hat weitere Konsequenzen zumindest für die angewandte Arbeitswissenschaft: Wenn die Arbeitsaufgabe unscharf beschrieben ist und individuell unterschiedlich von verschiedenen Personen mit formal derselben Arbeitsaufgabe ausgefüllt wird, dann ist die inhomogene Arbeitsaufgabe schwer zu analysieren und eben nicht eindeutig ‚gut' zu gestalten. Mit Blick auf den Kompetenzerwerb bedeutet dies, dass der Anteil an selbstorganisiertem Lernen an Bedeutung gewinnt, je individueller die Arbeit ausgeführt werden kann.

Literatur

Alioth, A. (1980). Entwicklung und Einführung alternativer Arbeitsformen. Bern: Huber.
Bertschek, I., Ohnemus, J. & Niebel, T. (2016). Auswirkungen der Digitalisierung auf die zukünftigen Arbeitsmärkte. In: N. Düll (Hrsg.), Arbeitsmarkt 2030. Digitalisierung der Arbeitswelt. Fachexpertisen zur Prognose 2016 (22–97), München. http://www.economix.org/assets/content/ERC%20Arbeitsmarkt%202030%20%20Prognose%202016%20%20Fachexpertisen.pdf, Stand vom 08.10.2016.
Bullinger, H.-J. (Hrsg.) (1992). Personalentwicklung und -qualifikation. Berlin u.a.: Springer. Köln: TÜV Rheinland.
Dworschak, B., Zaiser, H., Brand, L. & Windelband, L. (2012). Qualifikationsentwicklungen durch das Internet der Dinge und dessen Umsetzung in die Praxis. In: L. Abicht & G. Spöttl (Hrsg.), Qualifikationsentwicklungen durch das Internet der Dinge (7–24), Bielefeld: wbv.

Dworschak, B. & Zaiser, H. (2016). Digitalisierung in Verwaltung, Öffentlichen Dienst und der Industrie. In: N. Düll (Hrsg.), Arbeitsmarkt 2030. Digitalisierung der Arbeitswelt. Fachexpertisen zur Prognose 2016 (108–121). München. http://www.economix.org/assets/content/ERC%20Arbeitsmarkt%202030%20%20Prognose%202016%20%20Fachexpertisen.pdf, Stand vom 16.09.2016.

Latniak, E. (1999). Erfahrungen mit dem betrieblichen Einsatz arbeitswissenschaftlicher Analyseinstrumente. Arbeit, 8, 179–196.

Luczak, H. (1997). Kerndefinition und Systematiken der Arbeitswissenschaft. In: H. Luczak & W. Volpert (Hrsg.), Handbuch Arbeitswissenschaft (11–19). Stuttgart: Schäffer-Poeschel.

Mai, Ch.-M. & Marder-Puch, K. (2013). Selbstständigkeit in Deutschland. Wirtschaft und Statistik, Juli 2013, Statistisches Bundesamt, Wiesbaden.

Matern, B. (1983). Psychologische Arbeitsanalyse. Berlin: Deutscher Verlag der Wissenschaften.

MFW BW & Fraunhofer IPA (Ministerium für Finanzen und Wirtschaft Baden-Württemberg & Fraunhofer-Institut für Produktionstechnik und Automatisierung IPA) (Hrsg.) 2014. Strukturstudie „Industrie 4.0 für Baden-Württemberg" (Autoren: Lickefett, M., Lucke, D., Görzig, D., Kacir, M, Volkmann, J., Haist, C., Sachsenmaier, M. & Rentschler, H.). Balingen: SV Druck + Medien. https://www.karlsruhe.ihk.de/innovation/Industrie/IndustrieAktuell/Strukturstudie_Industrie_4_0_fuer_Baden_Wuerttemberg_und_Web_Ko/2451612, Stand vom 14.10.2016.

Müller, T. (1997). Technologische und technische Arbeitsgestaltung. In: H. Luczak & W. Volpert (Hrsg.), Handbuch Arbeitswissenschaft (579–583). Stuttgart: Schäffer-Poeschel.

Schlick, C., Bruder, R. & Luczak, H. (2010). Arbeitswissenschaft. Heidelberg u. a.: Springer.

Spath, D. & Weisbecker, A. (Hrsg.) (2013). Potenziale der Mensch-Technik Interaktion für die effiziente und vernetzte Produktion von morgen. Stuttgart: Fraunhofer Verlag. https://www.iao.fraunhofer.de/lang-de/images/iao-news/studie_future_hmi.pdf, Stand vom 09.10.2016.

Stieler-Lorenz, B. (1997). Arbeitsökonomie. In: H. Luczak & W. Volpert (Hrsg.), Handbuch Arbeitswissenschaft (170–176). Stuttgart: Schäffer-Poeschel.

Strohm, O. & Ulich, E. (Hrsg.) (1997). Unternehmen arbeitspsychologisch bewerten. Zürich: vdf Hochschulverlag.

TAB (Büro für Technikfolgen-Abschätzung beim Deutschen Bundestag) 2008. Zukunftsreport: Arbeiten in der Zukunft – Strukturen und Trends der Industriearbeit. Bericht des Ausschusses für Bildung, Forschung und Technikfolgenabschätzung (18. Ausschuss) gemäß § 56a der Geschäftsordnung. Deutscher Bundestag Drucksache 16/7959. Internet: http://dipbt.bundestag.de/dip21/btd/16/079/1607959.pdf, Stand vom 01.9.2016.

Ulich, E. (1997). Mensch, Technik, Organisation: ein europäisches Produktionskonzept. In: O. Strohm & E. Ulich (Hrsg.), Unternehmen arbeitspsychologisch bewerten (5–17). Zürich: vdf Hochschulverlag.

Ulich, E. (2005). Arbeitspsychologie, 6. Aufl. Zürich: vdf Hochschulverlag, Stuttgart: Schäffer-Poeschel.

Windelband, L. & Spöttl, G. (2011). Konsequenzen der Umsetzung des „Internet der Dinge" für Facharbeit und Mensch-Maschine-Schnittstelle. In: FreQueNz-Newsletter 2011, (11–12). http://www.frequenz.net/uploads/tx_freqprojerg/frequenz_newsletter2011_web_final.pdf, Stand vom 29.7.2016.

Zink, K. J. (2015). Digitalisierung der Arbeit als arbeitswissenschaftliche Herausforderung: ein Zwischenruf. Zeitschrift für Arbeitswissenschaft (Z.Arb.wiss.), 69, 04.2015, 227–232.

2.
Technikdidaktik in den Anwendungsfeldern

2.1 Technikdidaktik in der Allgemeinbildung

Bernd Zinn (Universität Stuttgart)

Zusammenfassung

Der Beitrag beschäftigt sich mit ausgewählten Aspekten des Lehrens und Lernens im Bezugsfeld der allgemein technischen Grundbildung. Es werden ausgehend von den Bezugswissenschaften der Technikdidaktik zentrale Modelle und Ansätze der allgemeinbildenden Technikdidaktik dargestellt und im Überblick Aspekte der Forschung diskutiert.

Abstract

Technological Didactics in General Education

This paper deals with selected aspects of teaching and learning in the field of general technical education. Based upon the reference sciences of technological didactics, the central models and approaches of the general technical didactics will be presented and an overview of the aspects of research will be discussed.

Einleitung

Die einschlägige Literatur zur allgemeinen Didaktik bietet zur Definition des Begriffs Didaktik eine begriffliche Pluralität an (vgl. z. B. Peterßen 2001; Kron 2004). Didaktik wird vereinfacht als die Lehre vom Lehren und Lernen oder als die Theorie und Praxis des Lehrens und Lernens beschrieben. Didaktik gilt allgemein als die Berufswissenschaft von Lehrkräften, die sie zu einer wissenschaftlich fundierten Bewältigung ihrer Aufgaben in Schule und Hochschule ausstatten soll. Zur Unterrichtsgestaltung und als Konkretisierung der allgemeinen Didaktik haben sich darüber hinaus die fach- und bereichsspezifischen Didaktiken der verschiedenen Unterrichtsfächer entwickelt, so beispielsweise die Physikdidaktik oder die Technikdidaktik. Bereits zu Beginn des 20. Jahrhunderts entstanden, ausgehend von der methodischen Lehre in den einzelnen Schulfächern, die Fachdidaktiken an den Studienseminaren. Während zu Beginn der Fokus der Fachdidaktiken weitestgehend nur auf der Aufarbeitung fachwissenschaftlicher Inhalte und Theorien für den Unterricht lag, werden die Fachdidaktiken heute als wissenschaftliche Disziplinen mit eigenständigen Forschungsstrukturen und Forschungsschwerpunkten angesehen. Die Entwicklung zu eigenen Disziplinen entstand vor dem Hintergrund der Kritik, dass die ersten fachdidaktischen Ansätze – als so genannte Abbilddidaktiken benannt – lediglich die Systematiken der korrespondierenden Fachwissenschaft abbilden, ohne die multiplen Randbedingungen und vielschichtigen Perspektiven zum Lehr- und Lerngeschehen hinreichend und angemessen einzubeziehen. Fachdidaktiken werden heute nicht mehr als bloßes Konkretisierungsfeld der allgemeinen Didaktik betrachtet, sondern gelten als eigene fachspezifische Didaktiken, die neben dem engen Bezug zu korrespondierenden Fachwissenschaften mit weiteren Disziplinen wie der Erziehungswissenschaft, der allgemeinen Didaktik, der Entwicklungs- und Lernpsychologie in Verbindung stehen.

Die Technikdidaktik in der Allgemeinbildung, um die es in diesem Beitrag geht, ist also eine fachspezifische Didaktik, die sich mit dem technikbezogenen Lehren und Lernen im Bezugsfeld der allgemeinen Grundbildung befasst. Die Technikdidaktik in der Allgemeinbildung befasst sich im Kern wissenschaftlich fundiert mit der Planung, der Durchführung und der Analyse des technischen Fachunterrichts an allgemein bildenden Schulen und Hochschulen. In der Technikdidaktik geht es um die Vorbereitung, Durchführung und Reflexion von Lehr- und Lernprozessen im Bezugsfeld der Technik. Es geht um die reflektierte Auswahl, Legitimation und didaktische Reduktion von technikrelevanten Lerngegenständen, um die begründete Formulierung von fachspezifischen Kompetenzen und Lernzielen des allgemein bildenden technischen Unterrichts, um die methodische Strukturierung von Lernprozessen sowie um die angemessene Berücksichtigung der Handlungsbedingungen der Lehrenden und Lernenden. Zudem beschäftigt sich die Technikdidaktik mit der Entwicklung und Erprobung von fachspezifischen Lehr- und Lernmaterialien (vgl. KVFF 1998, S. 13 f.).

Neben den unmittelbar korrespondierenden Ingenieurwissenschaften Bautechnik, Elektrotechnik, Metalltechnik und Informatik wird der fachliche Bildungsinhalt des allgemein bildenden Technikunterrichts von traditionellen naturwissenschaftlichen Disziplinen sowie der modernen Hybridwissenschaften wie beispielsweise Biotechnologie oder Medizintechnik tangiert. Charakteristisch für die Technikdidaktik in der Allgemeinbildung ist damit die Vielfalt der fachwissenschaftlichen Bezugsdisziplinen. Die ingenieurwissenschaftlichen Disziplinen stellen als originäre fachliche Bezugswissenschaften der Technikdidaktik insbesondere die fachtypischen Inhalte, Methoden und Verfahren zur Verfügung und liefern zudem unmittelbare Handlungskontexte für die schulische Unterrichtspraxis. Darüber hinaus können bei einzelnen Projekten und thematischen Schwerpunktsetzungen im Technikunterricht weitere fachwissenschaftliche Disziplinen – z. B. bei einem Projekt zu geografischen Informationssystemen die Geografie oder die Geodäsie – eine gleichrangige, prinzipiell sogar für eine gewisse Zeit eine leitende Rolle im Unterricht spielen. In den etablierten Modellen zur professionellen Handlungskompetenz von Lehrkräften allgemein zählen (1.) das Professionswissen differenziert in die Kompetenzbereiche Fachwissen, fachdidaktisches Wissen, Organisationswissen, pädagogisches Wissen und Beratungswissen, (2.) die Überzeugungen/ Werthaltungen, (3.) die motivationalen Orientierungen und (4.) die selbstregulativen Fähigkeiten von Lehrkräften (vgl. z. B. Krauss et al. 2004). Lehrkräfte im allgemein bildenden Technikunterricht müssen dabei über ein breites grundlegendes ingenieurwissenschaftliches Fachwissen verfügen. Während sich in der Technikdidaktik der beruflichen Bildung der Bezugshorizont primär aus den beruflichen Aufgaben- und Tätigkeitsfeldern ergibt und es neben dem Erwerb von domänenspezifischem Fachwissen auch um einen unmittelbaren Fertigkeitserwerb in der Domäne geht, stellen sich die Gegenstands- und Bezugsfelder in der allgemeinen Technikdidaktik vielfältig dar. Es scheint zur Berufsorientierung und insbesondere zur Förderung des Interesses an Technik auch sinnvoll, eine Kontextualisierung der Lerninhalte vorzunehmen und exemplarische Bezüge zu natur- und technikwissenschaftlichen Aufgaben- und Tätigkeitsfeldern herzustellen. Es ist davon auszugehen, dass sowohl die naturwissenschaftliche als auch die technische Literalität einen Einfluss auf den berufsfachlichen Kompetenzerwerb hat, insbesondere im gewerblich-technischen Bereich (vgl. z. B. Harms, Eckhardt & Bernholt 2013; Zinn 2015). Darüber hinaus bestehen in der Technikdidaktik wie in anderen Fachdidaktiken auch grundlegende Bezüge zu geistes- und erziehungswissenschaftlichen Disziplinen wie der Pädagogik, Psychologie, Soziologie und Philosophie. Die Bedeutung des allgemein bildenden Technikunterrichts begründet sich auf Grundlage bildungstheoretischer, wissenschaftstheoretischer, soziologischer und berufspraktischer Perspektiven (Ropohl 1976; Ropohl 2009; Pfenning 2013; für einen weiteren Überblick siehe hierzu z. B. Zinn 2014), sodass sich die Bezugsdisziplinen der Technikdidaktik in der Allgemeinbildung insgesamt multipel und facettenreich darstellen. Im Zuge der Etablierung des Fachs Technik in der Allgemeinbildung, des intendierten Anspruchs auf Absicherung einer technischen Grundbildung (Technology Literacy) und der skizzierten Pluralität der fachlichen Bezugsdisziplinen entstanden verschiedene fachdidaktische Modelle, die im nächsten Abschnitt beschrieben werden.

Modelle und Ansätze der allgemeinbildenden Technikdidaktik

Anknüpfend an etablierte Modelle der allgemeinen Didaktik entwickelten sich im wissenschaftlichen Diskurs verschiedene Modelle und Ansätze zu einer allgemein bildenden Technikdidaktik (vgl. z. B. Wilkening & Schmayl 1984; Schmayl 2003). Zu den bekanntesten Ansätzen gehören der allgemein technologische Ansatz, der arbeitsorientierte Ansatz und der mehrperspektivische Ansatz (ebd.).
- Der allgemein technologische Ansatz (atA) ist von einem Primat der Fachwissenschaft geprägt. Die Bestimmung von Bildungsinhalten erfolgt bei systematischer Orientierung an den theoretischen Grundlagen der Technikwissenschaften. Typische Lerninhalte sind beispielsweise Wissen und Fertigkeiten zur Konstruktion

und Fertigung technischer Systeme und deren Wirkungsprinzipien oder zur Dimensionierung von Bauteilen. Das methodische Vorgehen im Technikunterricht orientiert sich dabei eng am realen technikwissenschaftlichen Vorgehen.
- Kernziel des arbeitsorientierten Ansatzes (aoA) ist es, dass Lernende das Phänomen Technik in seiner spezifischen technischen Ausprägung verstehen und mit technischen Artefakten und Verfahren sachgerecht umgehen können. Beim arbeitsorientierten Ansatz liegt der Fokus auf der gesellschaftlichen Dimension der Technik. Technik wird im arbeitsorientierten Ansatz insbesondere kritisch im Kontext ihrer sozialen Effekte und ihres gesellschaftlichen Bezugsrahmens betrachtet. Die Intention besteht insbesondere in der Förderung der Technikemanzipation. Lernende sollen eine elaborierte Überzeugung entwickeln, die Technik als zentrale gesellschaftliche innovative Dimension versteht und Technik stets in einem kritischen Diskurs im Hinblick auf ihre vielfältigen Wirkungen hinterfragt. Beim arbeitsorientierten Ansatz stehen weniger die technologischen Bezugspunkte (z. B. Konstruktionsprinzip), sondern die Verwendbarkeit im Kontext der Arbeit im Vordergrund. Dieser Ansatz wird häufig in Fächern praktiziert, in denen auch technische Bildungsinhalte wie Arbeitslehre oder Arbeit-Wirtschaft-Technik vermittelt werden. Methodisch werden im Unterricht oftmals technische Produktanalysen und Arbeitsplatzanalysen vorgenommen.
- Beim mehrperspektivischen Ansatz (mpA) liegt der Schwerpunkt auf dem lernenden Subjekt und einem pädagogischen Primat, wobei die beiden im Vorfeld skizzierten Ansätze (atA und aoA) integriert und zu einem eigenständigen vielschichtigen Ansatz weiterentwickelt wurden. Ein zentrales Ziel besteht darin, dass Lernende eine Technikmündigkeit entwickeln, die ihnen eine sachangemessene, verantwortungsvolle Handlungsfähigkeit und kritische Urteilsfähigkeit in einer von Technik geprägten Welt ermöglicht, wobei im mehrperspektivischen Ansatz sowohl die fachwissenschaftlichen als auch die emanzipativen Bildungsziele gleichsam von Bedeutung sind. Die theoretischen Grundlagen des Ansatzes ergeben sich aus der Systemtheorie der Technik und der Begriffsbestimmung von Technik nach Ropohl: „Technik umfasst (a) die Menge der nutzenorientierten, künstlichen, gegenständlichen Gebilde (Artefakte oder Sachsysteme), (b) die Menge menschlicher Handlungen und Einrichtungen, in denen Sachsysteme entstehen und (c) die Menge menschlicher Handlungen, in denen Sachsysteme verwendet werden." (Ropohl 2009, S. 31) Die Technik ist dabei eine Funktion gesellschaftlicher Entwicklungen, die ihrerseits wiederum den gesellschaftlichen Wandel beeinflusst. Nach Ropohl umfasst die Technik in der naturalen, humanen und sozialen Dimension verschiedene Erkenntnisperspektiven. Bei der Auswahl von Bildungszielen für einen technischen Unterricht sollte diese Mehrdimensionalität berücksichtigt werden, sodass letztlich auch eine mehrperspektivische Betrachtung der Technik im Bedingungsgefüge von Naturwissenschaft, Technik, Wirtschaft und Gesellschaft erfolgen kann. Die methodische Vorgehensweise ist im mehrperspektivischen Ansatz multipel angelegt und ergibt sich letztlich aus den unmittelbaren Rahmenbedingungen und Zielsetzungen des Unterrichts (vgl. z. B. Wilkening & Schmayl 1984). Der mehrper-

spektivische Ansatz der Technikdidaktik stellt sich damit zusammenfassend als ein ganzheitlicher theoretischer Ansatz dar, der eine mehrperspektivische technische Grundbildung ermöglichen kann und hierbei die oben dargestellten vielschichtigen Verknüpfungen und Wechselbeziehungen im Bezugsfeld der Technik und seiner Bezugswissenschaften berücksichtigt. Unterstellt werden kann, dass in der schulischen Praxis auch Mischformen und ansatzübergreifende Lehr-Lernarrangements umgesetzt werden.

Neben diesen drei skizzierten Ansätzen sind weitere, verschieden akzentuierte technikdidaktische Grundkonzeptionen entstanden, die aber im Kern den drei vorstehenden technikdidaktischen Ansätzen zugeordnet werden können. Zu nennen sind hier insbesondere die versuchsorientierte Technikdidaktik, die problemlösungsorientierte Technikdidaktik, die integrative Technikdidaktik, die strukturtheoretische Technikdidaktik, die gestaltungsorientierte Technikdidaktik und die systemtheoretische Technikdidaktik (vgl. z. B. Ott 2000).

Mit der allgemeinen Verwissenschaftlichung der Fachdidaktiken zu eigenständigen wissenschaftlichen Disziplinen mit eigenen Forschungsfeldern und -strukturen ist die tradierte Bindung an die spezifische Fachwissenschaft auch zunehmend einer eher autonomen Begründung der Gegenstandsbereiche gewichen. Insbesondere seit der Diskussion um Bildungsstandards und Kompetenzen sowie der empirischen Wende in der fachdidaktischen Forschung (vgl. Heinrich Roth 1965) lässt sich daher auch argumentieren, dass Schulfächer wie das Fach Technik oder das Fach Naturwissenschaft und Technik ihrerseits nur zugeordnete organisatorische Wissenseinheiten sind, die mehr oder weniger entlang systematischer oder pragmatischer Zuschnitte von Domänen der Welterschließung definiert sind. Folgt man dieser Auffassung, so lässt sich die vielschichtige Technikdidaktik in der Allgemeinbildung als eigenständige Wissenschaftsdisziplin bestimmen, die sich mit den Bedeutungsgehalten des multiplen domänenspezifischen Bildungsinhaltes für die Schülerinnen und Schüler und ihrer professionellen Vermittlung einschließlich der Überzeugungen und Ansichten zum domänenspezifischen Wissen und Wissenserwerb der Lehrenden und Lernenden in der Technik auseinandersetzt sowie die besondere Charakteristik der allgemein bildenden Technik erforscht.

Die forschungsbasierte Technikdidaktik stellt ein wichtiges Fundament für die fachdidaktische Ausbildung der technischen Lehrkräfte dar, das sowohl für die Lehrerbildung in der ersten und zweiten Phase als auch für die Weiterbildung von Lehrkräften bedeutsam wird. Gesicherte fachspezifische Erkenntnisse sind für die Gestaltung von Lehr- und Lernmaterialien und den Unterricht im Fach Technik selbst bedeutsam. Da der allgemein bildende technische Unterricht in unterschiedlich zugeschnittenen Unterrichtsfächern, Klassenstufen, Curricula und verschiedenen allgemein bildenden Schulformen erworben wird (vgl. z. B. Zinn 2014), ist in der Forschung zur Technikdidaktik zukünftig zu klären, wie sich u. a. die tatsächlichen Bedingungen, Strukturen und Kompetenzen der Lernenden im technikbezogenen Unterricht im Bezugsfeld der differenten Fächerzuschnitte und bundeslandspezifischen curricularen Bedingungen darstellen. Vorliegende Studien zur technischen Allgemeinbildung sind bislang überwiegend konzeptuell und deskriptiv orientiert und selten empirisch ausgerichtet. Eine Evidenzbasierung zur technischen Grundbildung wird zwar an mehreren Stellen und schulformübergreifend gefordert (vgl. z. B. Höpken, Osterkamp & Reich 2003; Buhr & Hartmann 2008; Euler 2008), stellt sich aber bislang als wenig umfänglich dar (Zinn 2014). Die in geringer Anzahl vorliegenden empirischen Studien (vgl. z. B. Meschenmoser 2009; Meier 2009; Wahner 2009; siehe auch Zinn, Tenberg & Pittich 2016; Zinn, Latzel & Ariali 2017) liefern erste Ansatzpunkte für eine weitergehende empirische Fundierung in der Technikdidaktik der Allgemeinbildung sowohl für die schulische Praxis als auch die Lehrerbildung im Unterrichtsfach Technik und affinen Fächern. Als Basis für ein reflektiertes Unterrichtshandeln im allgemein bildenden Technikunterricht ist zusammenfassend eine solide Kenntnis technikdidaktischer Erkenntnisse und Konzeptionen unabdingbar. Es kann davon ausgegangen werden, dass Kompetenzen, auch die des Unterrichtens von Technik, sich aus einem Zusammenwirken von Fachwissen, Fertigkeiten, Erfahrungen, Routinen und der Bereitschaft und Überzeugung zur kritischen Überprüfung der Handlungsweisen entwickeln.

Literatur

Buhr, R. & Hartmann, E. A. (Hrsg.) (2008). Technische Bildung für Alle. Ein vernachlässigtes Schlüsselelement der Innovationspolitik. Institut für Innovation und Technik. Berlin: VDI/VDE Innovation + Technik GmbH.
Euler, M. (2008). Situation und Maßnahmen zur Förderung der technischen Bildung in der Schule. In: R. Buhr & E. A. Hartmann (Hrsg.): Technische Bildung für Alle. Institut für Innovation und Technik (67–104). Berlin: VDI/VDE Innovation + Technik GmbH.
Harms, U., Eckhardt, M. & Bernholt, S. (2013). Relevanz schulischer Kompetenzen für den Übergang in die Erstausbildung und für die Entwicklung beruflicher Kompetenzen: Biologie- und Chemielaboranten. Zeitschrift für Berufs- und Wirtschaftspädagogik (ZBW) (111–134). Beiheft 26. Stuttgart: Steiner.
Höpken, G., Osterkamp, S. & Reich, G. (Hrsg.) (2003). Standards für eine allgemeine technische Bildung – Band 1: Inhalte technischer Bildung. Villingen-Schwenningen: Neckar-Verlag.
Krauss, S., Kunter, M., Brunner, M. et al. (2004). COACTIV: Professionswissen von Lehrkräften, kognitiv aktivierender Mathematikunterricht und die Entwicklung von mathematischer Kompetenz. In: J. Doll & M. Prenzel (Eds.), Bildungsqualität von Schule: Lehrerprofessionalisierung, Unterrichtsentwicklung und Schülerforderung als Strategien der Qualitätsverbesserung (31–53). Münster: Waxmann.
Kron, F. W. (2004). Grundwissen Didaktik (4. Aufl.). München Basel: Ernst Reinhardt.
KVFF [Konferenz der Vorsitzenden Fachdidaktischer Fachgesellschaften] (Hrsg.) (1998). Fachdidaktik in Forschung und Lehre. Kiel: Institut für die Pädagogik der Naturwissenschaften.
Meier, B. (2009). Entwicklung und Erprobung von Aufgaben zur technischen Bildung in Qualität Technischer Bildung. In: W. E. Theuerkauf, H. Meschenmoser, B. Meier & H. Zöllner (Hrsg.). Qualität Technischer Bildung Kompetenzmodelle und Kompetenzdiagnostik (93–103). Berlin: Machmit-Verlag.
Meschenmoser, H. (2009). Nationale und internationale Kompetenzbereichs- und Kompetenzstufenmodelle zur technischen Allgemeinbildung. In: Theuerkauf, W. E., Meschenmoser, H., Meier, B. & Zöllner, H. (Hrsg.). Qualität Technischer Bildung Kompetenzmodelle und Kompetenzdiagnostik (11–37). Berlin: Machmit-Verlag.
Meschenmoser, H. (2009). Nationale und internationale Kompetenzbereichs- und Kompetenzstufenmodelle zur technischen Allgemeinbildung. In: W. E. Theuerkauf, H. Meschenmoser, B. Meier &

H. Zöllner (Hrsg.), Qualität Technischer Bildung Kompetenzmodelle und Kompetenzdiagnostik (11–37). Berlin: Machmit-Verlag.

Ott, B. (2000). Grundlagen des beruflichen Lernens und Lehrens. Ganzheitliches Lernen in der beruflichen Bildung. (2. überarb. Aufl.). Berlin: Cornelsen.

Peterßen, W. H. (2001). Lehrbuch Allgemeine Didaktik. München: Oldenburg.

Pfenning, U. (2013). Technikbildung und Technikdidaktik – ein soziologischer Über-, Ein- und Ausblick. Journal of Technical Education (JOTED), 1(1), 111–131.

Ropohl, G. (1976). Technik als Bildungsaufgabe allgemein bildender Schulen. In: W. Traebert & R. Spiegel (Hrsg.). Technik als Schulfach. Band 1, (7–25). Düsseldorf.

Ropohl, G. (2009). Allgemeine Technologie, (3. Aufl.) Karlsruhe: Universitätsverlag.

Roth, H. (1965). Technik als Bildungsaufgabe der Schulen. Hannover: Schroedel Verlag.

Schmayl, W. (2003). Ansätze allgemeinbildenden Technikunterrichts. In: B. Bonz & B. Ott (Hrsg.). Allgemeine Technikdidaktik – Theorieansätze und Praxisbezüge (131–147). Hohengehren: Schneider Verlag.

Wahner, H.-J. K. (2009). Technische Kompetenzen in der eignungsbasierten Berufsorientierung. In: W. E. Theuerkauf, H. Meschenmoser, B. Meier & H. Zöllner (Hrsg.), Qualität Technischer Bildung Kompetenzmodelle und Kompetenzdiagnostik (172-183). Berlin: Machmit-Verlag.

Wilkening, F. & Schmayl, W. (1984). Technikunterricht. Bad Heilbrunn: Klinkhardt, 54–71.

Zinn, B. (2014). Editorial: Technische Allgemeinbildung – Bedeutungsspektrum, Bildungsstandards und Forschungsperspektiven. Journal of Technical Education (JOTED), Jg. 2(2), 24–47.

Zinn, B. (2015). Naturwissenschaftliche und technische Grundbildung im Kontext beruflicher Bildung. In: G. Graube & I. Mammes (Hrsg.): Gesellschaft im Wandel – Interdisziplinäres Denken im natur- und technikwissenschaftlichen Unterricht (196–208). Bad Heilbrunn: Klinkhardt.

Zinn, B., Tenberg, R. & Pittich, D. (Hrsg.)(2016). Journal of Technical Education (JOTED), Jg. 4 (Heft 2) Online: http://www.journal-of-technical-education.de, Stand vom 27.12.2016.

Zinn, B., Latzel, M. & Ariali, S. (2017). Allgemein technische Kompetenzen und Interessen im Fach Naturwissenschaft und Technik (NwT) am Übergang in die Kursstufe. (in Vorbereitung).

2.2 Technikdidaktik in der beruflichen Bildung

Alfred Riedl (Technische Universität München)

Zusammenfassung

Technikdidaktik verortet sich im Spannungsfeld vieler Bezugsdisziplinen und verschiedener Bildungsziele. Gegenüber einer allgemeinen Technikdidaktik befasst sich die berufliche Technikdidaktik mit der Berufsausbildung in technischen Berufen, um den technischen Unterricht beruflicher Schulen sowie die technische betriebliche Ausbildung theoretisch zu fundieren. Dazu verbindet sie den technikwissenschaftlichen Fachbezug mit der Pädagogik und Didaktik beruflicher Bildung. Einer Technikdidaktik geht es um die integrative Entwicklung fachlicher und allgemeiner Kompetenzen zur professionellen Bewältigung der Aufgaben technischer beruflicher Facharbeit sowie um die Befähigung zur verantwortungsvollen Mitgestaltung einer technisierten Arbeitswelt und Gesellschaft.

Abstract

Technical Didactics in Vocational Education and Training

Technical teaching and learning positions itself in a field of multiple related disciplines and educational goals. In contrast to technical didactics for general technical education technical didactics in vocational education aims to provide a theoretical foundation for describing technical learning at vocational schools and in company based-training. Therefor, technical sciences and pedagogy and didactics for vocational education have to be interlinked. Technical vocational didactics promotes the integrative development of technical and general competence, that enables skilled workers to professionally execute technical tasks as well as taking an active and responsible part in social development in a technologized working world and society.

1 Technik und technische Bildung

Technik als Gattungsmerkmal des Menschen

Technik begleitet den Menschen über die Jahrtausende seiner Entwicklungsgeschichte. Gleichsam als „conditio humana" (Schmayl 2010, S. 10) ist Technik Ausdruck seines kreativen Schaffens und prägend für die menschliche Kultur. Während sich die Menschheit in ihrer Frühgeschichte lange Zeit auf die Verwendung einfacher, selbst geformter Werkzeuge beschränkte, nahm mit der Erfindung des Wagenrades etwa Mitte des 4. Jahrtausends v. Chr. die Entwicklung technischer Gegenstände und ihre Verwendung kontinuierlich zu. Ab dem 18. und 19. Jahrhundert stützte sich die Technikentwicklung zunehmend auf wissenschaftliche Methoden, was zu einer beschleunigten Entwicklung und zum Erschließen ständig neuer Bereiche geführt hat. Meilensteine waren die Frühmechanisierung und Industrialisierung mit der Dampfmaschine als Basisinnovation und die darauffolgende Entwicklung des Transportwesens (Stahlherstellung, Eisenbahn, Dampfschiffe). Es folgten Schwermaschinenbau und Elektrifizierung sowie die starke Bedeutungszunahme der chemischen Industrie. Mit der Verbreitung des Automobils wuchs die individuelle Mobilität. Fernsehen, Kernkraft und Raumfahrt hielten ebenso Einzug wie IT-Technik und umfassende Digitalisierung. Agro-, Bio-, Medizin- und Gentechnik sind weitere Entwicklungsfelder. Derzeit widerfährt dem Internet der Dinge durch die zunehmende Vernetzung sogenannter „intelligenter" Geräte und Gegenstände eine besondere Aufmerksamkeit. Im privaten Bereich steht für „Smart Home" eine untereinander vernetzte Haustechnik mit selbstständig kommunizierenden Geräten sowie fernsteuerbaren Komponenten und Abläufen. Das „Internet der Dinge" beeinflusst derzeit neben einer stark expandierenden Logistik die unter dem Schlagwort Industrie 4.0 subsumierte Weiterentwicklung in der Automatisierungstechnik (vgl. Windelband 2014) mit einer Verselbstständigung neuer cyber-physischer Systeme.[1]

Der Mensch – abhängig von Technik

Die bewohnte Welt ist eine technische Welt. Abgesehen von wenigen unberührten Zonen unseres Planeten, die der Mensch nicht dauerhaft beansprucht, unterliegen die bewohnten Bereiche einer massiven technischen Ausgestaltung. Und so ist das Biotop Erde zum „Technotop" geworden (Ropohl 2009, S. 15). Technik fungiert als zentrales Struktur- und Regelungselement moderner, hoch entwickelter Gesellschaftsformen. Technische Entwicklungen sind „ein wesentlicher Einflussfaktor ihres Wandels und

---

[1] Cyber-physische Systeme (CPS) „umfassen eingebettete Systeme, Produktions-, Logistik-, Engineering-, Koordinations- und Managementprozesse sowie Internetdienste, die mittels Sensoren unmittelbar physikalische Daten erfassen und mittels Aktoren auf physikalische Vorgänge einwirken, mittels digitaler Netze untereinander verbunden sind, weltweit verfügbare Daten und Dienste nutzen und über multimodale Mensch-Maschine-Schnittstellen verfügen. Cyber-Physical Systems sind offene soziotechnische Systeme und ermöglichen eine Reihe von neuartigen Funktionen, Diensten und Eigenschaften" (Windelband 2014, S. 139).

können einen beträchtlichen Veränderungsdruck auf ihre Akteure, Strukturen und Institutionen entfalten" (Dolata 2011, S. 10). Ab der zweiten Hälfte der 1970er-Jahre haben sich die technologischen und wissenschaftlichen Grundlagen der Gesellschaft rasant durch digitale Informations- und Kommunikationstechnologien verändert. Sie determinieren Industrie, Handwerk, Handel oder Verwaltung ebenso wie Politik und Gesellschaft. Der Alltag des Menschen ist von technischen Systemen durchdrungen, deren Einfluss sich kontinuierlich ausweitet und prägend auf Kommunikations-, Lebens- und Konsumstile wirkt (ebd., S. 11) und so zu einer starken gesellschaftlichen wie individuellen Technikabhängigkeit führt.

Die in der Gesellschaft vorliegende Einstellung zu Technik hat sich in Deutschland über die letzten 35 Jahre positiv entwickelt (vgl. Pfenning 2013, S. 118). Mit der Selbstverständlichkeit, mit der Technik genutzt wird, geht die Gefahr einher, dass Technik weitgehend unhinterfragt zu einem selbstreferenziellen System wird oder bereits geworden ist. Die individuelle wie gesamtgesellschaftliche Bewertung von Technik basiert zu erheblichen Teilen auf medial vermittelten Technikleitbildern. Darstellungen beschränken sich dabei oft verengt auf bestimmte Wirkbereiche von Technik (Natur, Gesellschaft, Individuum, Ökonomie). Je nach vertretenem Standpunkt und aktuellem Anlass wird dabei eine negative oder positive Bewertung favorisiert.[2] Eine Technikskepsis greift immer dann um sich, „wenn Technologien Katastrophen (z. B. Tschernobyl 1986, Fukushima 2011) verursachen oder unintendierte negative Folgen technikbasierter anthropogener Effekte Ökosysteme beeinträchtigen und diese aus ihrer natürlichen Balance geraten (Klimawandel, Ozonloch u. v. a.)" (Pfenning 2013, S. 118).

Da der größte Teil der Menschen primär Nutzer von Technik ist, bleibt – mangels erforderlichem Sachverstand – die Gestaltung von Technik einer umgrenzten Expertengruppe überlassen. Dies kann zu einem Technikdeterminismus[3] führen, der zu sozialen, politischen und kulturellen Anpassungen führt und ökologische oder ethisch-moralische Gesichtspunkte bestenfalls nachrangig Beachtung finden. Das bedeutet aber nicht, „dass neue Technologien [...] erst dann, wenn sie fertig sind, in einer dann eindeutigen, alternativlosen Weise verändernd in soziale (ökonomische, politische, zivilgesellschaftliche) Zusammenhänge eingreifen. Wandel durch Technik ist alles andere als deterministisch" (Dolata 2011, S. 11). Daher besteht ein enger Zusammenhang zwischen technischem und sozioökonomischem Wandel. Eine einseitige Anpassung sozialer Verhältnisse an neue Technologien erfolgt in der Regel nicht. Auch neue Technologien entwickeln sich weiter, werden verfeinert, manchmal auch revidiert oder grundlegend modifiziert (vgl. ebd.). Nutzerverhalten und gesellschaftliche Akzeptanz können darauf massiv einwirken.

---

[2] Meist sehr verkürzte polarisierende Einschätzungen unterscheiden dabei „in ‚gute Technik' (Medizin, Transport, Wohlstandssicherung, Beweglichkeit, ...) und ‚böse Technik' (Waffen, Umweltzerstörung, Taylorisierung, Roboterisierung, ...)" (Tenberg 2016, S. 13).
[3] Zu Technik als sozial beeinflussbare Größe im Spannungsverhältnis zwischen Technikdeterminismus und Sozialdeterminismus und ihren Einfluss auf die Gesellschaft (vgl. Grunwald 2007, S. 63 ff.).

Technik, Arbeit und technische Bildung

Technik, Arbeit und Bildung sind in ihrem Beziehungsgefüge zentrale Kategorien moderner Gesellschaften, die sich dynamisch weiterentwickeln. Technik im heutigen Begriffsverständnis umfasst im Anschluss an Ropohl (2009, S. 31) nutzenorientierte, künstliche, gegenständliche Gebilde (Artefakte oder Sachsysteme), menschliche Handlungen und Einrichtungen, in denen solche Sachsysteme entstehen sowie menschliche Handlungen, die diese Sachsysteme verwenden (vgl. auch VDI 2000).[4] Technik ist somit ein Wirklichkeitsbereich zwischen Mensch und Natur, für den die Frage nach der Entstehung und Verwendung technischer Artefakte zentral ist. Technik beschreibt Ropohl in drei verschiedenen Dimensionen mit damit verbundenen Erkenntnisperspektiven (2009, S. 32 ff.). Die naturale Dimension umfasst ingenieurwissenschaftliche, naturwissenschaftliche und ökologische Erkenntnisperspektiven. Die humane Dimension enthält ästhetische, ethische, anthropologische, physiologische und psychologische Erkenntnisperspektiven. Die soziale Dimension berührt politische, soziologische, ökonomische, historische und juridische Erkenntnisperspektiven. Damit liegt ein Begriffsverständnis vor, das gegenüber einer verengten Sicht auf Technik, die sich nur auf die gegenständliche Welt technischer Geräte und Maschinen bezieht, erheblich weiter gefasst ist. Es impliziert, dass der „technische Charakter der Gesellschaft und der gesellschaftliche Charakter der Technik verschmelzen in der Symbiose soziotechnischer Systeme" (ebd. S. 143).

Aus der Perspektive von Arbeit ist festzustellen, dass Facharbeit zunehmend wissensbasiert wird und zu einem wachsenden Informationsumsatz führt, der sich nur durch die Unterstützung digitaler Informationstechnologien realisieren lässt (vgl. Tenberg & Pittich 2017). Facharbeit ist heute durch geänderte Arbeitsstrukturen und Produktionskonzepte gekennzeichnet, die sich von einer technologisch durchrationalisierten Industriearbeit zunehmend abwenden und auf eine „intelligentere, mitarbeiterorientierte Arbeitsorganisation" (Ott 2001, S. 15) setzen. Erforderliche Reaktionen einer beruflichen Bildung müssen darauf gerichtet sein, ein künftig noch weit umfangreicher erforderliches reflexives Wissen sowie IT-Kompetenzen stärker zu betonen.

Bildung ist entscheidend für die Persönlichkeitsentwicklung eines Menschen und seine Position in der Gesellschaft. Das in einer Gesellschaft insgesamt vorhandene Bildungsniveau ist Grundlage für den wirtschaftlichen Erfolg eines Landes. Wenn unter Bildung „die Integration des relevanten Wissens zu einem ganzheitlichen Weltverständnis" (Ropohl 2003, S. 159) verstanden werden soll, ist für die mitverantwortete Gestaltung einer technikdominierten Lebensumwelt eine ganzheitliche Technikbildung ein unverzichtbares Element, die Technik mit ihren verschiedenen Dimensionen und Wirkungen durchdringbar macht.

---

[4] Die hier zitierte VDI-Richtlinie 3780 zur Technikbewertung orientiert sich an der Begriffsdefinition von Ropohl (2009, S. 31, erste Auflage 1978). Sie benennt gleichzeitig als Werte von Technik und technischen Handlungen deren Funktionsfähigkeit, Wirtschaftlichkeit, Wohlstand, Sicherheit, Gesundheit, Umweltqualität Persönlichkeitsentfaltung und Gesellschaftsqualität und verweist auf wechselseitige Beziehungen zwischen diesen Werten.

Allgemeinbildender Technikunterricht ist zwar mittlerweile in vielen Bundesländern mit stark variierenden Konzepten eingeführt worden.[5] Die schulischen Ansätze folgen aber eher einer tradierten und weniger der modernen Auffassung, nach der „auch bereits in frühen Jahren Kinder zu Abstraktionen für das Lernen von Natur- und Technikwissenschaften befähigt sind [...]. Zudem wird oftmals eine Talentförderung fokussiert und nicht eine Breitenbildung, im Sinne basaler sozialer Sinnbezüge von Technik und Gesellschaft angestrebt" (Pfenning 2013, S. 115). Somit ist eine allgemeine technische Bildung mit dem Ziel Technikkompetenz bestenfalls ein rudimentärer Bestandteil allgemeiner Bildung, da es bisher nicht gelungen ist, „das Spezifikum unseres Zeitalters zum Gegenstand der Allgemeinbildung zu erheben" (Ropohl 2003, S. 150).[6] Darunter leidet die individuelle Reflexionsfähigkeit in einer technikdominierten Welt ebenso wie die Anschlussfähigkeit an eine berufliche Bildung, die vielerorts auf bestehende Defizite trifft, da technische Basiskompetenzen der nachfolgenden Generationen immer geringer werden (vgl. Tenberg 2016, S. 11).

2 Positionsbestimmung einer Technikdidaktik

Zum Begriff der Technikdidaktik

Technikdidaktik setzt sich aus den beiden aus dem griechischen kommenden Wortstämmen *techne* und *didáskein* zusammen. *Techne* bezog sich in seiner ursprünglichen Bedeutung auf das Können der Handwerker und deren vielfältige Handwerkskunst. *Didáskein* beschreibt ursprünglich lehren und unterrichten im Sinne von Lehrkunst. Wenn heute von Didaktik gesprochen wird, ist die Wissenschaft und Praxis vom Lehren und Lernen gemeint. Damit sind alle Aspekte darauf bezogener Entscheidungen, Begründungen, Voraussetzungen und Prozesse eingeschlossen.

Technikdidaktik umfasst eine übergreifende Technikdidaktik, die sich auf didaktische Aussagen beschränken muss, „die bzgl. aller vorliegenden Konzepte und Facetten von Technik getroffen werden können" und verschiedene eingegrenzte Technikdidaktiken, „welche spezifische Aussagen für ein spezielles, eingegrenztes Konzept von Technik treffen" (Tenberg 2011, S. 42). Die zwei daraus hervorgehenden Bezugsfelder sind somit die allgemeine Bildung[7] und die berufliche Bildung. Die berufliche Technikdidaktik entwickelte sich in erster Linie im Kontext der Berufsausbildung in technischen Berufen, um den Unterricht in technischen Fächern beruflicher Schulen sowie die betriebliche Ausbildung theoretisch zu fundieren (vgl. Bonz 2003, S. 8). Sie lässt sich gegenüber der allgemeinen Technikdidaktik durch ihre engen beruflichen Bezüge relativ leicht abgrenzen. Innerhalb einer beruflichen Technikdidaktik sind eindeutige Zuordnungen

---

5 Zum Überblick über die Lehrpläne der Bundesländer zur Technikbildung an Schulen (vgl. Pfenning 2013, S. 116 f.).
6 Nach Ropohl (2003, S. 150) liegt dies vor allem „an der schweigenden Mehrheit besonders der Gymnasialpädagogen" und an einer „Arbeits- und Technikferne des neuhumanistisch-idealistischen Bildungsbegriffs" der „als eine Art Hintergrundideologie immer noch wirksam zu sein" scheint.
7 Zur Didaktik allgemeinbildenden Technikunterrichts vgl. z. B. Schmayl 2010 u. Kap. 2.1 in diesem Band.

jedoch deutlich schwieriger, was dazu führt, dass sich der Begriff Technikdidaktik hier als unscharf und vielseitig interpretierbar darstellt. Dass keine kohärente Disziplin der Technikdidaktik existiert, liegt vor allem am breiten Spektrum von Bezugsdisziplinen aufgrund der Zergliederung technischer Wissenschaften in eine Vielzahl von Einzeldisziplinen und der Vielschichtigkeit technikdidaktischer Ansätze mit darauf einwirkenden theoretischen Strömungen (siehe weiter unten). Vor diesem Hintergrund hat sich Technikdidaktik zu einer interdisziplinären und handlungsorientierten Wissenschaft entwickelt, „deren Erkenntnisinteresse über das Verstehen der Umwelt hinaus auch auf deren Gestaltung gerichtet ist" (Bader 2000, S. 11) und die sich im universitären Kontext nicht einfach in „passende Schubladen" einordnen lässt (ebd. S. 7). Technikdidaktik entspricht einer Bereichsdidaktik (Riedl & Schelten 2013, S. 24). Sie kann „einerseits als übergreifende Fachdidaktik technischer beruflicher Fachrichtungen (Bezugspunkt Fachwissenschaften), andererseits als eine technische Spezifikation der Didaktik beruflicher Bildung (Bezugspunkt Berufspädagogik) verstanden und gehandhabt werden" (Tenberg 2011, S. 43). Ihr Gegenstand ist das planvolle, systematisch organisierte Lehren und Lernen im Unterricht an beruflichen Schulen sowie in der Aus- und Weiterbildung im Betrieb.

Bezugsfeld der Technikdidaktik

Die traditionelle Technikdidaktik war eng an der Qualifizierung für technische Berufe und den Zielvorgaben der Berufsbilder ausgerichtet. Sie beschränkte sich vornehmlich auf die didaktische Reduktion von Inhalten für die Berufsausbildung in technischen Berufen aus dem Bezugsfeld der korrespondierenden Technikwissenschaften und der Entwicklung von Methoden für den Unterricht an beruflichen Schulen und der Unterweisung in der betrieblichen Berufsausbildung. Mit der Weiterentwicklung der Technikdidaktik[8] hat sich die ursprünglich auf Methodenfragen beschränkte didaktische Diskussion hin zu einer Zieldiskussion verschoben und ausgeweitet (vgl. Bonz 2001, S. 11). Technikdidaktik grenzt sich dabei nicht auf die inhaltliche Konkretisierung allgemeindidaktischer Positionen ein, sondern ist vielmehr „vermittelnde Disziplin zwischen der allgemeinen Didaktik und den Technikwissenschaften, d.h. Interesse, Gegenstand und Methoden der Technikdidaktik enthalten sowohl allgemeindidaktische als auch technikwissenschaftliche Komponenten und verbindet so Technikwissenschaften mit den Erziehungswissenschaften" (Bonz 2003, S. 7).

Im Bezugsfeld einer beruflichen Technikdidaktik existieren die einzelnen Fachdidaktiken der beruflichen Fachdisziplinen wie Bautechnik, Elektrotechnik oder Metalltechnik. Eine solche inhaltliche Ausdifferenzierung nach Technikbereichen „erscheint unproblematisch, da die Besonderheiten solcher spezieller Technikdidaktiken didaktisch nicht gravierend sind, wenngleich jede Technikdidaktik selbstverständlich die didaktischen und methodischen Probleme inhaltlich in besonderer Weise konkretisiert" (ebd., S. 8). Für die einzelnen Fachdidaktiken einer technischen beruflichen Bildung

---

[8] Einen wichtigen Impuls dazu gab auch der Deutsche Bildungsrat mit seiner Lehrlingsempfehlung von 1969 (vgl. Lipsmeier 2006, S. 290).

unterscheidet Schütte (2001, S. 40 ff.) vier nebeneinanderstehende Paradigmen: Im *fachdidaktischen Paradigma*, dessen Ausgangspunkt berufspädagogisches Handeln ist, wird die rein fachwissenschaftliche Sicht ausgeweitet, indem erziehungswissenschaftliche Fragen wie die Lernzielbegründung in den Vordergrund rücken und die Fachwissenschaften Antworten auf pädagogische Fragen beisteuern sollen. Das *unterrichtsmethodische Paradigma* zielt auf die wissenschaftliche Systematisierung von Wissen und deren methodische Transformation zur Gestaltung der Unterrichtsfächer beruflicher Schulen (ebd., S. 45), die sich an den einzelnen technischen Referenzdisziplinen orientiert (ebd., S. 46). Das *fachmethodische Paradigma* konstituiert sich im Kontext der Berufsfeldwissenschaften und Berufsfelddidaktik. Dabei stehen betriebliche Arbeitsabläufe und ein Handeln im Arbeitsprozess im Vordergrund. Grundidee ist, dass Berufsbildung zur Fähigkeit der Mitgestaltung von Arbeitsprozessen und der zugehörigen Technik führt. Das *technikdiaktische Paradigma* versucht in „übergreifender Integration" (Tenberg 2011, S. 41) die Vieldimensionalität technischer Phänomene zu erhalten und in ihrem Zusammenwirken zu erschließen. Lernende sollen dabei fachliche und allgemeine Kompetenzen entwickeln (vgl. Ott 2003).

Technikdidaktische Grundkonzeptionen

Für einzelne technikdidaktische Ansätze liegen viele Gemeinsamkeiten, aber auch unterschiedliche Akzentsetzungen vor. Lipsmeier (2006, S. 290 ff.) unterscheidet sieben technikdidaktische Grundkonzeptionen:

Die *integrativ-ganzheitliche Technikdidaktik* (wie auch das weiter oben angesprochene technikdidaktische Paradigma) versucht, „die naturale, humane und soziale Dimension von Technik in einen didaktischen Begründungszusammenhang zu bringen" (Ott 2003, S. 90) und adressiert verschiedene Lernbereiche: inhaltlich-fachlich, methodisch-problemlösend, sozial-kommunikativ und affektiv-ethisch.

Die *wissenschaftsorientierte Technikdidaktik* fokussiert das didaktische Prinzip der Wissenschaftsorientierung (Wissenschaftspropädeutik), das vor allem in den Curricula der Sekundarstufe II in langer Tradition betont wird. Für die berufliche Bildung muss es jedoch immer auch darum gehen, Wissenschaftsorientierung mit der komplementären Situationsorientierung lernförderlich auszutarieren.

Die *strukturtheoretische Technikdidaktik* zielt auf die Entwicklung handlungsleitender kognitiver Strukturen und orientiert sich an zwei Bezugssystemen: An der systematischen Struktur der entsprechenden Wissenschaft und an der Kognitionspsychologie mit kognitiven Strukturen des Denkens und Lernens im Anschluss an Ausubel, Bruner, Gagné, Bandura und Piaget (vgl. Lipsmeier 2006, S. 292).

Die *problemlösungsorientierte Technikdidaktik* bezieht sich auf die in der Lernpsychologie wichtigen Problemlösungsstrategien und versucht, sie in ihrem Ansatz fachdidaktisch besonders zu berücksichtigen.

Experimentierendes Lernen orientiert sich an den didaktischen Funktionen und Traditionen des naturwissenschaftlichen Unterrichts. In der beruflichen Bildung tritt jedoch das Ableiten von naturwissenschaftlichen Gesetzmäßigkeiten eher in den Hintergrund. Technische Experimente zielen hier hingegen auf die Lösung technischer Probleme, die der Verringerung einer Störanfälligkeit und der Weiterentwicklung von Anlagen dienen sollen (vgl. Ott & Pyzalla 2003, S. 119).

Der Ansatz der *Technikgestaltung / Sozialverträglichkeit von Technik* positioniert sich gegenüber traditionellen Konzepten der tayloristischen Industriearbeit mit arbeitsorganisatorischen Innovationen wie der teilautonomen Gruppenarbeit und der Fertigung in Arbeitsinseln.

Die *systemtheoretische Technikdidaktik* basiert auf der Systemtheorie der Technik von Rohpol (2009, hier in dritter Auflage zitiert). Das „wohl umfassendste und zugleich anspruchsvollste Technikdidaktik-Konzept" (Lipsmeier 2006, S. 294) zielt auf ein komplexes und reflexives Technikverständnis, „das den interdisziplinären Zugang zu den vielfältigen Interdependenzen zwischen Technik, Umwelt, Mensch und Gesellschaft eröffnen soll" (ebd.).

Da zentrale Intentionen der einzelnen technikdidaktischen Ansätze auch ansatzübergreifend erkennbar sind und wechselseitig aufeinander einwirken, sind die jeweiligen Grundkonzeptionen nicht eindeutig und trennscharf voneinander abgrenzbar. Weder die traditionelle Technikdidaktik noch die derzeitige Technikdidaktik lassen sich auch nur annähernd als einheitliches oder systematisches Konzept darstellen und klar zuordnen. Bonz (2003, S. 5) kennzeichnet den Technikdidaktik-Begriff als „mehrschichtig und vielgestaltig, wenn nicht sogar ‚sperrig'" (Hervorhebung im Original). Damit kommt zum Ausdruck, dass Technikdidaktik auf verschiedenen Ebenen und mit unterschiedlichen Zugängen theoretisch diskutiert und in unterschiedlicher Weise praktiziert wird.

3 Technikdidaktik in der technischen beruflichen Bildung

Historische Entwicklung der Technikdidaktik und technischen Bildung

Die Entwicklung einer Technikdidaktik erfolgte im Zusammenhang mit der Berufsausbildung in technischen Berufen. Eine solche Berufsausbildung fand in Deutschland zunächst nur in Betrieben statt. Im 19. Jahrhundert war die Berufsbildung noch stark von einem Vorgehen geprägt, das an traditionellen handwerklichen Lehrkonzepten ausgerichtet war. Mit fortschreitender Industrialisierung konnten die damit neu entstehenden Qualifikationsanforderungen nicht mehr hinreichend bedient werden. Mit der Ergänzung der betrieblichen Ausbildung durch Berufsschulen[9] im 19. Jahrhundert und der damit verbundenen „informellen Konstituierung des dualen Systems der Berufsausbildung" (Lipsmeier 2006, S. 287) gewann die allgemeine Schulpädagogik und Didaktik zunehmend Einfluss auf die Berufsbildung. Betriebspädagogische Aspekte

---

9 Berufsschulen hießen zur damaligen Zeit „Fortbildungsschulen".

und die Untersuchung betrieblicher Berufsausbildung standen jedoch lange Zeit im Hintergrund (vgl. Bonz 2001, S. 6).[10]

Im ersten Drittel des 20. Jahrhunderts entstanden industrietypische, beruflich-systematische Lernkonzepte (vgl. Greinert 1997, S. 81), bei denen die Lehrlingsausbildung in Form eines Lehrgangs als Abfolge von Unterweisungen erfolgte, in denen sequenziell einzelne Fertigkeiten vermittelt wurden. Diesem planmäßigen und systematischen Erwerb von berufsmotorischen Fertigkeiten auf betrieblicher Seite entsprach im theoretischen Unterricht der Berufsschule eine linear-zielgerichtete Gesamtkonzeption mit der Favorisierung des fragend-entwickelnden Unterrichts. Hartmann (1928) hatte dies für die Berufsschulen „als allgemeine Regel gefordert" (Bonz 2001, S. 8) und sieht als besondere Stärke darin, dass „die Aufgabe der Berufsschule in der Eingliederung der Jugend in den rationalisierten Arbeitsprozeß [...] in möglichst verständnisinniger und hemmungsloser Weise sich vollzieht" (ebd.). Im Kontrast dazu geht Kerschensteiner (1912) von einer offenen Gesamtkonzeption aus, um „mit der Arbeitsschule die Ideen der Reformpädagogik für berufliche Schulen und den Technikunterricht fruchtbar machen" zu können (ebd. S. 9). Diese beiden, sich grundsätzlich gegenüberstehenden Auffassungen verweisen auf die bereits damals existierende Spannweite einer Technikdidaktik. Mit den unterschiedlichen konzeptionellen und methodischen Ausrichtungen werden auch unterschiedliche Zielpräferenzen verfolgt. So fokussiert die linear-zielgerichtete Vorgehensweise in der betrieblichen Ausbildung primär die Qualifikationsanforderungen der Facharbeiterberufe und im Unterricht an beruflichen Schulen die an den Technikwissenschaften ausgerichtete Systematik des Fachwissens. Eine offene Gesamtkonzeption stellt eine individuelle Entfaltung als breit angelegte Persönlichkeitsbildung in den Vordergrund.

Für eine an technischen Berufen orientierte Technikdidaktik hatten natürlich auch die Technikwissenschaften eine hohe Relevanz. Im Unterschied zu den Fachdidaktiken allgemeinbildender Fächer, zu denen in der Regel eine mehr oder weniger klar umgrenzbare korrespondierende Fachwissenschaft existiert, fächern sich die Technikwissenschaften in viele Einzeldisziplinen auf. Für Bonz war hierzu für den Bereich der Berufsbildung „nur die technikdidaktische Konzeption der DDR weitgehend konsistent, insofern als die ‚Theorie der Fachmethodik Technik' in der Berufsausbildung weitgehend umgesetzt wurde" (2003, S. 6, Hervorhebung im Original). Von der Theoriediskussion über die Umsetzung in Handreichungen bis hin zur Praxis der technischen Berufsausbildung in Betrieben und Berufsschulen folgte dieser Ansatz einer fachwissenschaftlich orientierten Technikdidaktik, die sich eng an den Technikwissenschaften und deren spezieller Methodologie orientiert (vgl. Bernard 2003, S. 73). Von dieser Betrachtungsperspektive hatte sich die Theoriediskussion in der BRD zu jener Zeit mehr oder weniger abgewandt (Bonz 2003, S. 6).

---

10 Ursächlich dafür war, dass betriebliche Ausbildung praxisnah und kaum orientiert an theoretischen Konzepten der Lehr-Lern-Forschung gestaltet wurde, die wiederum wenig Bezug zur Berufsbildung erkennen ließ. In der Zeit der Gründung des Bundesinstituts für Berufsbildung – BIBB (gegründet 1970) rückte das betriebliche Lernen aber deutlich stärker in den Interessenshorizont der Forschung (vgl. Bonz 2001, S. 6 f.).

Noch bis in die 1960er Jahre lagen der Technikdidaktik beruflicher Schulen „positivistische oder gar irrationale Auffassungen von Technik zugrunde" (Lipsmeier 2006, S. 286).[11] Ein entscheidender Impuls für eine moderne Technikdidaktik ging vom Deutschen Bildungsrat mit seiner Lehrlingsempfehlung von 1969 aus in der mit der Ergänzung des traditionellen Zieles der *beruflichen Tüchtigkeit* um die neue Kategorie der *beruflichen Mündigkeit* „nun auch generalisierend die Ziele der Berufsausbildung reflektiert" wurden (Lipsmeier 2014, S. 30). Gleichzeitig plädierte dieses Gremium für eine Integration allgemeiner und fachlicher Lernziele soweit wie möglich und für eine Integration von theoretischer und praktischer Ausbildung (vgl. Lipsmeier 2006, S. 290). Insbesondere der theoretische Unterricht hat nach der Vorgabe des Deutschen Bildungsrates von 1969 „den gesamten Zusammenhang der Ursachen und Wirkungen des beruflichen Handelns zu umfassen und zu ihrer kritischen Reflexion hinzuführen. Eine solche Vertiefung des Verständnisses für die eigene berufliche Tätigkeit und die Zusammenhänge und Veränderungen in der Berufs- und Arbeitswelt ist notwendig in der fachtheoretischen Unterweisung der Berufsschule und am Ausbildungsplatz im Betrieb sowie in den sprachlichen, natur- und gesellschaftswissenschaftlichen Fächern der Berufsschule" (Lipsmeier 2006, S. 290). Diese Vorgabe wurde zur Leitlinie für technikdidaktische Grundkonzeptionen (siehe die Auflistung nach Lipsmeier 2006 weiter oben) und somit „für die Technikdidaktik der Gegenwart" (Bonz 2003, S. 5).

Curricularer Rahmen für eine Technikdidaktik in der Berufsausbildung

In der Berufsausbildung in Deutschland arbeiten Betriebe und Berufsschulen bei ca. 350 staatlich anerkannten Ausbildungsberufen, von denen ca. 100 technische Ausbildungsberufe sind[12], im sogenannten Dualen System zusammen. Ihre gemeinsamen Bildungsbemühungen zielen nach dem Berufsbildungsgesetz (BBiG 2005, §1, Abs. 3) darauf ab, „die für die Ausübung einer qualifizierten beruflichen Tätigkeit in einer sich wandelnden Arbeitswelt notwendigen beruflichen Fertigkeiten, Kenntnisse und Fähigkeiten (berufliche Handlungsfähigkeit) in einem geordneten Ausbildungsgang zu vermitteln […] ferner den Erwerb der erforderlichen Berufserfahrungen zu ermöglichen". Inhaltliche und methodische Schwerpunktsetzungen haben sich von einer fachsystematischen Ausbildung mit der Vermittlung von Kenntnissen und Fertigkeiten anhand von Fertigungsaufgaben in den 1980er Jahren über die handlungsorientierte Ausbildung mit der Betonung von selbstständigem Planen, Durchführen und Kontrollieren einer Arbeitstätigkeit in den 1990er Jahren hin zu einer prozessorientierten Ausbildung

---

11 Lipsmeier (2006, S. 286) zitiert dazu den nordrheinwestfälischen Berufsschullehrplan von 1965, nachdem die Berufsschule „den ständigen Wandel in der Welt der Technik als Tatsache hinzunehmen" und die Berufsschüler zum Verständnis „für Ursache und Wirkung neuer technischer Sachverhalte" hinzuführen habe. Der niedersächsische Lehrplan bezieht dem gegenüber eine resignativ-irrationale Position: „Im dynamischen Spannungsfeld von Arbeit und Beruf erfährt der junge Werktätige, daß er sich in Gefahren und Widersprüchen bewähren muß, die sich der logischen Einsicht entziehen".
12 Vgl. Bundesinstitut für Berufsbildung (2013). Diese Berufe enthalten hohe Technikanteile wie das Überwachen und Steuern von Maschinen, Anlagen oder technischen Prozessen.

mit der Vermittlung von berufsfachlichen Kernqualifikationen und prozessorientierten Fachqualifikationen etwa ab 2000 entwickelt (vgl. Ott & Grotensohn 2014, S. 8).

Der Deutsche Bildungsrat hat bereits mit seiner Lehrlingsempfehlung von 1969 eine Integration allgemeiner und fachlicher Lernziele soweit wie möglich und eine Integration von theoretischer und praktischer Ausbildung gefordert. Dies betonen auch die Zielformulierungen einer beruflichen Bildung in den ab 1996 eingeführten lernfeldorientierten Rahmenlehrplänen der KMK. Demnach hat insbesondere die Berufsschule die Aufgabe, „berufsbezogene und berufsübergreifende Handlungskompetenz zu vermitteln [...] sowie zur Mitgestaltung der Arbeitswelt und der Gesellschaft in sozialer, ökonomischer und ökologischer Verantwortung" zu befähigen (KMK 2011, S. 14). Dieses weit gefasste Zielspektrum zeigt eine große Nähe zu den weiter oben formulierten Zielvorstellungen einer ganzheitlich-integrativen Technikdidaktik.

Nahezu alle heutigen ca. 350 staatlich anerkannten Ausbildungsberufe sind seit 1990 neu entstanden, neu geordnet oder modernisiert worden. Gesetzliche Grundlagen und Ordnungsmittel sind für die Berufsschulen die Schulgesetze der Länder und die länderspezifisch ausgestalteten Rahmenlehrpläne der KMK mit den darin enthaltenen Lernfeldern. Für die betriebliche Seite umfassen die Ordnungsmittel das Berufsbildungsgesetz, Ausbildungsordnung, Ausbildungsberufsbild, Ausbildungsrahmenplan und Zeitrahmen (für erläuternde Beispiele vgl. Ott & Grotensohn 2014, S. 19 ff.).

Mit dem kompetenzorientierten Lernfeldkonzept liegt für die Berufsschulen als Ausbildungspartner im dualen System trotz der über viele Jahre geübten Kritik[13] ein tragfähiges Ordnungsmittel vor, das in seiner Umsetzung „sicher seinen Beitrag dazu geleistet hat, dass das duale System weiterhin und nachhaltig als große Stärke des Beruflichen Bildungssystems in Deutschland hoch angesehen ist und in vielen Ländern als kopierwürdig betrachtet wird" (Stigulinszky 2011, S. 2 f.). Andererseits deutet bereits die knappe empirische Befundlage zur Implementation des Lernfeldansatzes darauf hin, dass erhebliche Einschränkungen für die Umsetzung der Lernfeldcurricula im Sinne des formulierten Konzeptanspruchs bestehen und äußerst unterschiedliche Realisierungsformen von beruflichem Lernfeldunterricht existieren. Aussagen von Seiten der Kultusbehörden der Länder aus der Außenperspektive (ebd.) und von vielen Berufsschulen aus der Innensicht untermauern dies (z. B. Heydt, Kuhbach, Lindner & Stengel 2014) ebenso wie punktuell vorliegende empirische Untersuchungen (z. B. Dengler 2015). Somit stehen zahlreiche Berufsschulen bis heute vor der Herausforderung, die mit diesem Ansatz verbundenen didaktischen Zielstellungen konzeptkonform (oder zumindest weitgehend konzeptnah) im Unterricht umzusetzen (vgl. Riedl 2015, S. 137).

Wenn nun Berufsschulen ihren Unterricht an kompetenzorientierten Curricula ausrichten, sollte auch die betriebliche Seite der dualen Ausbildung über kompetenzorientierte Ausbildungsordnungen in enger Abstimmung mit dem Lernfeldansatz verfügen, die auf einem gemeinsamen Kompetenz-Konzept basieren. Deren Entwicklung wird derzeit auf Bundesebene nicht hinreichend betrieben. Hinzu kommt, dass neben den wenig aufeinander abgestimmten Ordnungsmitteln „in weder zeitlich, noch inhaltlich oder methodisch aufeinander abgestimmten Bildungsprozessen nebeneinander

---

[13] Zum Überblick und für eine Einschätzung vgl. Riedl 2015, S. 128 ff.

her" gearbeitet wird (Tenberg & Pittich 2017, S. 41). Pittich und Tenberg (2013) sprechen hier von einem Konnektivitäts-Problem, das dringend angegangen werden muss. Dieses Desiderat verschärft sich mit zunehmender Entwicklungsdynamik technischer Berufsbilder weiter. Gerade der in jüngster Zeit vielfach bemühte und äußerst populäre Begriff Industrie 4.0 wird als Auslöser für eine Diskussion einer dazu angemessenen beruflichen Bildung 4.0 gesehen (vgl. Spöttl et al. 2016 und Tenberg & Pittich 2017).

Methodische Gestaltungsaspekte für eine Technikdidaktik

Ein heute gängiges Verständnis von Ausbildung und Unterricht geht von einem erweiterten Lernbegriff aus, der neben dem fachlich-inhaltlichen Spektrum ein methodisch-strategisches Lernen, ein sozial-kommunikatives Lernen und ein persönlichkeitsförderndes Lernen umschließt. Diese kompetenzorientierten Zieldimensionen legen ein vielfältiges Methodenrepertoire nahe. Sowohl für die betriebliche Seite als auch die Berufsschulen erscheinen handlungsorientierte Konzepte dafür besonders geeignet. In der betrieblichen Ausbildung spielt nach wie vor das Erfahrungslernen am Arbeitsplatz eine wichtige Rolle (siehe Riedl & Schelten 2013a, S. 16 f. u. S. 201 f.). Für die methodisch geleitete Ausbildung sind nach wie vor die Lehrgangs-Methode aber auch Leittext- und Projektmethode wichtige Gestaltungselemente (vgl. Ott & Grotensohn 2014, S. 74 ff.). Neuere Methoden wie Lern- und Übungsfirmen oder Lernfabriken (vgl. Zinn 2014) kommen hinzu.

Der Lernort Berufsschule hat mit dem Lernfeldkonzept einen curricularen Rahmen, der Handlungs- und Situationsbezug mit ausgeprägten eigenverantwortlichen Schüleraktivitäten in besonderem Maße als geeignet sieht, fachliches Wissen mit einem systemorientierten, vernetzten Denken über das Lösen komplexer und problemhaltiger Aufgabenstellungen zu entwickeln. Dafür sind Arbeits- und Geschäftsprozesse „in den Erklärungszusammenhang zugehöriger Fachwissenschaften zu stellen und gesellschaftliche Entwicklungen zu reflektieren" (KMK 2011, S. 11). Für die Präzisierung der kompetenzorientierten Zielvorgaben in den Lernfeldern besteht als zentrale Herausforderung für konkrete Lernsituationen im Unterricht, das Verhältnis von Fachsystematik und Handlungssystematik lernfeldbezogen zu interpretieren, um eine lernförderliche Balance zwischen Situations- und Fachbezug herbeizuführen. Gleichzeitig geht es auch darum, die eigentätige Wissenskonstruktion von Lernenden in offenen Unterrichtskonzeptionen durch flankierende, lehrergeführte Instruktionsphasen zu begleiten.

Für die Umsetzung des Lernfeldansatzes ist es für die Gestaltung von Lernsituation wichtig, eine zentrale und in sich stimmige Handlungssituation vorzusehen, die den Unterricht leitet (für ein Beispiel siehe Antonitsch 2012). Diese zentrale Lernhandlung muss in erster Linie tragfähig für die zu vermittelnden theoretischen Inhalte sein, damit Lernende diese tiefgehend und differenziert erwerben können. Lehrkraft und Lernende lösen sich dafür immer wieder von konkreten Handlungsvollzügen einer Bearbeitungssituation. Abstrahierende Lernschleifen aus theoretisch-reflektierender Perspektive vertiefen fachliches Wissen und erschließen Begründungszusammenhänge. Dadurch werden Arbeits- und Geschäftsprozesse gemäß dem Bildungsauftrag der Berufsschule theoretisch hinterfragt, aufgeklärt und in ein fachwissenschaftliches Bezugssystem eingeordnet.

Ein handlungsorientiertes Gesamtkonzept (Makrostruktur des Unterrichts) ermöglicht als mehrdimensionales Unterrichtskonzept mit verschiedenen Planungs-, Gestaltungs- und Zieldimensionen unterschiedlichste Realisierungsformen. Ein technischer handlungsorientierter Unterricht (Mikrostruktur) ist an konkreten Bestimmungsgrößen ausgerichtet (vgl. Riedl 2011, S. 196 ff.), die er methodisch weitgehend zu realisieren versucht. Die Leittextmethode, die gegenüber dem Einsatz in der betrieblichen Ausbildung an didaktische Anforderungen der Berufsschule angepasst sein muss (vgl. ebd., S. 241 ff.), kann hierfür als grundlegende Orientierung dienen. Ein wesentliches Qualitätsmerkmal für das Leittextkonzept leitet sich aus der Qualität der enthaltenen Lernaufgaben, der von ihnen geforderten fachlichen Tiefe und ihrem gleichzeitigen Bezug zur Handlungslogik einer berufsrelevanten Problemstellung ab (vgl. Riedl & Schelten 2013a, S. 151 ff.). Begleitend zu solchen schülerzentrierten Lernphasen haben Fachgespräche als wichtiges didaktisches Element in einem handlungsorientierten Unterricht eine bedeutende Funktion, den lernenden Begründungszusammenhänge für ihr berufliches Handeln vor Augen zu führen und fachliches Wissen zu systematisieren und zu vertiefen (vgl. Riedl 2011, S. 204 ff. und Riedl & Schelten 2013b).

4 Zusammenfassung

Eine heute zeitgemäße Technikdidaktik bezieht sich auf einen Technikbegriff, der neben der ingenieur- und naturwissenschaftlichen auch eine humane und soziale Dimension umfasst. Bezugsfelder einer Technikdidaktik sind die allgemeine Bildung und die berufliche Bildung. Die allgemeine Technikdidaktik zielt auf eine ganzheitliche Technikbildung, die in einer technikdominierten Gesellschaft die verschiedenen Dimensionen von Technik durchdringbar macht und zum verantwortungsvollen Umgang mit Technik befähigen soll. Gleichzeitig ist es ihre Aufgabe, die Anschlussfähigkeit an eine berufliche Bildung sicherzustellen. Gegenüber einer allgemeinen Technikdidaktik befasst sich die berufliche Technikdidaktik mit der Berufsausbildung in technischen Berufen. Dazu verbindet sie den technikwissenschaftlichen Fachbezug mit der Pädagogik und Didaktik beruflicher Bildung. Mit der inhaltlichen Ausdifferenzierung nach Technikbereichen befassen sich die einzelnen Fachdidaktiken der beruflichen Fachdisziplinen.

Da die berufliche Technikdidaktik kein in sich geschlossenes, einheitliches oder systematisches Konzept ist, wird sie auf verschiedenen Ebenen und mit unterschiedlichen Zugängen theoretisch diskutiert und in unterschiedlicher Weise praktiziert. Eine ursprünglich auf Methodenfragen beschränkte traditionelle Technikdidaktik war eng an der Qualifizierung für technische Berufe und den Zielvorgaben der Berufsbilder ausgerichtet. Zu einer heutigen beruflichen Technikdidaktik gehört vor allem auch die inhaltlich-fachliche, methodisch-problemlösende, sozial-kommunikative und affektiv-ethische Zieldiskussion im Gesamtzusammenhang beruflichen Handelns. Hierbei geht es um die integrative Entwicklung fachlicher und allgemeiner Kompetenzen zur professionellen Bewältigung der Aufgaben technischer beruflicher Facharbeit. Dazu gehören ein vertieftes Verständnis der eigenen beruflichen Tätigkeit sowie der Zusammenhänge und Veränderungen in der Berufs- und Arbeitswelt, die Entwicklung der eigenen Persönlichkeit und die Befähigung zur verantwortungsvollen Mitgestaltung einer technisierten Arbeitswelt und Gesellschaft.

Zur Realisierung dieser Bildungsvorstellungen verfügen die Berufsschulen mit dem Lernfeldkonzept über einen geeigneten curricularen Rahmen, der einen handlungsorientierten Unterricht begünstig. Allerdings verweist die empirische Befundlage nach wie vor auf erhebliche Unterschiede bei der konzeptkonformen Umsetzung der Lernfeldcurricula. Die zunehmende Entwicklungsdynamik technischer Berufsbilder erfordert eine Qualitätssicherung der dualen Ausbildung, gerade auch im Hinblick auf technischen beruflichen Unterricht. Erforderlich ist weiter, bisher wenig aufeinander abgestimmte Ordnungsmittel der Dualpartner auf die Grundlage eines gemeinsamen Kompetenz-Konzepts zu stellen, damit technische berufliche Bildung zeitlich, inhaltlich und methodisch noch besser aufeinander abgestimmt erfolgen kann.

Literatur

Antonitsch, M. (2012). Projekte als Lernsituationen im Lernfeldunterricht. In: Die berufsbildende Schule 64 (6), 200–204.
Bader, R. (2000). Didaktik der Technik – zur Konstituierung einer sperrigen Fachdidaktik. In: R. Bader & K. Jenewein (Hrsg.). Didaktik der Technik zwischen Generalisierung und Spezialisierung. Frankfurt a. M., 5–33.
Bernard, F. (2003). Der fachwissenschaftlich-methodologische Ansatz der Technikdidaktik. In: B. Bonz & B. Ott (Hrsg.). Allgemeine Technikdidaktik – Theorieansätze und Praxisbezüge. Baltmannsweiler: Schneider, 72–87.
Bonz, B. (2001). Zur Entwicklung der Technikdidaktik. In: R. Bader & B. Bonz (Hrsg.). Fachdidaktik Metalltechnik. Baltmannsweiler: Schneider, 6–12.
Bonz, B. (2003). Technikdidaktik und technische Kompetenzen in der allgemeinen und beruflichen Bildung – zugleich eine Einführung. In: B. Bonz & B. Ott (Hrsg.). Allgemeine Technikdidaktik – Theorieansätze und Praxisbezüge. Baltmannsweiler: Schneider, 4–18.
Bundesinstitut für Berufsbildung (2013). Liste der technischen Ausbildungsberufe im dualen System (BBiG bzw. HwO), Deutschland 2011. Bonn.
Dengler, M. (2015). Empirische Analyse lernfeldbasierter Unterrichtskonzeptionen in der Metalltechnik. Frankfurt a. M.: Lang.
Deutscher Bildungsrat (1969). Empfehlungen der Bildungskommission: Zur Verbesserung der Lehrlingsausbildung. Bonn.
Dolata, U. (2011). Wandel durch Technik. Eine Theorie soziotechnischer Transformation. Frankfurt a. M.: Campus.
Greinert, W.-Dietrich. (1997). Konzepte beruflichen Lernens unter systematischer, historischer und kritischer Perspektive. Stuttgart: Holland+Josenhans.
Grunwald, A. (2007). Technikdeterminismus oder Sozialdeterminismus: Zeitbezüge und Kausalverhältnisse aus der Sich des Technology Assessment. In: U Dolata. & R. Werle (Hrsg.). Gesellschaft und die Macht der Technik. Sozioökonomischer Wandel und institutioneller Wandel durch Technisierung. Frankfurt a. M.: Campus.
Hartmann, K. (1928). Die Unterrichtsgestaltung der Berufs-, Werk- und Fachschulen. Frankfurt a. M.: Diesterweg.

Heydt, E., Kuhbach, U., Lindner, A. & Stengel, P. (2014). „Lernfeldgespräche" – Erfahrungsaustausch der Praktiker/-innen an berufsbildenden Schulen. In: lernen & lehren, Teil 1 Heft 115 (3), Teil 2 Heft 116 (4).
Kerschensteiner, G. (1912). Begriff der Arbeitsschule. 15. Aufl. (1964). München: Oldenbourg.
KMK – Sekretariat der Ständigen Konferenz der Kultusminister der Länder in der Bundesrepublik Deutschland (2011). Handreichungen für die Erarbeitung von Rahmenlehrplänen der Kultusministerkonferenz für den berufsbezogenen Unterricht in der Berufsschule und ihre Abstimmung mit Ausbildungsordnungen des Bundes für anerkannte Ausbildungsberufe.
Lipsmeier, A. (2006). Didaktik gewerblich-technischer Berufsausbildung (Technikdidaktik). In: R. Arnold & A. Lipsmeier (Hrsg.). Handbuch der Berufsbildung. Opladen: Leske+ Budrich, 281–289.
Lipsmeier, A. (2014). Qualität in der deutschen Berufsausbildung aus historischer Perspektive. In: M. Fischer (Hrsg.). Qualität in der Berufsausbildung. Anspruch und Wirklichkeit. Bielefeld: Bertelsmann.
Ott, B. (2003). Strukturmerkmale einer ganzheitlichen Techniklehre und Technikdidaktik. In: B. Bonz & B. Ott (Hrsg.). Allgemeine Technikdidaktik – Theorieansätze und Praxisbezüge. Baltmannsweiler: Schneider, 90–103.
Ott, B. & Grotensohn, V. (2014). Betriebs- und Arbeitspädagogik – Ganzheitliches Lernen in der Berufsbildung. Baltmannsweiler: Schneider.
Ott, B. & Pyzalla, G. (2003). Versuchsorientierter Technikunterricht im Lernfeldkonzept. In: B. Bonz & B. Ott (Hrsg.). Allgemeine Technikdidaktik – Theorieansätze und Praxisbezüge. Baltmannsweiler: Schneider, 117–129.
Pfenning, U. (2013). Technikbildung und Technikdidaktik – ein soziologischer Über-, Ein- und Ausblick. Journal of Technical Education (JOTED), Jg. 1 (Heft 1), 111–131.
Pittich, D. & Tenberg, R. (2013): Development of competences as an integration process that is alternating in the learning venue – Current considerations. Journal of Technical Education (JOTED), Jg. 1(Heft 1), 98–110.
Riedl, A. (2011). Didaktik der beruflichen Bildung. Stuttgart: Steiner.
Riedl, A. (2015). Unterricht im Lernfeldkonzept an beruflichen Schulen – aktuelle Herausforderungen und Realisierung in der gewerblich-technischen Berufsbildung. In: J. Seifried & B. Bonz (Hrsg.): Berufs- und Wirtschaftspädagogik – Handlungsfelder und Grundprobleme. Baltmannsweiler: Schneider, 127–148.
Riedl, A. & Schelten, A. (2013a). Grundbegriffe der Pädagogik und Didaktik beruflicher Bildung. Stuttgart: Steiner.
Riedl, A. & Schelten, A. (2013b). Technical discussions as supportive interventions in the process of constructivist teaching and learning. In: K. Beck & O. Zlatkin-Troitschanskaia (Eds.): From Diagnostics to Learning Success. Proceedings in Vocational Education and Training. Rotterdam: Sense, 115–126.
Schmayl, W. (2010). Didaktik allgemeinbildenden Technikunterrichts. Baltmannsweiler: Schneider.
Schütte, F. (2001). Fachdidaktik Metall- und Maschinentechnik – Traditionen, Paradigmen, Perspektiven. In: R. Bader & B. Bonz (Hrsg.). Fachdidaktik Metalltechnik. Baltmannsweiler: Schneider, 32–56.
Spöttl, G., Gorldt. C., Windelband, L., Grantz, T. & Richter, T. (2016). Industrie 4.0 – Auswirkungen auf Aus- und Weiterbildung in der M+E Industrie: Studie. München: bayme – vbm.
Stigulinszky, R. (2011). Bilanz und Perspektiven aus der Sicht der Kultusverwaltung. In: bwp@Spezial 5 – Hochschultage Berufliche Bildung 2011, Fachtagung 19.
Tenberg, R. (2011). Vermittlung fachlicher und überfachlicher Kompetenzen in technischen Berufen. Theorie und Praxis der Technikdidaktik. Stuttgart: Steiner.
Tenberg, R. (2016). Wie kommt die Technik in die Schule. Journal of Technical Education (JOTED), Jg. 4 (Heft 1), 11–21.
Tenberg, R. & Pittich, D. (2017): Ausbildung 4.0 oder nur 1.2? Analyse eines technisch-betrieblichen Wandels und dessen Implikationen für die technische Berufsausbildung. Journal of Technical Education (JOTED), Jg. 5 (Heft 1), S. 27–46.
Windelband, L. (2014). Zukunft der Facharbeit im Zeitalter „Industrie 4.0". Journal of Technical Education (JOTED), Jg. 2 (Heft 2), 138–160.
Zinn, B. (2014). Lernen in aufwendigen technischen Real-Lernumgebungen – eine Bestandsaufnahme zu berufsschulischen Lernfabriken. Die berufsbildende Schule (BbSch) Jg. 66 (Heft 1), S. 23–26.

2.3 Technik- und Ingenieurdidaktik in der hochschulischen Bildung

Claudius Terkowsky (Technische Universität Dortmund)
Silke Frye (Technische Universität Dortmund)
Tobias Haertel (Technische Universität Dortmund)
Dominik May (Technische Universität Dortmund)
Uwe Wilkesmann (Technische Universität Dortmund)
Isa Jahnke (University of Missouri-Columbia, USA)

Zusammenfassung

Der Bedarf einer praxisbezogenen hochschulischen Bildung in allen technischen Studiengängen ist unumstritten. Während Technikdidaktik als Basis für die Ausbildung von LehrerInnen für technische Unterrichtsfächer bereits über Jahrzehnte ein etablierter Teil der institutionalisierten Lehramtsausbildung ist, ist Ingenieurdidaktik ein in Deutschland über Jahrzehnte vernachlässigtes Desiderat. Der internationalen Entwicklung folgend, profiliert sich aber unter dieser Bezeichnung zunehmend eine Hochschuldidaktik der Ingenieurwissenschaften. Der Beitrag gibt einen Überblick über gegenwärtige Entwicklungen von Technikdidaktik und Ingenieurdidaktik vor dem Hintergrund aktueller Herausforderungen an die technische Hochschulbildung.

Abstract

Technology Education and Engineering Education in Higher Education

In Germany, there is controversial discussion if and how to revise technical related study programmes in higher education towards a more practical education. While *Technology Didaktik* has been an established part of teacher education as training for future teachers in technical related teaching subjects, *Engineering Didaktik* has been a neglected desideratum in Germany for decades. This is changing due to international developments. Instructional Design and Didaktik becomes a specialized area for engineering sciences study programmes and gains more and more awareness. This article provides an overview of current developments of rethinking instructional designs in Technology and Engineering Education in the context of current challenges in higher education and especially in technical related study programmes.

1 Einleitung

Deutschland beklagt seit Jahren einen Mangel an Fachkräften. Dabei fehlen kompetente IngenieurInnen sowie gut qualifizierte FacharbeiterInnen (acatech 2009, S. 5) genauso, wie Lehrkräfte in technischen Unterrichtsfächern.[1]

Während die Technikdidaktik Studierende als künftige LehrerInnen für technische Unterrichtsfächer fokussiert, adressiert die Ingenieurdidaktik vor allem Lehrende, aber auch Studierende der ingenieurwissenschaftlichen Studiengänge sowie Akteure der hochschuldidaktischen Professionalisierung. Als fachbezogene Hochschuldidaktik zielt sie auf die Verbesserung des Lehrens und Lernens in der Ingenieurausbildung: „Die qualitätsvolle Ausbildung des wissenschaftlichen Nachwuchses ist die Grundlage für exzellente Forschung, die wiederum Voraussetzung für ausgezeichnete Lehre ist. Vor dem Hintergrund des vorherrschenden Mangels an akademisch qualifizierten Ingenieurinnen und Ingenieuren sowie der zunehmenden Komplexität des Ingenieurberufs wird Bedarf für die Weiterentwicklung der Ingenieurausbildung deutlich" (AG Ingenieurdidaktik 2016).

2 Technikdidaktik in Lehramtsstudiengängen

Im Fokus der hochschulischen Technikdidaktik steht wie in allen anderen Disziplinen der technischen Bildung das technikbezogene Lernen und Lehren. Im Rahmen des Lehramtsstudiums gilt dies im doppelten Sinne. Während IngenieurInnen als „kompetente ProblemlöserInnen" ausgebildet werden sollen, stehen angehende LehrerInnen vor der Herausforderung, „kompetente VermittlerInnen" zu werden. Entsprechend müssen in ihrer Ausbildung sowohl fach- als auch vermittlungswissenschaftliche Lern- und Lehrziele definiert und verfolgt werden.

2.1 „Employability" als Leitmotiv technischer Lehramtsstudiengänge

Die „Employability" als fachunabhängiges Leitmotiv hochschulischer Bildung führt im Rahmen der Lehramtsausbildung zu fachlichen und überfachlichen Lern- und Lehrzielen. Der fachliche Handlungsrahmen wird für die Studierenden durch ihr Unterrichtsfach determiniert. Im Studium soll ein fundiertes und anschlussfähiges technisches

---

[1] Aktuell wird prognostiziert, dass bspw. im Land Nordrhein-Westfalen im Jahr 2025 nur ca. 10 % des Einstellungsbedarfs an Lehrkräften im Fach Technik gedeckt werden kann (Klemm 2015, S. 3).

Fachwissen vermittelt werden. Dies ist die Grundlage zur Entwicklung einer Methodenkompetenz, die es Studierenden ermöglicht, auch zukünftige technische Innovationen zu verstehen und in ihren Unterricht einzubringen (Hein & Schulte 2009, S. 92). Es kann daher nicht zielführend sein, die Anforderungen hinsichtlich fachwissenschaftlicher Inhalte auf das Unterrichtsniveau der jeweiligen Schulformen zu reduzieren. Zentral ist vielmehr, den Studierenden einerseits die Zusammenhänge eines umfassenden Fachwissens und einer fachdidaktischen Kompetenz aufzuzeigen, gleichzeitig aber auch deutlich zu machen, dass das Studium keine allumfassende Vorbereitung auf die Unterrichtspraxis liefern kann.

Aufbauend darauf setzte die Employability von Lehramtsstudierenden auch diagnostische Kompetenzen voraus. Die Studierenden müssen darauf vorbereitet werden, eine Metaebene einzunehmen, um Aufgaben und Arbeitsaufträge zu formulieren, die nicht nur fachlich korrekt und vermittlungstechnisch zielführend sind, sondern gleichzeitig auch Potenziale für eine fähigkeitsorientierte Diagnostik in sich tragen (Baumert & Kunter 2006, S. 489).

In Summe definieren das Fachwissen, die fachdidaktischen Kenntnisse und die diagnostischen Kompetenzen ein Gesamtkonzept der Employability, das durch ein Verständnis des technischen Lehramtes als Profession geprägt ist und somit eine fachlich fundierte, forschungsbasierte und praxisbezogene Hochschullehre voraussetzt.

2.2 Kompetenzorientierte Gestaltung der Hochschullehre

Der Bedarf einer praxisbezogenen Bildung in allen technischen Studiengängen ist unumstritten (ASIIN 2011; Petermann et al. 2012). Um im späteren beruflichen Alltag bei SchülerInnen Begeisterung für Technik wecken zu können, müssen Lehramtsstudierende diese Begeisterung selbst entdecken und erleben. Maßgeblich ist hierfür ein Anwendungsbezug in der Hochschullehre, der in der Regel als Maß für die Sinnhaftigkeit empfunden wird.

Die Realisierung dieses Anwendungsbezugs wird auf unterschiedlichen Wegen angestrebt. Während die einen die Handlungsorientierung als übergeordnetes Konzept postulieren, fokussieren andere die Problemorientierung, die Ziel- oder die Prozessorientierung. Auch wenn sich alle Ansätze in ihrer Umsetzung unterscheiden, verfolgen sie die gleiche Zielsetzung – die Vermittlung von Handlungskompetenz. Im Mittelpunkt steht das „Handeln lernen" und somit die Handlungsregulation (Hacker 1989, S. 67). Umgesetzt werden kann dies bspw., indem die Lernenden selbständig vollständige technische Handlungen ausführen – also fächerübergreifend technische Prozesse planen, ausführen, kontrollieren und bewerten.

In der beruflichen Bildung werden solche vollständigen Handlungsabläufe als Lern- und Lehrsettings seit Mitte der 1990er Jahren im Lernfeldkonzept umgesetzt. Hierbei ist die Lehre nicht in traditionellen Fächern organisiert, sondern im Sinne der Kompetenzorientierung in fachübergreifende Lernfelder gegliedert, die sich mit hohem Praxisanspruch an konkreten beruflichen Handlungs- und Tätigkeitsfeldern orientieren (Pittich 2013, S. 8). An den Hochschulen werden aber weiterhin rein additiv einzelne

Fachdisziplinen vermittelt. Dies ist zum einen auf die fachsystematischen Strukturen innerhalb der Fakultäten zurückzuführen, zum anderen haben sich diese Lern- und Lehrformen seit Jahrzehnten verfestigt, da sie dem traditionellen Bild der Produktions- und Arbeitsorganisation entsprechen (Lütjens 1999, S. 69). Lehramtsstudierende in technischen Fächern lernen in den Hochschulen also in einer strikten Fachsystematik, was sie bspw. an beruflichen Schulen in der fachübergreifenden Lernfeldsystematik vermitteln sollen.

Die Forschung zeigt zusätzlich eine weitere institutionelle Einflussgröße auf unzureichenden Lernerfolg, nämlich, dass strikte curriculare Vorgaben und Druck dazu führen, dass LehrerInnen die SchülerInnen kontrollieren wollen und damit den Druck weitergeben, sodass sich ein adaptives, extrinsisches Lernverhalten ausbildet und damit gerade kein sinnhafter Lernbezug hergestellt werden kann (Roth, Assor, Kanat-Maymon & Kaplan 2007; Leroy, Bressoux, Sarrazin & Trouilloud 2007).

Entsprechend sind Veränderungen erforderlich, um die Qualität der hochschulischen Lehre zu steigern. Zur Umsetzung einer praxisbezogenen technischen Bildung werden daher verstärkt Lern- und Lehrkonzepte implementiert, die eine Verknüpfung von Theorie und Praxis ermöglichen. Beispiele hierfür sind Lernfabriken und -labore sowie Forschungs- oder Lernwerkstätten, die als Leuchtturmprojekte auch im Rahmen der Lehramtsausbildung und beruflichen Bildung Anwendung finden (Zinn 2014; Frerich et al. 2017) Die Fundierung, Begleitung und Evaluierung solcher Konzepte kennzeichnet zunehmend das wissenschaftliche Handlungs- und Betrachtungsfeld der Technikdidaktik (Pittich, Weber & Stojanovic 2016).

2.3 Status der Technikdidaktik als wissenschaftliche Disziplin

In den vergangenen Jahren wurden nicht selten Professuren im Bereich der Technikdidaktik umgewidmet, rein fachwissenschaftlich oder berufspädagogisch ausgerichtet und gar nicht wiederbesetzt (Deutsche Telekom Stiftung 2013). Die fachdidaktische Forschung führt nahezu ein „Schattendasein", denn wissenschaftliche Veröffentlichungen sind in diesem Bezugsraum unterrepräsentiert und finden häufig nur als Randthemen in den flankierenden Fachwissenschaften statt (Tenberg 2015, S. 7 f.). Als Folge ergeben sich u. a. deutliche Nachwuchsprobleme. Die Zahl der Qualifikationsstellen im Bereich der Technikdidaktik ist – anders als in anderen Fachdidaktiken – rückläufig (Deutsche Telekom Stiftung 2013). Dies führt dazu, dass sich gute AbsolventInnen eher für den sicheren Weg in die Schule entscheiden, als für eine mit entsprechenden Unsicherheiten verbundene wissenschaftliche Laufbahn (ebd.).

Für eine Einschränkung dieser Entwicklungen setzen sich bspw. Interessengesellschaften und -verbände wie der Verein Deutscher Ingenieure (VDI) und die Deutsche Gesellschaft für Technische Bildung (DGTB) oder Stiftungen wie die Deutsche Telekom Stiftung ein. Zunehmend wird aber deutlich, dass neben den Perspektiven einer allgemeinbildenden Technikdidaktik und einer Technikdidaktik der beruflichen Bildung (Tenberg 2011, S. 42) die Dimension einer technisch akzentuierten Hochschuldidaktik an Bedeutung gewinnt. Weitet sich hier der Blickwinkel, ermöglichen

Forschungskooperationen insbesondere in Bereichen moderner und innovativer Lern- und Lehrkonzepte im Rahmen ingenieurwissenschaftlicher Studiengänge einen neuen Aufschwung auch für die klassische Fachdidaktik.

3 Ingenieurdidaktik: Hochschuldidaktik der Ingenieur- und Technikwissenschaften

Gerade in den Ingenieurwissenschaften existiert eine alte und mächtige Tradition eines Lehrstils, der dozentenorientiert ist und somit wenig Raum für intrinsische Lehrmotivation lässt (Wilkesmann & Lauer 2015). Dabei hat die Verbesserung der Lehre durch *Engineering Education Research* als eigenständiges akademisches Praxis- und Forschungsfeld insbesondere in den USA eine lange Tradition, die sich mit der Gründung der *American Society for Engineering Education* (ASEE) im Jahr 1893 und des *Journal of Engineering Education* (JEE) 1913 einen fachlich-institutionellen Rahmen gab. Im Jahr 1918 verfasste Charles Riborg Mann mit „A Study of Engineering Education" eine erste umfangreiche Analyse des ingenieurwissenschaftlichen Lehrens und Lernens in den USA (Mann 1918). Schon damals wurden auch heute noch aktuelle Themen wie die Professionalisierung der Lehrenden, Stofffülle, Studierbarkeit der Curricula, Vermittlung des Bigger Picture, Attraktivität des Studiums, hohe Abbruchquoten, Labordidaktik, Praxisbezug, Erwartungen der Industrie oder die als notwendig erachtete umfassende Allgemeinbildung von künftigen IngenieurInnen diskutiert und Vorschläge zur Verbesserung der ingenieurwissenschaftlichen Lehre unterbreitet.

In den letzten 35 Jahren hat sich *Engineering Education Research (EER)* vor allem als ein international vernetztes Forschungsfeld etabliert. In der Folge wurden weltweit – mit Ausnahme von Deutschland – spezielle *Engineering Education Research & Teaching Centers* eingerichtet und in der *International Federation of Engineering Education Societies* (IFEES) als Dachverband engagiert sich eine Vielzahl von nationalen und internationalen Forschungsgesellschaften.[2] Die Verbesserung der Ausbildung von Studierenden und die Weiterbildung von Ingenieuren durch die Ergebnisse der EER wurde und wird dabei als entscheidend für die Lösung großer technischer Herausforderungen gesehen (Borrego & Bernhard 2011; Graaff 2016).

In Deutschland wurde diese Entwicklung erst 2006 durch die Gründung von *4ING*, dem *Dachverein der Fakultätentage der Ingenieurwissenschaften und der Informatik an Universitäten*, und später durch die *Stiftung Mercator* gemeinsam mit der *Volkswagen-Stiftung* aufgegriffen, die mit *TeachING-LearnING.EU* zwischen 2010 und 2014 den Aufbau des ersten Kompetenz- und Dienstleistungszentrums für das Lehren und Lernen in den Ingenieurwissenschaften förderten (Tekkaya et al. 2013). Diese Entwicklung wird mit dem im Qualitätspakt Lehre geförderten Projekt *ELLI – Exzellentes Lehren und Lernen in der Ingenieurausbildung* (Frerich et al. 2017) zunächst bis 2020 verstetigt.

---

2 Zu nennen sind vor allem die American Society of Engineering Education (ASEE), die Education Society des Institute of Electrical and Electronics Engineers (IEEE), die Europäische Gesellschaft für Ingenieurbildung (SEFI), und die Internationale Gesellschaft für Ingenieurpädagogik (IGIP). 2015 hat sich innerhalb der Deutschen Gesellschaft für Hochschuldidaktik (DGHD) die AG Ingenieurdidaktik gegründet.

3.1 Institutionelle Einbindung

Durch die dritte Säule des Qualitätspakts Lehre wurden Einzel- und Verbundprojekte an mehr als 50 Universitäten[3] und Hochschulen im Bereich der Verbesserung der Lehre in den Ingenieurwissenschaften gefördert. Ingenieurdidaktisches Personal arbeitet dabei in erster Linie im Mittelbau an wissenschaftlichen Einrichtungen und Servicezentren als sogenannte *Third Sphere Professionals* zwischen dem wissenschaftlichen Kernbereich und der Verwaltung. An der TU Dortmund wurde 2011 die Forschungsgruppe Ingenieurdidaktik am Zentrum für HochschulBildung (zhb) gegründet und ist seitdem erfolgreich als Verbundpartner in nationalen und internationalen Forschungsprojekten zu Ingenieurdidaktik tätig[4].

Im Gegensatz zur internationalen Entwicklung existiert in Deutschland aber bis zum Zeitpunkt der Erstellung dieses Beitrags lediglich eine Professur mit der Denomination „Ingenieurdidaktik", welche an der Fakultät Maschinenbau der TU Dortmund eingerichtet wurde.

3.2 Ingenieurdidaktische Forschung und Weiterbildung

Theoretisch und methodisch orientiert sich die Ingenieurdidaktik als Teil der Hochschuldidaktik im Bezugsfeld der pädagogischen, psychologischen, sozial- und kulturwissenschaftlichen Disziplinen mit einer starken ingenieur- und technikwissenschaftlichen Fokussierung. Sie integriert dabei gegenwärtig Erkenntnisse und Vorgehensweisen aus den Bereichen:
- hochschuldidaktische Forschung (Jahnke & Wildt 2011; DGHD 2016)
- Engineering Education Research (Johri & Olds 2014; Sheppard, Macatangay, Colby & Sullivan 2009; Tekkaya et al. 2016)
- technology enhanced learning (Goggins, Jahnke & Wulf 2013; Jahnke 2016)
- Kreativitätsforschung und Kreativitätsförderung (Haertel & Terkowsky 2016; Cropley 2015; Terkowsky & Haertel 2013)
- hochschulische Organisationsforschung (Wilkesmann & Schmid 2012; Leisyte & Wilkesmann 2016)

Unbeschadet der Erkenntnisfunktion versteht sich die Ingenieurdidaktik als ein anwendungsorientiertes und handlungsentwickelndes Wissenschaftsgebiet.[5] Diese Perspektive lässt sich in zwei Gruppen von Forschungs- und Entwicklungsvorhaben und zwei Strategien der Professionalisierung unterscheiden.

---

[3] Darunter auch die TU9, ein Zusammenschluss neun führender Technischer Universitäten in Deutschland, siehe: http://www.tu9.de/
[4] http://www.zhb.tu-dortmund.de/zhb/Wil/de/Aktuelles/Forschungsgruppe-Ingenieurdidaktik/index.html, Stand vom 13.09.2017.
[5] Für anwendungsorientierte und handlungsentwickelnde Fallstudien siehe z. B. Terkowsky, Haertel, Ortelt, Radtke & Tekkaya (2016) oder Terkowsky, Haertel, Bielski & May (2013).

3.2.1 Forschungs- und Entwicklungsvorhaben

Vorhaben *gestaltungsbasierter Forschung und Entwicklung* („Design Based Research" (Wang & Hannafin 2005)) zielen darauf ab, unter Beteiligung der Interessengruppen und unter Einsatz theoretischer und methodischer Erkenntnismittel wissenschaftlich begründete Handlungsmuster für das didaktische Design von ingenieurwissenschaftlichen Lehrveranstaltungen, Lernsituationen, soziotechnischen Systemen, interaktiven Medien, Modulen oder Studiengängen zu entwickeln, zu erproben und formativ zu evaluieren.[6]

Vorhaben der *innerinstitutionellen Hochschulforschung* richten ihren Fokus auf die empirisch-analytische Erforschung von historischen oder aktuellen Entwicklungen, Bedingungskonstellationen, Strukturen, Prozessen oder Akteuren in Lehre, Studium und deren Organisation. In der Praxis erweisen sich hierbei Mixed-Methods-Ansätze und ethnographische Verfahren als sehr nützlich (Wilkesmann 2016). Die Forschungsergebnisse erweitern das Reflexionspotential und können ihre Wirksamkeit durch Einbettung in Monitoring-Prozesse von Lehre, Studium und deren Organisation entfalten.[7]

3.2.2 Strategien der ingenieurdidaktischen Professionalisierung

Die Beratungs- und Workshop-Angebote richten sich an Lehrende in den Ingenieurwissenschaften. Es handelt sich sowohl um Einzelveranstaltungen als auch um Teile von umfassenden Zertifikats-Programmen. Langfristiges Ziel dieser Aktivitäten ist es, eine Kultur des „Scholarship of Teaching and Learning in Engineering" (Wankat, Felder, Smith & Oreovicz 2002) zu etablieren und so die Lehrkompetenz zu fördern.

Etabliert ist mittlerweile auch die auf Professionalisierung von Professionals ausgerichtete „DOSS: Dortmund Spring School for Academic Developers", die auch Weiterbildungsangebote und Austauschformate für Professionals der Ingenieurdidaktik anbietet (Heiner et al. 2016).

4 Technik- und Ingenieurdidaktische Angebote für Studierende

Aktuell zeigt sich, dass Themenfelder der *Technikdidaktik* zunehmend auch auf das Interesse von Studierenden ingenieurwissenschaftlicher Fächer stoßen. Ihr zukünftiges berufliches Handlungsfeld umfasst im Rahmen von Führungsaufgaben auch das Unterweisen und lernwirksame Anleiten von MitarbeiterInnen in Arbeitsprozessen sowie ggf. deren berufliche Aus- und Weiterbildung. Entsprechende überfachliche Lern- und Lehrangebote zur Vermittlung allgemeiner didaktischer und methodischer Grundla-

---

6 Als Beispiel für den DBR-Ansatz in den Ingenieurwissenschaften siehe z. B. das EU Projekt „PeTEX – Platform for eLearning and Telemetric Experimentation" Jahnke, Terkowsky & Pleul (2011) und Terkowsky et al. (2013).
7 Ein Beispiel dafür ist die Studie der acatech mit dem Titel „Das Labor in der ingenieurwissenschaftlichen Ausbildung. Zukunftsorientierte Ansätze aus dem Projekt IngLab" (Tekkaya et al. 2016).

gen von Lern- und Lehrprozessen in technischen Themenbereichen werden verstärkt von Studierenden nachgefragt.

Bei *ingenieurdidaktischen Angeboten für Studierende* stehen weniger ingenieurwissenschaftliche Inhalte als vielmehr (Arbeits-)Methoden und fachübergreifende Schlüsselkompetenzen im Fokus (Junge 2009). So können bspw. in internetbasierten transnationalen Lehrveranstaltungen Studierende interkulturell mit- und voneinander lernen (May & Tekkaya 2016). Im Seminar „Procrastination Fighters" werden Ansätze zur Reduzierung von „Aufschieberitis" ausprobiert, untersucht und bewertet. Im Lehrangebot „Kreativität in den Ingenieurwissenschaften" werden die Studierenden an den Stand der Forschung dieses Themas herangeführt und nehmen eine eigene kleine empirische Arbeit dazu vor (Haertel & Terkowsky 2016). Auch das Thema Entrepreneurship gewinnt an Bedeutung. Ein exemplarisches Lehrangebot, das Elemente der bekannten TV-Show „Die Höhle der Löwen" (bzw. des US-Originals „Shark Tank") mit dem kreativen Business Model Canvas (Osterwalder & Pigneur 2010) verbindet, fördert seit 2015 das unternehmerische Denken von Studierenden der Ingenieurwissenschaften an der TU Dortmund (Haertel, Terkowsky & May 2016).

Im Rahmen des Projektes ELLI wird darüber hinaus am zhb der TU Dortmund die *Forschungswerkstatt* betrieben, die neben tutoriell begleiteten Öffnungszeiten zu Fragen rund um das wissenschaftliche Arbeiten insbesondere Workshops zu Schlüsselkompetenzen anbietet (May & Ossenberg 2015).

Gleichzeitig gibt es eine Vielzahl von Projekten und Initiativen, die Studierenden ingenieurwissenschaftlicher Studiengänge auch den Abschluss als „Master of Education" und damit den Weg in das Lehramt an Berufskollegs näherbringen. Diese Möglichkeiten eines direkten Übergangs und das gemeinsame Lernen von Studierenden in ingenieurwissenschaftlichen Fächern und Lehramtsstudiengängen weichen die Grenzen zwischen „ProblemlöserInnen" und „VermittlerInnen" zunehmend auf und machen neue Perspektiven moderner Technik- und Ingenieurdidaktik deutlich.

5 Zusammenfassung

Während Technikdidaktik als Fachdidaktik ein Teil der disziplinär organisierten Lehramtsausbildung darstellt und damit in erster Linie Studierende zu künftigen LehrerInnen für technische Unterrichtsfächer mit dem Ziel der Integration fachlichen Wissens in schulischen Unterricht ausbildet, profiliert sich gegenwärtig unter der Bezeichnung Ingenieurdidaktik zunehmend eine fachbezogene Hochschuldidaktik der Ingenieurwissenschaften. Sie zielt auf die Verbesserung des Lehrens und Lernens in den ingenieurwissenschaftlichen Disziplinen und ist Teil der hochschuldidaktischen Hochschulforschung, Beratung und Weiterbildung. Dazu befasst sie sich mit der Analyse, Reflexion und Gestaltung von Lehre und Studium in den Ingenieur- und Technikwissenschaften. Es zeigt sich aber, dass neben den disparaten Adressatengruppen beider Didaktiken in deren Schnittmenge eine Vielzahl von Angeboten für Studierende zur Förderung von Schlüsselkompetenzen entwickelt wurde und weiter entwickelt werden.

Literatur

acatech. (2009). *Strategie zur Förderung des Nachwuchses in Technik und Naturwissenschaft: Handlungsempfehlungen für die Gegenwart, Forschungsbedarf für die Zukunft. acatech BEZIEHT POSITION: Vol. 4*. Berlin, Heidelberg: Springer-Verlag Berlin Heidelberg.

AG Ingenieurdidaktik. (2016). AG Ingenieurdidaktik: Fachbezogene Hochschuldidaktik für die Ingenieurwissenschaften. http://www.dghd.de/ag-ingenieurdidaktik.html, Stand vom 04.11.2016.

ASIIN. (2011). FACHSPEZIFISCH ERGÄNZENDE HINWEISE: zur Akkreditierung von Bachelor- und Masterstudiengängen des Maschinenbaus, der Verfahrenstechnik und des Chemieingenieurwesens, Stand vom 09.12.2011.

Baumert, J. & Kunter, M. (2006). Stichwort Professionelle Kompetenz von Lehrkräften. *Zeitschrift für Erziehungswissenschaften (ZfE)*, 9(4), 469–520.

Borrego, M. & Bernhard, J. (2011). The Emergence of Engineering Education Research as an Internationally Connected Field of Inquiry. *Journal of Engineering Education*, 100(1), 14–47.

Cropley, D. H. (2015). *Creativity in Engineering: Novel Solutions to Complex Problems. Explorations in creativity research*. Burlington: Elsevier Science. http://gbv.eblib.com/patron/FullRecord.aspx?p=1934457, Stand vom 04.11.2016.

Deutsche Telekom Stiftung. (2013). Der Technikdidaktik mangelt es an Nachwuchs: Pressemitteilung vom 31.07.2013. https://www.telekom-stiftung.de/de/presse/pressemitteilung/372, Stand vom 04.11.2016.

DGHD. (2016). Positionspapier 2020 zum Stand und zur Entwicklung der Hochschuldidaktik: Erarbeitet vom Vorstand der Deutschen Gesellschaft für Hochschuldidaktik dghd unter Berücksichtigung von Kommentaren der dghd-Mitglieder. http://www.dghd.de/positionspapier.html, Stand vom 04.11.2016.

Frerich, S., Meisen, T., Richert, A., Petermann, M., Jeschke, S., Wilkesmann, U. & Tekkaya, A. E. (Hrsg.) (2017). *Engineering Education 4.0: Excellent Teaching and Learning in Engineering Sciences*. Schweiz: Springer.

Goggins, S. P., Jahnke, I. & Wulf, V. (Hrsg.). (2013). *Computer-Supported Collaborative Learning at the Workplace: CSCL@Work*. New York, Heidelberg, Dordrecht, London: Springer.

Graaff, E. de. (2016). Developments in Engineering Education and Engineering Education Research in Europe. In: M. Abdulwahed, M. O. Hasna, & J. E. Froyd (Hrsg.), *Advances in Engineering Education in the Middle East and North Africa. Current Status, and Future Insights* (1st ed., pp. 11–33). Cham, s. l.: Springer International Publishing.

Hacker, W. (1989). Vollständige vs. unvollständige Arbeitstätigkeiten. In: S. Greif, H. Holling, & N. Nicholson (Hrsg.), *Arbeits- und Organisationspsychologie. Internationales Handbuch in Schlüsselbegriffen* (463–466). Weinheim: Beltz Psychologie-Verl.-Union.

Haertel, T. & Terkowsky, C. (Hrsg.). (2016). Creativity in Engineering Education [Special issue]. *International Journal of Creativity & Problem Solving*, 26(2). Hangaram Core #209, Myeongdeok-ro 368, Suseong – gu, Daegu 706-832, KOREA: The Korean Association for Thinking Development.

Haertel, T., Terkowsky, C. & May, D. (2016). The Shark Tank Experience: How Engineering Students Learn to Become Entrepreneurs. In: *2016 ASEE Annual Conference & Exposition Proceedings*. ASEE Conferences.

Hein, C. & Schulte, H. (2009). Position zu ländergemeinsamen Inhalten in der Techniklehrerausbildung. In: Deutsche Gesellschaft für Technische Bildung e. V. (Hrsg.), *Inhaltsfelder und Themen zeitgemäßen Technikunterrichts*, 87–96.

Heiner, M., Baumert, B., Dany, S., Haertel, T., Quellmelz, M. & Terkowsky, C. (Hrsg.). (2016). *Blickpunkt Hochschuldidaktik. Was ist „Gute Lehre"?: Perspektiven der Hochschuldidaktik*. Bielefeld: W. Bertelsmann Verlag.

Jahnke, I. (2016). *Digital didactical designs: Teaching and learning in CrossActionSpaces*. New York: Routledge.

Jahnke, I., Terkowsky, C. & Pleul, C. (2011). Wechselwirkungen hochschuldidaktischer Konzepte in fachbezogenen, Medien-integrierten Lehr-/Lern-Kulturen: Forschungsbasierte Gestaltung. In: I. Jahnke & J. Wildt (Eds.), *Blickpunkt Hochschuldidaktik: Vol. 121. Fachbozogene und fachübergreifende Hochschuldidaktik* (177–189). Bielefeld: Bertelsmann.

Jahnke, I. & Wildt, J. (Hrsg.). (2011). *Blickpunkt Hochschuldidaktik. Fachbezogene und fachübergreifende Hochschuldidaktik.* Bielefeld: W. Bertelsmann Verlag.

Johri, A. & Olds, B. M. (2014). *Cambridge handbook of engineering education research.* New York, NY, USA: Cambridge University Press.

Junge, H. (2009). Projektstudium als Beitrag zur Steigerung der beruflichen Handlungskompetenz in der wissenschaftlichen Ausbildung von Ingenieuren: Dissertation zur Erlangung des akademischen Grades eines Dr.-Ing. an der Fakultät Raumplanung, Technische Universität Dortmund. https://eldorado.tu-dortmund.de/bitstream/2003/26213/1/Dissertation.pdf, Stand vom 04.11.2016.

Klemm, K. (2015). Lehrerinnen und Lehrer der MINT-Fächer: Zur Bedarfs- und Angebotsentwicklung in den allgemein bildenden Schulen der Sekundarstufen I und II am Beispiel Nordrhein-Westfalens: Gutachten im Auftrag der Deutsche Telekom Stiftung. www.telekom-stiftung.de/Klemmstudie, Stand vom 04.11.2016.

Leisyte, L. & Wilkesmann, U. (Hrsg.). (2016). *Organizing academic work in higher education: Teaching, learning and identities* (First published.). New York, NY: Routledge.

Leroy, N., Bressoux, P., Sarrazin, P. & Trouilloud, D. (2007). Impact of teachers' implicit theories and perceived pressures on the establishment of an autonomy supportive climate. *European Journal of Psychology of Education, 22*(4), 529–545.

Lütjens, J. (1999). Berufliche Erstausbildung in komplexen Lehr- und Lernsituationen: Über die Entwicklung eines berufsfeldübergreifenden Lernfabrikkonzeptes PAULA (Produktionsprozessorientierte AUsbildung in der LernfAbrik). In: A. Schelten, P. F. E. Sloane & G. A. Straka (Hrsg.), *Schriften der Deutschen Gesellschaft für Erziehungswissenschaft (DGfE). Berufs- und Wirtschaftspädagogik im Spiegel der Forschung. Forschungsberichte des DGfE-Kongresses 1998* (69–81). Wiesbaden, s. l.: VS Verlag für Sozialwissenschaften.

Mann, C. R. (1918). *A Study of Engineering Education.* Prepared for the Joint Committee on Engineering Education of the National Engineering Societies. Bulletin Number Eleven. Boston: The Merrymount Press.

May, D. & Ossenberg, P. (2015). Organizing, performing and presenting scientific work in engineering education with the help of mobile devices. *International Journal of Interactive Mobile Technologies (iJIM), 9*(4), 56–63.

May, D. & Tekkaya, A. E. (2016). Using Transnational Online Learning Experiences for Building International Student Working Groups and Developing Intercultural Competences. In: American Society for Engineering Education (Hrsg.), *2016 ASEE Annual Conference & Exposition. Jazzed about Engineering Education.* https://www.asee.org/public/conferences/64/papers/15001/view, Stand vom 04.11.2016.

Osterwalder, A. & Pigneur, Y. (2010). *Business model generation: A handbook for visionaries, game changers, and challengers.* Hoboken, NJ: Wiley.

Petermann, M., Jeschke, S., Tekkaya, A. E., Müller, K., Schuster, K. & May, D. (Hrsg.). (2012). Teach ING-LearnING.EU Fachtagung LearnING by DoING – Wie steigern wir den Praxisbezug im Ingenieurstudium?: 19.06.2012 Ruhr-Universität Bochum.

Pittich, D. (2013). *Diagnostik fachlich-methodischer Kompetenzen.* Zugl.: Darmstadt, Univ., Diss., 2013. Reihe Wissenschaft: Vol. 37. Stuttgart: Fraunhofer IRB Verl.

Pittich, D., Weber, C. & Stojanovic, R. (2016). Betriebliches Kompetenzmanagement im Kontext des demografischen Wandels – Konzept und erste Befunde. *Journal of Technical Education (JOTED), 4*(1), 45–63. http://www.journal-of-technical-education.de/index.php/joted/article/view/69, Stand vom 04.11.2016.

Roth, G., Assor, A., Kanat-Maymon, Y. & Kaplan, H. (2007). Autonomous motivation for teaching: How self-determined teaching may lead to self-determined learning. *Journal of Educational Psychology, 99*(4), 761–774.

Sheppard, S. D., Macatangay, K., Colby, A. & Sullivan, W. M. (2009). *Educating engineers: Designing for the future of the field. The preparation for professions series.* San Francisco, Calif.: Jossey-Bass.

Tekkaya, A. E., Jeschke, S., Petermann, M., May, D., Friese, N., Ernst, C., Lenz, S., Müller, K. & Schuster, K. (Hrsg.). (2013). *TeachING-LearnING.EU discussions. Innovationen für die Zukunft der Lehre in den Ingenieurwissenschaften.* Aachen: TeachING-LearnING.EU.

Tekkaya, A. E., Wilkesmann, U., Terkowsky, C., Pleul, C., Radtke, M. & Maevus, F. (Hrsg.). (2016). *acatech Studie. Das Labor in der ingenieurwissenschaftlichen Ausbildung: Zukunftsorientierte Ansätze aus dem Projekt IngLab : acatech Studie.* München: Herbert Utz Verlag GmbH.

Tenberg, R. (2011). *Vermittlung fachlicher und überfachlicher Kompetenzen in technischen Berufen: Theorie und Praxis der Technikdidaktik. Berufspädagogik.* Stuttgart: Steiner.
Tenberg, R. (2015). 3 Jahre JOTED – eine Standortbestimmung der Herausgeber: Editorial. *Journal of Technical Education (JOTED), 3*(1), 7–12.
Terkowsky, C. & Haertel, T. (2013). Fostering the Creative Attitude with Remote Lab Learning Environments: An Essay on the Spirit of Research in Engineering Education. *International Journal of Online Engineering (iJOE), 9*(S5), 13.
Terkowsky, C., Haertel, T., Bielski, E. & May, D. (2013). Creativity@School: Mobile Learning Environments Involving Remote Labs and E-Portfolios. A Conceptual Framework to Foster the Inquiring Mind in Secondary STEM Education. In: J. García-Zubía & O. Dziabenko (Hrsg.), *IT Innovative Practices in Secondary Schools: Remote Experiments* (pp. 255–280). Bilbao, Spain: University of Deusto Bilbao.
Terkowsky, C., Haertel, T., Ortelt, T. R., Radtke, M. & Tekkaya, A. E. (2016). Creating a place to bore or a place to explore? Detecting possibilities to establish students' creativity in the manufacturing engineering lab. *International Journal of Creativity & Problem Solving, 26* (2).
Terkowsky, C., Jahnke, I., Pleul, C., May, D., Jungmann, T. & Tekkaya, A. E. (2013). PeTEX@Work. Designing CSCL@Work for Online Engineering Education. In: S. P. Goggins, I. Jahnke & V. Wulf (Hrsg.), *Computer-Supported Collaborative Learning Series: Vol. 14. Computer-Supported Collaborative Learning at the Workplace. CSCLWork* (pp. 269–292). New York: Springer.
Wang, F. & Hannafin, M. J. (2005). Design-based research and technology-enhanced learning environments. *Educational Technology Research and Development, 53*(4), 5–23.
Wankat, P. C., Felder, R. M., Smith, K. A. & Oreovicz, F. S. (2002). The Scholarship of Teaching and Learning in Engineering. In: M. T. Huber (Ed.), *Disciplinary styles in the scholarship of teaching and learning. Exploring common ground.* Washington DC: American Assoc. for Higher Education [u. a.].
Wilkesmann, U. (2016). Methoden und Daten zur Erforschung spezieller Organisationen: Hochschulen. In: S. Liebig, W. Matiaske & S. Rosenbohm (Hrsg.), *Handbuch Empirische Organisationsforschung* (1–24). Wiesbaden: Springer Fachmedien Wiesbaden.
Wilkesmann, U. & Lauer, S. (2015). What affects the teaching style of German professors?: Evidence from two nationwide surveys. *Zeitschrift für Erziehungswissenschaft, 18*(4), 713–736.
Wilkesmann, U. & Schmid, C. J. (Hrsg.). (2012). *Organisationssoziologie. Hochschule als Organisation.* Wiesbaden: Springer VS.
Zinn, B. (2014). Lernen in aufwendigen technischen Real-Lernumgebungen – eine Bestandsaufnahme zu berufsschulischen Lernfabriken. *Die berufsbildende Schule (BbSch), 66*(1), 23–26.

3.
Zentrale Bezugspunkte der Technikdidaktik

3.1 Kompetenz als Zielperspektive technischer Bildung

Daniel Pittich (Universität Siegen)

Zusammenfassung

In diesem Beitrag wird entsprechend des Titels das Konzept „Kompetenz" im Kontext der beruflichen Bildung aufgegriffen. Dabei werden unterschiedliche Entwicklungslinien dargestellt und eine Bilanzierung von Ansätzen vorgenommen, die seit Einführung der Zielperspektive durch die KMK im Jahr 1991 bzw. 1996 wahrnehmbar sind. Innerhalb dieser Bilanzierung werden offene Fragen der Ansätze diskutiert, zusammengefasst und als Ausblick für weitere Bemühungen in Praxis und Forschung dargestellt.
Schlüsselwörter: Kompetenz, Kompetenzbegriff, Modelle beruflicher Kompetenzen, technischer Unterricht

Abstract

Competence as the main objective in technical education

The paper at hand, in correspondence with its title, takes up the concept of „competence" in context of vocational education and training. Therefore, the varying development lines and different approaches since introduction of the so-called target perspective by the KMK in 1991 and 1996 are taken into account. In the course of this accounting, unanswered questions concerning these approaches are discussed, subsequently summarized and presented as a prospect on the future endeavors in practice and research.

1 Einleitung und Einordnung

Das Konzept der „Kompetenz" hat den technikdidaktischen Diskurs der vergangenen Jahre so stark geprägt wie wahrscheinlich kaum ein zweites. Dies gilt sowohl für die

Bildungspraxis als auch für wissenschaftliche-empirische Erschließung technischer Berufskompetenzen. In der Berufsbildungspraxis ist der Kompetenzansatz seit Einführung der lernfeldorientierten Lehrpläne (Kultusministerkonferenz 1996) als zentrale Bildungsperspektive und damit als gesetzt zu betrachten. Auf diese Zielperspektive sind sämtliche didaktischen, methodischen, aber auch pädagogischen Entscheidungen berufsschulischen Lehr-Lernhandelns auszurichten. Entsprechend dieser Verankerung erscheint es evident, dass sich die technikdidaktische Forschung, mit ihrer stark praxis- und anwendungsorientierten Ausrichtung, dem Thema in unterschiedlichen Ausprägungen angenommen hat. Waren die Diskurse der 1990er Jahre vorwiegend (basis-) theoretisch und normativ geprägt (Bader 1989; Schelten 2004, 2008), änderte sich dies im neuen Jahrtausend grundlegend. Spätestens mit der Einrichtung des SPP 1293 der DFG (Klieme & Leutner 2006) erhielt die psychometrische Modellierung und Diagnostik Einzug in die wissenschaftliche Kompetenzdiskussion. Innerhalb dieses Kontinuums aus basistheoretischen und psychometrischen Ansätzen haben sich im Kontext des Forschungsgegenstandes „Kompetenz" eine Vielzahl verschiedenartiger Modelle und Zugänge und damit auch nebeneinanderstehende Subkontexte des Kompetenzansatzes entwickelt. Dieser vielschichtige Forschungs- und Entwicklungsstand soll im Rahmen des vorliegenden Beitrages aufgegriffen und bilanziert werden. Kernelement der nachfolgenden Bilanzierung ist der klar erkennbare Bezug zu technischem Lernen und Lehren, welcher insbesondere in der technischen Berufsbildung zu finden ist. Als Strukturierung hat sich die Unterteilung in 1) allgemeine Überlegungen und Entwicklungen des Kompetenzbegriffes (Abschnitt 3) sowie 2) eine Darstellung beruflich-technischer Kompetenzansätze (Abschnitt 4) als praktikabel erwiesen. Bei letztgenanntem Kapitel erfolgt die Bilanzierung über die Unterscheidung in Studien mit psychometrisch-diagnostischer Ausrichtung (Abschnitt 4.1), Studien mit didaktisch-berufswissenschaftlicher Ausrichtung (Abschnitt 4.2) sowie Studien mit technikdidaktischer Ausrichtung (Abschnitt 4.3). Abschließend wird in Kapitel 5 eine Zusammenfassung, Einordnung sowie Ausblick gegeben.

2 Die Genese des Kompetenzbegriffs

Die erziehungswissenschaftliche Diskussion in allgemeiner und beruflicher Bildung der letzten Jahrzehnte ist maßgeblich vom Kompetenzbegriff, dessen Bedeutung und Definition geprägt (Pittich 2013; Winther 2010). Dies gilt in besonderer Weise für die Berufs- und Wirtschaftspädagogik, da innerhalb der beruflichen Bildung der duale bzw. integrative Erwerb und Aufbau von Berufskompetenzen – ausgehend von den Überlegungen Baders (1989) – durch Berufsschule und Betrieb als Zielperspektive fest verankert ist.

Aktuell gilt in der (technischen) beruflichen Bildung ein dispositionales Kompetenzverständnis als gesetzt, welches sich u. a. ausgehend von frühen Arbeiten von White (1959) und Chomsky (1965) und den Grundideen der „Selbstorganisation" (White 1959) und der Differenzierung in „Performanz und Kompetenz" (Chomsky 1965) entwickelte.

Als weitere Ausgangspunkte sind die Arbeiten von Roth (1971) und Mertens (1974a, 1974b) zu sehen, die ausgehend vom technisch-produktiven Wandel ihre prominenten und noch immer aktuellen Ideen zur Dimensionierung (Roths Anthropologie) und qualitätsbezogenen Erweiterung (Mertens Schüsselqualifikationen) in den Diskurs einbrachten. In den folgenden Jahren wurde diesen initialen Auseinandersetzungen, aber auch weiteren des nordamerikanischen Raumes, große Bedeutung zugemessen, so dass der Diskurs der beruflichen Bildung letztlich in der Forderung Baders mündete, Kompetenz oder berufliche Handlungskompetenz als integrative Bildungsperspektive von Betrieben und Berufsschulen zu begreifen. Diese Forderung wurde von der KMK unmittelbar aufgenommen (Kultusministerkonferenz 1991) und in Form lernfeldorientierter Lehrpläne (Kultusministerkonferenz 1996) sowie einem ersten Kompetenzmodell umgesetzt. Das dort skizzierte Kompetenzverständnis richtet sich an Roths Anthropologie (Fach-, Sozial-, und Personalkompetenz) aus und zeigt sich als komplexes terminologisches Konstrukt (Tenberg 2011), welches stark normativ ausgerichtet ist und dabei nur eingeschränkt wissenschaftlich hergeleitet bzw. basistheoretisch fundiert wurde. Straka und Macke (2008, 2010a, 2010b) haben die diesbezüglichen offenen Fragen mehrfach bilanziert. Neben einer aufzählenden bzw. umgangssprachlichen Beschreibung der Kompetenzdimensionen (Straka & Macke 2008, S. 593) zeigt sich besonders auffällig, „dass ‚Wissen' offensichtlich nur bei der Fachkompetenz für erforderlich gehalten wird. ‚Handlungs-, Human-, Sozial-, Methoden- und Lernkompetenz sowie kommunikative Kompetenz' kommen anscheinend ohne Wissen aus" (Straka & Macke 2008, S. 594). Die theoretischen Defizite machen sich in wissenschaftlicher und praktischer Hinsicht bis heute bemerkbar (Pittich 2013). Insbesondere im Bezugsfeld einer validen Kompetenzdiagnostik zeigt der Ansatz erhebliche offene Fragen, da dieser bislang weder weiter systematisch operationalisiert noch empirisch überprüft wurde (Winther 2010). Auch aus diesem Grund wandelten sich – wie eingangs kurz dargestellt – zu Beginn der 2000er Jahre die wissenschaftlichen Arbeiten hin zu einer vorwiegend empirischen Ausrichtung. Maßgeblich war die von der OECD beauftragte Expertise Weinerts (1999, 2001), welche als bis heute als wegweisender Beitrag 1) in der Etablierung des aktuellen (wissenschaftlichen) Kompetenzverständnisses („Kompetenz als Disposition selbstorganisierten Handelns") aber auch den 2) psychometrischen Ansätzen zu betrachten ist. In seiner Expertise weist Weinert die zentralen Charakteristika eines wissenschaftlichen (empirisch messbaren) Kompetenzbegriffs aus und schlägt in diesem Zusammenhang vor, Kompetenzen als kontextspezifische, kognitive Leistungsdispositionen zu definieren (Weinert 2001). Dabei grenzt er über die Kontextspezifität (u. a. Weinert 2001; aber auch Klieme 2004) Kompetenzen von generalisierbaren und übergreifenden Konstrukten, wie z. B. Intelligenz und Begabung, ab. „Anforderungen in spezifischen Situationen bewältigen zu können" (Klieme & Leutner 2006, S. 879) gilt als ein weiteres zentrales Merkmal eines kompetenten Menschen. Eine bedeutende Einschränkung – in wissenschaftlicher und praktischer Sicht – ergibt sich in Weinerts Ausführungen jedoch aus der Eingrenzung auf kognitive Dispositionen (Weinert 2001), da dadurch affektive, motivationale und volitionale Aspekte zunächst ausgespart werden. Allerdings räumt Weinert an gleicher Stelle ein, Handlungskompetenzen seien auch durch motivationale Orientierungen, Einsichten, Tendenzen und Erwartungen bedingt (Weinert 2001). Nicht zuletzt durch die Expertise Weinerts und dessen Setzungen, sowie weiteren Ausführungen von Klieme und Leutner (2006) ergab sich eine Fokussierung auf die Messbarkeit von Lernergebnissen, den sogenannten Outcomes, welche zugleich als Legitimation für die Umsetzung von sog. Vergleichsstudien (Large-Scale Assessments) wie PISA, TIMSS und ULME dienten. Während diese im allgemeinbildenden Bereich als fester – wenn auch nicht unumstrittener (Bank & Heidecke 2009) – Bestandteil gelten, wurde im berufsbildenden Bereich zwar an der Implementierung von Large-Scale Assessments (VET-LSA) gearbeitet (Baethge & Arends 2009), diese jedoch bis heute (noch) nicht umgesetzt. Diese – ausschnittartigen – Darstellungen zur Genese, Definition und Etablierung des Kompetenzverständnisses sowie die diesbezüglichen wissenschaftlichen Umsetzungen zeigen, dass mit der Kompetenzorientierung nicht nur eine terminologische Neuerung einherging, sondern eine erhebliche Verschiebung des Zielbereichs organisierter und institutionalisierter Bildung erfolgte. Ungeachtet der Akzeptanz des Kompetenzanspruchs und der allgemeinen Bekanntheit der Terminologie Kompetenz ist in der (technischen) beruflichen Bildung aktuell noch kein einheitlich anerkanntes, empirisch abgesichertes und in Forschung und Lehre angewandtes Kompetenzmodell festzustellen.

3 Theoretische und empirische Bilanzierung beruflich-technischer Kompetenzansätze

In den vorangegangenen Darstellungen wurde die Genese und die Bedeutsamkeit des Kompetenzkonzeptes für die berufliche Bildung und damit einhergehend die berufliche orientierte Technikdidaktik skizziert. Im Kontext der gewerblich-technischen Bildung liegen in den vergangenen Jahren Studien der Forschergruppen um Nickolaus, Abele et. al, aber auch um Rauner und Spöttl vor. Hinzu kommen Auseinandersetzungen von Tenberg und Pittich. Die Ansätze um Nickolaus, Abele et al. sind dabei als Referenz zu sehen und wurden vorwiegend mit diagnostisch-psychometrischer Ausrichtung konzipiert. Demgegenüber sind die Studien der Forschergruppe um Rauner und Spöttl, welche in den Auseinandersetzungen von KOMET entstanden sind, stark didaktisch akzentuiert und finden vorwiegend in der Bildungspraxis Anwendung, wobei in den zurückliegenden Jahren ein merklicher Rückgang in Wissenschaft und Praxis festzustellen ist. Die Ansätze von Tenberg und Pittich (Abschnitt 4.3) erstrecken sich auf ein breites Spektrum technikdidaktischer Forschungs- und Umsetzungsbereiche (u. a. Berufliche Bildung in (Berufs-) Schule und Betrieb, technisches Lehren und Lernen in Hochschulen und des Übergangssystems in Hessen) und greifen sowohl diagnostische als auch technikdidaktische Teilfacetten auf. Hinsichtlich der psychometrischen Fundierung (im Vergleich zu Nickolaus) weisen die Modelle, Konzepte und Instrumente einen frühen Entwicklungstand auf.

3.1 Studien mit psychometrisch-diagnostischer Ausrichtung

Die Studien von Nickolaus et al. zielen neben der Strukturmodellierung insbesondere auf eine psychometrische Diagnostik von Kompetenzen über IRT-basierte Ansätze ab, wobei der Fokus auf der psychometrischen Messung fachlicher Berufskompetenzen unterschiedlicher Berufe liegt. Neben den beiden Schwerpunktberufen „Elektronikern für Energie- und Gebäudetechnik" und „Kfz-Mechatronikern" (u. a. Nickolaus 2008; oder auch Nickolaus, Geißel, Abele & Nitzschke 2011) wurden ebenfalls Studien in bautechnischen Berufen umgesetzt (Nickolaus, Petsch & Norwig 2013; Petsch, Norwig & Nickolaus 2015). Strukturell weisen die frühen Arbeiten (Knöll 2007) eine Orientierung an der eingangs skizzierten Dimensionierung in Fach-, Sozial- bzw. Selbstkompetenz von Roth (1971) bzw. Bader & Müller (2002) auf. Die Kompetenzfacetten Sozial- bzw. Selbstkompetenz wurden bis heute messtheoretisch nicht weiter berücksichtigt (Knöll 2007). Die Operationalisierung von Fachkompetenz erfolgte über horizontale und vertikale Wissensdimensionierungen (Gschwendtner 2011): Erstere wird anhand des kognitiven Systems nach Fortmüller (1997) vorgenommen. Die dort festgestellten deklarativen und prozeduralen Wissensarten werden um die Dimension der fachspezifischen Problemlösefähigkeit erweitert. Vertikale Dimensionierungen erfolgen ausgehend von der Bloomschen Taxonomie (Anderson & Krathwohl 2001; Bloom 1956). Es ergeben sich in den Ansätzen von Nickolaus zweidimensionale Strukturen fachlicher Kompetenzen, bestehend aus Fachwissen und fachspezifischer Problemlösefähigkeit (Tabelle 1).

Tabelle 1: Empirisch abgestützte Dimensionen fachlicher Berufskompetenz am Ende der Ausbildung. Ähnliche Modelle liegen für die Berufe der Segmente IT und Mechatronik (Gönnewein, Nitzschke & Schnitzler, 2011) vor.

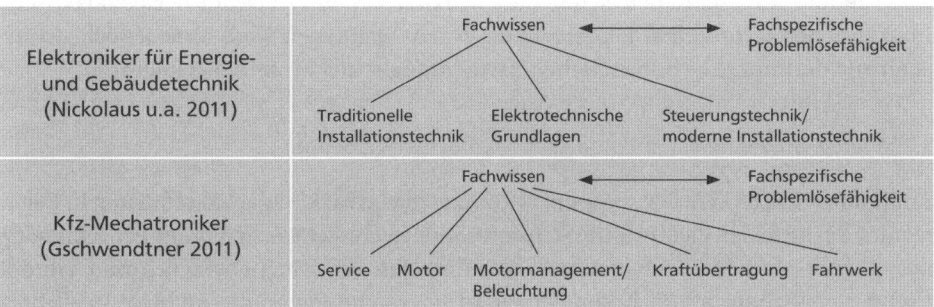

Diese zweidimensionale Struktur gilt aktuell als gut belegt und wurde in zahlreichen weiterführenden Studien empirisch abgestützt und der Gesamtansatz ausgehend von den diesbezüglichen Befunden weiterentwickelt. Leitend waren hier die Fragen nach weiterführenden Subdimensionierungen beruflicher Fachkompetenz, da sich in Reflektion der bisherigen Studien und Befunden zwar „eine zweidimensionale Fachkompetenzstruktur, bestehend aus der Subdimension Fachwissen und der Fähigkeit, dieses Wissen adäquat in wechselnden und problemhaltigen Situationen anwenden zu können" (Nickolaus et al. 2011, S. 78) empirisch absichern lässt, weitere Differenzierungen des Fachwissens in deklaratives und prozedurales Wissen jedoch nicht zu belegen waren (u. a. Geißel 2008; Nickolaus, Gschwendtner & Geissel 2008; Nickolaus 2011a; Abele 2014). Als bedeutsame Weiterentwicklung ist hier die Studie von Abele (2014) zu sehen, in der die Facette des beruflichen Verständnisses aber auch motivationale Aspekte über das CLARION-Modell (Sun 2002, 2003) Berücksichtigung fanden. Ausgehend von diesen Arbeiten zur „Strukturmodellierung" sind in den darauffolgenden Jahren zudem Validierungsansätze zur Weiterentwicklung der eingesetzten Instrumente feststellbar (u. a. im Rahmen des BMBF Programms ASCOT). In diesen Studien wurden u. a. Dimensionierungen der Problemlösefähigkeiten über verschiedene Testzugänge (vergleichend) untersucht und die eingesetzten Testinstrumentarien validiert (Abele 2016). Hinsichtlich der Problemlösefähigkeit konnte eine analytische und eine konstruktive Subdimension empirisch nachgewiesen werden (Walker, Link & Nickolaus 2015), wobei sich zudem zeigte, dass Auszubildende des Berufs „ElektronikerIn für Automatisierungstechnik" in konstruktiv ausgerichteten Anforderungen (z. B. Entwicklung und Umsetzung von Kontrollprogrammen) weniger Schwierigkeiten besaßen als in eher analytisch ausgerichteten Anforderungen (z. B. Fehleranalyse in technischen Systemen) (Walker, Link, van Waveren, Hedrich, Geißel & Nickolaus 2016). In Ergänzung dessen wurde die Validität von Computersimulationen und Papier-Bleistift-basierten Verfahren im Kontext diagnostischer Problemlösekompetenzen überprüft (Abele 2016). Dort wird den computerbasierten Verfahren eine valide Erfassung der diagnostischen Problemlösekompetenz zugeschrieben, dem gegenüber deuten die Befunde, dass das eingesetzte papierbasierte Verfahren nur bedingt valide Testwertinterpretationen erlaubt (Abele 2016). Zusammenfassend ist an dieser Stelle zu konstatieren, dass den Studien von Nickolaus et al. eine hohe empirische Güte (insbesondere hinsichtlich Reliabilität und Validität) zuzuschreiben ist und dass sich daraus weiterführende berufsdidaktische Implikationen technischen Lehrens und Lernens abzuleiten sind, diese jedoch – auch aufgrund der stark psychometrischen Ausrichtung – nur vereinzelt erfolgt sind.

3.2 Studien mit didaktisch-berufswissenschaftlicher Ausrichtung

Im Rahmen des KOMET-Programms (Kompetenzentwicklung und -erfassung in Berufen des Berufsfeldes Elektrotechnik-Informationstechnik) wurden unter Federführung von Rauner Methoden zur empirischen Kompetenzerfassung entwickelt und erprobt (Rauner et.al 2009, S. 11)[1]. Kompetenz wird in Anlehnung an die multiple Intelligenz (Connell et al. 2003) als „multiple Kompetenz" definiert und steht damit hinsichtlich der basistheoretischen Fundierung den (etablierten) kognitiv ausgerichteten Ansätzen (Weinert 1999, 2001; Klieme & Leutner 2006; Nickolaus et.al (siehe Kapitel 4.1)) deutlich gegenüber. Diese theoretische Setzung hebt laut Rauner „realitätsnah die durch berufliche Arbeit einerseits und die den Individuen andererseits gegebenen Potenziale der Kompetenzentwicklung hervor" (Rauner, 2008, S. 85) und erlaubt zudem „auf der

---

[1] Die nachfolgenden Darstellungen gehen auf eine erste Bilanzierung und Würdigung des KOMET Ansatzes in Pittich (2013) zurück.

Ebene der individuellen Lernprozesse, der schulischen und betrieblichen Organisation beruflicher Bildung sowie der systemischen Strukturierung beruflicher Bildung Stärken und Schwächen beruflicher Bildung zu identifizieren" (Rauner 2010, S. 24). Bereits diese ersten Aussagen belegen die Spezifika des KOMET Ansatzes, der sich als praxisnaher Kompetenzentwicklungsansatz mit berufswissenschaftlicher Ausrichtung begreifen lässt und werfen zudem Fragen zur theoretischen und empirischen Fundierung des KOMET- Ansatzes auf. Ein Blick in die theoretischen Hintergründe des dreidimensionalen KOMET- Kompetenzmodells, welches in Anforderungs-, Handlungs-, und Inhaltsdimension sowie acht Kompetenzkriterien unterscheidet (Abb. 1), zeigt, dass sich dieser Ansatz im Gesamtspektrum beruflicher Kompetenztheorien nur bedingt anschlussfähig zeigt.

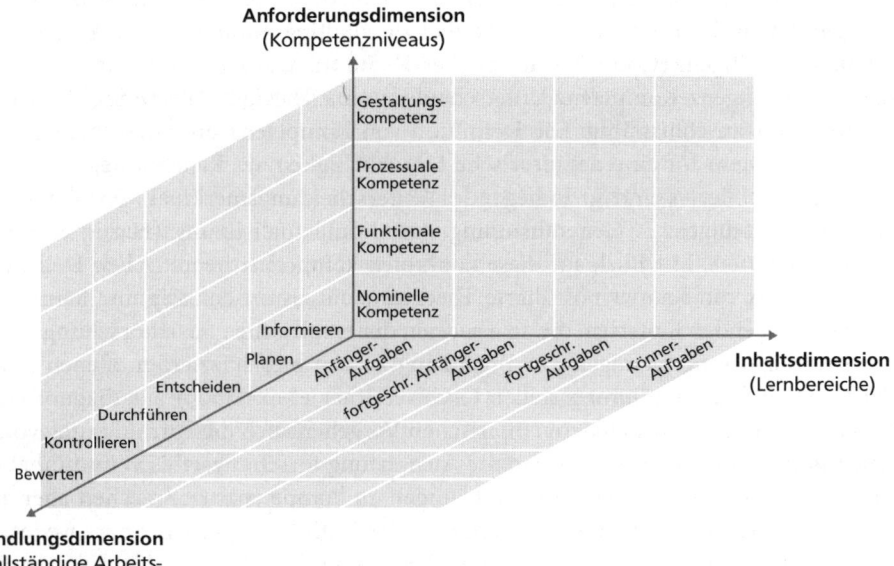

Abbildung 1: Kompetenzmodell des KOMET-Ansatzes mit den Dimensionen Anforderungs-, Handlungs-, und Inhaltsdimension (Rauner, Heinemann, Maurer, Ji & Zhao 2011, S. 51).

Zwar weist die Definition der „Anforderungsdimension" bzw. die dort verwendete Terminologie in Aspekten eine begriffliche Nähe zur PISA-Konzeption (OECD 1999) auf, zeigt in der theoretischen Fundierung jedoch deutliche Unterschiede: Der KOMET Ansatz orientiert sich am vierstufigen Kompetenzniveaumodell für naturwissenschaftliche Grundbildung von Bybee (1997) und unterscheidet in Nominelle, Funktionale und Prozessuale Kompetenz sowie ganzheitliche Gestaltungskompetenz. Die acht ausgewiesenen Kriterien dieser Dimension werden anschließend qualitativ den drei Kompetenz- bzw. Literalitätsniveaus zugeordnet. Hinzu kommt, dass in späten Veröffentlichungen die Begriffe der Kompetenz durch die der „Literalität" ergänzt worden sind und damit eine Passung zum Terminus „literacy" der PISA-Studien suggeriert wird. Die „Handlungsdimension" wird über das Konzept der Leittextmethode begründet. Die Inhaltsdimension ist an den „Kompetenzentwicklungsstufen im Sinne des Novizen-Experten Paradigmas" (Rauner, Hassler, Heinemann & Grollmann 2009, S. 87) von Dreyfus & Dreyfus (1986) ausgerichtet, so dass diese Entwicklungsstufen gewissermaßen quer zu den Niveaustufen liegen. Die Generierung der KOMET-Testaufgaben erfolgt anhand dieser drei Dimensionen und offenbart nach Winther (2011) Schwächen und „eklatante Mängel" (Winther 2011, S. 135) sowohl hinsichtlich des Ansatzes als auch der umgesetzten Diagnostik.

Diese Darstellungen deuten an, dass der KOMET-Kompetenzansatz sowie die dort eingesetzten Methoden im Bezugsfeld einer empirischen Kompetenzforschung in den vergangenen Jahren mehrfach kontrovers diskutiert wurden (u. a. Gschwendtner, Abele & Nickolaus 2009; Tenberg 2011; aber auch Pittich 2013). Die theoretische Begründung und Definition des Kompetenzbegriffs über die multiple Kompetenz in Adaption der multiplen Intelligenz (Connell et al. 2003) erscheint fragwürdig und erweist sich gegenüber der Intelligenz-Kompetenz Unterscheidung (u. a. Hartig & Klieme 2006) als wenig fundiert bzw. anschlussfähig. Die Definition von Kompetenz über den Intelligenzbegriff sorgt zudem für eine definitorische Unschlüssigkeit, da Rauners Begriffsbestimmung ein etabliertes und grundlegendes Unterscheidungsmerkmal von Kompetenz gegenüber Intelligenz – Generalisierung statt Kontextualisierung (Hartig & Klieme 2006) – ignoriert. Mit Blick auf diese konkreten kompetenztheoretischen Defizite erweist sich das von Rauner postulierte Theoriesystem als unschlüssig und kann daher den grundlegenden Kriterien, die an Theorien der empirischen Sozialforschung gestellt werden, nur bedingt genügen[2]. In Ergänzung zu den hier skizzierten offenen Fragen der theoretischen Fundierung stellen Gschwendtner et al. (2009) aus diagnostischer Perspektive fest, dass neben dem empirischen Vorgehen auch die Formulierung von offenen Items sowie deren intransparente Auswertung forschungsethisch und inhaltlich nicht haltbar erscheinen. Diese Ausführungen zu kompetenztheoretischen aber auch messtheoretischen Defiziten deuten an, dass der KOMET-Ansatz Rauners weder den grundlegenden sozialwissenschaftlichen Theoriekriterien als auch den Gütekriterien einer empirischen Diagnostik nur stark eingeschränkt gerecht werden kann.

3.3 Studien mit technikdidaktischer Ausrichtung

Im Kontext der Auseinandersetzung mit der Modellierung, Diagnostik und Vermittlung technischer Kompetenzen sind, neben den eingangs bilanzierten Studien der Forschergruppe um Nickolaus, welche als Referenz innerhalb der psychometrischen Diagnostik gelten, ebenfalls Arbeiten der Forschergruppe um Tenberg festzustellen. Diese Arbeiten rücken ausgehend vom Ausgangspunkt des technischen Lernens und Lehrens unterschiedliche (Teil-) Aspekte beruflicher Kompetenzen in den Fokus. Je nach Studienausrichtung wurden Facetten der Modellierung (Pittich 2013, 2014; Tenberg 2011),

---

[2] Eine differenzierte Bilanzierung und Argumentation u. a. über die von Popper formulierten Kriterien für sozialwissenschaftliche Theorien finden sich in Pittich (2013, S. 33 f.).

der Diagnostik (Pittich 2013, DFG Studie Hambach, Tenberg, Reiß, Tisch & Metternich 2017) und technikdidaktischer Umsetzung in curricularer (Abel & Pittich 2014) und methodischer (IDEFIX 2015) Hinsicht bearbeitet.

Theoretischer Ausgangspunkt der Studien ist eine dispositionale Kompetenztheorie (Pittich 2013; Tenberg 2011), die auf die Basistheorie Erpenbeck und Rosenstiels (2007) zurückgeht und Kompetenz, konform zu Weinert, Klieme und Leutner, aber auch Nickolaus, als Disposition zu selbstorganisierten Handeln begreift. Diese wird als wissensakzentuiert, basistheoretisch hergeleitet und empirisch umsetzbar beschrieben (u. a. Tenberg 2011, Pittich 2014) und unterscheidet vier Kompetenzklassen, (P) Personale, (A) Aktivitäts- und Umsetzungsorientierte, (F) Fachlich-methodische und (S) Sozial-kommunikative Kompetenzen sowie die beiden Kompetenztypen Evolutions- und Gradientenstrategien (differenziert dargestellt in Pittich (2013)). Während die Kompetenzklassen als „Wirkungsbereiche" der Selbstorganisationsdispositionen zu verstehen sind, bilden die Kompetenztypen den „Anspruch" der beruflichen Anforderungssituationen innerhalb der Modellierung ab. Die Unterscheidung von Kompetenzen nach dem Anspruch der korrespondierenden Anforderungssituationen ist konform zu empirisch gut abgestützten Befunden der gewerblich-technischen Kompetenzforschung (u. a. Knöll 2007, S. 22; Nickolaus et al. 2008; Nickolaus 2011a, 2011b; aber auch Abele 2014). In der Studie von Pittich (2013) wurde ausgehend vom dispositionalen Leitgedanken eine Konkretisierung der fachlich-methodischen Kompetenzen vorgenommen und in einem korrespondieren Diagnoseansatz überprüft. In dieser ersten Diagnostik konnte der Aspekt des (beruflichen) Verständnisses als zentraler Faktor der fachlichen Selbstorganisationsdispositionen ausgewiesen werden (Pittich 2014). Da die Studie als erster Validierungsansatz von Theorie und der korrespondierenden Methodik konzipiert wurde, ist an gleicher Stelle eine Einordnung der Befunde hinsichtlich empirischer Gütekriterien einerseits sowie den gut abgestützten Befunden andererseits erfolgt (Pittich 2013, S. 181 ff.). Die Grundüberlegungen, (Struktur-) Modellierungen und Diagnoseansätze wurden in weiteren didaktisch-akzentuierten Arbeiten der Forschergruppe aufgegriffen. Eine psychometrische Weiterentwicklung im Sinne der Ansätze von Nickolaus et al. steht bis heute jedoch noch aus. Stattdessen sind Adaptionen in unterschiedlichen Kontexten einer beruflichen und hochschulischen Technikdidaktik zu beobachten. Im Kontext der hochschulischen Technikdidaktik sind insbesondere Studien zu fachlichen und überfachlichen Kompetenzen im Rahmen sog. „Lernfabriken" umgesetzt worden. Neben kompetenzorientierten „Lernkonzepten für eine wandlungsfähige Produktion" (Hambach, Czajkowski, Haase, Metternich & Tenberg 2015; Hambach et al. 2017) standen in einer weiteren didaktisch ausgerichteten Studie die Entwicklung kompetenzorientierter Curricula (Tabelle 2) sowie deren didaktisch-methodische Transformation und unterrichtliche Umsetzung im Fokus (Abel & Pittich 2014; IDEFIX 2015).

Tabelle 2: Auszug aus dem Lehrplan „Berufliches Gymnasium Fachrichtung Technik Schwerpunkt Mechatronik" des Hessischen Kultusministeriums. Modul E1 Technikwissenschaft Mechatronik Grundlagen I: Mechanik und Elektronik.

Die Schülerinnen und Schüler sind in der Lage, Produktions- und Fertigungsprozesse unter Einbeziehung von Werkstoffen zu analysieren, zu planen und zu kontrollieren und deren Ergebnisse zu bewerten.

Lernhandlungen	Korrespondierendes Wissen
Produktionsprozesse analysieren	
Die Schülerinnen und Schüler analysieren, bewerten und unterscheiden Produktionsprozesse - von der technischen Zeichnung zum technischen Produkt.	- Fertigungshauptgruppen: Urformen, Umformen, Trennen, Fügen, Stoffeigenschaften ändern, Beschichten - Grundlagen des Trennens (Spanen und Zerteilen) - Einfache Fertigungsverfahren (z. B. Feilen, Sägen, Bohren, etc.)

Im Bezugsfeld des berufsschulischen Lehrens und Lernens ist zudem ein Ansatz von Seitz (2017) zu nennen, in der der Einfluss von Feedback und Motivation in beruflichen Fachgesprächen erschlossen wurde. Als aktuell bedeutsamer Arbeitsschwerpunkt lässt sich zudem die kompetenzorientierte Konzeption und Umsetzung eines technikdidaktisch-akzentuierten Gesamtansatzes des Übergangssystems im Bundesland Hessen identifizieren (Bergmann & Tenberg 2015; Tenberg & Bergmann 2014). Wie diese überblickartige Bilanzierung der Arbeiten der Forschergruppe um Tenberg andeutet, sind die Arbeiten von einer technikdidaktischen Leitidee geprägt, die sich zwar an einem grundlegenden (Arbeits-) Modell orientiert, jedoch in unterschiedliche Bezugsräume technischen Lehrens und Lernens hineinreicht.

4 Zusammenfassung, Einordnung und Ausblick

Zusammenfassend ist bezüglich der Ansätze der gewerblich-technischen Bildung festzustellen, dass eine große Bandbreite unterschiedlich ausgerichteter Auseinandersetzungen mit dem Thema „Kompetenz" vorliegt. Ausgehend von stark normativen Diskussionen (u. a. Bader 1989) wurden, wie die Bilanzierung in Kapitel 3 gezeigt hat, unterschiedliche empirische Fundierungsgrade erreicht. Hinzu kommt, dass sich in die empirische Erschließung technischer Berufskompetenzen nur wenige Forschergruppen involviert haben. Bis auf wenige Ausnahmen gehen die Studien auf die Forschergruppen um Nickolaus et. al, Rauner et al. und in den letzten Jahren auch Tenberg zurück. Die Bilanzierung hat zudem angedeutet, dass sich die Studien und deren Befunde nur bedingt integrieren oder zusammenführen lassen. Dies ist entweder über den basistheoretischen Ausgangspunkt oder die empirische Vorgehensweise und Güte zu begründen. Bei den Ansätzen von Nickolaus et al. und Tenberg et al. sind immer wieder korrespondierende Grundüberlegungen zu erkennen, welche insbesondere auf die Identifikation von Fachwissen und Verständnis als zentraler Bestandteil fachlicher Berufskompetenzen zurückzuführen ist. Dies gilt für den berufswissenschaftlichen KOMET Ansatz von Rauner nur bedingt, so dass dieser, in Ergänzung zu den oben skizzierten offenen Fragen der theoretischen und empirischen Fundierung, gewissermaßen als alleinstehend zu betrachten ist. Ungeachtet dieser Einschätzung ist die Implementierung und Umsetzung eines fundierten Konzeptes in die Praxis – auch über 20 Jahre nach Einführung von Kompetenz als berufliche Bildungsperspektive – ein aktuelles und bedeutsames Desiderat. Dies ist zum einen über die mehrfach diskutierten Fragen des KMK Kompetenzkonstrukts (bspw. Straka und Macke 2008, 2010a, 2010b, Tenberg 2011), aber auch – ähnlich wie in der Allgemeinbildung – über die IRT-basierten Large-Scale Ansätze zu begründen, bei denen eine latente und zumeist indirekte Modellierung bzw. Messung des Zielkonstrukts Kompetenz in großen Stichproben verfolgt, welche aufgrund 1) der großen Stichproben, 2) der hoch validen und reliablen Instrumente und 3) der anspruchsvollen Statistik kaum in die berufliche Bildungspraxis implementierbar erscheinen. Daher bleibt zum aktuellen Stand (insbesondere in der Bildungspraxis) offen, welches die kompetenz- und unterrichtsrelevanten Dispositionen sind. Diesen ist jedoch in einem stimmigen und in sich geschlossenem didaktischen Gesamtkonzept, sowohl für das Unterrichtskonzept in der Planung und Konzeption, als auch für die damit einhergehenden Lern- und Leistungsrückmeldungen in Durchführung und Diagnostik (Tenberg 2012) eine besondere Bedeutung zu zuschreiben, da auch ein kompetenzorientierter beruflich-technischer Unterricht genaue Aussagen, für die Lehrpersonen ebenso wie für die Lernenden, darüber erfordert, welcher Wissens- und Kompetenzstand vorliegt und zur eigenständigen Problemlösung geführt hat. Daher erscheint Tenbergs Forderung (2012), die bis heute stark diagnostisch intendierten Kompetenzansätze der Berufs- und Wirtschaftspädagogik durch didaktisch intendierte zu ergänzen, angemessen. Der KOMET-Ansatz von Rauner wurde mit genau dieser Intention veröffentlicht; er sollte didaktik- und unterrichtsnah sein und den LehrerInnen vor Ort ermöglichen, (elektro-) technische Kompetenzen unmittelbar abzubilden. Wie in Kapitel 4.2 skizziert, konnten die Ansätze dies aufgrund unterschiedlicher offener Fragen nur stark eingeschränkt leisten. Im diametralen Gegensatz zu den IRT-Verfahren von Nickolaus u.a. kann hier jedoch kaum Validität und Reliabilität festgestellt werden. Die Ansätze von Tenberg und Pittich (Abschnitt 4.3) sind als Versuche zu sehen, im Kontext des Kompetenzanspruchs die noch immer erkennbare Lücke im Übergang von Wissenschaft in die Praxis hinein aufzugreifen. Der theoretische Ausgangspunkt ist dabei wissenschaftlich und curricular haltbar, die verschiedene Zugänge sind ebenso wie die damit ermittelbaren Ergebnisse nach einigen Anpassungen bzw. Vereinfachungen in die Schulpraxis implementierbar und können als interessante Ergänzung der diagnostischen Zugänge von Nickolaus et al. gesehen werden. Ob und inwieweit eine Zusammenführung oder auch Verschränkung der jeweiligen Stärken sowie deren Nutzbarmachung in der Praxis gelingen wird, bleibt abzuwarten. Ungeachtet dieser Feststellungen erscheint es jedoch angezeigt, weitere Arbeiten und Anstrengungen zu unternehmen, an der Entwicklung und Umsetzung einer anwendungsorientierten Technikdidaktik mit schlüssigen, umsetzbaren und überprüfbaren Bildungszielen in Forschung und Praxis zu arbeiten.

Literatur

Abel, M. & Pittich, D. (2014). Entwicklung kompetenzorientierter Lernziele aus normativen Vorgaben. Zweck und Nutzen von Handlungs-Wissens-Kompetenzmatrizen als Instrumente auf der Mesoebene zur Generierung kompetenzorientierter Lernziele. Berufsbildung, 68 (146), 34–38.

Abele, S. (2014). Modellierung und Entwicklung berufsfachlicher Kompetenz. Stuttgart. Steiner.

Abele, S. (2016). Can diagnostic problem-solving competences of car mechatronics be validly assessed using a paper-pencil test? Journal of Technical Education (JOTED), 4 (2).

Anderson, L. W. & Krathwohl, D. R. (2001). A Taxonomy for learning, teaching, and assessing: A revision of Bloom's Taxonomy of educational objectives. New York: Longman.

Bader, R. (1989). Berufliche Handlungskompetenz. Die berufsbildende Schule, 41 (2), 73–77.

Bader, R. & Müller, M. (2002). Leitziel der Berufsbildung: Handlungskompetenz. Die berufsbildende Schule, 176–182.

Baethge, M. & Arends, L. (2009). Die Machbarkeit eines internationalen Large-Scale-Assessment in der beruflichen Bildung: Feasibility Study VET-LSA. Eine komparative Analyse von Ausbildungsinhalten und Berufsprofilen in acht europäischen Ländern. Zeitschrift für Berufs- und Wirtschaftspädagogik, 105 (4), 492–520.

Bank, V., & Heidecke, B. (2009). Gegenwind für PISA. Ein systematisierender Überblick über kritische Schriften zur internationalen Vergleichsmessung. In: W. Böhm, U. Frost, V. Ladenthin & G. Mertens (Hg.), Zeitschrift für Pädagogik (3/2009 Aufl., Vol. 85 (3), 361–372). Paderborn: Ferdinand Schöningh.

Bergmann, B. & Tenberg, R. (2015). Berufsorientierung im hessischen Pilotprojekt „Gestufte Berufsfachschule". Berufs- und Wirtschaftspädagogik Online (27), 1–19.

Bloom, B. S. (1956). Taxonomy of educational objectives: The classification of educational goals. New York, London: McKay Longman.

Bybee, R. W. (1997). Achieving scientific literacy: From purposes to practices. Portsmouth, NH: Heinemann.

Chomsky, N. (1965). Aspects of the theory of syntax. Cambridge, Mass: M. I. T. Press.

Connell, M. W., Sheridan, K. & Gardner, H. (2003). On abilities and domains. In: R. J. Sternberg (Hg.), The psychology of abilities, competencies, and expertise (126–155). Cambridge: Cambridge Univ. Press.

Dreyfus, H. L. & Dreyfus, S. E. (1986). Mind over machine: The power of human intuition and expertise in the era of the computer. New York, N.Y: The Free Press.

Erpenbeck, J. & Rosenstiel, L. (2007). Einführung. In: J. Erpenbeck & L. Rosenstiel (Hrsg.), Handbuch Kompetenzmessung (2 Aufl., S. XVII–XLVI). Stuttgart: Schäffer-Poeschel.

Fortmüller, R. (1997). Wissen und Problemlösen: Eine wissenspsychologische Analyse der notwendigen Voraussetzungen für die Bewältigung von (komplexen) Problemen und Konsequenzen für den Unterricht in berufsbildenden Vollzeitschulen. Wien: Manz-Verl. Schulbuch.

Geißel, B. (2008). Prädiktoren der Entwicklung zentraler Aspekte von Fachkompetenz in Berufen gewerblich-technischer Erstausbildung. In: D. Münk, K. Breuer & T. Deißinger (Hrsg.), Berufs- und Wirtschaftspädagogik – Probleme und Perspektiven aus nationaler und internationaler Sicht (10–20). Opladen: Budrich.

Gönnewein, A., Nitzschke, A. & Schnitzler, A. (2011). Fachkompetenzerfassung in der gewerblichen Ausbildung am Beispiel des Ausbildungsberufs Mechatroniker/-in. Entwicklung psychometrischer Fachtests. Berufsbildung in Wissenschaft und Praxis, 40 (5), 14–18.

Gschwendtner, T. (2011). Die Ausbildung zum Kraftfahrzeugmechatroniker im Längsschnitt: Analysen zur Struktur von Fachkompetenz am Ende der Ausbildung und Erklärung von Fachkompetenzentwicklungen über die Ausbildungszeit. In: R. Nickolaus (Hrsg.), Lehr-Lernforschung in der gewerblich-technischen Berufsbildung. Stuttgart: Steiner.

Gschwendtner, T., Abele, S. & Nickolaus, R. (2009). Computersimulierte Arbeitsproben: Eine Validierungsstudie am Beispiel der Fehlerdiagnoseleistungen von Kfz-Mechatronikern. Zeitschrift für Berufs- und Wirtschaftspädagogik, 105 (4), 557–578.

Hambach, J., Czajkowski, S., Haase, E., Metternich, J. & Tenberg, R. (2015). Der Weg zur kontinuierlichen Verbesserung – Anforderungen und Probleme des KVP in Deutschland. Zeitschrift für Wirtschaftlichen Fabrikbetrieb: ZWF, München: Carl Hanser Verlag, 196–200.

Hambach, J., Tenberg, R., Reiß, J., Tisch, M. & Metternich, J. (2017). Lernkonzepte für eine wandlungsfähige Produktion. Journal of Technical Education. (in Druck).

Hartig, J. & Klieme, E. (2006). Kompetenz und Kompetenzdiagnostik. In: K. Schweizer (Hrsg.), Leistung und Leistungsdiagnostik (S. 127–143). Heidelberg: Springer.

Idefix (2015). Innovative Lernmodule und -fabriken – Validierung und Weiterentwicklung einer neuartigen Wissensplattform für die Produktionsexzellenz von morgen, Abschlussbericht.

Klieme, E. (2004). Was sind Kompetenzen und wie lassen sie sich messen? Pädagogik (Weinheim), 56 (6), 10–13.

Klieme, E. & Leutner, D. (2006). Kompetenzmodelle zur Erfassung individueller Lernergebnisse und zur Bilanzierung von Bildungsprozessen: Beschreibung eines neu eingrichteten Schwerpunktprogramms der DFG. Zeitschrift für Pädagogik, 52 (6), 876–903.

Knöll, B. (2007). Differenzielle Effekte von methodischen Entscheidungen und Organisationsformen beruflicher Grundbildung auf die Kompetenz- und Motivationsentwicklung in der gewerblich technischen Erstausbildung: Eine empirische Untersuchung in der Grundausbildung von Elektroinstallateuren. Aachen: Shaker.

Kultusministerkonferenz (1991). Rahmenvereinbarung über die Berufsschule. Beschluss der Kultusministerkonferenz vom 14./15.03.1991.

Kultusministerkonferenz (1996). Handreichung für die Erarbeitung der Rahmenlehrpläne der Kultusministerkonferenz für den berufsbezogenen Unterricht in der Berufsschule und ihre Abstimmung mit Ausbildungsordnungen des Bundes für anerkannte Ausbildungsberufe. Bonn.

Mertens, D. (1974a). Schlüsselqualifikationen: Thesen zur Schulung für eine moderne Gesellschaft. Mitteilungen aus der Arbeitsmarkt- und Berufsforschung, 7 (1), 36–43.

Mertens, D. (1974b). Schlüsselqualifikationen: Überlegungen zu ihrer Identifizierung und Vermittlung im Erst- und Weiterbildungssystem. Hamburg.

Nickolaus, R. (2008). Modellierung zur beruflichen Fachkompetenz und ihre empirische Prüfung. Zeitschrift für Berufs- und Wirtschaftspädagogik, 104, 1–6.

Nickolaus, R. (2011a). Die Erfassung fachlicher Kompetenzen und ihrer Entwicklungen in der beruflichen Bildung.: Forschungsstand und Perspektiven. In: O. Zlatkin-Troitschanskaia (Hrsg.), Stationen Empirischer Bildungsforschung (1 Aufl., 331–351). Wiesbaden: VS Verlag für Sozialwissenschaften.

Nickolaus, R. (2011b). Kompetenzmessung und Prüfungen in der beruflichen Bildung. Zeitschrift für Berufs- und Wirtschaftspädagogik, 107 (2), 161–173.

Nickolaus, R., Geißel, B., Abele, S. & Nitzschke, A. (2011). Fachkompetenzmodellierung und Fachkompetenzentwicklung bei Elektronikern für Energie- und Gebäudetechnik im Verlauf der Ausbildung – ausgewählte Ergebnisse einer Längsschnittstudie. In: R. Nickolaus (Hrsg.), Lehr-Lernforschung in der gewerblich-technischen Berufsbildung (77–94). Stuttgart: Steiner.

Nickolaus, R., Gschwendtner, T. & Geissel, B. (2008). Entwicklung und Modellierung beruflicher Fachkompetenz in der gewerblich-technischen Grundbildung. Zeitschrift für Berufs- und Wirtschaftspädagogik, 104 (1), 48–73.

Nickolaus, R., Petsch, C. & Norwig, K. (2013). Berufsfachliche Kompetenzen am Ende der Grundbildung in bautechnischen Berufen. Zeitschrift für Berufs- und Wirtschaftspädagogik, 109 (4), 538–555.

Oecd. (1999). Measuring student knowledge and skills: A new framework for assessment. Paris: Organisation for Economic Co-operation and Development.

Petsch, C., Norwig, K. & Nickolaus, R. (2015). Berufsfachliche Kompetenzen in der Grundstufe Bautechnik-Strukturen, erreichte Niveaus und relevante Einflussfaktoren. Konzepte und Ergebnisse ausgewählter Forschungsfelder der beruflichen Bildung – Festschrift für Detlef Sembill. Schneider Verlag Hohengehren, Baltmannsweiler, 59–88.

Pittich, D. (2013). Diagnostik fachlich-methodischer Kompetenzen. Stuttgart: Frauenhofer IRB Verlag.

Pittich, D. (2014). Rekonstruktive Diagnostik fachlich-methodischer Kompetenzen in gewerblich- technischen Ausbildungsberufen. Zeitschrift für Berufs- und Wirtschaftspädagogik, 110 (3), 335–357.

Rauner, F. (2008). Forschung zur Kompetenzentwicklung im gewerblich-technischen Bereich. In: N. Jude, J. Hartig & E. Klieme (Hrsg.), Kompetenzerfassung in pädagogischen Handlungsfeldern (81–116). Berlin u.a: BMBF.

Rauner, F. (2010). Berufliche Kompetenzen messen – Das Projekt KOMET (Elektroniker) des Bundeslandes Hessen: Abschlussbericht.

Rauner, F., Hassler, B., Heinemann, L. & Grollmann, P. (2009). Messen beruflicher Kompetenzen: Band I: Grundlagen und Konzeption des KOMET-Projektes. (2 Aufl.). Berlin: LIT-Verl.

Rauner, F., Heinemann, L., Maurer, A., Ji, L. & Zhao, Z. (2011). Messen beruflicher Kompetenzen: Band III: Drei Jahre KOMET-Testerfahrung. Münster [u. a.]: Lit.

Rauner, F., Heinemann, L., Piening, D., Hassler, B., Maurer, A., Erdwien, B. & Landmesser, W. (2009). Messen beruflicher Kompetenzen: Band II: Ergebnisse KOMET 2008. Münster, Westf: Lit.

Roth, H. (1971). Pädagogische Anthropologie. (3 Aufl.). Hannover [u. a.]: Schroedel.

Schelten, A. (2004). Einführung in die Berufspädagogik. (3 Aufl.). Stuttgart: Steiner.

Schelten, A. (2008). Bildungsauftrag der Berufsschule – Traditionelle und neue Aufgaben. Die berufsbildende Schule, 60 (7), 207–208.

Seitz, K. (2017). Feedback in Fachgesprächen.

Straka, G. A. & Macke, G. (2008). Handlungskompetenz – und wo bleibt die Sachstruktur? Zeitschrift für Berufs- und Wirtschaftspädagogik, 104 (4), 590–600.

Straka, G. A. & Macke, G. (2010a). Kompetenz – nur eine „kontextspezifische kognitive Leistungsdisposition"? Anmerkungen zum Kompetenzkonzept des Schwerpunktprogramms „Kompetenzmodelle zur Erfassung individueller Lernergebnisse und zur Bilanzierung von Bildungsprozessen" der Deutschen Forschungsgemeinschaft. Zeitschrift für Berufs- und Wirtschaftspädagogik, 106 (3), 444–451.

Straka, G. A. & Macke, G. (2010b). Sind das „Dogma vollständige Handlung" und der „Pleonasmus Handlungskompetenz" Sackgassen der bundesdeutschen Berufsbildungsforschung? In: M. Becker, M. Fischer & G. Spöttl (Hrsg.), Von der Arbeitsanalyse zur Diagnose beruflicher Kompetenzen (215–229). Frankfurt, M, Berlin, Bern, Bruxelles, New York, N.Y, Oxford, Wien: Lang.

Sun, R. (2002). Duality of the mind: A bottom-up approach toward cognition. Mahwah, N.J: L. Erlbaum Associates.

Sun, R. (2003). A tutorial on CLARION 5.0., from http://www.cogsci.rpi.edu/~rsun/sun.tutorial.pdf, Stand vom 29.08.2013.

Tenberg, R. (2011). Vermittlung fachlicher und überfachlicher Kompetenzen in technischen Berufen: Theorie und Praxis der Technikdidaktik. Stuttgart: Steiner.

Tenberg, R. (2012). Lerndiagnostik im kompetenzorientierten Unterricht. Zeitschrift für Berufs- und Wirtschaftspädagogik, 198 (4), 481–490.

Tenberg, R. & Bergmann, B. (2014). Schulversuch „Gestufte Berufsfachschule" in Hessen. Die berufsbildende Schule, 66 (4), 135–139.

Walker, F., Link, N. & Nickolaus, R. (2015). Berufsfachliche Kompetenzstrukturen bei Elektronikern für Automatisierungstechnik am Ende der Berufsausbildung. Zeitschrift für Berufs-und Wirtschaftspädagogik, 111 (2), 222–241.

Walker, F., Link, N., Van Waveren, L., Hedrich, M., Geißel, B. & Nickolaus, R. (2016). Berufsfachliche Kompetenzen von Elektronikern für Automatisierungstechnik: Kompetenzdimensionen, Messverfahren und erzielte Leistungen (KOKO EA). Technologiebasierte Kompetenzmessung in der beruflichen Bildung: Ergebnisse aus der BMBF-Förderinitiative ASCOT. Bertelsmann, Bielefeld, 139–169.

Weinert, F. E. (1999). Konzepte der Kompetenz. Paris: Organisation for Economic Co-operation and Development.

Weinert, F. E. (2001). Concept of Competence: A Conceptual Clarification. In: D. S. Rychen & L. H. Salganik (Hrsg.), Defining and selecting key competencies (45–66). Seattle: Hogrefe & Huber.

White, R. W. (1959). Motivation reconsidered: The concept of competence. (N. P.).

Winther, E. (2010). Kompetenzmessung in der beruflichen Bildung. Bielefeld: W. Bertelsmann Verlag.

Winther, E. (2011). Kompetenzen messen – zur Notwendigkeit methodologischer und quantitativer Standards im Rahmen beruflicher Kompetenzmessung. Zeitschrift für Berufs- und Wirtschaftspädagogik, 107 (1), 128–137.

3.2 Technischer Unterricht

Bernd Zinn (Universität Stuttgart)

Zusammenfassung

Eine technische Grundbildung muss ein grundlegendes Wissensfundament und Fähigkeiten zur Technik bei Jugendlichen begründen, um gesellschaftliche Entscheidungen, Entwicklungen und den Einsatz von Technik im Hinblick auf die intendierten und nicht intendierten Folgen und Unwägbarkeiten wissensbasiert bewerten zu können. Technischer Unterricht muss Kindern und Jugendlichen ermöglichen, basale technische Kompetenzen zu erwerben, um angemessen mit Technik in privaten, gesellschaftlichen und beruflichen Situationen sach- und fachgerecht umzugehen. Im Beitrag werden die bildungstheoretische, wissenschaftstheoretische, soziologische und berufspraktische Perspektive zur Legitimation einer technischen Literalität beschrieben.

Abstract

Technical Education

Technical basic education has to be able to form the basis of a fundamental knowledge foundation and abilities for young people in order for them to be able to evaluate societal decisions, developments and the use of technology with regard to the intended and unintended consequences and uncertainties based upon knowledge. Technical education has to enable children and adolescents to acquire basic technical skills in order to adequately deal with technology in private, social and professional situations in an appropriate and professional manner. The paper describes the perspectives for the legitimation of a technical literacy in terms of educational theory, scientific theory, sociology and vocation.

Einleitung

Für unsere Gesellschaft ist Technik sowohl im privaten als auch beruflichen Bereich ein prägender Bestandteil und ein bedeutungsvoller Faktor von Innovationen. Technik nimmt einen Einfluss auf ökonomische, ökologische und kulturelle Entscheidungen, sie hat einen Einfluss auf unsere Gesundheit, sie sichert nachhaltige Entwicklungen und initiiert Innovationsprozesse. Technik reagiert auf grundlegende gesellschaftliche Herausforderungen und ermöglicht uns beispielsweise eine hohe Mobilität, eine komfortable Kommunikation und erleichtert uns darüber hinaus körperliche anspruchsvolle Tätigkeiten. Technik verändert unsere Gewohnheiten, Lebensstile und Arbeitsabläufe, sie ist ein Segen und eine Bürde zugleich. So kann beispielsweise der Anschluss an das Internet neue soziale Kontakte ermöglichen und helfen, Kontakte auch über weite Entfernungen zu halten, gleichzeitig kann die ständige Erreichbarkeit über das Internet aber auch als Belastung empfunden werden oder die Technologie zur Ausspähung privater und wirtschaftlicher Bereiche genutzt werden. Mit dem Aufkommen neuer Techniken geht auch immer eine Diskussion um die Vor- und Nachteile einher. „Jede Technik ist beides, eine Bürde und ein Segen; es gibt hier kein Entweder – Oder, sondern nur ein Sowohl-als-auch." (Postman 1992, S. 12) Technik nimmt unbestritten eine Schlüsselposition im gesellschaftlichen Wandel ein und bestimmt unser Welt- und Selbstverständnis. Die Technik ist ein elementarer Teil eines humanistischen Bildungsideals der Moderne (vgl. z. B. Pfenning & Renn 2012). Vor dem Hintergrund des thematischen Aufrisses könnte man annehmen, dass die zentrale Bedeutung von Technik für unsere Gesellschaft mit einer umfassenden theoretischen Begründung technischen Allgemeinwissens einhergeht und eine technische Allgemeinbildung schon lange in allen Bildungsstufen und Schulformen fest verankert ist. Jedes Individuum sollte über hinreichende technische Kompetenzen verfügen, um sich in einer wünschenswerten Form über die Möglichkeiten neuer Technologien sowie ihren Vor- und Nachteilen reflexiv und abwägend eine begründete Meinung zu bilden und gesellschaftliche Diskussionen im Bezugsfeld adäquat begleiten zu können. Im folgenden Abschnitt werden zentrale theoretische Perspektiven der Begründung einer technischen Bildung im Bezugsfeld der Allgemeinbildung dargestellt.

Technische Bildung im Bezugsfeld der Allgemeinbildung

Was zur Allgemeinbildung gehört hängt generell von den sich stets wandelnden kulturellen, sozialen, gesellschaftlichen und individuellen Rahmenbedingungen ab. In unserer westlichen Kultur umfasst die Allgemeinbildung – ausgehend von den sieben freien Künsten – traditionell Sprache, Literatur, Musik, Kunst, Sozialkunde, Ethik, Religion, Geografie, Geschichte, Naturwissenschaften und Mathematik. Die Allgemeinbildung umgreift darüber hinaus aber nicht nur einzelne Wissensbereiche, sondern auch die pragmatische Handlungsfähigkeit, die ethische Beurteilungsfähigkeit, die soziale Handlungsfähigkeit und die ästhetische Orientierung (Klafki 1991). Speziell zur

Rechtfertigung einer technischen Grundbildung (Technology Literacy) sind zahlreiche Veröffentlichungen publiziert worden, auf die im Folgenden näher eingegangen wird (vgl. z. B. Wagenschein 1965; Roth 1965; Ropohl 1971; Ropohl 1976; Pfenning & Renn 2012). Die Rechtfertigung einer technischen Literalität erfolgt dabei im Kern insbesondere aus vier zentralen Perspektiven: (a) bildungstheoretische Perspektive (vgl. z. B. Wagenschein 1965; Roth 1965; Ropohl 1971; Rehm et al. 2008; Ropohl 2004; Blankertz 1967), (b) wissenschaftstheoretische Perspektive (vgl. z. B. Ropohl 1976; Spur 1998; Ropohl 2004; Banse et al. 2006; Banse 2007; Pfenning & Renn 2012; Graube 2014), (c) soziologische Perspektive (vgl. z. B. Postman 1992; Pfenning & Renn 2012; de Vries 2012) und (d) bildungspraktische Perspektive (vgl. z. B. Geißel et al. 2013; Harms, Eckhardt & Bernholt 2013; Zinn 2015).

Bildung durch Technik stellt sich in der bildungstheoretischen Perspektive als Subkategorie eines übergeordneten Anspruchs, nämlich Bildung durch Kultur, dar. Aus einer bildungstheoretischen Perspektive heraus ergibt sich unter Bezugnahme auf die Bedeutung der Technik in einer technologisch orientierten Gesellschaft, dass Bildung durch Technik als eigenständige Domäne der modernen, von Technik im Lebensvollzug und in ihrem rationalen Denkzugriff geprägten Gesellschaft letztlich der aktiven gesellschaftlichen Teilhabe dient (vgl. z. B. Wagenschein 1965; Roth 1965; Ropohl 1971; Rehm et al. 2008; Ropohl 2004; Blankertz 1967; ITEA 2007). Es wird davon ausgegangen, dass Technik dynamischen Entwicklungen unterworfen ist und als zentraler variabler Teil der Lebenswelt der persönlichen Erfahrung im Rahmen der Bildungsstrukturen in vielfältiger und differenzierter Weise zugänglich zu machen ist. Das Bildungspotenzial der Technik wird dabei u. a. in der Aneignung der Technik durch Verstehen und Konstruieren sowie in der Bewertung und Gestaltung von Technik gesehen. Bei der Begründung der Standards for Technology Literacy durch die International Technology Education Association (ITEA) wird die Förderung gesellschaftlicher Teilhabe als zentrales Bildungsziel einer Technological Literacy gesehen. „From a personal standpoint, people benefit both at work and at home by being able to choose the best products for their purposes, to operate the products properly, and to troubleshoot them when something goes wrong. And from a societal standpoint, an informed citizenry improves the chances that decisions about the use of technology will be made rationally and responsibly." (ITEA 2007, S. 2) Der bildungstheoretische Standpunkt zum Erwerb einer technischen Literalität gründet damit auf zwei zentralen Forderungen, wonach erstens Kinder und Jugendliche in der Schule auf Gesellschaft und Leben vorbereitet werden müssen und zweitens Technik einen elementaren Teil unseres kulturellen Lebens darstellt.

Die wissenschaftstheoretische Perspektive zur technischen Bildung erfolgte mit der Begründung der allgemeinen Technikwissenschaft (bzw. allgemeinen Technologie), die bereits am Anfang des 19. Jahrhunderts von dem Göttinger Staatswissenschaftler Johann Beckmann (Beckmann 1806) fundiert wurde. Nach Banse et al. (2006, S. 337) beinhaltet die allgemeine Technikwissenschaft die „generalistisch-transdisziplinäre Technikforschung und Techniklehre und ist die Wissenschaft von den allgemeinen Funktions- und Strukturprinzipien der technischen Sachsysteme und ihrer soziokulturellen Entstehungs- und Verwendungszusammenhänge". Die allgemeine Technikwissenschaft wurde damit als eine eigenständige Wissenschaft begründet (vgl. z. B. Ropohl 1976; Spur 1998; Ropohl 2004; Banse et al. 2006). Die Technikwissenschaft ist interdisziplinär, sie korrespondiert eng mit den Naturwissenschaften, den Ingenieurwissenschaften (z. B. Bautechnik, Elektrotechnik) sowie weiteren Domänen wie Philosophie, Soziologie und Ökonomie. Letztlich zeigt sich der hohe interdisziplinäre Charakter der Technikwissenschaft auch in den akademischen Ausdifferenzierungen wie Technikphilosophie, Techniksoziologie, Technikgeschichte oder Technikethik (vgl. z. B. Grunwald 2002; Schanz 2003; Banse et al. 2006). Die Interdisziplinarität der Technikwissenschaft hat zentrale Implikationen auf Forschung und Lehre.

Während die Naturwissenschaften traditionell als Erkenntniswissenschaften gelten, wurde die Technik lange nur als angewandte Wissenschaft mathematisch-naturwissenschaftlicher Erkenntnisse bzw. als bloße Gestaltungs- oder Problemlösungswissenschaft angesehen. Der Erkenntnisfortschritt in den Naturwissenschaften wird aber zunehmend von technischen Fortschritten (z. B. Gentechnik in der Mikrobiologie) bedingt. Betrachtet man die von den Natur- und Technikwissenschaften übergreifenden neueren Wissenschaftsbereiche wie z. B. Biotechnologie, Bioinformatik, Bauphysik, Photonik, Life Sciences und die synthetische Biologie (vgl. z. B. Pühler, Müller-Röber & Weitze 2011), wird deutlich, dass viele traditionelle Wissenschaftsbereiche bereits zu neuen verschmolzen sind und sich symbiotisch weiter ausdifferenzieren. Technik erschließt damit ein neues interdisziplinäres Verständnis in der modernen Wissenschaftsgesellschaft und ist nicht nur eine reine Gestaltungs- und Erfahrungswissenschaft, sondern auch selbst Erkenntniswissenschaft (vgl. z. B. Spur 1998; Banse 2007; Graube 2014; Zinn 2014; zu den Implikationen der Interdisziplinarität auf Lehre und Forschung siehe auch Gehring 2013).

Aus soziologischer Perspektive liegt die zentrale Bedeutung einer technischen Literalität insbesondere im Erwerb eines generellen Technikverständnisses, einer individuellen Technikmündigkeit sowie in einer wissenschaftstheoretischen Technikemanzipation (vgl. z. B. Pfenning & Renn 2012; Pfenning 2013). Neue Technologien wie Gentechnik oder Internet zeigen beispielsweise deutlich, dass Technik damit nicht nur ein konstitutives Element moderner Gesellschaften ist, sondern die Technik selbst auch zu einem bedeutungsvollen Einflussfaktor des gesellschaftlich-sozialen Wandels werden kann und technikinduzierte Wandlungsprozesse determiniert. Neue Technologien können bestehende Organisationen sowie Strukturen destabilisieren und soziale Veränderungen anstoßen (vgl. z. B. Postman 1992; Rammert 2007; Dolata 2011; de Vries 2012). Beispielsweise haben die Einführung der Internettechnologie und deren breite Nutzung als Datenbasis und Kommunikationsplattform einen direkten oder indirekten Einfluss auf das Sozialverhalten. Insbesondere jüngere Generationen, die bereits mit dem Internet aufgewachsen sind, neigen bei der Sprache und Kommunikation zu einem Ökonomisierungsprozess, eine echte Kommunikation im Sinne eines Gesprächs findet tendenziell weniger statt. Das Internet ermöglicht es uns, jederzeit direkt und meist uneingeschränkt auf Informationen zugreifen zu können und verändert damit auch das Arbeits- und Lernverhalten von Menschen. Gleichzeitig ist mit dem Drang, über das Internet ständig erreichbar zu sein, auch ein allgemeiner Stressanstieg seitens der Menschen feststellbar. Mit dem Internet sind im Hinblick auf das Sozialverhalten damit sowohl Vor- als auch Nachteile der Technologie verbunden.

Betrachtet man sich im Bezugsfeld der bildungspraktischen Perspektive den Forschungsstand zu den Zusammenhängen allgemein schulisch erworbener technischer und naturwissenschaftlicher Fähigkeiten und Fertigkeiten und der Entwicklung berufsfachlicher Kompetenzen, lassen sich drei Forschungsrichtungen differenzieren. Erstens wird im Bezugsfeld der Intelligenzforschung davon ausgegangen, dass neben der allgemeinen Intelligenz spezifische Fähigkeiten – wie beispielsweise technische Fähigkeiten – den Ausbildungserfolg erklären (z. B. Ackerman 1996; Schmidt-Atzert, Deter & Jaeckel 2004). In der Intelligenzforschung werden allgemeine technische Fähigkeiten als Teil der kristallinen Intelligenzfacette betrachtet und für den berufsfachlichen Kompetenzerwerb als bedeutsam angesehen (für einen Überblick hierzu siehe z. B. Abele 2014). Zweitens wird der Ausbildungserfolg bzw. Kenntnisstand bei Einmündung in die Ausbildung – in Abhängigkeit von an technischen Bildungsinhalten orientierten Tests oder der prädiktiven Kraft von Schulnoten – untersucht (z. B. Schuler, Funke & Baron-Boldt 1990; für einen Überblick siehe auch Abele 2014). Drittens werden in Studien zur beruflichen Fachkompetenzentwicklung allgemeine technische und naturwissenschaftliche Kompetenzfacetten als fachspezifisches Vorwissen in die Erklärung der domänenspezifischen Fachkompetenzentwicklung in der Aus- und Weiterbildung mit einbezogen (vgl. z. B. Zinn & Wyrwal 2014). In den Studien zur Untersuchung der Zusammenhänge von schulisch erworbenen, allgemeinen technischen Kompetenzen und der beruflichen Fachkompetenzentwicklung wird deutlich, dass durch die berufsspezifischen Anforderungen in den Berufsfeldern (z. B. Bautechnik, Chemietechnik, Elektrotechnik) und auf Ebene des einzelnen Berufs unterschiedliche Bildungsinhalte der schulischen Grundbildung wirksam werden (vgl. Geißel et al. 2013; Harms, Eckhardt & Bernholt 2013; Zinn 2015). Wenn auch die empirische Evidenz im Übergangsbereich zwischen allgemeiner und beruflicher Bildung noch insgesamt unbefriedigend ist (ebd.), so stützen die vorliegenden Befunde einen positiven Zusammenhang zwischen den schulisch erworbenen, technisch-naturwissenschaftlichen Kompetenzen und einer erfolgreichen beruflichen Erstausbildung. In den genannten drei skizzierten Forschungsrichtungen wird konstatiert – und das scheint auch theoretisch plausibel –, dass positive Zusammenhänge zwischen der Ausprägung der technischen Literalität einer Person und ihrer berufsfachlichen Kompetenzentwicklung bestehen.

Zusammenfassend ergeben sich mit der dargestellten bildungstheoretischen, wissenschaftstheoretischen, soziologischen und berufspraktischen Perspektive auch zentrale Ansatzpunkte für einen allgemein bildenden technischen Unterricht und ihrer und ihrer fachspezifischen Didaktik. So stellen sich u. a. didaktische Fragen an die Einlösung der mit den dargestellten vier Perspektiven verbundenen curricularen Zielsetzungen. Wie kann beispielsweise Technikmündigkeit im allgemein bildenden technischen Unterricht kompetenzorientiert unterrichtet werden und was zählt inhaltlich zum Kern einer Technikmündigkeit? Oder: Welche Konsequenzen ergeben sich aus der hohen Interdisziplinarität von Technik für die schulische Unterrichtspraxis und Organisation des technischen Unterrichts? Ist es für den Kompetenzerwerb vorteilhaft, eine technische Grundbildung singulär in einem technischen Unterrichtsfach oder mit einem interdisziplinären Ansatz in einem natur- und technikwissenschaftlichen Fach zu organisieren?

Folgt man im technischen Unterricht dem Literacy-Ansatz (vgl. z. B. Gräber et al. 2007), so zielt eine Technology Literacy insbesondere auf die Fähigkeit, (a) technisches Wissen anzuwenden, um Fragestellungen zu erkennen, sich neues Wissen anzueignen, technische Problemstellungen zu beschreiben und aus Belegen Schlussfolgerungen zur Problemlösung zu ziehen, (b) die charakteristischen Eigenschaften der Technik als eine Form menschlichen Wissens und Forschens zu verstehen, (c) zu erkennen und sich darüber bewusst zu sein, wie Technik unsere materielle, intellektuelle und kulturelle Umwelt formt sowie (d) die Bereitschaft, sich mit technischen Ideen und Themen zu beschäftigen und reflektierend mit ihnen auseinanderzusetzen. Mit dem Anspruch an eine technische Literalität – und im Rückgriff auf die bildungstheoretische, wissenschaftstheoretische, soziologische und berufspraktische Perspektive – ergeben sich für einen allgemein bildenden technischen Unterricht vielfältige Ansatzpunkte sowohl im Kontext privater, beruflicher als auch gesellschaftlicher Fragestellungen. Der technische Unterricht muss eine reflexive Auseinandersetzung mit Themen der allgemeinen Technikwissenschaft sowie anwendungsorientierter Fragestellungen der Technik ermöglichen. Eine technische Allgemeinbildung muss daher in der Lage sein, zum einen ein grundlegendes Wissensfundament zur Technik zu begründen, um gesellschaftliche Entscheidungen, Entwicklungen und den Einsatz von Technik im Hinblick auf die intendierten und nicht intendierten Folgen und Unwägbarkeiten wissensbasiert zu bewerten, zum anderen muss sie es Jugendlichen ermöglichen, basale technische Kompetenzen zu erwerben, um angemessen mit technischen Artefakten in privaten, gesellschaftlichen und beruflichen Situationen sach- und fachgerecht umzugehen.

Literatur

Abele, S. (2014). Modellierung, Entwicklung und Determinanten berufsfachlicher Kompetenz in gewerblich-technischen Ausbildungsberufen. Analysen auf Basis von testbasierten, berufsschulischen und betrieblichen Leistungsdaten sowie Prüfungsergebnissen. Stuttgart: Steiner.
Ackerman, P. L. (1996). A theory of adult intellectual development: Process, personality. Interests, and knowledge. Intelligence, 22, 227–257.
Banse, G., Grunwald, A., König, W. & Ropohl, G. (Hrsg.) (2006). Erkennen und Gestalten. Eine Theorie der Technikwissenschaften. Berlin: Ed. Sigma.
Banse, G. (2007). Technikwissenschaften – Wissenschaften vom Machen. In: H. Parthey & G. Spur (Hrsg.), Wissenschaft und Technik in theoretischer Reflexion (131–150). Frankfurt am Main u. a.: Lang.
Beckmann, J. (1806). Entwurf der algemeinen [sic!] Technologie. In: J. Beckmann, Vorrath kleiner Anmerkungen über mancherley gelehrte Gegenstände (463–533). Stück 3. Göttingen: Röwer.
Blankertz, H. (1967). Zum Begriff des Berufs in unserer Zeit. In: H. Blankertz (Hrsg.), Arbeitslehre in der Hauptschule (9–27). Essen.
De Vries, M. (2012). Teaching for scientific and technological literacy – an international comparison. In: U. Pfenning & O. Renn (Hrsg.), Wissenschafts- und Technikbildung auf dem Prüfstand. Zum Fachkräftemangel und zur Attraktivität der MINT-Bildung und -Berufe im europäischen Vergleich (93–110). Baden-Baden: Nomos.

Dolata, U. (2011). Wandel durch Technik. Eine Theorie soziotechnischer Transformation. Frankfurt/ New York: Campus Verlag.
Geißel, B., Nickolaus, R., Ştefănică, F., Härtig, H. & Neumann, K. (2013). Die Relevanz mathematischer und naturwissenschaftlicher Kompetenzen für die fachliche Kompetenzentwicklung in gewerblich-technischen Berufen. In: R. Nickolaus, J. Retelsdorf, E. Winther & O. Köller (Hrsg.), Mathematisch-naturwissenschaftliche Kompetenzen in der beruflichen Erstausbildung. Zeitschrift für Berufs- und Wirtschaftspädagogik. (ZBW), Beiheft 26, 39–65.
Gehring, P. (2013). Technik in der Interdisziplinaritätsfalle – Anmerkungen aus Sicht der Philosophie. Journal of Technical Education (JOTED), 1(1), 132–146.
Gräber, W., Nentwig, P., Koballa, Th.R. & Evans, R.H. (Hrsg.) (2007). Scientific Literacy: Der Beitrag der Naturwissenschaften zur Allgemeinen Bildung. Opladen: Leske und Budrich
Graube, G. (2014). Wissenschaft und Technik. Zur Reflektion von Technoscience und Interdisziplinarität in der Allgemeinbildung. Journal of Technical Education (JOTED), 2 (1), 129–148.
Grunwald, A. (2002). Technikethik. In: M. Düwell, C. Hübentahl & M. Werner, (Hrsg.), Handbuch Ethik (277–281). Stuttgart: Metzler.
Harms, U., Eckhardt, M. & Bernholt, S. (2013). Relevanz schulischer Kompetenzen für den Übergang in die Erstausbildung und für die Entwicklung beruflicher Kompetenzen: Biologie- und Chemielaboranten. In: R. Nickolaus, J. Retelsdorf, E. Winther & O. Köller (Hrsg.), Mathematisch-naturwissenschaftliche Kompetenzen in der beruflichen Erstausbildung. Zeitschrift für Berufs- und Wirtschaftspädagogik (ZBW), Beiheft 26, 111–134. Stuttgart: Steiner.
ITEA (International Technology Education Association) (Ed.) (2007). Standards for Technological Literacy – Content for the Study of Technology. Third Edition. International Technology Education Association, Reston VA.
Klafki, W. (1991). Neue Studien zur Bildungstheorie und Didaktik. Weinheim: Beltz.
Nickolaus, R., Retelsdorf, J., Winther, E. & Köller, O. (Hrsg.) (2013). Mathematisch-naturwissenschaftliche Kompetenzen in der beruflichen Erstausbildung. Zeitschrift für Berufs- und Wirtschaftspädagogik. (ZBW) Beiheft 26.
Pfenning, U. & Renn, O. (2012). Internationale MINT-Bildung aus soziologischer Sicht. In: Pfenning, U. & Renn, O. (Hrsg.). Wissenschafts- und Technikbildung auf dem Prüfstand. Zum Fachkräftemangel und zur Attraktivität der MINT-Bildung und -Berufe im europäischen Vergleich (75–92). Baden-Baden: Nomos.
Pfenning, U. (2013). Technikbildung und Technikdidaktik – ein soziologischer Über-, Ein- und Ausblick. Journal of Technical Education (JOTED), 1(1), 111–131.
Postman, N. (1992). Das Technopol: Die Macht der Technologien und die Entmündigung der Gesellschaft. 4. Aufl. Übersetzung von Kaiser, R., Frankfurt a.M.: Fischer.
Pühler, A., Müller-Röber, B. & Weitze, M.D. (Hrsg.) (2011). Synthetische Biologie – Die Geburt einer neuen Wissenschaft. Berlin/München: Springer.
Rehm, M., Bünder, W., Haas, T., Buck, P., Labudde, P., Brovelli, D., Østergaard, E., Rittersbacher, C., Wilhelm, M., Genseberger, R. & Svoboda, G. (2008). Legitimationen und Fundamente eines integrierten Unterrichtsfachs Science. Zeitschrift für die Didaktik der Naturwissenschaften (ZfDN), 14, 99–124.
Ropohl, G. (1971). Thesen zur technologischen Aufklärung. Dortmunder Hefte für Arbeitslehre und Sachunterricht 2(1), 19–22.
Ropohl, G. (1976). Technik als Bildungsaufgabe allgemein bildender Schulen. In: Traebert, W. & Spiegel, R. (Hrsg.). Technik als Schulfach. Band 1 (7–25). Düsseldorf.
Ropohl, G. (2004). Arbeitslehre und Techniklehre. Philosophische Beiträge zur technologischen Bildung. Berlin: Edition Sigma.
Roth, H. (1965). Technik als Bildungsaufgabe der Schulen. Hannover: Schroedel Verlag.
Schanz, H. (2003). Ethische Aspekte der Technikdidaktik. In: Bonz, B. & Ott, B. (Hrsg.). Allgemeine Technikdidaktik – Theorieansätze und Praxisbezüge (178–195). Hohengehren/Baltmannsweiler: Schneider Verlag.
Schmidt-Atzert, L., Deter, B. & Jaeckel, S. (2004). Prädiktion von Ausbildungserfolg: Allgemeine Intelligenz (g) oder spezifische kognitive Fähigkeiten? Zeitschrift für Personalpsychologie, 147–158.
Schuler, H., Funke, U. & Baron-Boldt, J. (1990). Predictive validity of school grades – A meta-analysis, Applied Psychology: An international review, 39, 89–103.

Spur, G. (1998). Technologie und Management. Zum Selbstverständnis der Technikwissenschaften. München u. a.: Hanser.
Wagenschein, M. (1965). Technik und Physikunterricht. Physik-Verstehen als Beistand für die Kinder der technischen Welt. In: Roth, H. (Hrsg.). Technik als Bildungsaufgabe der Schule (305–320). Hannover: Schroedel-Verlag.
Zinn, B. (2014). Technische Allgemeinbildung – Bedeutungsspektrum, Bildungsstandards und Forschungsperspektiven. Journal of Technical Education (JOTED), 2(2), 24–47.
Zinn, B. & Wyrwal, M. (2014). Ein empirisches Erklärungsmodell zum fachspezifischen Wissen von Schülern bei Einmündung in die berufliche Weiterbildung an bautechnischen Fachschulen. Zeitschrift für Berufs- und Wirtschaftspädagogik (ZBW), 110(4), 529–548.
Zinn, B. (2015). Naturwissenschaftliche und technische Grundbildung im Kontext beruflicher Bildung. In: Graube, G. & Mammes, I. (Hrsg.). Gesellschaft im Wandel – Interdisziplinäres Denken im natur- und technikwissenschaftlichen Unterricht (196–208). Bad Heilbrunn: Klinkhardt.

3.3 Die technische Unterweisung aus Kompetenz-Perspektive: Eine Methoden-Analyse

Ralf Tenberg (Technische Universität Darmstadt)

Zusammenfassung

Der Aufsatz setzt sich aus heutiger Kompetenz-Perspektive mit der Unterweisung als traditionelle betriebliche Lehrform auseinander. Nach einer Einordnung und theoretischen Klärung des Unterweisungsbegriffs werden nacheinander zunächst Vorformen der Unterweisung, die 4-Stufen-Methode, die Leittextmethode und weitere Unterweisungsarten, beschrieben und erläutert. Anschließend werden die Theorie des berufsmotorischen Lernens sowie die Handlungsregulationstheorie als deren zentrale lerntheoretische Hintergründe aufgearbeitet, um sie anschließend für die Analyse der Unterweisungsformen anzuwenden. Dem folgt eine Zusammenfassung über das Konstrukt der Fachkompetenzen in technischen Berufen als aktuelle Zielperspektive beruflicher Bildung. Diese Ausführungen sind dann Basis für einen konzeptionellen Abgleich der Unterweisung mit dem Kompetenz-Anspruch, in welchem deutlich gemacht werden kann, dass insbesondere die Leittextmethode geeignet ist, diesen gegenüber dem ehemaligen Qualifikationsanspruch betrieblicher Bildung erhöhten Anspruch gerecht zu werden. Schließlich werden die Erkenntnisse dieser Erörterungen in Form von Prämissen für eine aktuelle Form der Unterweisung als didaktisch-methodischer Ertrag des Aufsatzes zusammengefasst.

Abstract

Technical Instruction from a Competence-Oriented Perspective: An Analysis of Chosen Instruction Methods

Adopting the perspective of competence orientation, this contribution deals with instruction as a traditional teaching method in work environments. It starts with introducing the concept of instruction and its theoretical background. After, preforms of instruction, the so-called 4-steps method (*4-Stufen-Methode*) as well as the guiding text method (*Leittextmethode*), and further forms of instruction are both described and explained. Then, the contribution elaborates on the theory of motor learning in work environments (*berufsmotorisches Lernen*) and on the action regulation theory, both of which are here regarded as the basic learning theories of the aforementioned instruction methods. What follows next is an analysis of diverse instruction methods.

As a next step, the contribution offers a summary of the construct of professional competence in technical professions as a target perspective in vocational education. All of these elaborations form the basis of a conceptual comparison of instruction and competence demands. This way it should become clear that the guiding text method in particular is suitable to meet the demands of competence orientation in vocational learning. Finally, the insights of this discussion are summarised in the form of didactic-methodological propositions for a sort of instruction that is adequate for vocational learning in contemporary learning environments.

1 Einführung

Der Begriff der Unterweisung ist veraltet und wird inzwischen nur noch selten verwendet. Dies hat absehbar verschiedene Gründe, welche im Zusammenhang mit gesellschaftlichen, betrieblichen, sprachlichen aber auch technischen und arbeitsorganisatorischen Prozessen stehen. Einzig auszuschließen ist hier die Annahme, dass es die Unterweisung nicht mehr gibt, bzw. dass sie zu einer randständigen Nebensächlichkeit im Gesamtfeld beruflich-technischen Lernens geworden ist, denn überall dort, wo Aus- und Weiterbildung technischer Berufe praktiziert wird, findet sie tagtäglich statt. Der Begriff der Unterweisung steht dabei nicht für eine spezielle Methode oder ein Methodenparadigma in der betrieblichen Bildung. Er steht explizit für die Grundidee, manuelle Fähigkeiten und Fertigkeiten in Verbindung mit einer kognitiven Durchdringung zu vermitteln.

In den zurückliegenden Jahrzehnten wurden zwar immer wieder „neue" Methoden für die betriebliche Aus- und Weiterbildung entwickelt (z. B. Lerninseln, Übungsfirmen und blended learning), nicht jedoch wurde ein methodisches Konzept entwickelt, das die Grundprinzipien der Unterweisung maßgeblich konterkariert oder überschreitet. Obwohl man dort inzwischen wohl eher vom technischen Training spricht und dieses an neuen Lernprinzipien (selbstorganisiertes Lernen) sowie neuen Lernmedien (digitalisiertes Lernen) ausrichtet, bleibt die Art und Weise, wie berufliches Lernen hierbei unterstützt wird relativ gleich, auch angesichts komplexer und komplizierter werdender Berufe in einer zunehmend automatisierten Betriebswelt.

Neben Technik und Produktion hat sich in den zurückliegenden beiden Jahrzehnten auch die Zielperspektive beruflicher Bildung weiterentwickelt. Nicht mehr Fähigkeiten oder Fertigkeiten werden anvisiert, sondern berufliche Kompetenzen. Die Unterweisung behauptet sich nunmehr auch in den digitalisierten Lernwelten der

Betriebe, im anhaltenden beruflichen Wandel und auch im neuen Paradigma beruflicher Handlungskompetenz als tragfähiges Methodenkonzept, das in den zurückliegenden Jahrzehnten kaum verändert wurde bzw. durch einen besseren Ansatz ersetzt wurde. Dies kann und muss angesichts der Erweiterung der ehemals qualifikationsintendierten Ausrichtung betrieblicher Bildung auf eine Kompetenzorientierung als eine Bestätigung des Grundansatzes, Fähigkeiten und Fertigkeiten in Verbindung mit einer kognitiven Durchdringung zu vermitteln, verstanden werden. Daher soll im Folgenden dieser Zusammenhang analysiert und versucht werden, einen theoretischen Abgleich zwischen dem Unterweisungsparadigma und dem Kompetenzkonstrukt herbeizuführen.

Im Folgenden wird zunächst geklärt, was man unter Unterweisung versteht, woher Begriff und Konzept kommen und welche bedeutendsten Formen sich hier bislang etabliert haben. Anschließend erfolgt eine Auseinandersetzung mit den theoretischen Hintergründen der Unterweisung. Im nächsten Schritt wird ein Modell für technische Fachkompetenz vorgestellt um anschließend zu erörtern, in wie fern die Unterweisung diesem neuen Anspruch an berufliches Lernen gerecht werden kann. Abschließend werden Prämissen für eine aktuelle Form der Unterweisung formuliert.

2 Begriff und Konzept der Unterweisung

Der Unterweisungsbegriff

Schelten versteht unter Unterweisung die „methodische Vermittlung von Kenntnissen (kognitiv), Verrichtungen (psychomotorisch) und Haltungen (affektiv) zur Ausführung einer Tätigkeit durch einen Beherrscher dieser Arbeitstätigkeit" (Schelten 2005, S. 91). Er hebt damit deren Komplexität hervor und stellt sie einfacheren bzw. verkürzten Formen betrieblicher Lehre, wie z. B. dem Anlernen voran (ebd. S. 92).

Somit intendiert die Unterweisung neben dem Aufbau von dem Verständnis für eine Tätigkeit das dazugehörige berufsmotorisches Lernen, also die integrative Entwicklung oder Verbesserung eines anspruchsvollen Könnens. Fiele der motorische Aspekt weg, z. B. bei einer Tätigkeit, die sich auf rein kommunikative oder symbolische Handlungen begrenzt, könnte man kaum mehr von Unterweisung sprechen. Daher fokussiert die Unterweisung zentral den gewerblich-technischen Bildungsraum, ist aber durchaus auch auf andere übertragbar, wie z. B. die Humandienstleistungen. Berufsmotorisches Lernen ist somit ein Kernaspekt der Unterweisung, wobei jedoch weniger die optimale Qualität der Tätigkeitsausführung intendiert wird, sondern vielmehr deren koordinativer Aufbau in Verbindung mit einem grundlegenden Handlungsverständnis. Um dies zu erreichen, bezieht sich die Unterweisung explizit auf Kenntnisse, welche im unmittelbaren Zusammenhang mit der Arbeitstätigkeit stehen. Dies bedingt ein Wechselverhältnis zwischen dem, was getan wird bzw. werden soll und dessen Begründungen.

Z. B. soll ein Gabelschlüssel so auf den Sechskant der Schraube aufgesetzt werden, dass er an dieser mit möglichst viel Fläche anliegt, um zu verhindern, dass er sich beim Krafteinsatz verbiegt bzw. vom Sechskant abrutscht und die Schraube dabei beschädigt. Oder die Spannkraft bei einem Schraubstock ist so zu dosieren, dass das zu bearbeitende Teil angemessen fixiert, dabei jedoch nicht beschädigt wird etc. Damit wird deutlich, dass die Unterweisung nicht darauf ausgerichtet ist, jemanden schnell und unmittelbar aktionsfähig zu machen, sondern vielmehr darauf, die Entwicklung einer reflektierten Handlungsfähigkeit einzuleiten bzw. zu unterstützten.

Dieser Anspruch zeigt sich auch im Einbezug von Haltungen, also Aspekten der Einstellung des Lernenden zur zu verrichtenden Tätigkeit. Haltungen sind normative Dispositionen mit individuellem, kollektivem oder gesellschaftlichen Hintergrund und weisen über den unmittelbaren Tätigkeitserfolg hinaus. Beispiele wären hier die Orientierung an betrieblichen Werten, Arbeitstugenden, Arbeitssicherheit, Prämissen für Sorgfalt oder Nachhaltigkeit, etc. Vermittelt man beispielsweise das Zuschneiden von flächigen Bauteilen aus einer großen Platte, ist eine optimale Ausnutzung des Halbzeugs nicht nur für die Kostenersparnis beim Material wichtig, sondern auch zur Schonung der Ressourcen. Beim Elektroschweißen muss nicht nur gelehrt werden, wie man hochwertige Schweißnähte herstellt, sondern auch, welche Vorkehrungen dabei hinsichtlich Schutz vor Lichtblitzen, giftigen Dämpfen und Schlackenentsorgung getroffen werden müssen. Damit wird deutlich, dass der Anspruch einer reflektierten Handlungsfähigkeit durch Unterweisung nicht nur auf Produktivität ausgerichtet ist, sondern auch auf Verantwortlichkeit.

Fasst man die hier explizierten Aspekte einer Unterweisung zusammen, wird nicht nur deren hoher Anspruch deutlich, sondern auch eine spezifische Vorstellung von Arbeitstätigkeit, welche mit dem im deutschsprachigen Raum tradierten Konzept von Handwerk und Facharbeit korrespondiert. Dies ist trivial, da das methodische Konzept der Unterweisung im Kontext dieses Professions-Konzepts entwickelt wurde. Dies zeigt die Korrespondenz der hierbei vollzogenen Entwicklungsschritte der Unterweisung mit jenen des deutschen Berufskonzepts.

Vorformen der Unterweisung

Vorformen der Unterweisung und deren mögliche Ausgangspunkte sind u. a. das „Beistell-Verfahren" und das „Vormachen/Nachmachen-Verfahren". Unter Erstem wird ein „Absehen-Lassen", ein „Stehlen mit dem Auge" verstanden, also ein ungeplantes, unsystematisches, möglicherweise sogar ungewolltes Lehren, denn in den frühen Zeiten des Handwerks war es durchaus üblich, dass die Meister ihr Knowhow selbst vor ihren Lehrlingen und Gesellen schützten. Um aber trotzdem einen brauchbaren Mitarbeiter zu bekommen, sollten diese eben zusehen um dann ausgewiesene Teilhandlungen übernehmen zu können.

Das Vormachen/Nachmachen-Verfahren unterscheidet sich deutlich vom Beistell-Verfahren, denn es bedingt in jedem Falle eine Ausbildungsintention und eine Lehr-Lern-Interaktion. Vormachen bedeutet, dass der Lehrende die zu erlernende Tätigkeit so vollzieht, dass sie für den Lernenden nachvollziehbar wird, also in erkennbaren Teilschritten, in besonderer Betonung bedeutsamer Teilhandlungen, mit spezifischen Hinweisen, etc. Nachmachen-Lassen bedeutet, dass der Lernende einen Übungsraum jenseits des unmittelbaren Nutzens erhält, in dem er vorsichtig und langsam an das Neue heran gehen kann, in dem er Fehler machen darf. Und es bedeutet auch, dass er dabei vom Lehrenden betreut wird und von diesem Rückmeldungen zu seinen Versuchen erhält. Für dieses Verfahren lassen sich absehbar viele historische Belege finden, die räumlich und zeitlich weit über unsere Handwerklichkeit hinaus gehen (Sennet 2014, S. 34 ff.). Beobachtet man (in allen heutigen Kulturen) ein Elternteil, wie es seinem Kind etwas beibringt, sieht man wahrscheinlich zumeist das Vormachen/Nachmachen-Verfahren. Letztlich entspricht es wohl einfach der menschlichen Rationalität und ist ein Ergebnis der Phylogenese.

Die Vorformen der Unterweisung besitzen somit Aspekte einer intentionalen Lehre, können jedoch noch nicht als nachdrückliche Lehre bezeichnet werden. Um diesem Anspruch gerecht zu werden, ist nicht nur ein methodisches Konzept erforderlich, sondern curriculare und institutionelle Rahmungen. Den institutionellen Rahmen für die Berufsausbildung bilden aktuell die beiden Dualpartner, also Betrieb und Berufsschule sowie die dahinter liegenden Institutionen, deren funktionale Gesamtstruktur und die dort involvierten Protagonisten. Den curricularen Rahmen bilden die dort jeweils einschlägigen Ordnungsmittel, also Ausbildungsordnungen und Rahmenlehrpläne. Als erste explizite Unterweisungsmethode wurde insbesondere in den großbetrieblichen Ausbildungen des beginnenden 20. Jahrhunderts die 4-Stufen-Methode entwickelt. Als Ende der 1970er-Jahre, getrieben durch den technisch-produktiven Wandel, eine Weiterentwicklung des Facharbeiter-Konzepts in der Industrie anstand, wurde eine neue Form der Unterweisung entwickelt: die Leittext-Methode. Im Folgenden werden beide kurz vorgestellt.

Die 4-Stufen-Methode

Die 4-Stufen-Methode erfolgt zumeist in Kleingruppen und kann vereinfacht als eine sehr elaborierte Form des Vormachen/Nachmachen-Verfahrens beschrieben werden, denn in ihrem Kern, den Stufen 2 und 3 erfolgt genau dies, Stufe 1 umfasst vorbereitende Aspekte und Stufe 4 Aspekte des Abschlusses und des Übergangs in folgende Aktivitäten (Schelten 2005, S. 109 f.):

In Stufe 1 treten die Lernenden in die Lehr-Lern-Situation ein, dabei gilt es, diese zu entkrampfen und die Lernenden auf die zu erwerbende Tätigkeit einzustellen. Dies beinhaltet zentrale Aspekte von Motivierung und Identifikation, aber auch kommunikative Aktivierung.

In Stufe 2 wird die Tätigkeit durch die Ausbildungsperson demonstriert. Dies erfolgt zunächst vollständig, dann in Teilschritten und dann nochmals vollständig. Diese Demonstration wird in jedem Falle kommentiert, zunächst grob durch Bezeichnung der Teilschritte, dann detailliert mit genauen Hinweisen auf wichtige Teilaspekte und schließlich nochmals zusammenfassend, mit Hervorhebung wesentlicher Punkte.

Wenngleich die Kommentierung Sache der Ausbildungsperson ist, kann diese durchaus auch an die Lernenden delegiert werden. So entsteht in Stufe 2 schon ein Ausbildungsgespräch, das die Lernenden aus ihrer passiven Rolle befreien kann und ein natürlicher Übergang in die Stufe 3 geschaffen wird.

In Stufe 3 führen schließlich die Lernenden die Tätigkeit durch. Dies beginnt mit einem ersten Gesamtversuch, der von ihnen nur grob kommentiert werden muss. Dabei treten absehbar Fehler auf, sowohl in motorischer, als auch in kognitiver Hinsicht. Daher erfolgt anschließend ein neuerlicher Versuch, in welchem nun jeder Teilschritt sehr bewusst und mit genauen Beschreibungen und Begründungen vollzogen wird. Die Fehler werden dabei reduziert, die Gesamthandlung wird so aber zerstückelt und entspricht nicht dem erwünschten Ablauf der Zielhandlung. Daher erfolgt ein neuerlicher Versuch, die Tätigkeit nun korrekt und ohne künstliche Unterbrechungen auszuführen.

In Stufe 4 gilt es schließlich, die Lernenden aus der Unterweisungssituation zu entlassen. Es erfolgt ein expliziter Abschluss, mit einer Gesamtbesprechung und Hinweisen der Ausbildungspersonen, wie es nun individuell weiter geht, also, ob und wie nun die Tätigkeit geübt werden soll, welche Fehler dabei noch abzustellen sind, welche Genauigkeiten schließlich zu erreichen sind und evtl. auch wann diesbezüglich nochmals eine Beobachtung sowie Korrekturen eingeplant sind.

Um eine 4-Stufen-Methode vorzubereiten wird häufig mit einer Unterweisungsgliederung gearbeitet (Schelten 2005, S. 110 f.). Darin wird eine Tätigkeit in Teilhandlungen segmentiert, welche jeweils hinsichtlich deren genauer Ausführung und diesbezüglicher Begründungen konkretisiert werden. In einer solchen Tabelle kann also genau geplant werden, was im Einzelnen wie und warum getan werden soll. Wird die Unterweisungsgliederung exakt erstellt und der methodische Rahmen der 4-Stufen-Methode im Wesentlichen eingehalten, kann relativ sicher davon ausgegangen werden, dass sie „funktioniert". Voraussetzung ist dabei selbstverständlich die fachliche und persönliche Eignung des Unterweisers.

Die Leittext-Methode

Mit der zunehmenden Computerisierung und Automatisierung in den industriellen Produktionen, aber auch im Zuge abflachender Hierarchien, Einführung zyklischer Qualitätsentwicklungsprozesse und Lean Management erfolgte eine Erhöhung der Komplexität und Entwicklungsdynamik industrieller Facharbeit. Ein Beibehalten der traditionellen Ausbildung durch eine unmittelbare Unterweisung eines Lehrenden an die Lernenden stellte diesen Transformationsprozess in Frage, daher wurde schon Ende der 1970er-Jahre nach neuen Unterweisungsformen gesucht. Vorreiter auf diesem Weg war die Fa. Daimler Benz AG mit dem Projekt ‚Gaggenau', in welchem die technischen Auszubildenden im 1. Lehrjahr eine komplette und funktionsfähige Dampfmaschine herstellten, ohne diesbezüglich von einer Ausbildungsperson instruiert zu werden. Stattdessen informieren sie sich eigenständig mit audiovisuellen Medien und Lernmaterialien, den sog. Leittexten. Auch die Leittextmethode erfolgt in einzelnen Schritten, theoretischer Hintergrund ist hierbei das Konzept der vollständigen Handlung nach

Hacker (1998) und Volpert (2003). Der dabei markante Zyklus von Planung, Durchführung und Kontrolle wird in 6 Teilschritten umgesetzt, Gesamtrahmen sind dabei wiederum Kleingruppen (Schelten 2005, S. 148 f.):
1. Information: Die Lernenden sichten Zielprodukte, Prozessbeschreibungen, einschlägige Kommentierungen und Hinweise, Arbeitspläne, Material- und Werkzeuglisten, etc. Sie besprechen ihr persönliches Verständnis der Informationen, klären schwierige Aspekte, holen evtl. Zusatzinformationen ein.
2. Planung: Die Lernenden entwickeln einen individuellen Plan, wie sie die anstehende Tätigkeit umsetzen. Diesen Plan halten sie stichpunktartig fest und notieren dabei auch spezifische Details, was dabei jeweils zu beachten ist.
3. Entscheidung: Der individuelle Plan wird einer Ausbildungsperson vorgestellt, um dann gemeinsam mit dieser den anstehenden Umsetzungsprozess sowie die Betriebsmittel festzulegen.
4. Durchführung: Nun erfolgen die konkreten Tätigkeiten und die dabei einschlägigen Interaktionen. Gibt es Schwierigkeiten, werden zunächst gezielt die vorliegenden Informationsmaterialien genutzt, hilft das nicht, werden Ausbildungspersonen hinzugezogen.
5. Kontrolle: Nach Abschluss der jeweiligen Tätigkeit bzw. Erreichen eines Zwischenziels erfolgt eine eigenständige Kontrolle entlang der gesetzten Prämissen, evtl. unterstützt durch kategorisierte Kontroll-Unterlagen. Diese Kontrolle führt entweder zur abschließenden Bewertung oder aber zu Nachbesserungen bzw. auch einem kompletten Neuanfang. Letzteres wird mit einer Ausbildungsperson geklärt.
6. Bewertung: Abschließend werden Selbst- und Fremdbewertung gegenüber gestellt. Die Lernenden beurteilen ihre Tätigkeiten und Ergebnisse nach ihren Maßstäben und besprechen dies mit einer Ausbildungsperson. Daraus werden schließlich gemeinsam Rückschlüsse auf das erworbene Wissen und Können gezogen, darauf, wie man individuell damit umgehen soll und wie es im Gesamtprojekt nun weiter geht.

Um eine Leittext-Methode vorzubereiten ist ein deutlich höherer Aufwand als bei der 4-Stufen-Methode erforderlich, denn sie adressiert nicht nur einen größeren beruflichen Handlungsraum (a), sondern sie muss auch mit umfassenden Lehr- und Lernmaterialien (b) ausgestattet werden. Zudem ist davon auszugehen, dass sie an die Ausbildungsperson (c) höhere Anforderungen stellt.

Zu (a): In Anlehnung an die Projektmethode (Frey 1982) soll ein Lernen in der Leittextmethode planerische und operative Freiräume beinhalten. Daher ist jede Leittextmethode gleichzeitig ein (kleines oder größeres) Projekt in welchem vielfältige und nicht immer konkret antizipierbare Denk- und Handlungsprozesse möglich sind. Die Leittexte und -hinweise müssen daher so beschaffen sein, dass sie in und durch das Projekt führen, nicht aber einen spezifischen Weg vorgeben.

Zu (b): Ein solcher Leitmaterialien-Satz ist daher kein Lernprogramm mit chronologischer Abfolge, sondern ein Informations- und Instruktionsportfolio auf das vielfältig zugegriffen werden kann. Im Zentrum steht hier eine komplexe und anspruchsvolle berufliche Aufgabe. Dieses Portfolio muss zudem mit ikonischen und insbesondere mit audiovisuellen Medien ausgestattet werden, um das selbstgesteuerte Lernen adäquat zu illustrieren. Da Leitmaterialien und Medien unmittelbar zusammenhängen, erfordert deren Erstellung und Aktualisierung eine enge Abstimmung und damit wiederum hohen Aufwand.

Zu (c): Sowohl die Planung und Vorbereitung einer Leittextmethode erfordern angesichts der Punkte (a) und (b) neben dem Aufwand eine hohe Expertise seitens der Lehrperson. Nur mit ihr gelingt es, einerseits den beruflichen Anspruch hier zu wahren, andererseits einen dichten und gleichermaßen funktionalen Lernraum abzustecken. Diese hohe Expertise ist dann auch in der Unterrichtsdurchführung erforderlich, da nur mit ihr eine Lehrperson in der Lage sein kann, auf die nur zum Teil vorausseh- baren SchülerInnen-Fragen angemessen und souverän zu antworten.

Die deutlichen methodischen Vorteile der Leittextmethode fordern somit durchaus ihren Preis, in Form eines größeren Vorbereitungsaufwands und einer hohen fachlichen Expertise. Für Lernende mit Leseschwächen oder -abneigungen ist diese Methode skeptisch einzuschätzen, ebenso für Lernende mit deutlichen Defiziten in den Lernstrategien.

Weitere Unterweisungsarten

Neben den beiden beschriebenen Unterweisungsarten wurden noch weitere entwickelt und beschrieben. Dazu gehören z. B. im Bezugsraum der 4-Stufen-Methode die analytische Unterweisungsmethode und die handlungsregulatorische Unterweisungsmethode. Dem Bezugsraum der Leittextmethode werden die Simulationsmethode, die Trainingsmethode, das Planspiel und die betriebliche Projektmethode zugeordnet (Schelten 2005). Zusammenfassend können sie als Einzelausprägungen entlang einer Achse angeordnet werden, welche den Grad der Lern-Eigenständigkeit bzw. das Ausmaß der unmittelbaren Beteiligung einer Lehrperson am Lernprozess abbildet. Dabei steht fest, dass für motorisch anspruchsvolle Handlungen eine intensive Begleitung durch eine Ausbildungsperson ebenso erforderlich ist, wie deren weitgehender Rückzug für den Weg in eine umfassende Handlungsautonomie. Dass das Konzept der Unterweisung beide Ausprägungen heutigen beruflichen Lernens erfolgreich adressiert, zeigen die vorausgehend vorgestellten Methodenbeispiele.

3 Theoretische Hintergründe

Berufsmotorisches Lernen

Berufsmotorisches Lernen kann in wesentlichen Zügen dem allgemeinen motorischen Lernen eines Menschen gleichgestellt werden. Diesem liegen neuromuskuläre Prozesse zugrunde, welche in den Sportwissenschaften seit vielen Jahrzehnten erforscht werden. Maßgeblich sind hier immer noch die Ansätze von Meinel und Schnabel (2004), auf welche die 3-Phasigkeit motorischen Lernens zurückgeführt wird. Diese 3 Phasen werden entweder als Grobkoordination, Feinkoordination und Automation beschrieben (Sport), oder als Rahmen-, Detail- und Mikrokoordination (Berufsmotorik). Beide Konstrukte sind inhaltlich völlig identisch.

Als Rahmenkoordination wird der motorische Zustand bezeichnet, in dem sich ein Mensch befindet, der angefangen hat eine Bewegung zu erproben. Wenn diese nicht zu komplex oder neuartig ist und nicht ungewöhnliche Kraft oder Beweglichkeit voraussetzt, kann sie ausgeführt werden, wenngleich dabei noch viele Bewegungsfehler vorliegen können. Typisch sind ein zu hoher Krafteinsatz, kleinere Unterbrechungen, zu großer Bewegungsumfang, Schwankungen im Bewegungstempo, mangelnde Bewegungspräzision und -konstanz.

Als Detailkoordination wird der motorische Zustand bezeichnet, in dem sich ein Mensch befindet, der ein erlerntes Bewegungsmuster unter gewohnten und günstigen Umgebungsbedingungen fehlerfrei und weitgehend ohne Bewegungsfehler ausführen kann. Diese können jedoch wieder auftreten, wenn sich die gewohnten Bedingungen ändern oder unerwartete Dinge einstellen.

Erst mit Erreichen der Mikrokoordination tritt diesbezüglich Sicherheit ein. In diesem motorischen Zustand wird ein hoher Grad an Sicherheit und Genauigkeit erreicht. Die Bewegungen zeigen sich entspannt, frei, sie erscheinen teilweise „mühelos" und können an wechselnde, schwierige und ungewohnte Bedingungen angepasst werden. In dieser Phase sind die Bewegungen zudem nicht mehr bewusstseinspflichtig, sie erfolgen weitgehend autonom, was den Menschen einerseits für andere Dinge (observativer oder kommunikativer Art) gedanklich frei macht, jedoch auch seine unmittelbaren Interventionsmöglichkeiten bzgl. der Bewegung einschränkt, sowohl was ihre Kontrolle, als auch ihre Modifikationsmöglichkeiten betrifft.

Bestimmend für motorisches Lernen sind weitgehend neuromuskuläre Schleifenprozesse, welche durch mehrmaliges Wiederholen Veränderungen im „motorischen Gedächtnis" eines Menschen auslösen. Maßgeblich für die Dauer eines solchen Lernprozesses sowie die damit erreichte Ergebnisqualität sind zum einen die Häufigkeit des Wiederholens und zum anderen die begleitenden Bewegungskorrekturen. Dies deutet an, dass hier Kognitionen nicht bestimmend sind, jedoch durchaus eine Rolle spielen können, was für jede der drei Entwicklungsphasen gilt (Schelten 2005, S. 67).

Für den Aufbau der Rahmenkoordination ist ein möglichst klares Bewegungsbild erforderlich. Dies entsteht primär visuell, also durch unmittelbare Beobachtung, was manchmal jedoch nicht immer ausreichend ist. Entweder können wesentliche Details nicht oder nur rudimentär beobachtet werden, oder die Beobachtung eines Beherrschers kann beim Bewegungs-Neuling einen falschen Eindruck wecken. Dies gilt z. B. für das Führen einer Stahl-Feile, bei dem der Druck auf das Werkstück deutlich höher als erkennbar ist und im Bewegungsvollzug anhaltend nachdosiert werden muss. Versteht der Lernende dies nicht, entwickelt sich ein fehlerhaftes Bewegungsbild, im hier vorgebrachten Beispiel entsteht keine plane sondern eine gewölbte Oberfläche. Erst mit dem Bewegungsverständnis kann die Rahmenkoordination aufgebaut werden, also letztlich durch eine korrespondierende kognitive Entwicklung. Ähnlich verhält es sich im Übergang zur Detailkoordination, welcher überwiegend vom Abstellen von Bewegungsfehlern bestimmt wird. Schelten unterscheidet hier zwischen „natürlichen" Fehlern, welche sich nach und nach durch die neuromuskulären Entwicklungsschleifen abstellen, und „nicht natürlichen" Fehlern, welche – wie schon im Aufbau der Rahmenkoordination – auf ein Bewegungsfehlverständnis zurückgehen. Um überhaupt die Mikrokoordination zu erreichen, sind vielfältige Rückmeldungen erforderlich. Um diese umzusetzen, ist ein hohes Bewegungsverständnis Voraussetzung. Häufig verbleiben Menschen bewusst in der Detailkoordination, weil sie dieses nicht oder nicht ausreichend haben, was man insbesondere im Handwerk beobachten kann, wenn mit teuren Werkstoffen gearbeitet wird. Man ist übervorsichtig und damit langsam, was zumeist die Fehler nicht ausschließt, jedoch die Arbeitskosten erheblich steigert. Ein Meister kann die Tätigkeiten nicht nur optimal ausüben, er hat sie zumeist auch sehr gut verstanden.

Zusammenfassend kann hier festgestellt werden, dass berufsmotorisches Lernen zwar in hohem Maße durch neuromuskuläre Regulations- und Anpassungsprozesse erfolgt, aber, dass dabei der menschliche Verstand eine durchaus bedeutende Rolle spielt. Erstens für eine möglichst gute Vorstellung der zu erlernenden Tätigkeit, zweitens für einen möglichst effizienten Lernprozess und drittens für die letztlich erreichte Bewegungsqualität. Für Letzteres bedeutsam sind jene Kognitionen, welche sich weitgehend auf Handlungs- und Ergebniskontrolle beziehen. Sie setzen eine klare Vorstellung dafür voraus, wie etwas getan werden muss und zu welchem Ergebnis dies führen sollte. Hinzu kommen Kognitionen, welche auf eine Fehlerkontrolle ausgerichtet sind, also Wahrnehmung von Eigenfehlern, Bewertung dieser Fehler und Varianten zu deren Abstellung.

Handlungsregulation

Technische Aufgaben bzw. Tätigkeiten erfordern zwar häufig motorisches Geschick, darüber hinaus stellen sie jedoch immer auch kognitive regulatorische Anforderungen. Diese stehen nur bedingt in Beziehung zu den jeweils vorliegenden berufsmotorischen Ansprüchen und liegen selbst dann vor, wenn diese minimal sind. Z.B. umfasst die Wartung einer KFZ-Bremse eine relativ einfache Handhabung von manuellen Werkzeugen, deren Vorbereitung, Abfolge und Nachbereitung ist jedoch durchaus komplex und Fehler können sich dabei fatal auswirken.

Mit diesen Zusammenhängen haben sich die Arbeitspsychologen Hacker (1998) und Volpert (2003) ausführlich befasst und dazu eine Handlungsregulationstheorie generiert, welche die menschliche Handhabung komplexer Aufgaben auf rationaler Ebene erklärt. Ausgeschlossen wird dabei alles, was einen rationalen Rahmen überschreitet, also Aspekte der Motivation, Volition, Emotion, Werte, etc. Menschliches Handeln ist dabei bewusst, motiviert und zielgerichtet. Nur in den seltensten Fällen führen lineare Handlungsfolgen unmittelbar zu den intendierten Wirkungen, daher müssen sie so lange reguliert werden, bis dies der Fall ist. Für eine Handlungsregulation ist generell eine Rückmeldung erforderlich, welche im unmittelbaren Zusammenhang mit der jeweiligen Aktion steht. Miller, Galanter und Primbram (1991) nannten dies eine TOTE-Einheit (test-operate-test-exit), Hacker und Volpert bezeichneten es als vollständige Handlung. Im Gegensatz zur unmittelbaren Motorik erfolgt die Regulation bei komplexen menschlichen Handlungen jedoch nicht unmittelbar neuromuskulär, sondern zunächst kognitiv. Daher ist die Handlungsregulationstheorie ein kognitivistischer Ansatz, Handlungslernen wird dabei als kognitiver Prozess verstanden.

Komplexe Tätigkeiten erfolgen im Sinne einer antizipierten und anhaltend kontrollierten sowie regulierten Berufsmotorik. In der Antizipation wird ein grober Handlungsplan entwickelt, indem ein Gesamtziel in Zwischenziele segmentiert wird. Zum Eintritt in das konkrete Handeln müssen die Ziele genau formuliert werden, dass sie einen Soll-Ist-Vergleich im Regulationszyklus ermöglichen. Ein Regulationszyklus läuft so lange ab, bis das jeweilige Ziel erreicht ist. Die Elemente einer zyklischen Grundeinheit bestehen aus einem unmittelbaren motorischen Ziel, dessen Umsetzung und Ergebniskontrolle. Ist ein motorisches Ziel erreicht, folgt die nächste zyklische Grundeinheit. Der Abschluss mehrerer motorischer Zyklen kann bei einfachen Aufgaben (z. B. reinigen eines Werkstücks mit einem Lappen) schon zum intendierten Handlungserfolg führen. Wird die Aufgabe komplexer (was meistens der Fall ist, z. B. bei der Herstellung eines Gewindes) werden nacheinander mehrere Makrozyklen abgearbeitet, d. h. nach Abschluss einer motorischen Einheit wird in den nächsten Makrozyklus übergegangen. Makrozyklen sind den unmittelbar motorischen Zyklen übergeordnet, unterliegen jedoch den gleichen Regulationsbedingungen.

Beispiel: Beim Herstellen eines durchgehenden Innengewindes ergeben sich 5 Makrozyklen: 1. Anreißen, 2. Körnen, 3. Bohren, 4. Gewindeschneiden 5. Nachbearbeitung. Das Anreißen (1) beinhaltet die fünf unmittelbaren Handlungen a) Werkzeug auf der Anreißplatte positionieren, b) Höhenreißer auf x-Maß einstellen, c) Anriss 1 ausführen, d) Höhenreißer auf y-Maß einstellen, e) Anriss. Das Körnen (2) beinhaltet die 3 unmittelbaren Handlungen a) Werkstück fixieren, b) Körner ansetzen, c) Körnung mit dem Hammer schlagen. Das Bohren (3) beinhaltet die 6 unmittelbaren Handlungen a) Werkstück im Schraubstock einspannen, b) Bohrer im Futter fixieren, c) Bohrdrehzahl einstellen, d) mit angemessenem Vorschub bohren, e) Bohrung von Hand entgraten, f) Bohrung mit Pressluft säubern. Das Gewindeschneiden (4) beinhaltet die vier unmittelbaren Handlungen a) Fertigschneider ansetzen, b) Fertigschneider langsam ins Werkstück eindrehen, c) Fertigschneider komplett durch die Bohrung drehen, d) Fertigschneider aus dem Halter nehmen und durch die Bohrung herausnehmen. Das Nachbearbeiten (5) beinhaltet die unmittelbare Handlung a) Gewinde mit Pressluft säubern. Somit verteilen sich 19 einzelne Handlungen auf fünf Makrozyklen. Jeder einzelnen Handlung ist ein Zielzustand zuzuordnen, jeder Zielzustand erfordert eine entsprechende Kontrolle (s. Tabelle 1).

Letztlich sind es die Kontrollen, welche den Regulationsprozess aufrechterhalten. Sind sie bestätigend, wird eine zyklische Einheit verlassen, bestätigen sie nicht, wird in der zyklischen Einheit verblieben. Die Kontrollen am Ende eines Makrozyklus üben eine Mehrfach-Funktion aus: Zum einen schließen sie den jeweiligen Mikrozyklus ab, zum anderen den oder die jeweiligen Makrozyklen und führen damit in den nächsten

Makrozyklus, wiederum beginnend mit dessen erstem motorischen Zyklus. Wenn z. B. in 2.c bestätigt wird, dass die Körnung genau im Anriss-Schnittpunkt liegt, ist die Teilhandlung c „Körnung mit dem Hammer schlagen" abgeschlossen und damit auch der Makrozyklus 2 „Körnen". Damit erfolgt der Übergang in den Makrozyklus 3 „Bohren", beginnend mit der Teilhandlung „a) Werkstück im Schraubstock einspannen".

Tabelle 1: Makrozyklen, Handlungen, Zielzustände und Kontrollen

Nr.	Makrozyklus	Handlung	Zielzustand	Kontrolle
1.	(1) Anreißen	a) Werkzeug auf der Anreißplatte positionieren	Werkstück ist positioniert	Ebene Auflage der richtigen Fläche
2.		b) Höhenreißer auf x-Maß einstellen	Höhenreißer ist exakt eingestellt	Höhenmaß an der Noniusskala richtig
3.		c) Anriss 1 ausführen	Anriss ist an der richtigen Stelle	y-Wert mit Bandmaß prüfen
4.		d) Höhenreißer auf y-Maß einstellen	Höhenreißer ist exakt eingestellt	Höhenmaß an der Noniusskala richtig
5.		e) Anriss 2 ausführen	Anriss ist an der richtigen Stelle	Risslinien schneiden sich
6.	(2) Körnen	a) Werkstück fixieren	Werkstück ist auf fester Unterlage fixiert	Werkstück liegt flach auf
7.		b) Körner ansetzen	Körner liegt an der richtigen Stelle	Körner steht senkrecht im Anriss
8.		c) Körnung mit dem Hammer schlagen	Große Körnung ist an der richtigen Position	Körnung genau im Anriss-Schnittpunkt
9.	(3) Bohren	a) Werkstück im Schraubstock einspannen	Werkstück ist ausreichend fixiert	Werkstück liegt eben und ist unten frei
10.		b) Bohrer im Futter fixieren,	Bohrer sitzt über ganze Schaftlänge fest	Bohrer steht gerade, Futter geschlossen
11.		c) Bohrdrehzahl einstellen,	Drehzahl ist eingestellt	Richtige Zahl an der Einstellung
12.		d) mit angemessenem Vorschub bohren,	Bohrer entfernt Material	Gute Spanbildung, kein Rauchen
13.		e) Bohrung von Hand entgraten	Bohrung ist entgratet	Kein Bohr-Grat mehr spürbar
14.		f) Bohrung mit Pressluft säubern	Bohrung ist sauber	Keine Span-Reste in der Bohrung

Nr.	Makrozyklus	Handlung	Zielzustand	Kontrolle
15.	(4) Gewindeschneiden	a) Fertigschneider ansetzen	Fertigschneider liegt in der Bohrung	Fertigschneider steht senkrecht, liegt an
16.		b) Fertigschneider langsam ins Werkstück eindrehen	Fertigschneider findet Halt in der Bohrung	Spanansätze an den Spannuten
17.		c) Fertigschneider komplett durch die Bohrung drehen	Fertigschneider schneidet das Gewinde	saubere Spanbildung
18.		d) Fertigschneider aus dem Halter, durch Bohrung herausnehmen	Fertigschneider ist außerhalb der Bohrung	Das Gewinde ist werkzeugfrei
19.	(5) Nachbearbeitung	a) Gewinde mit Pressluft säubern	Gewinde ist sauber	Keine Span-Reste im Gewinde

Durch die Überordnung von Makrozyklen ergibt sich ein hierarchisches Modell übereinander stehender Zielebenen, in welchen sequenziell die einzelnen Regulationseinheiten umgesetzt werden. Die äußerlich erkennbare Oberfläche einer Tätigkeit löst sich angesichts dieses Modells in viele ineinander verschachtelte Teilzyklen auf, der Handlungsfortschritt entsteht nicht fortlaufend, sondern durch aufsteigende Rückmeldungen in der Gesamthierarchie.

Angesichts dieses Ansatzes erfordern Tätigkeiten, welche die einfache Aneinanderreihung von Einzelhandlungen überschreiten zum einen die Antizipation komplexer Ziel- und Handlungsstrukturen und zum anderen deren geordnete Umsetzung in Anwendung der einschlägigen Ergebnis-Kontrollen.

Damit wird deutlich, dass nicht nur die unmittelbare Berufsmotorik, insbesondere in deren Aufbau aber auch Ausführung kognitive Leistungen erfordert, sondern deren Umsetzung in einschlägigen Handlungskomplexen weitere, anspruchsvolle kognitive Leistungen zur Antizipation und Regulation auf Makro-Ebene. Im VERA-Ansatz (Verfahren zur Ermittlung von Regulationserfordernissen in der Arbeitstätigkeit) haben Volpert et al. (1983) diese kognitiven Ansprüche über Niveaustufen taxiert. In diesen fünf „Ebenen der Handlungsregulation" sind für die Unterweisung die Ebenen 1, 2 und 3 besonders bedeutsam:

Ebene 1 der „sensomotorischen Regulation": Die hier vorliegenden Regulationsprozesse beziehen sich weitgehend auf die Berufsmotorik und belaufen sich auf überwiegend neuromuskuläre Prozesse mit kognitiver Überwachung.

Ebene 2 der „Handlungsplanung": Planung der Gesamtaufgabe auf Makroebene. Variable Kombination der einzelnen Bewegungsprogramme unter ständiger Umsetzung der Regulationsprozesse der Ebene 1. (s. vorausgehendes Beispiel „Gewindeschneiden")

Ebene 3 der „Teilzielplanung": Eine exakte Gesamtplanung ist entweder nicht mehr möglich (zu wenig Vorinformationen, zu viele Einflussgrößen bzw. reaktive oder temporäre Einflussfaktoren) oder nicht sinnvoll (nicht zielführend oder unwirtschaftlich)[1].

Im Vorfeld konkreter Handlungsplanungen werden grobe Teilziele definiert und mit entsprechenden Kontroll-Parametern versehen. Dann werden die einzelnen Handlungsplanungen (Ebene 2) durch berufsmotorische Prozesse (Ebene 1) vollzogen. Beispiel wäre hier die Wartung eines KFZ-Motors. Man weiß, was wartungsrelevant ist, checkt die jeweiligen Teilbereiche und führt dann die angemessenen Wartungstätigkeiten gemäß dem vorgefundenen Abnutzungszustand aus.

Zwischen jeder dieser Ebenen liegt ein deutlicher Unterschied im kognitiven Anspruch. Kann man sich auf Ebene 1 ausschließlich auf das unmittelbare Handeln konzentrieren, muss man auf Ebene 2 schon planen, wie man dieses nacheinander anordnet bzw. evtl. variiert und während der Gesamtausführung auch überwachen, dass man die Reihenfolge einhält und ob dies zielführend ist. Auf Ebene 3 muss eine ganze Reihe von Handlungsplänen gedanklich verfügbar und auch konkret umsetzbar sein, zudem müssen vielfältige Indikatoren bekannt sein, welche für eine sinnvolle Anordnung der Handlungspläne relevant sind, um diese angemessen und flexibel anzuordnen und dann – im Sinne der beiden darunterliegenden Ebenen – abzuarbeiten. Ebene 1 entspricht somit dem Niveau einer Anlerntätigkeit, Ebene 2 überschreitet diese schon (z. B. bei einem Auszubildenden) und Ebene 3 liegt auf Facharbeiter-Niveau[2].

Zusammenfassend ist festzuhalten, dass die unmittelbar auf die Berufsmotorik ausgerichteten Kognitionen einer Handlungs-, Ergebnis- und Fehlerkontrolle in zwei Hauptgruppen zu unterscheiden sind: 1. jene Kognitionen, die sich unmittelbar auf die Motorik beziehen, 2. jene Kognitionen, welche sich auf deren Intentionen und Wirkungen beziehen. Die Erstgenannten bestehen aus einem Wissen über die eigenen körperlichen Möglichkeiten und Grenzen sowie die bisher erworbenen Bewegungserfahrungen, die Zweitgenannten bestehen aus umfassendem Fachwissen, also dem was erreicht werden soll (Sachwissen) und dem, wie man dies tut (Prozesswissen). Diese auf das unmittelbare Handeln ausgerichteten Primär-Kognitionen werden bei komplexeren Tätigkeiten durch Sekundär-Kognitionen, welche übergeordnete Regulationen ermöglichen, überlagert. Die übergeordneten regulativen Erfordernisse einer Tätigkeit entstehen aus deren jeweiligem Umfang, sowie aus deren äußeren Zusammenhängen. Dabei können zwei Niveaus deutlich voneinander unterschieden werden: ein erstes Niveau, in dem berufsmotorische Funktionseinheiten effektiv und effizient zu aufgabenbezogenen Funktionseinheiten aneinander gekoppelt werden können, und ein zweites, höheres Niveau, in dem aufgabenbezogene Funktionseinheiten gemäß vielfältiger und

---

1 Die nun folgende Ebene 4 der „Koordination mehrerer Handlungsbereiche" entspricht anspruchsvollen Meister- oder Techniker-Aufgaben. Mit ihr verlässt man jenen Bereich von Facharbeit, welcher durch Unterweisung erreicht werden kann. Um auf dieser Ebene effektiv arbeiten zu können, sind über die Beherrschung der darunterliegenden Ebenen hinaus komplex und durch vielfältige Erfahrungen differenzierte und verfestigte Kontext-Kenntnisse erforderlich, da es sich um Aufgaben ohne eine eindeutige Lösung handelt. Beispiele wären die Organisation eines Werkzeugmanagement-Systems, oder die Leitung einer Großbaustelle.
2 Eine Einordnung der Handlungsregulationstheorie in den berufs- und wirtschaftspädagogischen Kontext findet sich bei Schelten 2002.

auch im Vorfeld nicht vollständig verfügbarer Parameter effektiv und effizient miteinander kombiniert werden können. Markant ist dabei, dass das Beherrschen der höheren Ebenen generell das Beherrschen der darunter liegenden Ebenen voraussetzt und damit der Gesamtraum kognitiver Prozesse in Form von Antizipationen, Regulationen und Reflexionen enorm ansteigt. Auch die hier explizierten Sekundär-Kognitionen lassen sich vereinfacht in Sach- und Prozesswissen unterscheiden. Dieses Sach- und Prozesswissen geht jedoch über kleine Einzeltätigkeiten hinaus und kumuliert in größeren Sinnzusammenhängen. Hinzu kommt aber mit der Ebene 3 der Teilzielplanung eine weitere Wissensqualität, welche hier zunächst als Reflexionswissen bezeichnet werden soll. Dieses Reflexionswissen bezieht sich auf die Parameter, welche die Planung und Handhabung von Teilzielen ermöglichen und auf das hinter diesen Parametern liegende Wissen, welches erforderlich ist, diese einzuschätzen bzw. zu bewerten.

4 Analyse der Unterweisung vor dem Theoriehintergrund

Im Hinblick auf die vorausgehenden theoretischen Befunde wird deutlich, wie offen Scheltens Unterweisungsdefinition einer methodischen Vermittlung von Kenntnissen, Verrichtungen und Haltungen zur Ausführung einer Tätigkeit durch einen Beherrscher dieser Arbeitstätigkeit (Schelten 2005, S. 91) gehalten ist. Es stellt sich die Frage, in wie fern es gelingen kann, eine spezifische Methode so anzulegen, dass Kenntnisse, Verrichtungen und Haltungen funktional korrespondieren und so für die Lernenden zugänglich gemacht werden können.

In der 4-Stufen-Methode erfolgt dies über einen sehr unmittelbaren und konkreten Weg: Sachwissen und Prozesswissen werden durch den Ausbilder anhaltend und wiederholend im Vollzug der Tätigkeit und in den Reflexionsgesprächen vermittelt. Die Berufsmotorik wird durch Schaffung von Bewegungsbildern, eigene Erprobungsmöglichkeiten unmittelbare Korrekturen und Selbstkorrekturhinweise sicher und zügig aufgebaut. Wissensentwicklung und motorische Entwicklung sind eng ineinander verschränkt. Was jedoch kaum vermittelt werden kann, ist das oben erwähnte Reflexionswissen, da die Tätigkeiten relativ diskret, also relativ entkoppelt von komplexeren Gesamtzusammenhängen erlernt werden. Selbst wenn hier tiefere Hintergründe der jeweiligen Handlungen besprochen würden, würde dies ohne ersichtliche Erfordernis für deren Ausführung erfolgen und damit von den Lernenden als Applikation wahrgenommen, nicht aber als ein Wissen, mit dem sie etwas anfangen können.

Anders in der Leittextmethode. Durch die höhere Komplexität der damit umzusetzenden Projekte müssen Bezüge zwischen den einzelnen Teilhandlungen hergestellt und verstanden werden. Nur so kann letztlich eine Aufgabe bewältigt werden, in welcher es gilt, verschiedene Einzeltätigkeiten sinnvoll zu integrieren. Im Zuge der damit einhergehenden Problemlösungsprozesse wird Reflexionswissen erforderlich, sowohl zur Abstimmung des Gesamtprozesses, als auch zur Klärung der Übergänge zwischen den einzelnen Teilhandlungen. Weiteres Reflexionswissen entsteht bei der Erschließung der Selbstlernmaterialien, wenn diese in entsprechender Tiefe ausgestattet sind; um die für den Lernfortschritt erforderlichen Informationen zu gewinnen, müssen deren Zusammenhänge verstanden werden. Gleiches gilt für Rückfragen und Klärungsgespräche, denn den hierzu hinzuzuziehenden Ausbildungspersonen muss zunächst das vorliegende Problem geschildert werden, was wiederum dessen Relativierung erfordert. Im Zuge dieses komplexen Problemlösungs-Lernens erfolgt jedoch ein Effizienz-Verlust gegenüber dem unmittelbaren Verständnislernen einer 4-Stufen-Methode. Der Aufbau von Sach- und Prozesswissen verläuft zunächst unsicherer. Die Fachbegriffe werden nicht vom Meister gehört, sondern aus Unterlagen gelesen. Prozesse und Funktionen werden nicht besprochen, sondern beschrieben. Schwierigkeiten oder Fehlverständnisse müssen von den Lernenden zunächst ertragen bzw. selbst erkannt und behoben werden, oder aber ihre Klärung verlagert sich in spätere Reflexionsphasen mit den Ausbildungspersonen. Das berufsmotorische Lernen ist schwieriger als bei einer direkten Instruktion, denn die Bewegungsbilder sind durch die Medien ferner, die Korrekturen erfolgen nicht unmittelbar.

Damit wird deutlich, dass sowohl die 4-Stufen-Methode als auch die Leittextmethode in hohem Maße mit den Theorien berufsmotorischen Lernens und der Handlungsregulation korrespondieren, jedoch keine der beiden Unterweisungsarten ein Optimum darstellt. Deutlich wird, dass die Stärken der 4-Stufen-Methode bei einer effektiven und effizienten Heranführung auf die VERA-Ebenen 1 und 2 liegen, die Stärken der Leittextmethode insbesondere bei einer Heranführung auf die VERA-Ebenen 3 und 4.

Fachkompetenzen in technischen Berufen

Die Unterweisungsdefinition von Schelten (2005, S. 91) basiert noch auf einer frühen Zielperspektive beruflicher Bildung, welche sich auf Kenntnisse, Verrichtungen und Haltungen ausrichtet, was zusammenfassend auch als Qualifikations-Orientierung bezeichnet werden kann. Mit dem Konzept der Schlüsselqualifikationen wurde diese unmittelbar tätigkeitsbezogene Zielperspektive mit individuenbezogenen Aspekten erweitert, jedoch in sehr unscharfer Weise, da dieses Konzept weder theoretisch exakt geklärt noch systematisch empirisch erforscht wurde. Relativ schnell wurde der Ansatz der Schlüsselqualifikationen von einem neuen mit relativ ähnlichem Hintergrund abgelöst, dem Kompetenz-Konzept. Auch dieses war in seinen Anfangsjahren relativ unscharf und wurde durch eine begriffliche Modewelle ähnlich inflationär gehandhabt, wie das Konzept der Schlüsselqualifikationen.

Anders als mit diesem setzte sich insbesondere die berufspädagogische Forschung beginnend mit den 2000er-Jahren intensiv mit dem Kompetenz-Konzept auseinander. Nicht zuletzt, weil es durch die Kultusministerkonferenz (KMK) zum übergreifenden Ziel beruflicher Bildung ernannt wurde. Das dazu von der KMK veröffentlichte Modell ist jedoch in weiten Teilen normativ und kann den Ansprüchen an eine tragfähige sozialwissenschaftliche Theorie kaum gerecht werden. Daher hat sich die empirische berufspädagogische Forschung schon früh anderen Basismodellen zugewandt und darauf aufbauend eigene Kompetenz-Modelle entwickelt.

3.3 Die technische Unterweisung aus Kompetenz-Perspektive

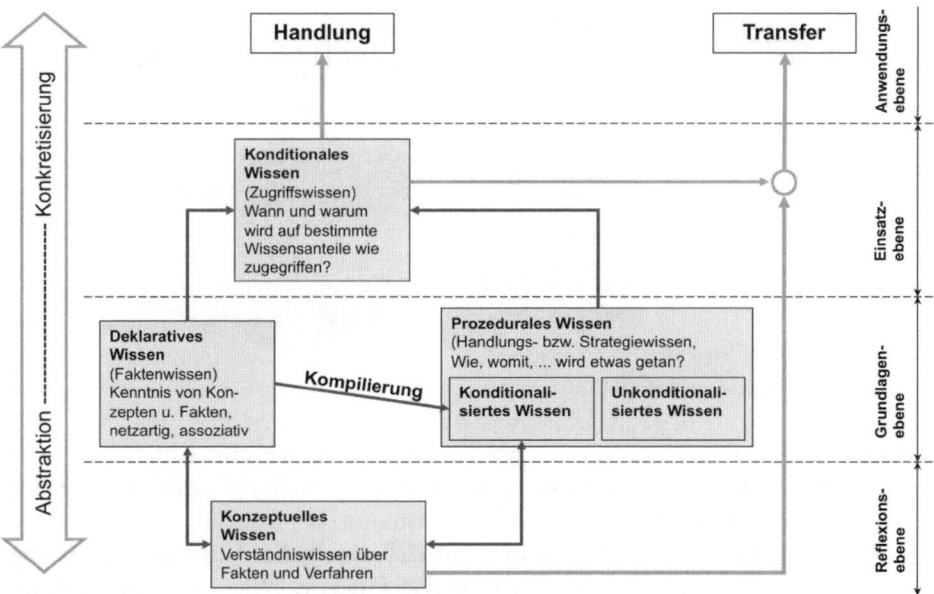

Abbildung 1: Wissensarten nach Alexander Renkl, 1995.

Übereinstimmendes Merkmal für alle diesbezüglichen Ansätze ist das Grundverständnis von Kompetenzen als latente Dispositionen für ein selbstorganisiertes Handeln in problemhaltigen Situationen (Weinert 2014) innerhalb einer beruflichen Domäne (Klieme 2004). Ebenfalls gehen alle aktuell theoretisch abgestützten und empirisch erforschten Ansätze davon aus, dass die zentralen Dispositionen in der Fachkompetenz von handlungsrelevantem Wissen bedingt werden. Ausgehend vom Grundmodell von Erpenbeck & Rosenstiel (2003) und dem Wissensmodell von Renkl (1994, s. Abbildung 1) entwirft Tenberg (2012) ein Teilmodell für Fachkompetenz, welches insbesondere die Qualität von Wissen akzentuiert. Erste empirische Befunde dazu können den Grundansatz moderat bestätigen (Pittich 2014).

In diesem Modell bemisst sich der Grad fachlich-methodischer Kompetenzen an der Fähigkeit eines Menschen, ein spezifisches Können eigenständig weiterentwickeln bzw. in neue Situationen übertragen zu können. Das Können wird dabei durch ein unmittelbar umsetzbares Wissen (Professionswissen) repräsentiert, welches sich in eine gegenständliche Komponente (Sachwissen) und eine funktionale Komponente (Prozesswissen) aufgliedert. Hinzu kommt ein unmittelbares Einsatzwissen. Die funktionale Übertragbarkeit dieser Wissensbestandteile – und damit das Ausmaß einer fachlichen Kompetenz – wird von einer weiteren Wissensart bedingt: dem Bezugswissen. Dieses Bezugswissen steht in engem Zusammenhang mit dem, was hinter dem Professionswissen liegt. Es beginnt bei dessen einfachem Verständnis und führt dann unmittelbar in die naturwissenschaftlich-technischen Hintergründe. Vereinfacht ausgedrückt bedeutet dies, dass ein Facharbeiter um so besser seine Tätigkeiten variieren kann, je

Abbildung 2: Zusammenhang Wissen – Kompetenz

mehr er verstanden hat, was diese Tätigkeiten bedingt, was sie ausmacht, warum etwas wie getan wird, auf welche technischen Systematiken oder naturwissenschaftlichen Gesetze dies zurückzuführen ist.

Das Bezugswissen bedingt in diesem Modell somit die Ausprägung fachlicher Kompetenz (s. Abbildung 2). Bedeutsam ist dabei, dass es reflexiv ist, also in einem funktionalen Zusammenhang mit dem Professionswissen steht. Ansonsten wäre es das, was als „Träges Wissen" bezeichnet wird (Renkl 1994), ein möglicherweise hochwertiges Wissen im jeweiligen thematischen Zusammenhang, welches jedoch nicht handlungswirksam werden kann, da es nicht mit der Tätigkeit in Verbindung gebracht wird. Zudem ist das Bezugswissen relativierend, denn es entbindet die unmittelbaren Tätigkeiten von ihrer Spezifität und Singularität und macht sie dort, wo es möglich ist exemplarisch. Wenn z. B. ein Facharbeiter gelernt hat, eine hydraulische Bremse zu entlüften, hat er auch etwas über die naturwissenschaftlichen Prinzipien der Hydraulik erfahren. Versteht er diese allgemeinen Zusammenhänge, kann er absehbar auch andere, möglicherweise neuartige hydraulische Bremsen eigenständig entlüften, versteht er sie nicht, muss er diesbezüglich neu instruiert werden (s. dazu auch Ebner 2012, S. 125 f.).

Das Konzept fachlich-methodischer Kompetenzen bedingt – neben einem komplexen Verständnis fachlichen Tuns – zusätzlich Befähigungen, welche sich weniger auf das unmittelbare Handeln beziehen, sondern auf dessen situative Adaption und übersituativen Transfer. Geht man vom Grundanspruch einer Kompetenz als Selbstorganisationsdisposition aus, wird diese auch dadurch bedingt, wie gut ein Mensch in der Lage ist, jene Informationen zu finden und zu verwerten, die für ein situationsadaptives bzw. situationsvariates Handeln erforderlich sind. Diese methodische Komponente des Konstrukts bezieht sich auf alle Aspekte einer eigenständigen Suche, Verifizierung, Auswahl und Implementierung von Informationen innerhalb einer spezifischen fachlichen Problemstellung. Je besser dies gelingt, desto spezifischer kann eine Fachkompetenz situativ angewandt werden und desto leichter kann deren Transfer auf andere Anwendungsbereiche oder Situationen vollzogen werden.

Die Qualität einer fachlich-methodischen Kompetenz und damit ihre unmittelbare Wirksamkeit ebenso wie ihre flexible Anwendbarkeit werden somit vom Professionswissen, vom Bezugswissen und wesentlich auch von den damit korrespondierenden Informations-Kompetenzen bedingt. Oberflächlich gesehen müssen diese Befähigungen den anhaltenden Zugang relevanter Informationen und deren effektive und effiziente Verarbeitung leisten, genauer betrachtet aber insbesondere die transitive Verbindung zwischen den verschiedenen Wissenskomponenten herstellen, um dynamische Verständnis- und Transferprozesse zu ermöglichen.

Konzeptioneller Abgleich mit der Unterweisung

Nun stellt sich die Frage, ob das Konzept der Unterweisung, das aus einer Zeit vor dem Kompetenz-Anspruch stammt, diesem noch gerecht werden kann. Im Unterschied zur ursprünglichen Zielperspektive der Unterweisung, welche sich allgemein auf Kenntnisse und Verrichtungen ausrichtet, stellt sich die neue Zielperspektive fachlich-methodischer Kompetenz komplexer dar. Zum einen, weil sie die ursprüngliche Zielperspektive expliziert, denn im Qualifikations-Konzept stehen Kenntnisse und Verrichtungen relativ offen nebeneinander, im vorliegenden Kompetenz-Konzept sind Kenntnisse in verschiedene und zusammenhängende Wissensarten ausdifferenziert und in einen unmittelbaren Zusammenhang mit dem Handeln gebracht. Zum anderen, weil sie diese auch erweitert, denn der Aspekt der Informations-Kompetenz fehlt im Qualifikations-Konzept gänzlich[3]. Dies hängt letztlich mit dessen Aufgaben-Orientierung zusammen, denn „qualifiziert-sein" hieß letztlich nicht mehr aber auch nicht weniger, als eine spezifische Aufgabe sicher, eigenständig und konstant erfüllen zu können. Das Aufgaben unerwartete Probleme aufwerfen bzw. sich verändern können, war im Qualifikationsansatz nicht vorgesehen.

Die Stärke der aus dem Vormachen-Nachmachen-Verfahren entwickelten 4-Stufen-Methode besteht im Experten-Novizen-Dialog. Hier liegt der Unterschied zur reinen Instruktion, die weitgehend unidirektional ausgerichtet ist und – zumindest während des Vollzugs – keine Fragen oder Rückfragen vorsieht. Im unmittelbaren Lehr-Lern-Dialog kann relativ sicher ein spezifisches Sachverständnis aufgebaut werden, so dass das motorische Lernen von Anfang an in Koinzidenz mit dem Verständnislernen stattfindet. Dies gewährleistet nicht nur ein zügiges Erreichen der Rahmenkoordination und absehbar auch sichere Übergänge in die Detailkoordination, sondern auch ein adäquates Professionswissen. Ob und in welchem Umfang dieses überschritten wird, hängt von der Ausbildungsperson ab, von deren Engagement und insbesondere von deren eigener Wissenstiefe. Die Annahme, dass die 4-Stufen-Methode nur einen rudimentären Fachkompetenz-Aufbau zulässt, kann an dieser Stelle zurückgewiesen werden, da die unmittelbare berufliche Handlung bzw. deren erprobendes Lernen einen unbegrenzten Raum für eine kognitive Auseinandersetzung mit jeder Form und Verknüpfung relevanter Wissenskomponenten schafft. Wo jedoch klare Abstriche

---

[3] Dies muss im Hinblick auf das Konzept der Schlüsselqualifikationen eingeschränkt werden. Dieser von Mertens (1974) begründete und in den 1980er-Jahren vor allem in der betrieblichen Bildung implementierte Ansatz von Qualifikationen höherer Reichweite integrierte eine Reihe überfachlicher Befähigungen und war schon ein Richtungssignal zum Kompetenz-Konzept.

zu machen sind, ist der methodische Aspekt, denn die Lern-Informationen werden alle für die Lernenden bereit gehalten bzw. diesen vermittelt. Daher ist absehbar, dass die 4-Stufen-Methode neben einer guten Berufsmotorik und durchaus tiefem Fachverständnis kaum zu einer hohen Einsatzadaptivität bzw. -flexibilität führen kann. Mit ihr können somit fachliche Kompetenzen mit sicherer Berufsmotorik jedoch geringer Transferierbarkeit vermittelt werden.

In der Leittextmethode erfolgt die Instruktion nicht unmittelbar über Ausbildungspersonen sondern über Medien. An Stelle eines Novizen-Experten-Dialogs steht zunächst der eigenständige Wissenserwerb der Lernenden. Dieser wird jedoch in der Entscheidungsphase und der Bewertungsphase nachgeholt, so dass es auch hier generell möglich ist, Professionswissen und Begründungswissen in der erforderlichen bzw. erwünschten Breite bzw. Tiefe zu vermitteln. Durch die zeitliche Abkoppelung von berufsmotorischem Lernen und dessen durch Experten abgesicherter Reflexion erfolgt dies absehbar relativ vage, mit der Folge, dass die Berufsmotorik langsamer und unsicherer aufgebaut wird und auch die damit zusammenhängenden Verständnisprozesse abstrakter verlaufen. Genau dieses erhöhte Abstraktionsniveau und die damit verbundenen Informations- und Klärungsprozesse der Lernenden erzeugen jedoch einen kognitiven Auseinandersetzungsraum, der generell anspruchsvoller als ein rein dialogischer ist. Vieles, was im Dialog klar und einfach erscheint, oder gar als selbstverständlich angenommen wird, zeigt sich in einer eigenständigen Verständnis-Auseinandersetzung deutlich schwieriger. Diese Auseinandersetzung muss jedoch über die Leitfragen und -texte induziert werden – sie entsteht nicht „von selbst". Verläuft diese eigenständige Verständnis-Auseinandersetzung entsprechend produktiv, ist auch davon auszugehen, dass die Fachgespräche innerhalb der Leittextmethode eine größere Tiefe erreichen als der Novizen-Experten-Dialog in der 4-Stufen-Methode, denn die Lernenden nehmen dort eine stärkere Rolle ein, indem sie schon über eigene Expertise verfügen. Daher ist absehbar, dass die Leittextmethode zu einer begrenzten Berufsmotorik, tiefem Fachverständnis und hoher Einsatzadaptivität bzw. -flexibilität führen kann. Die Überlegenheit der Leittextmethode gegenüber der 4-Stufen-Methode zeigt sich somit im methodischen Aspekt, denn das Lernen erfolgt hier entlang eines von den Lernenden eigenständig gesteuerten problemlösenden Informationsprozesses. So werden absehbar jene Befähigungen entwickelt, welche zusätzlich zum handlungsrelevanten Fachverständnis dessen Einsatzadaptivität und -flexibilität gewährleisten. Fachlich-methodische Kompetenzen können somit in ihrer vollen Komplexität nur mit der Leittextmethode vermittelt werden.

Auch in einer Analyse der Unterweisungsmethoden vor dem Theoriehintergrund fachlich-methodischer Kompetenzen erweist sich die Leittextmethode gegenüber der 4-Stufen-Methode überlegen. In den Grundbetrachtungen der beiden Ansätze wurde dies aus handlungsregulatorischer Sicht deutlich, in den kompetenzbezogenen Betrachtungen aus transferbezogener Perspektive. Trotzdem hat die 4-Stufen-Methode auch eine Stärke in der Unterstützung berufsmotorischen Lernens. Zudem akzentuiert sie die Beziehung zwischen Lehrenden und Lernenden besser und schafft damit einen persönlicheren Bezugsraum, in welchem nicht Unterlagen und Medien dominieren, sondern Gespräch und Beobachtung. Dies ist dann von Bedeutung, wenn über die fachlich-methodischen Kompetenzen hinaus auch spezifische Haltungen vermittelt werden müssen oder auch wenn es sich um Lernende mit defizitären autodidaktischen Fähigkeiten handelt.

5 Prämissen für eine aktuelle Form der Unterweisung

Abschließend stellt sich die Frage, wie eine aktuelle Form der Unterweisung beschaffen sein sollte. Die vorausgehenden Überlegungen haben gezeigt, dass es (mindestens) zwei Ansätze gibt, welche gegenüber ihren Ausgangsprämissen und auch im Hinblick auf eine Kompetenzorientierung einschlägig sind. Blickt man in die aktuelle betriebliche Bildung, findet man inzwischen häufiger die Leittextmethode. Die 4-Stufen-Methode wurde durch offenere Instruktionsformen ersetzt, welche zumeist ergänzend zu leittextgesteuerten Gesamtkonzepten eingesetzt werden, nicht jedoch an deren Stelle. Diese „Mischung" oder Kombination beider Ansätze ist zu begrüßen, jedoch kann auch davon ausgegangen werden, dass weder die Durchführung der einzelnen Ansätze, noch deren integrative Abstimmung optimal verlaufen, da das Ausbildungspersonal sich nicht in jedem Falle der theoretischen Ausgangspunkte und Hintergründe der Unterweisungslehre bewusst ist. Im Folgenden wird daher noch kurz umrissen, welche Prämissen hier bedeutsam sind:

1. Formulierung von Kompetenzzielen und Klärung des Anspruchsniveaus

Als Planungsgrundlagen für Unterweisungen dienen bis dato in der Ausbildung die Ausbildungsordnungen der jeweiligen Berufe. In der Weiterbildung waren es zumeist offen formulierte Fähigkeiten bzw. Fertigkeiten. Kompetenzorientierte Vorlagen sind bislang kaum bekannt, wenngleich davon auszugehen ist, dass es solche in unseren Großbetrieben inzwischen gibt, da dort gesamte Personal-Bereiche im zurückliegenden Jahrzehnt über betriebliche Kompetenzmodelle restrukturiert wurden. Ein betrieblich adäquates Kompetenzmodell wurde in der Studie von Abel und Pittich (2014) veröffentlicht: Dort wird am Beispiel einer Lernfabrik nachvollziehbar hergeleitet, wie ein solches zunächst curricular konkretisiert und anschließend methodisch umgesetzt wird. Dort zeigt sich eine Parallele zur alten Planungsgrundlage der 4-Stufen-Methode, der sog. Unterweisungsgliederung (Schelten 2005, S. 110f.). In beiden Ansätzen wird (vertikal) eine Abfolge von zusammenhängenden Handlungen dargestellt, und diese Handlungen werden (horizontal) mit kognitiven Hintergründen angereichert. Der Fortschritt im Ansatz von Abele und Eissler (Jahr? Fehlt zudem im Literaturverzeichnis!) besteht in einer übergreifenden Aufhängung komplexer Kompetenzen und deren Auflösung in relevante Teilhandlungen mit der Unterscheidung von Professions- und Reflexionswissen. Damit wird deutlich der unmittelbare Nutzungszusammenhang einer beruflichen Aufgabe überschritten und nicht nur deren Bewältigung adressiert, sondern die dazu erforderlichen Dispositionen. Hier ist auch nicht mehr nur das Anspruchsniveau der Aufgabe für die Komplexität der Unterweisung entscheidend, sondern zudem das Anspruchsniveau des Berufs der Lernenden in die darin vorgesehenen Aspirationen für eine berufliche Weiterentwicklung. Je nachdem wie anspruchsvoll hier jene Aspekte sind, die über die unmittelbare Aufgabenbewältigung hinaus gehen, desto mehr Reflexionswissen wird hinter das Professionswissen gelegt.

2. Motorisches Lernen als expliziter Reflexionsraum

Wenngleich in der 4-Stufen-Methode ein stärkerer Akzent auf den Aufbau einer guten Berufsmotorik gesetzt wird, als in der Leittextmethode, finden die darin vorgesehenen Reflexionsprozesse doch zumeist neben dem motorischen Lernen statt, nicht jedoch in dieses eingebettet. In beiden Fällen nehmen die Rückmeldungen, die die Lernenden von ihren Händen erhalten kaum eine Funktion im Gesamtlernprozess ein. Damit wird ein Reflexionsfeld ausgespart, das sowohl für das motorische, als auch für das kognitive Lernen bedeutsam sein kann, denn die anfänglichen Schwierigkeiten im Erwerb der Berufsmotorik bergen in jedem Falle interessante fachliche Zusammenhänge. Wenn z. B. die Elektrode bei Elektroschweißen „klebt", bedingt dies einen ungewollten, aber durchaus interessanten physikalischen Vorgang, wenn der Meißel bei einem falschen Anstellwinkel vom Stahl abrutscht, stehen wiederum sehr bedeutsame Werkstoff-Eigenschaften dahinter. Daher sollten moderne technische Unterweisungen auch dahingehend ausgestattet sein, dass sie die positiven und negativen Bewegungserfahrungen der Lernenden antizipieren und reflexiv einbetten.

3. Vielfältige Reflexionsschleifen

Die unter 2. dargestellte Reflexionsschleife ist nur eine unter mehreren möglichen, wobei sie relativ selten in Unterweisungen Anwendung findet. Sehr häufig hingegen erfolgen Reflexionszusammenhänge zwischen Professionswissen und der Art und Weise, wie Teilhandlungen vollzogen werden müssen (Zusammenhang Handlungsausführung – Begründungswissen). Seltener kommt es im betrieblichen Kontext vor, dass Reflexionswissen mit einbezogen wird (Zusammenhang Begründungswissen – Reflexionswissen). Ein Beispiel: Beim manuellen Gewindeschneiden wird vermittelt, dass man den Gewindebohrer immer wieder kurz in die Gegenrichtung drehen soll, mit der Begründung, dass so der Span gebrochen wird und somit ein Verklemmen und Brechen des Werkzeugs verhindert werden kann. Das ist richtig, wobei aber die dabei wirkenden komplexen Vorgänge aus Materialverformung, -erwärmung und -veränderungen unerwähnt bleiben. Diese wären jedoch zu einem besseren Verständnis des Gewindeschneidens ebenso interessant, wie für die spanende Fertigung generell. Erst auf Ebene des Reflexionswissens entstehen fallübergreifende Zusammenhänge, die zum einen ein erweitertes Fallverständnis, als auch einen fallübergreifenden Transfer ermöglichen. Somit kann eine konsistente Kompetenzentwicklung nur dann erwartet werden, wenn motorisches Lernen, Prozesslernen und Verständnislernen anhaltend und systematisch über entsprechende Reflexionsschleifen miteinander verbunden werden.

4. Innovative Instruktion

Auch wenn leittextgestützte Unterweisungen der direkten Instruktion überlegen sind, bleibt diese eine bedeutende Methode für technische Unterweisungen. Dies gilt insbesondere dann, wenn die Adressaten entweder schon durch ihre bisherige Bildungsbiografie über einen anspruchsvollen Kompetenz-Hintergrund verfügen, oder, wenn ein solcher – z. B. im Anlernen oder Umlernen – überhaupt nicht erforderlich ist. Ebenfalls sind direkte Instruktionen als Mikromethoden innerhalb größerer leittextgestützter Lernprojekte implementierbar. Entweder so wie schon seit Beginn der Leittextmethode durch audiovisuelle „Konserven" auf die individuell zugegriffen werden kann, oder durch die Ausbildungspersonen vor Ort, die für Einzelne oder auch Gruppen etwas vorführen und erklären können, wenn es mehr Effektivität oder Effizienz als andere methodische Ansätze verspricht. Solchen Instruktionen sollte jedoch ein komplexes Kompetenzverständnis bei den Lehrenden zu Grunde liegen, so dass sich diese eng an den Zusammenhängen aus Wissen, Handeln und Verstehen orientieren.

5. Zieladäquate Kompetenzdiagnostik

Am Ende einer konsequenten Kompetenzvermittlung muss auch eine adäquate Kompetenzdiagnostik stehen. Das bedeutet für die Unterweisung, dass die bisherige Prüfungspraxis, welche sich überwiegend auf den beruflichen Handlungsprozess und das Handlungsergebnis bzw. -produkt bezieht, nicht eingestellt, aber in kognitiver Hinsicht überschritten werden muss. Dazu sind Fachgespräche geeignet, in welchen Prozesse und Produkte im Hinblick auf deren Zielvorstellungen, Stärken und Schwächen reflektiert werden und dabei das kompetenzrelevante Professions- und Bezugswissen fallspezifisch und auch fallübergreifend aufgearbeitet wird.

Nicht zuletzt durch die Implementierung dieser Prämissen kann auch im 2. Jahrzehnt des 21. Jahrhunderts technisches betriebliches Lernen auf einem hohen Niveau herbeigeführt und unterstützt werden. Der Bedarf an innovativen Unterweisungen und an Ausbildungspersonen, welche diese planen, konzipieren, umsetzen und weiterentwickeln können ist auch im aktuellen Wandel zu einer Facharbeit als Wissensarbeit hoch. Denn immer noch ist die bedeutsamste Stärke dieses beruflichen Segments die hochwertige und reflektierte Verknüpfung aus Handlungsverständnis und manueller Umsetzung. Auch wenn bald mehr und mehr die Roboter Teilbereiche der Facharbeit übernehmen werden, bleibt dies wohl aktuell, denn der Weg zu einer totalen Automatisierung all unserer Produktions-, Service- und Lebensbereiche ist noch ein langer und kann absehbar nur dann erreicht werden, wenn wir in den dabei immer komplexer und komplizierter werdenden technisch-systemischen Zusammenhängen Menschen qualifizieren können, die dort gezielt, reflektiert und sicher arbeiten können.

Literatur

Abel M. & Pittich, D. (2014). Entwicklung kompetenzorientierter Lernziele aus normativen Vorgaben – Zweck und Nutzen von Handlungs-Wissens-Kompetenzmatrizen als Instrumente auf der Mesoebene zur Generierung kompetenzorientierter Lernziele. Berufsbildung – Zeitschrift für Praxis und Theorie in Betrieb und Schule 146, 34–38.
Cramer, G. (Hrsg.) (2004). Jahrbuch Ausbildungspraxis. Köln: dwd, Kap. III.
Ebner, H. (2012). Bedingungen der Kompetenzentwicklung. In: Niedermair, G. (Hrsg.). Kompetenzen entwickeln, messen und bewerten. Schriftenreihe für Berufs- und Betriebspädagogik, Bd. 6. Linz: Trauner.
Erpenbeck, J. & von Rosenstiel, L. (Hrsg.) (2003). Handbuch Kompetenzmessung. Stuttgart: Schäffer & Poeschel.
Frey, K. (1982). Die Projektmethode. Weinheim [u. a.]: Beltz.
Hacker, W. (1998). Allgemeine Arbeitspsychologie: Psychische Regulation von Arbeitstätigkeiten. Bern: Asanger, Kap. 12.
Klieme, E. (2004). Was sind Kompetenzen und wie lassen sie sich messen? Pädagogik 6, 10–13.
Meinel, K. & Schnabel, G. (2004). Bewegungslehre – Sportmotorik: Abriss einer Theorie der sportlichen Motorik unter pädagogischem Aspekt, Neuauflage. München: Meyer & Meyer.
Mertens, D. (1974). Schlüsselqualifikationen. Thesen zur Schulung für eine moderne Gesellschaft. In: Mitteilungen aus der Arbeitsmarkt- und Berufsforschung, 7. Jg.
Miller, G. A., Galanter, E. & Primbram, K. H. (1991). Strategien des Handelns: Pläne und Strukturen des Verhaltens, 2. Auflage. Stuttgart: Klett.
Pittich, D. (2014). Dispositional approaches for measuring professional competence. Journal of Technical Education (JOTED), Jg. 2 (2), 95–116.
Renkl, A. (1994). Träges Wissen: Die „unerklärliche" Kluft zwischen Wissen und Handeln.
Ruschel, A. (1999). Arbeits- und Berufspädagogik für Ausbilder in Handlungsfeldern. Ludwigshafen (Rhein): Kiehl.
Schelten, A. (2002). Über den Nutzen der Handlungsregulationstheorie für die Berufs- und Arbeitspädagogik. In: Pädagogische Rundschau, 6/56, 621–630.
Schelten, A. (2005). Grundlagen der Arbeitspädagogik, 4. Auflage. Stuttgart: Steiner.
Sennet, R. (2014). Handwerk, 5. Auflage. Berlin: Piper.
Tenberg, R. (2012). Lerndiagnostik im kompetenzorientierten Unterricht. Zeitschrift für Berufs- und Wirtschaftspädagogik, 198 (4), 481–490.
Ulich, E. (1974). Über verschiedene Formen des Trainings für das Erlernen und Wiederlernen psychomotorischer Fertigkeiten, In: Rehabilitation 13 (1974), 105–110.
Volpert, W., Oesterreich, R., Gablenz-Kolakovic, S., Krogoll, T. & Resch, M. (1983). Verfahren zur Ermittlung von Regulationserfordernissen in der Arbeitstätigkeit (VERA). Handbuch und Manual. Köln: TÜV Rheinland.
Volpert, W. (2003). Wie wir handeln – was wir können: ein Disput als Einführung in die Handlungspsychologie. Neuauflage. Sottrum: Artefact.
Weinert, F. E. (Hrsg.) (2014). Leistungsmessungen in Schulen. Weinheim: Beltz Pädagogik.

3.4 Das technische Experiment als ein zentrales methodisches Element in der technischen Bildung

Bernd Zinn (Universität Stuttgart)

Zusammenfassung

Der Beitrag liefert im ersten Teil ein Überblick zur Struktur und Klassifikation von Unterrichtsmethoden im Bezugsfeld der technischen Bildung. Im zweiten Teil wird das Experiment – das sowohl in der Wissenschaft und Lehre in den Natur- als auch Technikwissenschaften ein charakteristisches methodisches Merkmal darstellt – im Kontext des technischen Unterrichts beschrieben.

Abstract

The Technical Experiment as a Central Methodological Element in Technical Education

In the first part, the paper provides an overview of the structure and classification of teaching methods in the reference field of technical education. In the second part, the experiment – which is a characteristic methodological feature in both science and teaching in natural and technical sciences – is described in the context of technical education.

Einleitung

Lehrkräfte müssen über ein hinreichendes Wissen, Fähigkeiten und Fertigkeiten zum methodischen Handeln in Lehr-Lernarrangements verfügen. In der unterrichtlichen Praxis spielt die Methodenwahl im Zusammenhang mit einer umfassenden didaktischen Reflexion der grundlegenden Lehr- und Lernbedingungen eine herausragende

Rolle, sowohl im allgemeinen als auch im beruflich- technischen Unterricht. Fachdidaktische Kompetenzen zur allgemeinen und fachspezifischen methodischen Vorgehensweise im Unterricht sollen Lehrenden zur rationalen Begründung der Auswahl des methodischen Handelns und zum Aufbau eines Methodenrepertoires verhelfen, das es diesen ermöglichen soll, auf die individuellen Ausgangsbedingungen von Lehr-Lernarrangements adäquat eingehen zu können und auch, um begriffliche und methodische Strukturen in einer technischen Bildung zu erzeugen. Die in der allgemeinen und beruflichen technischen Bildung eingesetzten methodischen Handlungsmuster gehen einerseits auf allgemeine schulpädagogische Ansätze, die die Didaktik des schulischen Unterrichts mitbestimmen, zurück und andererseits auf spezifische Verfahren der natur- und technikwissenschaftlichen Praxis. Zudem sind im berufsbildenden technischen Unterricht deutliche Einflüsse der betrieblichen gewerblich-technischen Bildung für das methodische Vorgehen zu verzeichnen (vgl. z. B. Bonz 1999). Insgesamt führten die unterschiedlichen Entwicklungsstränge dazu, dass auch die Terminologien in der Methodik zwischen der allgemein bildenden Schulpädagogik und der berufsbildenden schulischen und betrieblichen Pädagogik divergieren. Trotz weitestgehend gleicher Begriffsinhalte herrscht eine verwirrende Begriffsvielfalt zur Methodik vor (vgl. z. B. Glöckel 1996; Bonz 1999).

Die Beschreibung einer übergreifenden Methodik für eine technische Bildung, die sowohl für eine technische Literalität an allgemein bildenden Schulen, für eine berufliche Aus- und Weiterbildung und eine hochschulische Bildung in technischen Domänen geeignet scheint, stellt sich daher im Rahmen dieses Beitrages herausfordernd und uneinlösbar dar. Im vorliegenden Beitrag soll daher speziell das technische Experiment, das als übergreifende zentrale technische Methode im allgemein bildenden, berufsbildenden und hochschulischen Kontext technischer Bildung von besonderer Bedeutung ist, näher betrachtet werden. Im Folgenden wird hierzu nach einem Überblick zur Struktur und Klassifikation von Unterrichtsmethoden das technische Experiment in der technischen Bildung vorgestellt.

Überblick zur Struktur und Klassifikation von Unterrichtsmethoden

Die Ausgangsbedingungen für methodische Entscheidungen im (technischen) Unterricht sind vielschichtig und variantenreich. Geht man beispielsweise von den Annahmen der lerntheoretischen Didaktik (Heimann, Otto & Schulz 1972) aus, erstreckt sich das didaktische Bezugsfeld – in dem letztlich auch methodische Entscheidungen zu treffen sind – über zwei zentrale Bedingungsfelder, erstens die anthropogenen Bedingungen und zweitens die situativen, sozialen, kulturellen sowie gesellschaftlichen Bedingungen der Lernenden. Nach der Bewertung der Bedingungsfelder und ihren individuellen Implikationen ist neben den Entscheidungen zu den Intentionen, den Lerninhalten und den Medien auch das methodische Vorgehen unter Berücksichtigung der Interdependenz der einzelnen Entscheidungsfelder zu begründen (ebd.). Hierbei wird schon deutlich, dass eine fundierte Auswahl der methodischen Elemente eines technischen Unterrichts von einer komplexen Bedingungsstruktur ist und verschiedene methodische Handlungsmuster (Unterrichtsmethoden) einbeziehen kann. Die Vielzahl der Unterrichtsmethoden kann dabei zur Klassifizierung in verschiedene Methodenebenen differenziert werden. Die Einteilung der Unterrichtsmethoden erfolgt üblicherweise (vgl. z. B. Schulz 1981) in die Ebenen (a) der methodischen Großformen, (b) der Unterrichtskonzepte, (c) der Artikulationsschemata, (d) der Sozialformen und (e) der Handlungsformen.

- Die oberste Ebene der methodischen Großformen umfasst die grundsätzliche methodische Entscheidung zum Lehr-Lernarrangement. Zwar müssen methodische Entscheidungen immer auch die pädagogischen Zielsetzungen – neben der Fachstruktur der Inhalte, der fachlichen Lernziele und den Lernbedingungen – berücksichtigen, doch gilt dies ganz besonders für die grundsätzliche Entscheidung über die Gesamtkonzeption, da sie schließlich die Makrostruktur einer Lehr-Lerneinheit festlegt und damit auch weitergehende Implikationen für das Lehr-Lerngeschehen bedingt. Auch über einzelne Unterrichtseinheiten hinaus wird hier die Abfolge der Lehr-Lernarrangements festgelegt. Als typische methodische Großformen im technischen Unterricht gelten u. a. das technische Projekt, der technische Lehrgang, das technische Praktikum oder die Unterrichtsreihe innerhalb des klassischen technischen Unterrichts.
- Die zweite Ebene der Unterrichtskonzepte fokussiert die impliziten oder expliziten Prinzipien der Erziehungswissenschaft und pädagogisch-psychologischen Wissenschaften wie beispielsweise das Primat der Subjekt-, Handlungs- oder Instruktionsorientierung. Demgemäß erfolgt die methodische Anlage des technischen Lehr-Lernarrangements u. a. als darbietender, entdeckender, exemplarischer, genetischer oder forschender Unterricht.
- Die Ebene der Artikulationsschemata, synonym auch als Stufen- oder Phasenschemata des Unterrichts bezeichnet, dient der chronologischen Strukturierung des Unterrichtsverlaufs und gründet auf den Vorstellungen zum Ablauf der Lernprozesse oder von einer pragmatischen Gliederung von Lehr-Lerneinheiten. Mit Bezugnahme auf lerntheoretische Erkenntnisse beinhaltet exemplarisch das Artikulationsschema von Roth (1963) die Unterrichtsstufen der Motivation, der Schwierigkeit, der Lösung, des Tuns und Ausführens, des Behaltens und Einübens sowie der Übertragung und der Integration. Eine pragmatische Gliederung von Lehr-Lerneinheiten bildet beispielhaft auch die Gliederung des Projektunterrichts von Kilpatrick (1935) mit den vier Phasen Zielsetzung, Planung, Ausführung und Beurteilung.
- Die Ebene der Sozialformen determiniert in den Lehr-Lernarrangements u. a. die Interaktions- und Kommunikationsstruktur zwischen Schülerinnen und Schülern auf der einen Seite und der Lehrkraft auf der anderen Seite sowie zwischen den Lernenden untereinander. Typische Sozialformen sind u. a. Frontalunterricht, Unterrichtsgespräch, Gruppenunterricht und individualisierter Unterricht (vgl. z. B. Brenner & Brenner 2011).
- Die Ebene der Handlungsformen, die auch als Lehrgriffe oder unterrichtliche Grundakte bezeichnet werden, beinhalten schließlich die didaktisch-methodischen

Einzelmaßnahmen in den kleinsten Interaktionseinheiten eines Unterrichts. Beispiele für Handlungsformen sind u. a. das Hinweisen, das Vorzeigen, das Vorführen oder das Fragen.

Die vorstehende Klassifizierung und Darstellung der exemplarisch genannten methodischen Elemente erhebt nicht den Anspruch auf Vollständigkeit, hier sei zum weitergehenden Studium auf die einschlägige Fachliteratur zur Unterrichtsmethodik verwiesen (vgl. z. B. Meyer 1987a; 1987b; Brenner & Brenner 2011). Darin bestand auch nicht der Anspruch, vielmehr sollte durch die überblicksartige Darstellung der verschiedenen Methodenebenen deutlich werden, dass Vielfalt auf unterschiedlichen Entscheidungsebenen für das methodische Vorgehen im technischen Unterricht besteht. Zur Wirksamkeit methodisch-didaktischer Konzepte stellt sich im Anschluss an den Forschungsstand domänenübergreifend eine Kombination aus kognitiven Zugängen (Erwerb von deklarativem Wissen, Ausbilden von prozeduralem Wissen) und konstruktivistischen (individuelles Erleben, Erfahrung, Erprobung) lerntheoretischen Ansätzen allgemein am geeignetsten dar (vgl. z. B. Gruber, Mandl & Renkl 1999). Zur methodischen Gestaltung von Lernumgebungen, die kognitivistische und konstruktivistische Ansätze integrieren und sowohl einen geleiteten Aufbau von deklarativem als auch prozeduralem Wissen und eigenständige Explorationen ermöglichen, bieten sich u. a. die Ansätze des „Cognitive Apprenticeship" (Collins, Brown & Newman 1989), die „Anchored Instruction" (Bransford et al. 1990), der „Cognitive Flexibility Ansatz" (Spiro et al. 1988) sowie das Experiment (vgl. z. B. Hopf 2004) an. Wie bereits in der Einleitung begründet, soll im Weiteren das „technische Experiment" als zentrales methodisches Vorgehen im technischen Unterricht ausführlicher dargestellt werden.

Technisches Experiment

Experimente stellen ein charakteristisches Merkmal sowohl in den Natur- und Technikwissenschaften der natur- und technikwissenschaftlichen Hochschullehre als auch im natur- und technikwissenschaftlichen Unterricht an allgemein bildenden und berufsbildenden Schulen dar. Die Funktionen von Experimenten in der Forschung der Natur- und Technikwissenschaften sind vielschichtig und facettenreich. Zentrale Funktionen von wissenschaftlichen Experimenten sind u. a. die Weiterentwicklung des wissenschaftlichen Erkenntnisstands, die Analyse von technischen Zusammenhängen, die Optimierung von Konstruktionen oder die Analyse technischer Problemlösungen und Dimensionierungen. In den Naturwissenschaften (z. B. Physik, Biologie, Chemie) werden meist auf Basis des Forschungsstands und weitergehender theoretischer Überlegungen Forschungsfragen und Hypothesen formuliert und in einem wissenschaftlichen Experiment auf ihren Gültigkeitsbereich im Bezugsfeld der Kausalität (Ursache-Wirkungs-Relation) hin untersucht. Durch die Analyse der in einem naturwissenschaftlichen Experiment gewonnenen Daten kann dann die Gültigkeit der aus der Theorie begründeten Hypothese überprüft werden und die Ergebnisse des Experiments selbst

3.4 Das technische Experiment als ein zentrales methodisches Element in der technischen Bildung

zur Bekräftigung der theoretischen Annahmen oder darüber hinaus zu einer Weiterentwicklung der wissenschaftlichen Theorien und damit zu einem neuen wissenschaftlichen Erkenntnisstand führen.

Experimente in den Technikwissenschaften (z. B. Bautechnik, Elektrotechnik, Metalltechnik) sind hingegen meistens final ausgerichtet. In technischen Experimenten suchen Wissenschaftler und Ingenieure u. a. nach technischen Gestaltungs- und Problemlösemöglichkeiten oder untersuchen in einem Experiment die Optimierung einer Mittel-Zweck-Relation eines technischen Systems. Darüber hinaus können aber auch durch technische Experimente selbst neue wissenschaftliche Erkenntnisse generiert werden. Beispielsweise entstehen durch die Einführung einer neuen Technologie und einer damit verbundenen genaueren Messmethode verbesserte und erweiterte Untersuchungsmöglichkeiten, die auch wissenschaftliche Entdeckungen ermöglichen und damit den wissenschaftlichen Erkenntnisstand erweitern. Beispiele hierfür sind die Technologie des Rasterelektronenmikroskops oder die Inbetriebnahme eines Teilchenbeschleunigers mit höherer Energie.

Experimente im Sinne der Wissenschaft sind allgemein methodisch angelegte Untersuchungen zur empirischen Gewinnung von Daten. In naturwissenschaftlichen und technischen Experimenten besteht ein grundsätzlicher Anspruch auf Vorhersagefähigkeit, d. h., experimentelle Vorgänge werden nicht nur rückblickend erklärt, sondern es wird auch das zukünftige Systemverhalten prognostiziert. Hierzu werden naturwissenschaftliche Gesetze angewandt und mathematisierte Theorien genutzt, die neben naturwissenschaftlichen Phänomenen und der Kenntnis vom experimentellen Einsatz moderner Technologien den wesentlichen Kern des naturwissenschaftlich-technischen Wissens ausmachen. Naturwissenschaftliche Gesetze sollen dabei unter möglichst eindeutig definierten Ausgangsbedingungen Prognosen mit hoher Zuverlässigkeit und einem hohen Grad an Allgemeingültigkeit ermöglichen. Darüber hinaus leisten die wissenschaftlichen Theorien eine Erklärung von Phänomenen und Vorgängen durch Rückführung auf übergeordnete, grundlegende naturwissenschaftliche und technische Prinzipien.

Während in der wissenschaftlichen Forschung Experimente entweder Anregungen und Ausgangspunkte für neue Untersuchungen bilden oder deduktiv gewonnene Erkenntnisse bestätigen oder widerlegen, haben unterrichtliche Experimente weitergehende eigenständige didaktische Funktionen. Mit der Einbindung von Experimenten in den Lehr-Lernprozess werden wichtige Facetten des Lernens im Kontext affektiver, kognitiver und psychomotorischer Zielsetzungen und einer umfassenden Kompetenzentwicklung der Schülerinnen und Schüler verbunden. Unterrichtliche Experimente können motivierende Anregungen und Ausgangspunkt für die Diskussion zu einem Unterrichtsgegenstand bilden, sie können die Grundlage für eine (induktive) Aufstellung von Gesetzen bilden, deduktiv gewonnene, d. h. von bereits bekannten Gesetzen abgeleitete, Erkenntnisse verifizieren bzw. falsifizieren, oder sie können in eine technische Gestaltungs- und Optimierungsaufgabe eingebunden sein. Experimente können auch zur Förderung der motorischen Fähigkeiten der Lernenden in den Unterricht einbezogen werden oder ihnen ein Grundverständnis für technikwissenschaftliche Denk-

und Arbeitsweisen vermitteln. Wesentliche Funktionen des Experiments im technischen Unterricht bestehen zusammenfassend darin, das komplexe und vielschichtige Lernen der Schülerinnen und Schüler adäquat und situationsbezogen zu unterstützen.

Obwohl der empirische Forschungsstand zu den Wirkungseffekten des Experimentierens im Technikunterricht noch dünn ist, liegen einzelne Partialstudien vor. Hier bestehen für den allgemein bildenden und berufsbildenden Technikunterricht insgesamt noch vielfältige Forschungsdesiderate (s. u.). Trotz des unbefriedigenden Forschungsstands sind im Folgenden – auch in Anlehnung an die Wirkungsstudien zum allgemein bildenden naturwissenschaftlichen Unterricht – für eine Auswahl von zentralen Zielbereichen des Unterrichts die allgemein unterstellten Wirkungseffekte des Experimentierens aufgeführt.

- Zielbereich: Förderung des Interesses
  Unterstellte Wirkungseffekte: Aufmerksamkeit erregen, Darstellung des Alltagsbezugs und Anknüpfung an die Erfahrungswelt der Schüler, Lernen als situativer, aktiver, emotionaler, selbstgesteuerter, sozialer und konstruktiver Prozess
- Zielbereich: Erwerb von Fachwissen
  Unterstellte Wirkungseffekte: Veranschaulichung technischer Konstruktionsprinzipien, Überprüfung naturwissenschaftlicher Gesetze
- Zielbereich: natur- und technikwissenschaftliches Arbeiten
  Unterstellte Wirkungseffekte: Entwicklung von Fragestellungen, Hypothesen und Problemstellungen; Planung, Durchführung und Auswertung der Daten, Erwerb experimenteller Fähigkeiten, Fehlerbetrachtung, Reflexion über Messen und Mathematisieren
- Zielbereich: Problemlösefähigkeit, technische Aufgaben
  Unterstellte Wirkungseffekte: Förderung analytischer Fähigkeiten (u. a. Fehleranalysefähigkeit), Förderung konstruktiver Fähigkeiten (u. a. durch Darstellung von Konstruktionsverfahren)
- Zielbereich: Abbau von Präkonzepten
  Unterstellte Wirkungseffekte: Hervorrufen eines kognitiven Konflikts und anschauliche Begründung der wissenschaftlichen Sichtweise
- Zielbereich: Nature of Science and Nature of Technology
  Unterstellte Wirkungseffekte: Ausgangspunkt zum Gespräch über Entstehung von Wissen und dem Wissenserwerb in den Natur- und Technikwissenschaften, Zusammenhänge von Naturwissenschaft und Technik können erkannt werden
- Zielbereich: Förderung der Fachsprache
  Unterstellte Wirkungseffekte: Dokumentation der Planung, Durchführung und Auswertung des Experiments, Diskussion der Ergebnisse

Im Zusammenhang mit den spezifischen unterrichtlichen Zielsetzungen müssen Lehrende innerhalb der Vorbereitung des Unterrichts methodisch-didaktisch begründet auswählen, welches technische Experiment und welche Art des Experimentierens (z. B. qualitativ oder quantitativ) für die Erreichung der intendierten Unterrichtsziele förderlich sind. Differente Unterrichtszielsetzungen bedingen dabei unterschiedliche Funktionen des technischen Experiments. Zur allgemeinen methodischen Charakterisierung von Experimenten können verschiedene Merkmale herangezogen werden, wobei verbreitet eine Beschreibung des Experiments nach (1.) der Unterrichtsphase, (2.) der Organisationsform oder (3.) der Art des Experiments erfolgen.

Bezogen auf die Unterrichtsphase können Experimente in der Einstiegsphase zu einem motivierenden Einstieg in ein neues Thema verhelfen. In der Erarbeitungsphase dienen Experimente insbesondere dazu, deduktiv gewonnene Erkenntnisse inhaltlich zu vertiefen und in der Transferphase unterstützen Experimente dabei, neu erworbene Kompetenzen auf andere Anwendungszusammenhänge zu übertragen und damit zu festigen. Während mit der Organisationsform die Durchführungsaktivität beschrieben und zwischen Schülerexperimenten und Demonstrationsexperimenten differenziert wird, werden bei der Art des Experimentes Realexperimente und Modellexperimente unterschieden. Dabei handelt es sich um ein Realexperiment, wenn der Inhaltsbereich unmittelbar mithilfe von greifbaren Experimentaufbauten durchgeführt wird. Realexperimente können qualitativer und quantitativer Natur sein sowie Lehrmittel und Alltagsgegenstände (so genannte Freihandexperimente) nutzen. In einem Modellexperiment wird hingegen der Sachverhalt indirekt über ein Modell betrachtet. Modellexperimente sind dort geboten, wo die direkte Wahrnehmung nicht sinnvoll ist, weil ein technisches Phänomen entweder zu groß, zu klein oder mit den menschlichen Sinnen nicht erfassbar ist. Mithilfe eines Modells wird versucht, das Ereignis oder die Gedankenkette verständlich zu machen.

In Anbetracht der Bedeutung des Experiments als zentral charakterisierende Unterrichtsmethode in den naturwissenschaftlichen Fächern wird das Experiment schon länger in den naturwissenschaftlichen Unterrichtsfächern als Forschungsgegenstand der Lehr-Lernforschung und in neueren Studien der Kompetenzforschung betrachtet (vgl. z. B. Priemer 2011; Marschner et al. 2012; Hahn et al. 2013; Berger & Müller 2015). Zum technischen Experiment liegen deutlich weniger empirische Arbeiten vor, dennoch gibt es auch hier einzelne Studien zu den Gelingensbedingungen und Wirkungen des Experimentierens. Die Schwerpunkte der Forschung zum Experiment im Unterricht sind vielfältig und facettenreich, u. a. wird in der empirischen Lehr-Lernforschung untersucht, welchen Einfluss das Experimentieren auf die Interessen- und Kompetenzentwicklung nimmt (vgl. z. B. Bünning 2006; Walker 2013; Winkelmann 2014), wie die experimentellen Fähigkeiten und das Verständnis experimenteller Denk- und Arbeitsweisen bei Lernenden valide erhoben werden können (vgl. z. B. Gut-Glanzmann 2012; Vorholzer, von Aufschnaiter & Kirschner 2016), wie das Professionswissen zum Experimentieren bei Lehrkräften optimiert werden kann (vgl. z. B. Maiseyenka, Schecker & Nawrath 2013) oder welchen Einfluss die Variation von Experimenten auf motivationale und kognitive Lernermerkmale hat (vgl. z. B. Bünning 2006; Walker 2013).

Zusammenfassend betrachtet stellt sich der derzeitige Forschungsstand zum Einsatz und den Wirkungen von technischen Experimenten im Unterricht partiell heterogen dar und legt damit nahe, dass nicht per se die Einbindung von Experimenten zu positiven Effekten führt, und unterstreicht darüber hinaus, dass methodische Entscheidungen im technischen Unterricht adaptiv erfolgen müssen. Zukünftig kann davon ausgegangen werden, dass experimentelle Lernumgebungen sowohl in schulischen, hochschulischen als auch betrieblichen Lernorten verstärkt virtuelle Orte mit physisch realen Räumen verknüpfen. Die neuen Formen der Mensch-Technik-Interaktion, beispielsweise über Virtual oder Augmented Reality, können innovative (experimentelle) Lernumgebungen erfahrbar machen und dadurch u. a. wünschenswerte Praxisbezüge in der technischen Bildung unterstützen. Zudem ist in Zukunft davon auszugehen, dass die innovativen Technologien der Virtual- und Remote-Labors bilden zunehmend ein innovatives Element (vgl. z. B. Cikic et al. 2009; Zinn, Guo & Sari 2016) im Bezugsfeld des methodischen Vorgehens der Lehre technikwissenschaftlichen Domänen bilden werden.

Literatur

Berger, R. & Müller, M. (2015). Erzeugung und Übertragung elektrischer Energie. Eine Unterrichtseinheit mit Lernzirkel für die Sekundarstufe I. Naturwissenschaften im Unterricht Physik, 26, 1–19.
Bonz, B. (1999). Methoden der Berufsbildung. Ein Lehrbuch. Stuttgart: Hirzel.
Bünning, F. (2006). Experimentierendes Lernen in der Holz und Bautechnik fachwissenschaftlich und handlungstheoretisch begründete Experimente für die Berufsfelder Bau und Holztechnik. Bielefeld: Bertelsmann.
Bransford, J. D. et al. (1990). Anchored instruction: Why we need it and how technology can help. In: D. Nix & R. Sprio (Eds), Cognition, education and multimedia. Hillsdale, NJ: Erlbaum Associates.
Brenner, G. & Brenner, K. (2011). Lernen lehren: Methoden für alle Fächer, (3. überarb. Aufl.), Frankfurt: Cornelsen Verlag Scriptor.
Cikic, S., Jeschke, S., Ludwig, N., Sinha, U. & Thomsen, C. (2009). Victor-Spaces: Virtual and Remote Experiments in Cooperative Knowledge Spaces. In: F. Davoli, N. Meyer, R. Pugliese & S. Zappatore (Hrsg.), Grid Enabled Remote Instrumentation, 329–343.
Collins, A., Brown, J. S. & Newman, S. E. (1989). Cognitive apprenticeship: Teaching the craft of reading, writing and mathematics. In: L. B. Resnick (Ed.), Knowing, learning and instruction: Essays in honor of Robert Glaser (pp. 453–494). Hillsdale, NJ: Erlbaum.
Glöckel, H. (1996). Vom Unterricht: Lehrbuch der allgemeinen Didaktik (3. Aufl.). Bad Heilbrunn: Klinkhardt.
Gruber, H., Mandl, H. & Renkl, A. (1999). Was lernen wir in Schule und Hochschule: Träges Wissen? (Forschungsbericht Nr. 101). München: Ludwig-Maximilians-Universität.
Gut-Glanzmann, C. (2012). Modellierung und Messung experimenteller Kompetenz. Berlin: Logos.
Hahn, S., Stiller, C., Stockey, A. & Wilde, M. (2013). Experimentierend zur naturwissenschaftlichen Grundbildung – Entwicklung und Evaluation eines kompetenzorientierten Kurses für die Eingangsphase der Oberstufe. Zeitschrift für Didaktik der Naturwissenschaften, Jg. 19, 417–425.
Heimann, P., Otto, G. & Schulz, W. (1972). Unterricht. Analyse und Planung (6. Aufl.). Hannover: Schroedel.
Hopf, M. (2004). Schülerexperimente – Stand der Forschung und Bedeutung für die Praxis. Praxis der Naturwissenschaften – Physik in der Schule, 53(6), 2–7.
Kilpatrick, W. H. (1935). Die Projekt-Methode: Die Anwendung des zweckvollen Handelns im pädagogischen Prozess In: J. Dewey. & W. H. Kilpatrick. (Hrsg.). Der Projekt-Plan – Grundlegung und Praxis, 161–179.
Maiseyenka, V., Schecker, H. & Nawrath, D. (2013). Kompetenzorientierung des naturwissenschaftlichen Unterrichts. Symbiotische Kooperation bei der Entwicklung eines Modells experimenteller Kompetenz. Physik in Schule und Hochschule 1/12, 1–17.
Marschner, J., Thillmann, H., Wirth, J. & Leutner, D. (2012). Wie lässt sich die Experimentierstrategie-Nutzung fördern? Ein Vergleich verschieden gestalteter Prompts. Zeitschrift für Erziehungswissenschaft. 77–93.
Meyer, H. (1987a). Unterrichtsmethoden I. Theorieband., Frankfurt: Cornelsen Scriptor.

Meyer, H. (1987b). Unterrichtsmethoden II. Praxisband. (14. Aufl.), Frankfurt: Cornelsen Scriptor.
Priemer, B. (2011). Was ist das Offene beim offenen Experimentieren? Zeitschrift für Didaktik der Naturwissenschaften, Jg. 17, 315–337.
Roth, H. (1963). Pädagogische Psychologie des Lehrens und Lernens. Hannover: Schroedel.
Schulz, W. (1981). Unterrichtsplanung. München: Urban & Schwarzenberg.
Spiro, R. J., Coulson, R. L., Feltovich, P. J. & Anderson, D. (1988). Cognitive flexibility theory: Advanced knowledge acquisition in ill-structured domains. In: V. Patel (ed.), Proceedings of the 10th Annual Conference of the Cognitive Science Society. Hillsdale, NJ: Erlbaum.
Vorholzer, A., von Aufschnaiter, C. & Kirschner, S. (2016). Entwicklung und Erprobung eines Tests zur Erfassung des Verständnisses experimenteller Denk- und Arbeitsweisen. Zeitschrift für die Didaktik der Naturwissenschaften (ZfDN) 22, 25–41.
Walker, F. (2013). Das technische Experiment – Ein Vergleich von Schüler-, Demonstrationsexperiment und dem lesenden Bearbeiten eines Experiments. Journal of Technical Education (JOTED) 1(1), 75–97.
Winkelmann, J. (2014). Auswirkungen auf den Fachwissenszuwachs und affektive Schülermerkmale durch Schüler- und Demonstrationsexperimente im Physikunterricht. Berlin: Logos.
Zinn, B., Guo, Q. & Sari, D. (2016). Entwicklung und Evaluation einer virtuellen Lehr- und Lernumgebung für Servicetechniker im industriellen Dienstleistungsbereich. Journal of Technical Education (JOTED), 4(1), 98–125.

3.5 Medien in gewerblich-technischen Lehr-Lernprozessen

Alexandra Bach (Universität Kassel)

Zusammenfassung

Der vorliegende Beitrag zielt auf eine Verortung der Mediendidaktik innerhalb der Didaktik der beruflichen Bildung und der Technikdidaktik ab. Er zeigt das verfügbare Spektrum an Medien für den Einsatz in der gewerblich-technischen Berufsbildung auf und diskutiert die Wirkungszusammenhänge zwischen Unterricht und Lernleistung in Abhängigkeit von der Medienwahl bzw. den Medieneinsatzvarianten und weiteren Prädiktoren.

Abstract

Media in Technical Education

The aim of the present article is first the positioning of mediadidactics in relation to the didactics of vocational education and technology didactics. Subsequently it presents the available spectrum of media for use in industrial and technical vocational training. Concluding it discusses the interrelationships between teaching and learning performance as a function of the media selection or the media application variants and other predictors.

1 (Digitale) Medien in gewerblich-technischen Lehr-Lernprozessen

1.1 Medienwahl als zentrales Entscheidungsfeld im Bezugsfeld Technikdidaktik, Didaktik der beruflichen Bildung und allgemeine Didaktik

Eine didaktisch professionell geplante Medienwahl ist für die Realisierung von Lehr-Lernprozessen in der gewerblich-technischen Berufsbildung zentral. Antworten auf die Frage, wie dies zu bewerkstelligen ist, liefert uns die Mediendidaktik, welche u. a. als ein Teilbereich der allgemeinen, beruflichen und technischen Didaktik zu verorten ist. Sie zielt darauf, mediale Entscheidungen im Rahmen der Unterrichtsplanung und Durchführung auf wissenschaftlicher Basis zu treffen und den Einsatz im Nachgang kritisch zu reflektieren (vgl. Süss, Lampert & Wjinen 2013, S. 170). Die Mediendidaktik befasst sich mit der Frage, welche Funktionen Medien in all ihren Facetten im Rahmen von allgemein- und berufsbildenden Lehr-/Lernprozessen erfüllen. Sie bietet Antworten an und Reflexionsanlässe auf die Problemstellung, wie Medien zielgerichtet gestaltet, ausgewählt und eingesetzt werden sollen, um intendierte Lehr-Lernziele bzw. Kompetenzziele zu erreichen. Es gilt, möglichst auf empirischer Basis und den gegebenen gesellschaftlichen, institutionellen und individuellen Bedingungsfeldern eine begründete Medienauswahl zu treffen, und zwar u. a. unter Beachtung der Methodik, der intendierten Kompetenzziele und der vorgegebenen Lernfelder/Lerninhalte (vgl. Eder 2015b, S. 346 f.; Riedl 2011, S. 172).

Da mediale Fragestellungen gleichermaßen für die Didaktik der beruflichen Bildung und für die Technikdidaktik relevant sind, lässt sich die Mediendidaktik auch in diesen Bezugsfeldern als Teilbereich verorten. Das Bestreben die allgemeine Didaktik, die Didaktik der beruflichen Bildung und die Technikdidaktik definitorisch zu fassen, gestaltet sich komplex, da die Perspektiven der Autoren, die versuchen, dies zu leisten, unterschiedliche Ausgangspunkte einnehmen und mitunter sehr unterschiedliche Akzente setzen (vgl. Tenberg 2011, S. 43). Die diesem Beitrag zugrundeliegende Definition folgt der traditionellen Argumentation nach Schelten, Riedl und Tenberg. Demnach ist Didaktik die zentrale Berufswissenschaft einer Lehrkraft und sie umfasst „alle Aspekte im Gesamtkomplex von Entscheidungen, Begründungen, Voraussetzungen und Prozesse für (...) [die Gestaltung allgemeinbildender und berufsbildender Lehr-Lernprozesse, die] zur wissenschaftlich orientierten Bewältigung ihrer Aufgaben in Schule und Unterricht befähigen." (Riedl & Schelten 2013, S. 58). Die Didaktik der beruflichen Bildung grenzt diese Berufswissenschaft auf das Feld der beruflichen Bildung ein bzw. weitet diese je nach Sichtweise aus, mit ihren speziellen, für die berufliche Bildung relevanten Gesetze, Ordnungsmitteln, didaktischen Prinzipien, Institutionen, Personen, Lernorten (schulisch, (außer-, über-) betrieblich), Lehr-/Lernmethoden, Medien, Intentionen, arbeitsmarktpolitischen Entwicklungen und Mechanismen usw.. Eine Didaktik der beruflichen Bildung verkörpert somit kein „in sich geschlossenes theoretisches Erklärungssystem für das unterrichtsbezogene Handeln von [beruflichen] Lehrkräften" (Riedl 2013, S. 15) in einem abgegrenzten Wirkungsbereich, sondern stellt eine Bereichsdidaktik dar, welche gleichzeitig auf Ergebnisse angrenzender Wissenschaften (Arbeitswissenschaften, allgemeine Erziehungswissenschaften, empirische Bildungsforschung etc.) rekurriert. Weiterhin wird in diesem Beitrag ein eingegrenztes Verständnis einer beruflichen Technikdidaktik fokussiert, dass sich vorwiegend auf die gewerblich-technische duale und vollzeitschulische Berufsbildung und -vorbereitung in Domänen, wie u. a. Metall-, Elektro-, Kfz- und Bau-/Holztechnik, bezieht. Die Technikdidaktik wird somit „einerseits als übergreifende Fachdidaktik technischer beruflicher Fachrichtungen (.), andererseits als technische Spezifikation der Didaktik beruflicher Bildung verstanden und gehandhabt" (Tenberg 2011, S. 43). Die berufliche, gewerblich-technisch orientierte Mediendidaktik unterscheidet sich analog dazu von einer allgemeinbildend ausgerichteten Mediendidaktik durch ihre Projektion auf das Feld der gewerblich-technischen Berufsbildung.

Nach dieser überblicksartigen theoretischen Verortung wird im nächsten Schritt detailliert auf die Frage eingegangen, welche Medien im Bezugsfeld der beruflichen Technikdidaktik besonders relevant sind.

1.2 Spektrum an verfügbaren Medien im gewerblich-technischen Unterricht

Das Spektrum an verfügbaren Lehr-Lernmedien für den institutionalisierten Unterricht wächst seit der Einführung des ersten Schulbuches „Orbis sensualium pictus" (Die sichtbare Welt) im 17. Jhd. durch Johann Amos Comenius kontinuierlich an. Die Ursache liegt zum einen in dem Sachverhalt begründet, dass didaktische Medien kontinuierlich für den Unterrichtseinsatz entwickelt werden, z. B. (digitale) Tafeln, Schulbücher, Arbeitshefte, Aufgabenblätter, Lernprogramme etc., und zum anderen daran, dass Alltags- und Massenmedien, wie z. B. Film, Fernsehen, Internet, Zeitschriften, Podcast etc., bereits kurz nach ihrer Genese didaktisiert und für institutionalisierte Lehr-Lernprozesse adaptiert werden (vgl. Hüther 2010, S. 234). Dabei werden die Medien im Unterricht als technische Hilfsmittel definiert, deren geplanter didaktischer Einsatz auf eine Verbesserung der Lehr-/Lernprozesse abzielt (vgl. Bonz 2009, S. 377). Sie ermöglichen dann Sekundärerfahrungen von unterschiedlicher Realitätsnähe (z. B. modellhafte, ikonische oder symbolische), wenn primäre Erfahrungen in realen Situationen nicht möglich sind (vgl. Tulodzieki & Herzig 2010, S. 15 ff.).
Trotz der hohen Bedeutung der Medien für die Realisierung formeller und informeller Lernprozesse konnte bisher ein eindeutiges und in sich konsistentes Medienklassifikationsschema nicht entwickelt werden. Dass die Versuche hierzu regelmäßig gescheitert sind, liegt darin begründet, dass sich die Medien kontinuierlich weiterentwickeln, häufig gleichzeitig in digitaler und analoger Form vorliegen und die Klassifikationen nach unterschiedlichen Differenzierungsebenen vorgenommen werden, z. B. Ebene der Technik, der Sinnesmodalitäten, der Codierungsart, der methodischen Einbettung in den Unterricht oder der Realitätsnähe bzw. des Abstraktionsniveaus (Tenberg 2011, S. 274 ff.; Tulodzieki & Herzig 2010, S. 31 ff.). Aus diesem Grund kann die folgende Darstellung des verfügbaren Medienspektrums zum Einsatz in gewerblich-technischen Lehr-/Lernprozessen keinen Anspruch auf abschließende Konsistenz und Vollständigkeit erheben. Die einzelnen Kategorien in Abbildung 2 werden im Folgenden erläutert.

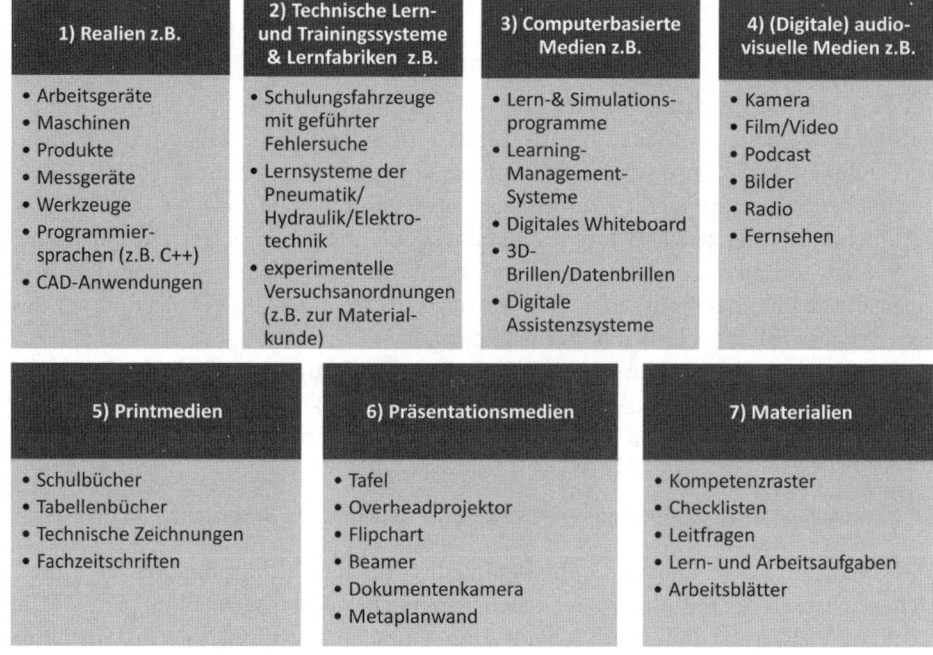

Abbildung 1: Medienspektrum zum Einsatz in gewerblich-technischen Lehr-/Lernprozessen (eigene Darstellung)

Zu 1): Mit Realien sind aus der Wirklichkeit entnommene Objekte, wie z. B. Werkzeuge (z. B. Drehmomentschlüssel, Bohrmaschine), Produkte (z. B. Schweißverbindungen), Materialien (z. B. unterschiedliche Metalle), Maschinen (z. B. CNC-Maschinen), Messgeräte (z. B. Multimeter), technische Zeichnungen und zugehörige Softwareanwendungen usw. gemeint, die zunächst ohne besondere didaktische Aufbereitung in den beruflichen Unterricht integriert werden. Sie können beispielsweise als Anschauungsobjekte oder in schuleigenen oder betrieblichen Werkstätten zur Umsetzung von handlungsorientierten situierten Lern- und Problemlöseprozessen im (Lernfeld)Unterricht dienen (vgl. Tenberg 2011, S. 276; Stemmann & Lang 2016). Vor allem in der gewerblich-technischen Berufsbildung sind die kompetente Anwendung und Erstellung von digitalen Medien, wie z. B. Erstellen von Programmierungen und technischen Zeichnungen mithilfe von CAD/CNC-Anwendungen oder speicherprogrammierbarer Steuerung zudem zentrales Kompetenzentwicklungsziel des beruflichen Unterrichts, das nur durch die Nutzung der realen Programme im Unterricht adäquat entwickelt werden kann (vgl. Eder 2015a, S. 346 f.; Zimmer 2010, S. 31).

Zu 2): Technische Lern- und Trainingssysteme werden hingegen in der Regel von unterschiedlichen technikdidaktisch ausgerichteten Lehr-Lernmittelanbietern bzw. Bildungsdienstleistern angeboten (z. B. Lucas Nülle, Festo Didaktik, Thepra, Christianie etc.) und erheben ebenfalls den Anspruch darauf, möglichst praxisnahe Lehr-/Lernprozesse und Trainingseinheiten zu ermöglichen und dadurch theoretisches und praktisches Lernen in für die berufliche Bildung geeigneter Weise miteinander zu verbinden (vgl. Lach 2016, S. 286). Im Gegensatz zu den Realien sind diese jedoch didaktisch aufbereitet bzw. es steht eine große Bandbreite an didaktischen Begleitmedien und Materialien zur Verfügung. So kann z. B. für die berufliche Erstausbildung im KFZ-Bereich ein didaktisch modifiziertes Schulungsfahrzeug, in dem bestimmte Fehlerquellen integriert wurden, in der Kombination mit begleitenden Büchern, webbasierten Lernmodulen und Arbeitsaufträgen in einem Trainingspaket erworben werden, welches ein möglichst realitätsnahes problemorientiertes Lernen in der beruflichen Erstausbildung ermöglichen soll. Kennzeichnend hierfür sind u. a. die didaktische Reduktion, die teilweise vorgegebenen Lernwege/Problemstellungen/Lern- und Arbeitsaufgaben und die didaktisch aufbereiteten Begleitmedien (digital & analog). Der Einsatz solcher Trainingspakete sind u. a. für elektrotechnische, pneumatische, hydraulische, gebäudetechnische und steuerungstechnische Ausbildungsinhalte und Problemlöseprozesse hochrelevant, jedoch auch häufig mit hohen finanziellen Investitionen verbunden. Das Konzept der Lernfabriken geht noch einen Schritt weiter, hierbei werden komplexe betriebliche Arbeitsumgebungen bzw. Produktionsstrecken unter Berücksichtigung des Stands der Technik (Maschinen, Anlagen, Geräte etc.) räumlich nachgestellt und simuliert. Lernfabriken ermöglichen den Auszubildenden, komplexe Fach- und Problemlösekompetenzen in realitätsnahen Lernumgebungen durch das möglichst selbstgesteuerte Lösen beruflicher Aufgaben und Probleme zu erwerben. Hierbei werden z. B. Fallbeispiele von technischen sowie arbeitsorganisatorischen Produktionsplanungen nachgestellt und bewertet (vgl. Zinn 2014, S. 23).

Zu 3): Der Nutzung von computer- & webbasierten Medien wird aktuell auch in der gewerblich-technischen Berufsbildung, z. B. vor dem Hintergrund von Industrie, Wirtschaft bzw. Arbeit 4.0, eine besonders hohe Relevanz zugeschrieben (vgl. KMK 2016, S. 19). Diese hohe Erwartungshaltung ist nicht neu, sondern sie tritt in regelmäßigen Zeitabständen auf und wird meistens durch jeweils aktuelle technische Innovationen ausgelöst. Momentan bezieht sich die Innovation auf Industrie 4.0 bzw. das Internet der Dinge. Dabei wird zukünftig in Smarten Fabriken die internetbasierte Vernetzung der industriellen Infrastruktur und Produktion, d. h. Maschinen, Werkstücke und Produkte z. B. durch Ausstattung mit Aktoren, Sensoren, integrierter Rechenleistung und IP-Adressen, angestrebt, um eine standortübergreifende echtzeitfähige Vernetzung der Produktionsanlagen zu ermöglichen. Diese Bestrebungen zielen darauf ab, die Wettbewerbsfähigkeit der deutschen Industrie im internationalen Vergleich zukünftig zu erhalten, z. B. durch die individuelle Fertigung im Rahmen industrieller Massenproduktion und durch die Schaffung dieser intelligenten Cyber-Physischen Systeme (CPS), in deren Rahmen Maschinen, Werkstücke und Produkte in die Lage versetzt werden, über die gesamte Wertschöpfungskette hinweg miteinander zu kommunizieren unter Einbezug der menschlichen FacharbeiterInnen (vgl. Bach 2016b, S. 302). Vor dem Hintergrund dieses Zukunftsszenarios sollen vor allem mobile Endgeräte, Assistenzsysteme sowie Augmented Reality-Anwendungen die Kompetenzentwicklung der Fachkräfte – situationsadäquat, anlassbezogen und individuell angepasst – durch grafische Darstellungen von Prozessen und Störungen, durch virtuelle Handlungsanweisungen,

Simulationen von Instandhaltungsprozessen und Zusatzinformationen unterstützen. Damit werden sie dazu befähigt, mit den komplexen CPS kompetent zu interagieren und umzugehen, und Lern- und Arbeitsprozesse werden miteinander verzahnt (vgl. de Witt, 2013, S. 18 ff.). Vor diesem Hintergrund formuliert u. a. die KMK 2016 zum wiederholten Mal die klare Anforderung an die beruflichen Lehrkräfte und AusbilderInnen, aber auch die Lernenden, sich die Potenziale der digitalen Bildungstechnologien als Lehr-Lernwerkzeuge und als zentrale berufliche Bildungsinhalte zu erschließen (KMK 2016, S. 10 ff.). Dafür steht ein sich kontinuierlich erweiterndes Spektrum an digitalen Medien zur Verfügung (vgl. BIBB 2013, S. 394). Dies wären auf Softwareebene z. B.:

a) Web oder Computer Based Trainings (WBT, CBT), die z. B. instruktionsorientierte digitale Lerneinheiten inklusive Lernerfolgsüberprüfung, digitalen Animationen oder auch komplexen Simulationen enthalten können (vgl. Kerres 2013, S. 7).

b) E-Portfoliosysteme, welche z. B. eine digitale und publizierbare Sammlung von Kurs-, Lern- und Handlungsprodukten der Lernenden sowie deren kompetenzorientierte Bewertung sowie Veröffentlichung ermöglichen (vgl. Arnold et al. 2013, S. 266 ff.).

c) Simulationsprogramme und virtuelle Arbeitsumgebungen, welche es ermöglichen, authentische Problemlöseprozesse und Arbeitsprozesse zu simulieren und durch virtuelle Experimente die realen Wirkmechanismen von physikalischen Prozessen, die Funktionsweisen von Maschinen oder technischen Systemen sowie die Arbeitsabläufe unter kontrollierten, kostengünstigen und gefahrlosen Bedingungen durchzuführen, nachzuvollziehen, zu veranschaulichen und zu üben (vgl. Eder 2015a, S. 23 f.; Schütte & Mansfeld 2013, S. 304). Beispielsweise ermöglichen Simulationen, CNC-Programme zu schreiben und diese an virtuellen Maschinen zu erproben oder virtuelle Fehlerdiagnosen am KFZ durchzuführen. Wenn kein ausreichender Etat für kostenintensive *Lern- und Trainingssysteme bzw. Lernfabriken zur Verfügung* steht, bieten sich Simulationen als gute, kostengünstige Alternativen an.

d) Learning Management Systeme, welche u. a. in der Regel einen passwortgeschützten virtuellen Raum im Internet eröffnen. Hier können Lehrende Informations- und Lernmaterialien, virtuelle Kommunikations- und Arbeitsforen, Rollenzuweisung für Teilnehmer, zeitgesteuerte Informationsauslieferung, Lernstandsüberprüfungen und die Integration von WBTs, Autorensystemen, Wikis etc. den Lernenden zur Verfügung stellen. Je nach Rollenzuweisung, didaktischer Orientierung des Lehrenden, Kompetenzzielen und individueller Ausgangslage können die Lernenden den virtuellen Lernraum mehr oder weniger angeleitet bzw. weitestgehend selbstgesteuert für ihren Kompetenzerwerb nutzen (vgl. Arnold et al. 2013, S. 58 ff.).

e) Weiterhin bietet das Internet eine nahezu unüberschaubare Anzahl an Lern- und Informationsangeboten, wie z. B. klassische Informationsseiten, Internetforen, Wiki-basierte Enzyklopädien, Podcasts, Screencasts, Blogs, Videoportale, Groupware, virtuelle soziale Netzwerke usw., die hier an dieser Stelle nicht weiter ausgeführt werden können (vgl. Kerres 2013, S. 18 ff.).

f) Diese Applikationen können auf computer- und internetbasierter Hardware, wie interaktiven Whiteboards, Desktop-/Laptop-/Tabletcomputern oder je nach Anwendung auf Smartphones, -glasses, -watches etc. aufgerufen und für individuelle sowie institutionelle Lehr-Lernprozesse genutzt werden (vgl. Eder 2015a, S. 24).

Zu 4, 5 und 6): Zu den klassischen Printmedien, audiovisuellen Medien und Präsentationsmedien lässt sich darüber hinaus konstatieren, dass diese mittlerweile alle in digitaler Form vorliegen. Tageszeitungen, Fernseh-/Nachrichtensender, Schulbücher und Präsentationsmedien sind sowohl analog als auch digital z. B. über das Internet verfügbar bzw. die Funktion von Geräten, wie Videokamera, Audioaufnahmegerät etc., werden mittlerweile häufig in einem Gerät vereint. Viele Kreidetafeln an Schulen wurden mittlerweile durch digitale Whiteboards ersetzt, die Tafelfunktionen beinhalten. Der Overheadprojektor lässt sich gut durch eine Dokumentenkamera ersetzen, die Smartphones verfügen über Internetbrowser, Kameras und Fototechnologien. In diesem Zusammenhang spricht man von einer Konvergenz der Medien. Umgekehrt lassen sich digitale Medienangebote, wie z. B. digitale Schulbücher oder Arbeitsblätter in der Regel auch ausdrucken und papierbasiert im Unterricht einsetzen. Welche Variante in der gegebenen Lernsituation vielversprechender ist, muss die professionelle Lehrkraft unter den existenten Bedingungs- und weiteren Entscheidungsfeldern einschätzen. Trotz dieser umfassenden Digitalisierung des gesamten Medienspektrums behalten analoge Medien und vor allem Realien weiterhin ihren Wert und ihre Berechtigung im beruflichen Unterricht.

Zu 7): Materialien sind aufgabenbezogene Unterlagen, die entweder von der Lehrkraft selbst erstellt oder ggf. von Verlagen zur Verfügung gestellt werden und zur Anleitung, Information und Kommunikation in schüleraktiven Lehr-Lernprozessen eingesetzt werden (vgl. Tenberg 2011, S. 275). Beispiele für Materialien sind Kompetenzraster, Checklisten, Lern- und Arbeitsaufgaben (Lernjobs), Leittexte, Lernkontrollen etc. (vgl. Riedl 2011, S. 250 f.). In offenem weitestgehend selbstgesteuerten Unterrichtsettings, wie z. B. Wochenplanarbeit, Leitextmethode, Lernschrittkonzept, dienen solche Materialien dazu, den Schülerinnen und Schülern im Sinne des Scaffoldings trotz hoher Eigenaktivität bedarfsgerechte Orientierungshilfen und Unterstützung zur Selbstregulierung des eigenen Lernprozesses zu bieten und somit eine kognitive Überlastung zu vermeiden (vgl. Leutner et al. 2014, S. 303).

1.3 Wirkungsvoller Einsatz von traditionellen und digitalen Medien in gewerblich-technischen Lehr-Lernprozessen

1.3.1 Angebots-Nutzungs-Modell – Lernförderliche Wirkung von Medien

Die Ausführungen in Kapitel 1.2 verdeutlichen, dass es nicht nur auf die Qualität und Beschaffenheit des Mediums ankommt, um lernförderlichen Unterricht zu kreieren, sondern u. a. auch auf die professionelle Kompetenz der Lehrkraft diese im Unterricht einzusetzen. Deshalb wird im Folgenden der Frage nachgegangen, wie Medien in den gewerblich-technischen Unterricht möglichst lernförderlich und nutzbringend integriert werden können. Auf diese Frage gibt es jedoch keine monokausalen Antworten.

Ob die Medienwahl und die Art und Weise der Nutzung von Medien sich lern- und kompetenzfördernd auswirken, hängt von vielfältigen Einflussfaktoren ab, wie sie beispielsweise Helmke in seinem Angebots-Nutzungs-Modell (vgl. Helmke 2014, S. 71) veranschaulicht (siehe Abbildung 2).

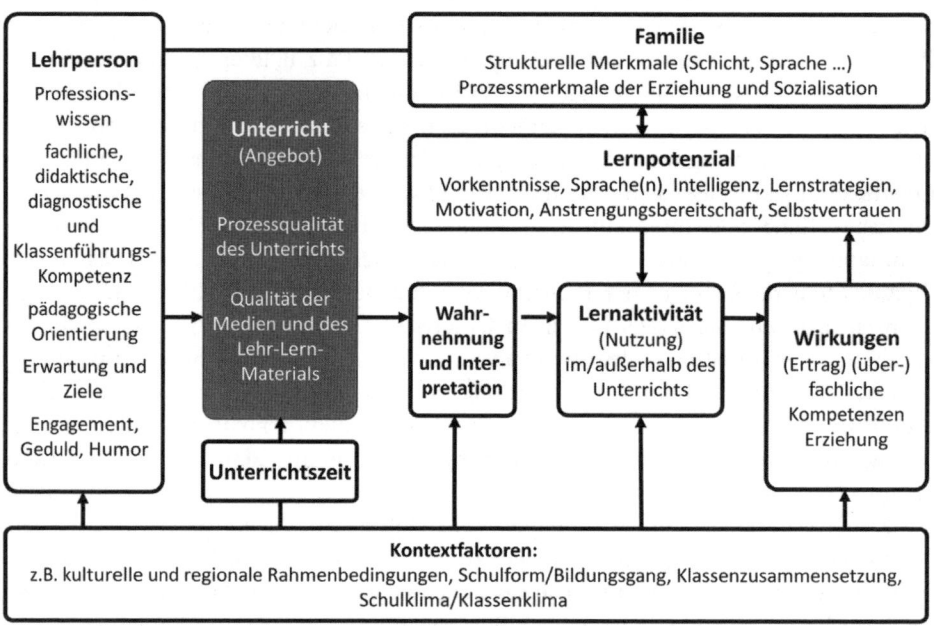

Abbildung 2: Angebot-Nutzungs-Modell der Wirkungsweise des Unterrichts (Helmke 2014, S. 71)

In diesem Modell wird der institutionalisierte Lehr-Lernprozess, d.h. der Unterricht, als ein Angebot charakterisiert, das nicht direkt zum Schulerfolg d.h. der intendierten Wirkung, führt, sondern noch von weiteren Faktoren, wie: u.a. der Professionalität und Persönlichkeit der Lehrkraft; der Herkunft, den Lernaktivitäten und individuellen Lernpotenzialen der Lernenden (Vorwissen, Intelligenz, Interessen, ...); der Unterrichtszeit und den Kontextfaktoren, wie Bildungsgang, Kultur des Landes und der Region, Klassen- und Schulklima etc., abhängt (vgl. Lipowsky 2015, S. 77). Wichtig ist folglich nicht nur die Qualität des unterrichtlichen Angebots, welches die professionelle Lehrkraft realisiert – z.B. durch die Formulierung probehaltiger Lernsituationen, die Umsetzung einer geeigneten handlungsorientierten Methodik und die realitätsnahe Medienwahl –, sondern auch die Wahrnehmung desselben und die daraus folgenden Lernaktivitäten durch die Lernenden.

1.3.1 Medienarrangement zur Schaffung einer authentischen berufsbezogenen Lernumgebung und Förderung der umfassenden beruflichen Handlungskompetenz

Auch wenn die Wirkung des Medieneinsatzes im gewerblich-technischen Unterricht unter anderem von den oben genannten Faktoren abhängt, so steht doch fest, dass das in Kapitel 1.2 beschriebene Spektrum an verfügbaren analogen, digitalen und realen Medien ein hohes Potenzial für die Bereitstellung einer kompetenzförderlichen Lernumgebung eröffnet, in dessen Rahmen die Medien ihre vermittelnde Funktion als Träger der Information, als Träger der Kommunikation und als Träger von Handlungen in beruflichen Lehr-Lernprozessen erfüllen und die Aktivitäten der Lernenden (z. B. Informieren, Diskutieren, Kooperieren, Problemlösen, Produzieren) in den unterschiedlichen Sozialformen Einzel-, Partner-, Gruppenarbeit und Plenum in der Regel erst ermöglichen (vgl. Bach 2016a, S. 111).

Dabei steht im gewerblich-technischen Unterricht der lernfeld- und handlungsorientierte Unterricht im Vordergrund, welcher auf didaktisch aufbereiteten Lernfeldern in den beruflichen Rahmenlehrplänen basiert, die von der Lehrplankommission aus zentralen beruflichen Handlungsfeldern des jeweiligen Ausbildungsberufs abgeleitet und didaktisch transformiert wurden. Dabei werden Gestaltungsprinzipen, wie Situationsorientierung, Selbststeuerung und Kooperation, fokussiert (vgl. Pferdt & Kremer 2012, S. 294). In diesen Zusammenhang ist es Aufgabe der Lehrkräfte im Bildungsgangteam, auf Basis der im Rahmenlehrplan vorgegebenen Lernfelder authentische Lernsituationen zu erarbeiten, die es im Unterricht ermöglichen, berufsrelevante Probleme und Handlungsbezüge nachzuvollziehen, zu abstrahieren und theoretisch aufzuarbeiten. Dies soll im beruflichen Unterricht durch die Lernenden möglichst selbstgesteuert, kooperativ und handlungsorientiert, ausgehend von den individuellen Voraussetzungen, erfolgen, damit die Lernenden dazu in die Lage versetzt werden, ihre umfassende berufliche Handlungskompetenz im Sinne der KMK (Fach-, Sozial-, Selbstkompetenz) durch die Teilnahme am beruflichen Unterricht zu erwerben und weiterzuentwickeln (vgl. Riedl 2011, S. 150 ff.).

Vor allem durch die Nutzung von Realien, wie Maschinen, Messgeräten & Werkzeuge, von technischen Lernsystemen, Lernfabriken, und auch von computerbasierten Medien, wie z. B. Simulationsprogrammen, Learning Managementsystemen, Augmented Reality, mobilen Endgeräten; Materialien, Tabellenbüchern, Arbeitsblättern, Kompetenzrastern etc., wird hier in Kombination eine Lernumgebung geschaffen, die das Nachstellen einer realen oder realitätsnahen beruflichen Arbeitsumgebung gestattet und eine möglichst umfassende kognitive Aktivierung und selbstständige praktische sowie theoretische Auseinandersetzung der Lernenden mit beruflichen Problemstellungen unter bedarfsgerechter Inanspruchnahme von instruktionaler Hilfestellung ermöglicht (vgl. Tenberg 2011, S. 276). Für die betriebliche Bildung wird aktuell vor allem das arbeitsplatznahe mobile Lernen als lernförderlich diskutiert (BIBB 2013, S. 383). FacharbeiterInnen sollen ihren Kompetenzentwicklungs- und Problemlöseprozess selbstgesteuert am Arbeitsplatz umsetzen und anlassbezogen auch durch den Austausch in virtuellen Expertengemeinschaften und das Bereitstellen von Zusatzinformationen (z. B. von Videos, Plänen, Informationstexten) unterstützt werden. Diese Zusatzinformationen werden mithilfe von mobilen Assistenzsystemen, wie z. B. von Tabletcomputern, Smartphones, Datenbrillen an Maschinen oder Geräten, abgerufen, z. B. durch QR-Technik, Augmented Reality Anwendungen o. Ä.) (vgl. Bach 2016a, S. 111; de Witt 2013, S. 20 ff.). Ist Lernen im Prozess der Arbeit nicht möglich, so gelingt es, durch digitale computerbasierte Medien, technische Lernsysteme und Lernfabriken die Arbeits- und Geschäftsprozessorientierung als Leitidee beruflichen Unterrichts zu realisieren und authentische Lernanker in den beruflichen Unterricht zu integrieren.

Zentrales Ziel der beruflichen Bildung im Allgemeinen hierbei ist es dabei, die umfassende berufliche Handlungskompetenz in den Ausbildungsberufen adäquat zu entwickeln. Die digitalen Medien bzw. Medienkompetenzen nehmen hierbei eine zentrale Position ein, denn die Digitalisierung in der gewerblich-technischen Berufsbildung steht aktuell mit der Realisierung der Zukunftsperspektive Industrie 4.0 vor einem neuen Quantensprung (vgl. Schütte & Mansfeld 2013, S. 304). Dieser technologische Wandel führt dazu, dass vor allem in den industriellen Ausbildungsberufen (vgl. BIBB 2013, S. 384), aber auch im Handwerk digitale Medienkompetenzen in hohem Maße integraler Bestandteil der beruflichen Handlungskompetenz und damit zentrales und damit obligatorisches Kompetenzziel in den entsprechenden Lernfeldern gewerblich-technischer Ausbildungsberufe sind (vgl. Eder 2015a, S. 24; Wilbers 2014, S. 39). Neben den für die umfassende berufliche Handlungskompetenz grundlegenden Dimensionen des Wissens über digitale Medien und Handlungskompetenz im Umgang mit digitalen Medien, muss hier in diesem Zusammenhang insbesondere auch die Kompetenz zur kritischen Medienbewertung sowohl bei den Lernenden, als auch bei den Lehrenden gefördert werden, da Wirtschaft, Arbeit und Industrie 4.0 unsere Gesellschaft vor neue, teilweise noch unbekannte Herausforderung stellt bzw. stellen wird z. B. Datenschutz, Schutz der Persönlichkeitsrechte, Barrierefreiheit, Erhalt von Mitbestimmung und Demokratie, Cybermobbing und Cyberkriminalität usw. (vgl. Bach 2016b, S. 304 f.).

1.3.2 Wirkungen und exemplarische Handlungsempfehlungen zur Medienwahl im gewerblich-technischen Unterricht

Aufgrund der in Kapitel 1.3.2 dargestellten Ausführungen wird deutlich, dass es in der beruflichen Bildung nicht darum gehen kann, den Einsatz einer Medienvariante als besonders lernförderlich herauszustellen. Dafür sind der Bildungsauftrag der beruflichen Schulen und die Wirkungszusammenhänge der Medienwahl (siehe Abbildung 3) in Bezug auf die Unterrichtsprozesse und den Lernerfolg des Einzelnen zu komplex (vgl. Lipowsky 2015, S. 97; Herzig 2014, S. 10). So wird in der Pädagogischen Psychologie beispielsweise schon lange der Aptitude-Treatment-Interaktion-Effekt diskutiert, der darauf hinweist, dass die individuellen Lernvoraussetzungen (Aptitude), wie z. B. domänenspezifisches Vorwissen oder räumliches Vorstellungsvermögen, mit der Wirkung einer Maßnahme (Treatment) zusammenhängen. So belegen beispielsweise empirische Studien, dass Animationen mit gleichzeitiger auditiver Erläuterung bei einem gut ausgeprägten räumlichen Vorstellungsvermögen des Lernenden signifikant höhere Problemlöseleistungen bewirken als bei Lernenden mit einem begrenzten räumlichen Vorstellungsvermögen (vgl. Leutner et al. 2014, S. 310 f.).

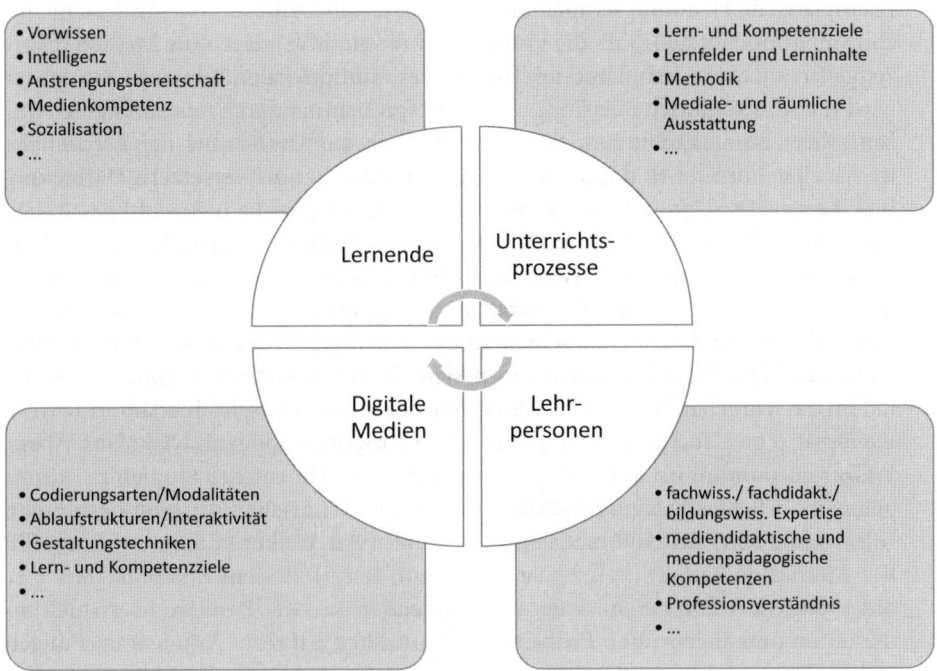

Abbildung 3: Einflussfaktoren auf die Wirkung digitaler Medien im Unterricht (vgl. Herzig 2014, S. 10)

Folglich muss die Lehrkraft bzw. das Bildungsgangteam dazu in der Lage sein (siehe Kapitel 1.3.1), mediale Entscheidungen im Einklang mit a) der eigenen Professionalität, den mediendidaktischen Kompetenzen & persönlichen Eigenschaften & Werthaltung; b) den individuellen Lernpotenzialen und der Herkunft der Lernenden (Vorwissen, Intelligenz, Interessen, motivationale Orientierung, Unterstützung durch das Elternhaus …), c) den gegebenen Medienmerkmalen (digital/analog, Mono-/Multimedialität, Aufbau, Realitäts- und Komplexitätsgrad, Art, …), der Codierungsform (Text, Bild, Ton, …), den d) intendierten Unterrichtsprozessen und -zielen, wie den präferierten Konzepten und Methoden (z. B. der Lernfeld- und Handlungsorientierung, Projektarbeit, dem Problemlösenden Lernen, Selbstorganisierten Lernen, der beruflichen Handlungskompetenz usw., und e) den institutionellen Rahmenbedingungen, wie der verfügbaren Unterrichtszeit, der technisch-medialen Ausstattung, dem Klassen- und Schulklima etc., auf wissenschaftlicher Basis zu treffen (vgl. Herzig 2014, S. 10).

Herzig beispielsweise analysiert in diesem Kontext u. a. die Wirkung von Medien auf a) der Ebene des Individuums und b) auf der Ebene der Unterrichtsprozesse (vgl. Herzig 2014, S. 12 ff.). Zu a): Für die Optimierung des individuellen Lernerfolgs lassen sich hier bestimmte ausdifferenzierte Handlungsempfehlungen identifizieren, die durch die (berufs-)pädagogisch-psychologische Forschung fundiert wurden. Es können hier an dieser Stelle jedoch aus Kapazitätsgründen lediglich drei Handlungsempfehlungen exemplarisch formuliert werden:

- Exemplarische Handlungsempfehlung 1: Es ist lernförderlicher, zwei unterschiedliche Sinnesmodalitäten (z. B. die visuelle und die auditive) durch die Medien relativ zeitgleich anzusprechen. Laut der Theorie des multimedialen Lernens nach Mayer wird hier die kognitive Belastung im Arbeitsgedächtnis durch das simultane Nutzen zweier Sinneskanäle reduziert, im Vergleich zur Darbietung der Lerninhalte in visueller Form, z. B. durch Text und Bild, oder der zeitversetzten Darbietung (vgl. Leutner et al. 2014, S. 304 ff.; Herzig 2014, S. 12). Dies kann sowohl persönlich durch die Lehrkraft als auch durch einen Film vermittelt erfolgen. Variante 1: Eine Lehrkraft demonstriert das WIG-Schweißen (Wolfram-Inert-Gas-Schweißen) in der berufsschulischen Metallwerkstatt und erläutert dabei zeitgleich die theoretischen Hintergründe zum Vorgehen, zu den beteiligten Werkstoffen und Geräten. Variante 2: Die Auszubildenden sehen sich einen Schulungsfilm zum Thema an, indem das Vorgehen beim WIG-Schweißen gezeigt und zeitgleich erläutert wird.
- Exemplarische Handlungsempfehlung 2: Die Forschergruppe um Nickolaus, Abele, Walker etc. kommt im Rahmen großangelegter experimenteller Studien zur Kompetenzmodellierung in ausgewählten gewerblich-technischen Ausbildungsberufen (Elektroniker(in) für Automatisierungstechnik (vgl. Walker et al. 2016, S. 139 ff.), Kfz-Mechatroniker(in) (vgl. Abele et al. 2016, S. 171) zu dem Ergebnis, dass z. B. die Problemlösekompetenz von Auszubildenden im Kfz-Bereich an virtuell simulierten und abgeprüften Problemfällen mit Blick auf reale Arbeitsumgebungen valide diagnostiziert werden kann. So kann zunächst davon ausgegangen werden, dass von Experten entwickelte virtuelle Simulationen dazu geeignet sind im berufsschulischen Unterricht die realen Arbeitsumgebungen teilweise zu ersetzen. Darüber hinaus wurden u. a. folgende didaktische Handlungsempfehlungen abgeleitet: Mit dem Einsatz von computerbasierten „Fehlerdiagnose-Kurzaufgaben (…) ist es möglich, auch in der Unterrichtspraxis eine gezielte Diagnose zu den Stärken und Schwächen der Auszubildenden vorzunehmen und daran anknüpfend, die didaktischen Handlungen auszurichten." (Abele et al. 2016, S. 200). Weiterhin wird konstatiert, da „authentische Simulationen letztlich die gleichen Analyseschritte einfordern wie jene in den realen Kfz-Systemen, bestehen gute Voraussetzungen, um die Simulationen zu didaktischen Zwecken zu nutzen." (ebd.). Diese Einschätzung wird durch die Hattiestudie bekräftigt, da auch in dieser festgestellt wird, dass der digitale Medieneinsatz im Hinblick auf problemlösendes Lernen in den analysierten Metastudien mit hoher Wirkung realisiert werden konnte (d=0,57) (vgl. Hattie et al. 2013, S. 262). Hier zeigt sich jedoch auch, dass als Prädiktoren des erfolgreichen Problemlöseprozesses die individuellen Voraussetzungen der Lernenden kontrolliert werden müssen, wie z. B. die fluide Intelligenz, das domänenspezifische Fachwissen, die Ausdauer und Aufgeschlossenheit gegenüber dem Problemlösen (vgl. Stemmann & Lang 2016, S. 14; Walker et al. 2016, S. 163)

- Exemplarische Handlungsempfehlung 3: Die Hattiestudie liefert empirische Belege dafür, dass computerbasierter Unterricht als Ergänzung zur Tätigkeit der Lehrkraft (d=0,45) deutlich effektvoller ist, als wenn dieser, die Lehrkraft ersetzend, genutzt wird (d=0,30) (vgl. Hattie et al. 2013, S. 263). Diesem Ergebnis entsprechend, fallen z. B. die Effektstärken im Hinblick auf isoliertes „Webbasiertes Lernen" (d=0,18) viel geringer aus (vgl. Hattie et al. 2013, S. 268). Aus diesen empirischen Daten lässt sich ableiten, dass es sinnvoller ist, die digitalen Arbeits- und Rechercheaufträge oder das selbstgesteuerte Durcharbeiten von WBTs durch die Lehrkraft flankierend zu begleiten. Dies kann z. B. durch: bedarfsgerechte instruktionale Hilfestellungen bei der Informationsrecherche, strukturierte Arbeitsaufträgen, den Einsatz von Kompetenzrastern und Checklisten sowie in Form von regelmäßigen Besprechungen und gemeinsamen Bewertungen der Arbeitsaufgaben/Lösungswege in Kleingruppen oder im Plenum erfolgen. Durch diese oder weitere Maßnahmen kann eine mögliche kognitive Überlastung der Lernenden mit geringem domänenspezifischem, medienbezogenem und lernstrategischem Vorwissen durch zu komplexe Aufgaben, durch ablenkende sachfremde Inhalte und durch noch nicht routinisierten Strategieeinsatz minimiert werden (vgl. Leutner et al. 2014, S. 303).

2 Fazit

Wie in diesem Beitrag verdeutlicht wurde, steht eine große Vielfalt an Medien für den Einsatz in gewerblich-technischen Lehr-Lernprozessen zur Verfügung. Ihre Wirkung und unterschiedliche Funktionen können sie jedoch nur dann entfalten, wenn die mediendidaktischen Kompetenzen der Lehrkräfte sie dazu in die Lage versetzen, lernförderliche Medienarrangements zu realisieren und auch empirische Studien kritisch zu analysieren. Denn gerade die Studien, welche sich mit den „Effekten des Lernens mit Medien [befassen, interpretieren] den Lernerfolg in der Regel als Behaltensleistung. Sie vergleichen, ob dargebotene Inhalte beim Lernen mit [bestimmten] Medien besser behalten werden als in einem traditionellen Unterricht." (Kerres 2013, S. 95). Diese Interpretation des Lernerfolgs greift deutlich zu kurz, wenn der Erwerb einer umfassenden beruflichen Handlungskompetenz in der beruflichen Bildung angestrebt wird. Hier manifestiert sich der Lernerfolg u. a. in dem Erwerb von Problemlösefähigkeit, Selbstorganisationsfähigkeit, Sozialkompetenz, kritischem Reflexionsvermögen, Methoden- und Medienkompetenz, Einstellungen und Haltungen usw. und nicht ausschließlich im Erwerb und der bestmöglichen Reproduktion von fachsystematisch erworbenem Wissen.

In diesem Zusammenhang gilt es, die durch Lehrerfortbildung routinierten Lehrkräfte dazu zu befähigen, altbewährte Handlungsschemata des Unterrichtens und der Mediennutzung aufzubrechen und auf wissenschaftlicher Basis weiterzuentwickeln. Ebenso gilt es, bei Lehramtsstudierenden in der ersten und zweiten Phase der Lehrerbildung, den Grundstein für die Entwicklung adäquater mediendidaktischer Basiskompetenzen zu legen. Dabei darf die Kompetenzentwicklung der SchülerInnen nicht aus dem Blick geraten. Denn diese müssen z. B. durch Strategietraining, durch eine sukzessive Einführung in die Lernsysteme & in das intendierte Unterrichtskonzept mitunter erst dazu zu befähigt werden, ihren Lernprozess weitgehend selbstständig zu steuern und zu regulieren, damit in komplexen Lernumgebungen ihre berufliche Handlungskompetenz adäquat weiterentwickelt werden kann.

Literatur

Abele, S. et al. (2016). Berufsfachliche Kompetenzen von Kfz-Mechatronikern – Messverfahren, Kompetenzdimensionen und erzielte Leistungen (KOKO Kfz). In: K. Beck, M. Landenberger& F. Oser (Hrsg.), Technologiebasierte Kompetenzmessung in der beruflichen Bildung. Ergebnisse aus der BMBF-Förderinitiative ASCOT (171–203), Bielefeld: WBV.
Arnold, A. et al. (2013). Handbuch E-Learning. Lehren und Lernen mit digitalen Medien. 3. Auflage. Bielefeld: WBV.
Bach, A. (2016a). Nutzung von digitalen Medien an berufsbildenden Schulen – Notwendigkeit, Rahmenbedingungen, Akzeptanz und Wirkungen. In: J. Seifried, U. Faßhauer, S. Seeber& B. Ziegler (Hrsg.), Jahrbuch der berufs- und wirtschaftspädagogischen Forschung (107–123), Opladen: Budrich.
Bach, A. (2016b). Medienkompetenz als Zielperspektive beruflicher Bildung im Zeitalter von Industrie 4.0. Die berufsbildende Schule, 68 (8/9), 302–307.
BIBB (2013). Datenreport zum Berufsbildungsbericht 2013 – Informationen und Analysen zur Entwicklung der beruflichen Bildung. Bonn: Bundesinstitut für Berufsbildung (BIBB).
Bonz, B. (2009). Methoden der Berufsbildung. Ein Lehrbuch. 2. Auflage. Stuttgart: Hirzel Verlag.
De Witt, C. (2013). Vom E-Learning zum Mobile Learning – wie Smartphones und Tablet PCs Lernen und Arbeit verbinden. In: C. De Witt& A. Sieber, Mobile Learning. Potenziale, Einsatzszenarien und Perspektiven des Lernens mit mobilen Endgeräten (13–26). Wiesbaden: Springer VS.
Eder, A. (2015a). Akzeptanz von Bildungstechnologien in der gewerblich-technischen Berufsbildung vor dem Hintergrund von Industrie 4.0. Journal of Technical Education (JOTED), 3(2), 19–44.
Eder, A. (2015b). Entscheidungen, mediale. In: J.-P. Pahl (Hrsg.), Lexikon Berufsbildung (346–347). Bielefeld: WBV.
Gschwendtner, T., Abele, S. & Nickolaus, R. (2009). Computersimulierte Arbeitsproben. Eine Validierungsstudie am Beispiel der Fehlerdiagnoseleistungen von Kfz-Mechatronikern. Zeitschrift für Berufs- und Wirtschaftspädagogik (ZBW), 105(4), 557–578.
Hattie, J., Zierer, K. & Beywl, W. (2014). Lernen sichtbar machen: Überarbeitete deutschsprachige Ausgabe von Visible Learning. Hohengehren: Schneider Verlag.
Helmke, A. (2014). Unterrichtsqualität und Lehrerprofessionalität. Diagnose, Evaluation und Verbesserung des Unterrichts. 5. Auflage. Friedrich Verlag: Seelze-Velber.
Herzig, B. (2014). Wie wirksam sind digitale Medien im Unterricht? Gütersloh: Bertelsmann.
Hüther, J. (2010): Mediendidaktik. In: J. Hüther& B. Schorb (Hrsg.), Grundbegriffe Medienpädagogik (265–276). München: Kopäd.
Kerres, M. (2013). Mediendidaktik. Konzeption und Entwicklung mediengestützter Lernangebote. München: Oldenbourg Verlag.
KMK (2016). Bildung in der Digitalen Welt. Strategien der Kultusministerkonferenz Beschluss der Kultusministerkonferenz vom 08.12.2016. https://www.kmk.org/fileadmin/Dateien/pdf/PresseUnd Aktuelles/2016/Bildung_digitale_Welt_Webversion.pdf, Stand vom 28. 12. 2016.
Lach, F. (2016). Erschließung des didaktisch-methodischen Potenzials eines digitalen multifunktionalen Lernmediums. Journal of Technical Education (JOTED), 4 (2), 285–304.
Leutner, D., Opfermann, M. & Schmeck A. (2014). Lernen mit Medien. In: T. Seidel& A. Krapp (Hrsg.), Pädagogische Psychologie (297–321). Weinheim, Basel: Beltz Verlag.
Lipowsky, F. (2015). Unterricht. In: E. Wild & J. Möller (Hrsg.), Pädagogische Psychologie (69–97). Heidelberg: Springer-Verlag.
Pferdt, F. G. & Kremer, H.-H. T. (2012). Berufliches Lernen mit Web 2.0 – Medien(entwicklungs)kompetenz und berufliche Handlungskompetenz im Duell? In: R. Schulz-Zander et al. (Hrsg.), Jahr-

buch Medienpädagogik 9. Qualitätsentwicklung in der Schule und medienpädagogische Professionalisierung, (289–307). Wiesbaden: VS-Verlag.

Riedl, A. (2011). Didaktik der beruflichen Bildung. 2. Auflage. Stuttgart: Franz Steiner Verlag.

Riedl, A. & Schelten, A. (2012). Grundbegriffe der Pädagogik und Didaktik beruflicher Bildung. Stuttgart: Franz Steiner Verlag.

Schütte, F. & Mansfeld, T. (2013). Digitale Lehr-Lernmittel in der Metall- und Elektrotechnik. Fachdidaktische Relevanz, unterrichtsmethodische Reichweite. Zeitschrift für Berufs- und Wirtschaftspädagogik, 109(2), 304–316.

Stemmann, J. & Lang, M. (2016). Personen-, System- und Situationsmerkmale als Einflussfaktoren auf den problemlösenden Umgang mit technischen Alltagsgeräten. Journal of Technical Education (JOTED), Jg. 4 (Heft 2), S. 128–150.

Süss, D., Lampert, C. & Wijnen, C. (2013): Medienpädagogik. Ein Studienbuch zur Einführung. Wiesbaden.

Tenberg, R. (2011). Vermittlung fachlicher und überfachlicher Kompetenzen in technischen Berufen. Theorie und Praxis der Technikdidaktik. Stuttgart: Franz Steiner Verlag.

Tulodziecki, G. & Herzig, B. (2010). Mediendidaktik. Medien in Lehr- und Lernprozessen verwenden. Kopäd: München.

Walker, F. et al. (2016). Berufsfachliche Kompetenzen von Elektronikern für Automatisierungstechnik – Kompetenzdimensionen, Messverfahren und erzielte Leistungen (KOKO EA). In: K. Beck, M. Landenberger & F. Oser (Hrsg.), Technologiebasierte Kompetenzmessung in der beruflichen Bildung. Ergebnisse aus der BMBF-Förderinitiative ASCOT (139–169). Bielefeld: WBV.

Wilbers, K. (2012). Entwicklung der Kompetenzen von Lehrkräften berufsbildender Schulen für digitale Medien. Berufsbildung in Wissenschaft und Praxis. 41(3), 38–41.

Zimmer, G. (2010). In: J. Hüther & B. Schorb (Hrsg.), Grundbegriffe Medienpädagogik (30–37). München: Kopäd.

Zinn, A. (2014). Lernen in aufwendigen technischen Real-Lernumgebungen – eine Bestandsaufnahme zu berufsschulischen Lernfabriken. Die berufsbildende Schule, 66 (1), 23–26.

4. Forschung

4.1 Technikdidaktik im Kontext von Modellversuchsforschung

Uwe Faßhauer (Pädagogische Hochschule Schwäbisch Gmünd)
Josef Rützel (Technische Universität Darmstadt)

Zusammenfassung

Dieses Unterkapitel gibt einen Überblick auf die Gestaltung innovativer technikdidaktischer Praxis im Kontext beruflicher Schulen und Ausbildungsbetriebe. Im Zentrum steht hierbei die anwendungs- und nutzenorientierte Forschung in der Implementierung von didaktischen Innovationen durch Modellversuche, die einen technikdidaktischen Schwerpunkt aufweisen. Nach einem bilanzierenden Rückblick auf die Modellversuchsforschung der letzten Jahrzehnte werden exemplarisch technikdidaktische Innovationen im Kontext von Programmen zur Handlungsorientierung, zum selbstgesteuerten und kooperativen Lernen sowie zur Modularisierung in der beruflichen Bildung dargestellt.
Schlüsselwörter: Modellversuch, Transfer und Implementierung, technikdidaktische Innovation

Abstract

Technology-related didactics in the context of pilot project research

The following chapter provides an overview of the innovations in technical didactics in the context of vocational education and training (vocational schools as well as apprenticing companies). Firstly it focuses applied research within pilot projects on the implementation of innovations in technical didactics. The second is a brief summary of pilot projects in the field of technical and vocational education for the last five decades is given. The chapter concludes examples of innovative technical didactics in the research area of current professional technical didactics in terms of self-directed and

collaborative learning as well as learning in orientation to tasks and activities of working processes (action oriented learning).
Keywords: Pilot Project, Transfer and Implementation, innovation in technical didactics

1 Begriffsklärungen

1.1 Bezugnahme zum Rahmenthema und Einordnung in das Hauptkapitel

Im Fokus dieses Kapitels stehen die Modellversuchsforschung sowie Gestaltungsansätze und Erträge zur Technikdidaktik aus Modellversuchen. Modellversuchsforschung wird hier verstanden als eine qualitativ-empirisch ausgerichtete, entwicklungs- und anwendungsorientierte Forschung, die Theoriebildung, -anwendung und -überprüfung anstrebt. Nach diesem Verständnis soll die Modellversuchsforschung durch Erkenntnisgewinn den Grundlagen der Berufsbildung, ihren Entwicklungen und empirischen Gesetzmäßigkeiten nachspüren und neue Handlungsperspektiven entwickeln. Diese Form der berufspädagogischen Forschung ist folglich nicht ausschließlich der Aufklärung berufspädagogischer Praxis verpflichtet, vielmehr soll sie auch Orientierungsleistungen für die Praxis erbringen und diese mitgestalten. Sie kann in zentralen Aspekten durchaus dem Paradigma anwendungsorientierter Forschung zugeordnet werden. In der Konsequenz dieses Ansatzes ist es durchaus gewollt, wissenschaftliches Erkenntnisinteresse einerseits und Gestaltungsinteresse in der Praxis andererseits nicht strikt zu trennen. Eine so verstandene anwendungsorientierte Forschung dient somit der Bestimmung von Zielen für geplantes, methodisch fundiertes Handeln in der Berufsbildungspraxis. Dies ist mit dem Anspruch vieler Akteure in der Berufs- und Wirtschaftspädagogik verbunden, durch wissenschaftliche Arbeit zur Verbesserung pädagogischen Handelns in den schulischen und betrieblichen Praxisfeldern sowie auf den verschiedenen Systemebenen beizutragen. In dieser Forschungsausrichtung ist dabei theoretisch zu begründen, wie die angestrebte Verbesserung der Praxis definiert, gemessen und bewertet sowie normativ ausgerichtet wird. Eine ganze Reihe unterschiedlicher theoretischer Zugänge fundiert dabei die Konzeption, Durchführung und Auswertung von Modellversuchen (auch im Sinne der Theorieentwicklung).

1.2 Eine theoretisch-terminologische Einordnung

Modellversuche sind seit Beginn der 1970er Jahre ein bildungs- und gesellschaftspolitisches Instrument moderner Bildungsplanung, Bildungsgestaltung und Bildungsforschung. Für den Bereich der betrieblichen Bildung sind sie als Aufgabe des Bundesinstituts für Berufsbildung auch gesetzlich verankert (§ 90 Abs. 3 Nr. 1 d Berufsbildungsgesetz (BBiG)). Sie sind ein Mittel der gemeinsamen Bildungsplanung von Bund und Ländern im Bereich der Berufsbildung und von beiden (ko-)finanziert. Die konkrete Ausgestaltung von Modellversuchen bewegt sich dabei in einem breiten Spektrum zwischen experimenteller Erprobung und Umsetzung spezifischer bildungspolitischer

Ziele und Maßnahmen. Zur Erprobung didaktischer Innovationen werden Modellversuche als prinzipiell ergebnisoffene Pilotprojekte eingesetzt. Dagegen werden in Implementierungs- und Umsetzungsprojekten bereits erprobte und/oder berufsbildungspolitisch gewünschte Maßnahmen und didaktische Konzepte in der Berufsbildungspraxis verankert und transferiert. Immer geht es in den Modellversuchen jedoch darum, das Innovationspotential der Praxis und der Wissenschaft zu nutzen, um berufsbildungspolitische und praktische Probleme und Konzepte aufzugreifen, und innovative Lösungsansätze sowohl für staatliches Handeln als auch für die Berufsbildungspraxis zu entwickeln (vgl. Rützel 2001, S. 23).

Kennzeichnend für Modellversuche in der Berufsbildung ist die Kooperation von Akteuren aus Wissenschaft, Berufsbildungspraxis und -politik, die mit ihren je spezifischen Zielsetzungen, Interessen und Arbeitsweisen die Qualität beruflicher Bildung verbessern, bildungspolitische Maßgaben umsetzen und wissenschaftliche Erkenntnisse generieren wollen. In Anlehnung an Sloane spricht Kremer von einer Forschung in Innovations- und Entwicklungsarenen (Kremer 2014, S. 346 ff.), in denen die Akteure aus unterschiedlichen Lebenswelten gemeinsam agieren. Erforderlich sind ein gewisser Grad des aufeinander Einlassens, der Beteiligung und Vereinbarungen, jedoch nicht das Verlassen der Lebenswelten und der damit verbundenen Handlungslogiken und institutionellen Einbindungen. Die Produkte der Forschung in Innovationsarenen können als Prototypen bezeichnet werden, die sich nach unterschiedlichen Formaten, (z. B. Lehr-/Lernkonzepte, Konzepte für Lernsituationen, mediale Konzepte), nach ihrer Zweckbestimmung sowie nach ihrer Gestaltung und Rezeption, (z. B. Grad der Differenziertheit, Grad der Neuartigkeit, Funktion und Reifegrad) unterscheiden lassen und die sowohl der Wissenschaft oder Praxis zugeordnet werden (Kremer 2014, S. 148 ff.).

Ein spezifisches Merkmal von Modellversuchen ist die aktiv gestaltende Rolle von Lehrenden und Lernenden im Innovationsprozess. Dies geschieht im Wesentlichen auf zwei Ebenen. Zum einen aus Perspektive der Mikroebene mit Bezug auf berufliches Lernen und Lehren, also der didaktisch-methodischen Gestaltung, Durchführung und Evaluation konkreter Lernprozesse in Klassenzimmern, Schulungsräumen und Arbeitsprozessen. Dies umfasst auch die Entwicklung beruflicher Handlungskompetenz sowie non-formales und informelles Lernen. Zum anderen aus Perspektive der Mesoebene mit Bezug auf Funktion, Entwicklung und Gestaltung einzelner Organisationen und Institutionen der Berufsbildung (Schulen, Unternehmen, Bildungsträger etc.).

Diese beiden Ebenen sind zugleich die wesentlichen Gegenstandsbereiche einer berufspädagogischen *Modellversuchsforschung*. Sie ist insbesondere als wissenschaftliche Begleitforschung in den Modellversuchen – zumindest auf Ebene der Programme, häufig aber auch in den Einzelprojekten – verankert. Sie hat je nach Anlage der Programme und Projekte sowie in der Konsequenz des jeweiligen Wissenschaftsverständnisses unterschiedliche Aufgaben. Der wissenschaftliche Erkenntnisgewinn ist dabei im Spannungsverhältnis von Theorieanwendung, -überprüfung und -entwicklung sowie der Gestaltung und Verbesserung der Berufsbildungspraxis zu sehen. Der Erkenntnisgewinn kann je nach Konzeption der wissenschaftlichen Begleitung auf die vier miteinander verschränkten Ebenen der konkreten Anwendung, von Anwendungsbereichen, der systematischen Modellbildung und der Theoriebildung zielen (Rützel 1998, S. 633). Abhängig von paradigmatischen Basisentscheidungen und der Positionierung zum Gegenstand können dann auch Ergebnisse und Erträge danach kategorisiert werden, ob die Forschung *in*, *mit* oder *über* Modellversuche angelegt ist.

Im Folgenden wird untersucht, inwieweit *Technikdidaktik* im Rahmen von Modellversuchen im Bereich nichtakademischer Berufsausbildungen Gegenstand der Projekte war (s. o. Kap. 3.2 des Sammelbandes).

2 Technikdidaktik im Kontext von Modellversuchsforschung

2.1 Modellversuche in der Berufsbildung

Für den schulischen Lernort in der beruflichen Bildung wurden seit 1970 Modellversuche über die Bund-Länder-Kommission für Bildungsplanung und Forschungsförderung initiiert, bundesweit koordiniert und unter Beteiligung des Bundes finanziert („BLK-Modellversuche"). Die vom Bund geförderten außerschulischen Modellversuche („Wirtschaftsmodellversuche") sind ebenfalls hervorgegangen aus der Bildungsreform der frühen 1970er Jahre in Westdeutschland und Ausdruck einer Kultur der sozialen Verständigung. Für den Lernort Betrieb hat seit Mitte der 1990er Jahre das Bundesinstitut für Berufsbildung (BIBB) auf Weisung und aus Mitteln des Bundesministeriums für Bildung und Forschung (BMBF) Modellversuche gefördert und fachlich-wissenschaftlich begleitet. Hier haben außerschulische Träger der Berufsbildung und wissenschaftliche Begleitungen im Verbund vielfältige neue Ansätze der betrieblichen Aus- und Weiterbildung entwickelt und erprobt.

Zeitlich parallel entstehen BLK- und Wirtschaftsmodellversuche in der Phase der Bildungsexpansion, in die ab 1970 auch das Berufsbildungsgesetz als gesetzliche Grundlage der Berufsbildungsforschung fällt. Thematisch gibt es ebenfalls immer wieder Parallelen, wie bspw. Flexibilisierung in der beruflichen Bildung (curricular und ordnungspolitisch) sowie die Lernortkooperation im Dualen System der Berufsausbildung. Hier wurden in einigen Fällen auch „Zwillingsmodellversuche" zu einer gemeinsamen Problemstellung schulischer und betrieblicher Lernorte durchgeführt. Mit der Föderalismusreform finden ab 2008 keine länderübergreifend koordinierten (und vom Bund ggf. mitfinanzierten) Modellversuche am Lernort Berufliche Schulen mehr statt. Gleichwohl führen einzelne Bundesländer weiterhin Entwicklungsprojekte bzw. Schulversuche durch, auch mit Schwerpunkten zu technikdidaktischen Fragestellungen.

2.1.1 Modellversuche des Bundesinstituts für Berufsbildung (Lernort Unternehmen)

Modellversuche in der Periode 1970–1995 (Einzelprojekte zu Themenschwerpunkten)
In diesem Zeitraum greifen Modellversuche die grundlegenden Themen auf, die die Berufsbildung in zwei Reformetappen qualitativ weiterentwickelt haben (Dehnbostel u. a. 2010, 151). In einem ersten Abschnitt standen insbesondere in den 1980er Jahren

die Gestaltung von Ausbildungsordnungen, v. a. in den Metall- und Elektroberufen im Zentrum der Entwicklungsarbeit in Wirtschaftsmodellversuchen. Als Basis für die zunehmende Handlungs- und Kompetenzorientierung kann die Entwicklung, Erprobung und weitgehende Durchsetzung des didaktischen Konzeptes der Leittexte gerade auch im technischen Bereich gewertet werden. In einem zweiten zeitlichen Abschnitt standen dann im Kontext zunehmender Individualisierung und Arbeitsprozessorientierung die übergeordneten Fragen der Flexibilisierung beruflicher Bildung und Zusatzqualifikationen im Mittelpunkt. Exemplarisch für die intensivere Verknüpfung von Lernen und Arbeiten ist die Modellversuchsreihe zum „Dezentralen Lernen", die in den 1990er Jahren zwölf Einzelprojekte, mehrheitlich im gewerblich-technischen Umfeld, umfasste und auch einen Schwerpunkt auf didaktisch-methodische Ansätze legte (Dehnbostel 1996). In diesem Kontext wurde nicht zuletzt das technikdidaktische Konzept der „Lerninseln" entwickelt und erprobt, das recht schnell verbreitet werden konnte. Das Grundprinzip besteht in der weitgehend selbstständigen Bearbeitung betrieblicher Realaufträge durch Auszubildende, wie sie auch im direkten betrieblichen Umfeld der Lerninsel gefertigt werden. Spezifisch entwickelte Lernmaterialien und qualifiziertes Ausbildungspersonal unterstützen die Lernprozesse, in dem es selbst als Lernbegleiter und nicht mehr als Instruktoren agiert. In diesem Zeitraum wurden bspw. auch Übungs- und Juniorfirmen als effektive Simulationsmethoden insbesondere in der Förderung benachteiligter Jugendlicher entwickelt. Modellversuche haben somit auch Grundlagen für die bundesweite Förderung von benachteiligten Gruppen liefern können. (ebd. 155 f.).

Modellversuche im Zeitraum 1996–2008 (Modellversuchsreihen)
Ab Mitte der 1990er und zu Beginn der 2000er Jahre wird der enge Zusammenhang von Innovationen in der Ausbildung mit Anforderungen und Maßnahmen der Personal- und Organisationsentwicklung in Modellversuchen bearbeitet. Hierbei rücken auch die Entwicklung neuer Lernmedien und -technologien im Kontext der verstärkten Prozessorientierung von beruflicher Aus- und Weiterbildung in den Blick (vgl. Dehnbostel u. a. 2010, 156 f.). Insgesamt werden in diesem Zeitraum zehn Programme mit insgesamt mehr als 100 Modellversuchen durchgeführt. Neben dem bereits erwähnten Programm zum dezentralen Lernen sind u. a. folgende mit Bezug auf technische Berufsausbildungen zu nennen:
- „Zusatzqualifikationen in der Berufsausbildung (1996–2001)" mit insgesamt 14 Modellversuchen
- „Prozessorientierung in Aus- und Weiterbildung (1996–2008)" mit insgesamt 14 Modellversuchen
- „Erfahrungswissen, die verborgene Seite beruflichen Handelns (1996–2005)" mit insgesamt 4 Modellversuchen sowie das Programm
- „Wissensmanagement und Berufsbildung (2000–2008)" mit insgesamt 11 Modellversuchen.

Modellversuche seit 2009 (Modellversuchsprogramme mit neuer Förderstruktur)
Im Kontext der Föderalismusreform wurden die Zuständigkeiten für bildungs- und berufsbildungsrelevante Politikfelder neu geregelt bzw. klarer zugewiesen. Die neue Rechtsgrundlage bedeutete einen Wegfall der Bund-Länder-Kommission für Bildungsplanung und Forschungsförderung und somit der entsprechenden Modellversuche. Die Durchführung von Modellversuchen des Bundesinstituts für Berufsbildung wurde zugleich auf eine wettbewerbliche Ausschreibung umgestellt. Wissenschaftliche Begleitungen, die bisher sehr häufig auch auf der Ebene der Einzelprojekte Aufgaben der summativen bzw. formativen Evaluation, der Dissemination, Theorieentwicklung und teilweise auch in der Projektsteuerung und -initiierung übernommen hatten, werden nunmehr nur noch auf Programmebene installiert. In den folgenden Programmen gibt es eine Reihe von Einzelprojekten bzw. Querschnittsthemen mit Bezug zu technikdidaktischen Fragestellungen:

- Im Programm „Berufsbildung für eine nachhaltige Entwicklung (2010–2013)" mit 6 Modellversuchen können hier insbesondere die Projekte zur Entwicklung von gewerkeübergreifenden Lernmodulen für die Baufacharbeit sowie für die Erstausbildung und Industriemeisterqualifikation im chemietechnischen Bereich genannt werden (vgl. Kuhlmeier et al 2014).
- Im Programm „Entwicklung und Sicherung der Qualität in der betrieblichen Berufsausbildung (2010–2014)" mit 10 Modellversuchen befasst sich ein Projekt intensiv mit der Gestaltung einer Weiterbildung für das betriebliche Ausbildungspersonal in der Metall- und Elektroindustrie zur Qualitätsentwicklung und Förderung schwächerer Jugendlicher, die aufgrund von Bewerbermangel nunmehr in die Erstausbildung aufgenommen werden.
- Im derzeit angelaufenen Nachfolge-Programm „Berufsbildung für nachhaltige Entwicklung (2015–2019)" mit 12 Modellversuchen, werden in der Förderlinie „Nachhaltige Lernorte gestalten" drei Projekte mit technikdidaktischen Bezügen entwickelt.

2.1.2 Modellversuche der Bund-Länder-Kommission für Bildungsplanung und Forschungsförderung (BLK) (Lernort berufliche Schulen und Lehrerbildung)

Die BLK wurde 1970 durch ein Abkommen zwischen Bund und Ländern (BRD) als Regierungskommission auf Ministerebene gegründet. Zu ihren Aufgabenbereichen zählte von Anfang an auch die Berufliche Bildung insbesondere hinsichtlich der Qualitätsentwicklung sowie der Weiterentwicklung berufsbildender Schulen als Partner in regionalen Berufsbildungsnetzwerken. Mit der Änderung des Grundgesetzes im Rahmen der Föderalismusreform stellte die BLK Ende 2007 ihre Arbeit und somit auch die Förderung von Modellversuchen ein. Die Gemeinsame Wissenschaftskonferenz als Nachfolgeorganisation befasst sich nicht mehr mit Fragen der Berufsbildung.

BLK-Modellversuche 1970–1998 (Einzelprojekte)
Gleich zu Beginn der Förderaktivität standen 25 Länderprojekte zur Ausgestaltung der beruflichen Grundbildung (BGJ). Blockunterrichte und neue Lehr-Lernmethoden bildeten ab den 1980er Jahren prominente Themen. Insbesondere aber die Einführung neuer Informations- und Kommunikationstechnologien, allgemein die Etablierung computergestützter Facharbeit in der Berufsbildung war mit 60 Projekten zwischen 1980 und 1995 einer der wesentlichen, auch technikdidaktisch ausgerichteten Schwerpunkte der BLK-Modellversuche. Der Gestaltung der schulischen Berufsbildung in den neuen Ländern galt unmittelbar nach der Wiedervereinigung das Hauptinteresse (Transferinitiative 1991–95). Waren die Modellversuche der BLK zur Berufsbildung in diesen knapp drei Jahrzehnten bereits kontinuierlich bestimmten thematischen Schwerpunkten zuzuordnen, wurden sie ab 1998 ebenfalls auf die neue BLK-Programmstruktur umgestellt. Im folgenden Jahrzehnt konnten vier große Programme mit insgesamt knapp 100 Modellversuchen sowie weitere 13 Einzelvorhaben zur Berufsbildung realisiert werden (BLK 2005).

BLK-Modellversuche 1998–2008 (Programme)
Das Programm „Neue Lernkonzepte in der dualen Berufsausbildung (1998–2003)" umfasste 21 Modellversuche in 14 Bundesländern. Es wurden Ansätze zur Steigerung von Effizienz und Qualität der dualen Berufsausbildung, zur Stärkung der curricularen Innovationsfähigkeit beruflicher Schulen sowie neue Lernkonzepte und unterrichtliche Organisationsformen in der dualen Ausbildung entwickelt und erprobt. Im Zentrum standen dabei u. a. differenzierende Lernkonzepte zur Flexibilisierung und Regionalisierung beruflicher Bildung. Mit Projekten zur Gestaltung geschäfts- und arbeitsprozessbezogener Unterrichtskonzepte sowie der Umsetzung betrieblicher Handlungssituationen wurden Themen der Lernfeldorientierung und Modularisierung beruflicher Bildung am Lernort Schule bearbeitet (BLK 2004a). Im Programm waren jeweils zehn kaufmännische und gewerblich-technische sowie vier IT-Berufe vertreten.

Das Programm „Kooperation der Lernorte in der Berufsausbildung (Kolibri)" (2000–2004). umfasste 28 Modellversuche in 12 Bundesländern. Es wurden in fünf Maßnahmebereichen Konzepte zur Verbesserung der Lernortkooperationen hinsichtlich der Ausgestaltung von arbeitsprozessorientierten und lernortübergreifenden Curricula (Lernfelder, Module), Praxisbezügen vollzeitschulischer Ausbildungen, Integration von Zielgruppen mit besonderem Förderbedarf sowie zur Entwicklung personeller und institutioneller Bedingungen zur Verstetigung von Lernortkooperationen entwickelt und erprobt. Zu fünf Projekten fand etwa gleichzeitig ein thematisch korrespondierender Wirtschaftsmodellversuch statt, mit dem kooperiert werden konnte. Gewerblich-technische und kaufmännische Bildungsgänge waren in etwa gleich gewichtig vertreten, in einzelnen Projekten auch Gesundheitsberufe und Hauswirtschaft. Thematisch bildeten Sozialkompetenz, IT-Berufe sowie Kooperationen der Teilzeitberufsschule das Profil des Programms (BLK 2004b).

Das Programm „Innovative Fortbildung der Lehrer an beruflichen Schulen (innovelle-bs)" – (2001–2006) umfasste 28 Modellversuche in 12 Bundesländer. Es wurden

Ansätze zur Weiterentwicklung der zweiten Phase der Lehrerbildung, der Berufseinstiegsphase und Lehrerfortbildung entwickelt und erprobt, auch hinsichtlich möglicher (modularisierter) Verknüpfungen. Hinzu kamen spezifische Projekte für die Qualifizierung von Quer- und SeiteneinsteigerInnen sowie Fachpraxislehrkräften und zur Schulentwicklung. Vier Modellversuche befassten sich im Schwerpunkt mit technikdidaktischen Problemstellungen v. a. zur Konzeption multimedialer, interaktiver und „netzbasierter" Konzepte in den beruflichen Fachrichtungen Bau-, Gebäude-, Elektro- sowie Metalltechnik (innovelle-bs 2006).

Das Programm „Selbst gesteuertes und kooperatives Lernen in der Berufsausbildung (Skola)" – (2004–2008) umfasste 21 Modellversuche in 12 Bundesländern. Es wurden Ansätze des kooperativen und/oder selbstgesteuerten Lernens in teilzeit- und vollzeitschulischen Berufsausbildungsgängen sowie hinsichtlich spezifischer Zielgruppen – mit dem Schwerpunkt der Nutzung didaktischer Potenziale aktueller IuK-Technologien – entwickelt, erprobt und evaluiert. In drei der sechs Maßnahmebereiche des Programms wurde die Unterrichtsentwicklung fokussiert, etwa hälftig im Bereich gewerblich-technischer bzw. kaufmännischer Bildungsgänge (hinzu kommen in einzelnen Projekten auch Gesundheitsberufe) (Skola 2009).

2.2 Technikdidaktik im Kontext von Modellversuchen

Im folgenden Abschnitt werden exemplarisch Modellversuche unabhängig von ihrer Trägerschaft hinsichtlich der Thematisierung von Technikdidaktik an den unterschiedlichen Lernorten nichtakademischer Berufsbildung genannt. Aus pragmatischen Gründen wird zum einen die Auswahl auf Projekte beschränkt, die nach dem Jahr 2000 durchgeführt wurden. In diesen Zeitraum fallen sowohl didaktische Innovationen zur Umsetzung lernfeldorientierter Curricula mit ihren Schwerpunktsetzungen auf Handlungsorientierung und Förderung selbstgesteuerten bzw. kooperativen Lernens als auch Ansätze zur Modularisierung beruflicher Bildung in unterschiedlichen Bildungsgängen. Zum anderen ist die Auswahl auf Programme beschränkt, die per se didaktische Problemstellungen im engeren Sinne aufgegriffen haben. Die Entwicklung von Lehr-Lernkonzepten auf der Mikroebene beruflicher Bildung bzw. die Implementierung didaktischer Innovationen auf der Mesoebene einzelner Schulen oder Unternehmen sollten dabei im Vordergrund stehen. Handlungsorientierung bzw. das Lernfeldkonzept erfordern in der Unterrichtsentwicklung didaktische Innovationen, die Formen kooperativen und selbstgesteuerten Lernens miteinschließen. Diese intendierte veränderte Lernkultur erfordert entsprechende Personal- und Organisationsentwicklung auf der Mesoebene beruflicher Schulen und Unternehmen. Diese sich teilweise gegenseitig bedingenden Oberthemen waren programmübergreifend in diesen Jahren Gegenstand von einigen Erprobungs- und Implementierungsprojekten, die auch einen technikdidaktischen Schwerpunkt aufweisen. Nur sehr ausschnitthaft kann die Vielfalt an technikdidaktischen Erkenntnissen und Erfahrungen aus der Modellversuchsforschung im folgenden Abschnitt skizziert werden. Eine fundierte systematische Analyse und Verallgemeinerung liegt nicht vor und stellt ein nicht unerhebliches Desiderat in der berufspädagogischen Forschung dar.

Die Implementierung des Lernfeldkonzeptes für die Berufsschule hat dort zu einem großen Mehraufwand an curricularer Gestaltungsarbeit geführt, die vor allem in Lehrerteams zu leisten ist. In diesem Kontext ist eine ganze Reihe von Konzepten zur Förderung des selbstgesteuerten und kooperativen Lernens auch für technische Berufe entwickelt und erprobt worden. Exemplarisch kann ein Projekt zur Förderung von Selbstlernkompetenz im Berufsfeld Elektrotechnik genannt werden (Skola 2009, 23 ff.). Aus der Analyse unterschiedlichster Herangehensweisen konnte im Modellversuchsprogramm ein idealtypischer Ablauf zur Entwicklung von Lernsituationen entwickelt werden.

Insbesondere Kriterien zur Entwicklung von Lernaufgaben, deren Begründung und angemessenen Überprüfung in spezifisch gestalteten Lernerfolgskontrollen, haben zum Erkenntnisgewinn aus angewandter technikdidaktischer Forschung beigetragen. Weiterhin kann exemplarisch für die Mikroebene ein Projekt des Programms zur Gestaltung instandhaltungsorientierter Lernkonzepte für ausgewählte Ausbildungsberufe in industriellen und handwerklichen Metallberufen genannt werden (Skola 2009, 41 ff.). Die dort entwickelten innovativen didaktischen Materialien und Unterrichtskonzeptionen sind allgemein als Handreichungen für die Gestaltung von selbstgesteuerten Lehr-Lernprozessen an technischen Berufsschulen ausgelegt. Hierzu gehört die prototypische Gestaltung von Lern- und Arbeitssituationen in denen nicht nur selbstständiges Arbeiten an instand zuhaltenden Maschinen und Geräten, sondern auch der Zugriff auf rechnergestützte Fehleranalysen sowie (kleinere) Expertensysteme integriert ist.

Da die Modularisierung in Deutschland zumindest noch bis vor einigen Jahren sehr umstritten war, gab es keine expliziten Modellversuchsprogramme zur Modularisierung. Diese wurde im Kontext von Programmen und Einzelmodellversuchen als ein Unterthema aufgegriffen. Beispiele sind der BLK-Modellversuch „Differenzierende Lernformen als Beitrag zur Flexibilisierung und Regionalisierung beruflicher Bildung (Diflex) (1998–2001)" im Programm „Neue Lernkonzepte in der dualen Berufsausbildung". Bildungspolitischer Grundsatz war, dass Module vorwiegend als didaktische, in sich geschlossene Lerneinheiten sowie als Lernbausteine zur Förderung „Leistungsschwacher" sowie als Einzelmodule in der beruflichen Weiterbildung zu konzipieren seien. Keinesfalls sollte das Berufskonzept oder die bestehenden Bildungsgänge durch Module ausgehöhlt werden. Im Modellversuch Diflex standen, ohne darüberhinausgehende Vorgaben für die Entwicklung, Module zur Förderung von Sozial-, Selbst-, Lern- und Sprachkompetenz im Vordergrund. Es wurden jedoch auch Module zur Technik- und IT-Kompetenz konzipiert, erprobt und evaluiert, u. a.:
- „CIM (CNC Drehen und Fräsen, CAD, CAD-CAM, Maschinenhandling, Marketing)" für Werkzeug- und ZerspanungsmechanikerInnen und TechnikerInnen,
- „Schutzmaßnahmen für lernschwächere und lernstärkere SchülerInnen in der Elektrotechnik", „Hausinstallationstechnik für lernstärkere Schüler_innen",
- „Automatisierungstechnik für Auszubildende" der Berufe EnergieelektronikerIn, IndustrieelektronikerIn, WerkzeugmechanikerIn

Impulse für die Technikdidaktik ergeben sich unter verschiedenen Aspekten. Generell ist die Zielsetzung der Modellversuche, innovative Konzepte und Prototypen zu entwickeln, von Bedeutung. Weiterhin ermöglichen Module und didaktische Einheiten eine neue ganzheitliche Sicht auf didaktische Konzepte. Sie berücksichtigen Ansätze aus unterschiedlichen Bereichen wie der Benachteiligungsförderung, der Förderung von „Leistungsstarken", des aufgabenorientierten Unterrichts, der inneren Differenzierung sowie des gemeinsamen Unterrichts von Auszubildenden verschiedener Berufe und der beruflichen Weiterbildung von Technikern (vgl. Faßhauer & Rützel 2001).

2.3 Erträge der Modellversuchsforschung zur Technikdidaktik

Die Abschätzung von Erträgen der Modellversuchsforschung zur Technikdidaktik kann nicht losgelöst von der allgemeinen Beurteilung von Wirkungen und nachhaltigen Transferergebnissen dieses Entwicklungsinstrumentes vorgenommen werden. Da die großen Modellversuchsreihen und -programme des BIBB und der BLK mit teilweise erheblichen Ressourcenaufwänden verbunden waren, stand deren Nutzen für die Beteiligten sowie die über das konkrete Projekt hinausreichenden Wirkungen aus der jeweiligen Akteursperspektive in der Berufsbildungspraxis, Berufsbildungspolitik und -forschung im Zentrum kontroverser Diskussionen. Insbesondere aus wissenschaftlicher Perspektive wurde diese in den 2000er Jahren auf Kongressen und in Publikationen intensiv geführt. Die Bewertung der Erträge hängt dabei in besonderem Maße von den wissenschaftstheoretischen Zugängen, den paradigmatischen und methodologischen Basisentscheidungen ab. Die unterschiedlichen, ja gegensätzlichen Ausrichtungen von Forschung wurden in ausführlichen Kontroversen zwischen einerseits Vertretern einer ausschließlich an den Kriterien des kritischen Rationalismus orientierten und in quantitativ empirischen Designs umgesetzten Grundlagenforschung geführt. Andererseits verweisen Vertreter einer deutlich anwendungs- und nutzenorientierten Modellversuchsforschung mit ihren im Theorie-Praxis-Dialog entwickelten Designs auf deren Relevanz und Gütekriterien (vgl. Severing & Weiß 2012). Dieser Diskurs wurde vor allem von Beck (2003) und Euler (2003) auf dem DGfE-Kongress 2003 sowie auf den Hochschultagen Berufliche Bildung 2006 zwischen Sembill (2007) und Sloane (2007) geführt. Diese Kontroversen verdeutlichen jedoch nicht nur unterschiedliche Forschungsrichtungen und das darin enthaltene jeweils spezifische Potenzial. Sie sind zugleich auch als Weiterführungen und Fundierungen der wissenschaftstheoretischen und forschungsstrategischen Grundlagen der Modellversuchsforschung zu sehen (vgl. Rützel 2015, S. 174). Vor diesem disziplinären Hintergrund sind nun die Erträge der BiBB- und BLK-Modellversuche im Allgemeinen und diejenigen zur Technikdidaktik im Besonderen zu diskutieren.

Im Kontext der Abschätzung von allgemeinen Erträgen der BiBB-Modellversuche werden diese aktuell im komplexen Spannungsfeld von Wirkungserwartungen und Transferansprüchen der Mittelgeber, Zielen und Absichten der beteiligten Akteure sowie Erfordernissen betrieblicher Bildung und (normativen) gesellschaftlichen Bildungsansprüchen reflektiert (vgl. Schemme 2016). Hierbei spielt die grundsätzliche Ausrichtung von Modellversuchen als Erprobungsprojekte oder Implementierungsprojekte eine nicht unerhebliche Rolle (vgl. Rauner 2004 sowie Nickolaus & Gräsel 2006). Eine wirksame Transferstrategie hängt demnach stark vom Modellversuchstypus ab, der für ein Innovationsanliegen eingesetzt wird. Ein prinzipiell ergebnisoffenes Entwicklungs- und Experimentierprojekt unterliegt anderen Transfervoraussetzungen und Disseminationsbedingungen als ein Implementierungs- bzw. Umsetzungsmodellversuch, der von vornherein auf Verstetigung und Nachhaltigkeit bereits erprobter Ergebnisse angelegt ist.

Die Analyse von Wirkungen der Modellversuche als Intervention in komplexe soziale Systeme kann nicht trivial mit einfachen linearen input-output-Modellen geschehen. Vielmehr zeigen Modellversuche komplexe Ergebnisse sozialer, kommunikativer Aushandlungsprozesse, in denen Innovationen durch Individuen und Organisationen gestaltet und angeeignet werden. Allgemein können die Wirkungen von Modellversuchen auf verschiedensten Ebenen eintreten und/oder beobachtbar sein (Produkte, Prozesse, Personen, Organisation). Pahl & Brand (2005) systematisieren die möglichen Wirkungen von Modellversuchen in direkte und indirekte, intendierte und nichtintendierte sowie prozessbegleitend und erst nachträglich feststellbare. Indikatoren können u. a. methodischer, konzeptioneller, (fach-)didaktischer oder berufspädagogischer Art sein. Gerade an beruflichen Schulen, die Modellversuche durchgeführt haben, ist eine vergleichsweise spezifische Innovationskultur beobachtbar, welche didaktische Innovation generell begünstigt (Faßhauer 2011). Das organisationale Lernen ist hierbei wohl Folge und Ursache zugleich, da sich vor allem innovationsoffene Schulen an Modellversuchen beteiligen und daraus entwickelte Innovationen entsprechend einsetzen.

3 Fazit

Vor diesem Hintergrund der knapp skizzierten Erträge von Modellversuchen und Modellversuchsforschung ist zu konstatieren, dass eine umfassende, systematische Analyse der Erträge aus den genannten einzelnen Modellversuchen und Modellversuchsprogrammen hinsichtlich technikdidaktischer Fragestellungen noch ein Forschungsdesiderat darstellt, das zu schließen im Rahmen dieses Beitrags angeregt werden kann.

Leittexte, Lerninseln, allgemein die Entwicklung und Implementierung von handlungsorientierten Konzepten im Kontext von Lernfeldern sind jedoch klar erkennbare, wichtige und nachhaltige Ergebnisse von Modellversuchsforschung für die Technikdidaktik. Modellversuche haben auch zur Entwicklung völlig neuer Bildungsgänge und Qualifizierungsangebote in den Ländern beigetragen, wie bspw. WirtschaftsassistentIn mit Schwerpunkt Datenverarbeitung oder Technische/r AssistentIn für Informatik. (BLK 2005). Hinzu kommen indirekte Erträge aus Programmen mit allgemeinen Zielsetzungen wie unter anderem zur Nachhaltigkeit, zum Wissensmanagement, oder auch zur Lernortkooperation und Qualität der Berufsbildung, die jedoch kaum als technikdidaktische Innovationen rezipiert werden. In diesen Programmen sind unter den jeweiligen allgemeinen Zielsetzungen auch technikdidaktisch relevante Prototypen entwickelt worden, die im Rahmen dieses Kapitels nicht aufgearbeitet werden konnten. Um dies zu leisten, wären eigene Forschungs- bzw. Dissertationsprojekte erforderlich, in denen im Forschungsdesign neue Zugänge zu den Wirkungen von Modellversuchen und zu deren Innovationspotential hergestellt werden. Zu beachten wären insbesondere ungeplante Wirkungen sowie Beobachtungen bzw. Erfahrungen aus der berufsbildungs- und berufspädagogischen Praxis, aus denen sich Hinweise für die Nutzung von Ergebnissen aus Modellversuchen in neuen Kontexten ergeben, bisweilen ohne dass dies bekannt ist bzw. auf die Modellversuche zurückgeführt wird. Nicht zuletzt wäre der kontinuierliche Diskurs über Qualitätsstandards von Modellversuchsforschung zu intensivieren und ebenfalls zu systematisieren.

Literatur

Beck, K. (2003). Erkenntnis und Erfahrung im Verhältnis zu Steuerung und Gestaltung. Zeitschrift für Berufs- und Wirtschaftspädagogik, 99. Jg., Heft 2, 232–250.

BLK – Bund-Länder-Kommission für Bildungsplanung und Forschungsförderung (2004a). Neue Lernkonzepte in der dualen Berufsausbildung – Abschlussbericht der Programmträgerschaft. Materialien zur Bildungsplanung und Forschungsförderung, H. 113. Bonn.

BLK – Bund-Länder-Kommission für Bildungsplanung und Forschungsförderung (2004b). Kooperation der Lernorte in der Berufsbildung (Kolibri) – Abschlussbericht der Programmträgerschaft. Materialien zur Bildungsplanung und Forschungsförderung, H. 114. Bonn.

BLK – Bund-Länder-Kommission für Bildungsplanung und Forschungsförderung (2005). Innovationsförderung in der Berufsbildung. Materialien zur Bildungsplanung und Forschungsförderung, H. 130. Bonn.

Dehnbostel, P. (1996). Lernorte in der Berufsbildung – Konzeptionelle Erweiterungen in der Modellversuchsreihe ‚Dezentrales Lernen'. In: P. Dehnbostel, H. Holz & H. Novak (Hrsg.): Neue Lernorte und Lernortkombinationen – Erfahrungen und Erkenntnisse aus dezentralen Berufsbildungskonzepten (9–23). Bielefeld.

Dehnbostel, P., Dietrich, A. & Holz, H. (2010). Modellversuche im Spiegel der Zeit. In: BiBB (Hrsg.), 40 Jahre Bundesinstitut für Berufsbildung – 40 Jahre Forschen, Beraten, Zukunft gestalten (149–159). Bonn.

Euler, D. (2003). Potentiale von Modellversuchsprogrammen für die Berufsbildungsforschung. Zeitschrift für Berufs- und Wirtschaftspädagogik, 99. Jg., Heft 2, 201–212.

Euler, D. (2011). Wirkungs- vs. Gestaltungsforschung – eine feindliche Koexistenz? Zeitschrift für Berufs- und Wirtschaftspädagogik, 107. Jg., 520–542.

Euler, D. & Sloane P. F. E. (1998). Implementation als Problem der Modellversuchsforschung. In: Unterrichtswissenschaft, 26 (4), 312–326.

Faßhauer, U. & Rützel, J. u. a. (Hg.) (2001). Beweglichkeit ohne Beliebigkeit. Modularisierung und Schulentwicklung in der beruflichen Bildung. Bielefeld: W. Bertelsmann Verlag.

Faßhauer, U. (2011). Wirksamkeit von Schulleitungshandeln auf Unterrichtsentwicklung. In: G. Pätzold & M. Lang (Hrsg.), Selbstgesteuertes Lernen als Innovationsimpuls in berufsbildenden Schulen. Bochum/Freiburg.

Innovelle-bs – Schulz, R. & Kreuter, B. u. a. (2006). Innovative Fortbildung der Lehrerinnen und Lehrer an beruflichen Schulen. Abschlussbericht des Programmträgers. Kiel.

Kremer, H.-H. (2014). Forschung in Innovationsarenen – Überlegungen zu einem Paradigma im Spannungsfeld von Erkenntnis und Gestaltung. In: U. Braukmann, B. Dilger, & H.-H. Kremer. (Hrsg.), Wirtschaftspädagogische Handlungsfelder. Fortschritt für Peter F. E. Sloane zum 60. Geburtstag (339–361). Detmold.

Kuhlmeier, W., Mohoric, A. & Vollmer, T. (Hrsg.)(2014). Berufsbildung für nachhaltige Entwicklung: Modellversuche 2010–2013. Erkenntnisse, Schlussfolgerungen, Ausblicke. Berichte zur Beruflichen Bildung. Bonn: BiBB.

Nickolaus, R. & Gräsel, C. (Hg.)(2006). Innovation und Transfer – Expertisen zur Transferforschung. Baltmannsweiler.

Pahl, J. & Brandt, M. (2005). Wirkungsforschung im Rahmen von Modellversuchen – Defizite, Ansätze, Perspektiven. In: H. Holz & D. Schemme (Hrsg.), Wissenschaftliche Begleitung bei der Neugestaltung des Lernens. Innovation fördern, Transfer sichern (88–106). Bonn: BIBB.

Rauner, F. (2004). Modellversuche in der beruflichen Bildung: Zum Transfer ihrer Ergebnisse, Teil 1. ZBW 100. Jg., Heft 2, S. 194–214. Teil 2: Ders.: Eine transferorientierte Modellversuchstypologie. Anregungen zur Wiederbelebung der Modellversuchspraxis als einem Innovationsinstrument der Bildungsreform, ZBW 100. Jg., Heft 3, 424–447.

Rützel, J. (1998). Möglichkeiten des Erkenntnisgewinns durch Modellversuchsforschung. In: Euler, D. (Hrsg.): Beiträge zur Arbeitsmarkt- und Berufsforschung 214. Berufliches Lernen im Wandel – Konsequenzen für die Lernorte? Dokumentation des 3. Forums Berufsbildungsforschung 1997. Nürnberg: Institut für Arbeitsmarkt und Berufsforschung der Bundesanstalt für Arbeit. 623–636.

Rützel, J. (2001). Diflex – ein Modellversuch der neuen Generation. In: U. Faßhauer u. a. (Hrsg.), Beweglichkeit ohne Beliebigkeit – Modularisierung und Schulentwicklung in der beruflichen Bildung (20–41). Bielefeld: W. Bertelsmann Verlag.

Rützel, J. (2015). Zwischen Berufsschulpädagogik und Berufsbildungsforschung, In: B. Ziegler (Hrsg.), Verallgemeinerung des Beruflichen – Verberuflichung des Allgemeinen (169–203). Bielefeld.

Schemme, D. (2016). Wirkungsanalyse und Transfersicherung. Zwischenbericht zum Forschungsprojekt 3.2.304 des BiBB. Bonn.

Severing, E. & Weiß, R. (Hrsg.)(2012). Qualitätsentwicklung in der Berufsbildungsforschung. Bielefeld: W. Bertelsmann Verlag.

Sembill, D. (2007). Grundlagenforschung der Berufs- und Wirtschaftspädagogik und ihre Orientierung für die Praxis – Versuch einer persönlichen Bilanzierung und Perspektiven. In: R. Nickolaus & A. Zöller (Hrsg.), Perspektiven der Berufsbildungsforschung – Orientierungsleistungen für die Praxis (60–91). Bielefeld: W. Bertelsmann Verlag.

Skola – Euler, D. & Pätzold, G. u. a. (2009). Selbstgesteuertes und kooperatives Lernen in der beruflichen Erstausbildung. Abschlussbericht der Programmträgerschaft. St. Gallen und Dortmund.

Sloane, Peter F. E. (2007). Berufsbildungsforschung im Kontext von Modellversuchen und ihre Orientierungsleistung für die Praxis – Versuch einer Bilanzierung und Perspektiven. In: R. Nickolaus & A. Zöller (Hrsg.), Perspektiven der Berufsbildungsforschung – Orientierungsleistungen für die Praxis (11–60). Bielefeld: W. Bertelsmann Verlag.

4.2 Hypothesenprüfende Zugänge zur Technikdidaktik und ausgewählte empirische Befunde

Reinhold Nickolaus (Universität Stuttgart)

Zusammenfassung

Thematisiert wird im Folgenden zunächst, welche Forschungsbereiche sich inhaltlich unterscheiden lassen und welche forschungsmethodischen Zugänge im Beitrag Berücksichtigung finden, die dem Anspruch einer hypothesenprüfenden Anlage genügen.

Zentrale Ergebnisse werden zu ausgewählten Forschungssegmenten in Kürze angedeutet und für die eigene Erschließung über ein relativ breites Literaturverzeichnis vorbereitet.

Der Beitrag schließt mit einer kurzen Zusammenfassung und einem kleinen Ausblick.

Abstract

Hypothesis-testing studies in technical education and a selection of empirical results

The main objectives of the following paper are (1) to describe the different areas of research to be distinguished in the field of technical education, (2) to discuss the types of studies fulfilling the requirements of scientific hypothesis testing, (3) to briefly present important findings from a selection of scientific fields, and (4) to provide a comprehensive list of references for further study. Finally, a short summary and a brief outlook will be provided.

1 Hypothesenprüfende Zugänge und Befunde

Die Beiträge zur Technikdidaktik im engeren Sinne waren nach meiner Wahrnehmung in der Vergangenheit eher gestaltungsorientiert ausgerichtet. D. h., konzeptionelle Vorstellungen und allgemeine Reflexionen zur Bedeutung der Technik in der Gesellschaft und deren angemessene Erschließung in institutionalisierten pädagogischen Handlungsfeldern waren lange vorherrschend. Hypothesenprüfende Zugänge wurden in der technikdidaktischen Forschung lange Zeit wenig genutzt, womit auch jene in den konzeptionellen Vorstellungen prinzipiell empirisch prüfbaren Aussagen keinen Falsifikationsversuchen ausgesetzt wurden. Inzwischen ist allerdings ein beachtlicher Korpus an empirischen, auch hypothesenprüfenden Arbeiten entstanden, in welchen technikdidaktisch relevante Fragestellungen bearbeitet wurden. Geprüft wurden in diesen Arbeiten letztlich Geltungsansprüche von Partialtheorien, empirische Prüfungen umfassender konzeptioneller Vorstellungen, wie z. B. die Prüfung der Geltungsansprüche des Gestaltungsorientierten Ansatzes von Rauner (1996) oder dem auch in der technischen Bildung rezipierten Lernfeldansatz, sind m. E. nicht möglich. Letztlich handelt es sich dabei um keine Theorien im empirischen Sinne, die als solche falsifizierbar sind. Wenn im Folgenden von hypothesenprüfenden Arbeiten die Rede ist, bedeutet das noch nicht, dass umfassende Theorieprüfungen vorgenommen wurden. Der Anspruch der berücksichtigten Arbeiten ist vielmehr in der Regel etwas bescheidener und beschränkt sich meist auf mehr oder weniger komplexitätsreduzierte Gegenstandbereiche und darauf bezogene Aussagen, die einer Prüfung unterzogen werden können und unterzogen wurden. Bei einer Strukturierung einschlägiger Arbeiten stellt sich nicht nur die Frage, welchen forschungsmethodischen Ansprüchen die Arbeiten genügen müssen, sondern auch jene, wie der Gegenstandsbereich der Technikdidaktik bzw. der Bereich der dafür relevanten Arbeiten abgesteckt wird. Folgt man technikdidaktischen Vorstellungen, in welchen das Gegenstandsfeld auch die gesellschaftlichen Implikationen der Technik einschließt und letztlich darauf vorbereitet werden soll, Technik mitzugestalten und eigene Entwicklungen in technischen Umfeldern zu reflektieren und zu steuern, kommen auch Arbeiten aus der Sozialisationsforschung in den Blick. Untersucht wurden in diesen Kontexten vor allem Einflüsse unterschiedlicher Umfelder, wie z. B. der Einfluss sachbezogener technischer Berufe auf Persönlichkeitsmerkmale wie Kontrollkognitionen, Selbstvertrauen, Selbstkonzepte, Partizipationsbereitschaften etc. (vgl. z. B. Hoff, Lempert & Lappe 1991; Mayer u. a. 1981; Lempert 1988, 2006; Häfeli, Kraft & Schallberger 1988). Auch arbeitswissenschaftliche und arbeitspsychologische Studien, wie sie z. B. zum Fertigkeitserwerb oder der Problemlösekompetenz durchgeführt wurden (vgl. z. B. die Studien der Forschergruppen um Ackerman (z. B. Ackerman 1992) und Sonntag (z. B. Sonntag u. a. 1997), sind problemlos auf technikdidaktische Fragehorizonte zu beziehen und genügen den Ansprüchen einer hypothesenprüfenden Anlage. Aus Raumgründen ist in diesem Beitrag eine Beschränkung notwendig, d. h., die aus den hypothesenprüfenden Arbeiten hervorgegangenen Erkenntnisse sind lediglich ausschnittweise thematisierbar. Vor diesem Hintergrund werden im Weiteren einige der als relevant erachteten Forschungsfelder lediglich kurz skizziert, andere werden et-

4.2 Hypothesenprüfende Zugänge zur Technikdidaktik und ausgewählte empirische Befunde

was ausführlicher auch in ihren zentralen Ergebnissen dargestellt. In einer ersten Näherung werden sechs Forschungsfelder unterschieden, in welchen einschlägige Arbeiten vorangetrieben wurden:

a) Arbeiten zur allgemeinen Technikdidaktik

Zu denken ist hier einerseits an Arbeiten, in welchen das Lehr-Lerngeschehen und dessen Effekte im Technikunterricht direkt in den Blick kommen und andererseits Arbeiten, in welchen überwiegend in außerschulischen Angeboten versucht wurde, Schülerinnen und Schüler für Technik zu gewinnen. Der Forschungsstand zur Gewinnung von Jugendlichen für den MINT Bereich ist inzwischen relativ gut entwickelt (Im Überblick z. B. Mokhonko 2016). Deutlich wird aus diesen Arbeiten einerseits, dass das situationale Interesse durch die verschiedenen Angebotstypen gut stimuliert werden kann, das Fachinteresse hingegen kaum und auch berufliche Orientierung und Selbstkonzepte lassen sich kaum nachhaltig verändern (ebd.). Eine empirisch ausgerichtete Lehr-Lernforschung hat in der allgemeinen Technikdidaktik noch keine längere Tradition. In neuerer Zeit kamen allerdings auch in diesem Feld hypothesenprüfend angelegte Arbeiten in Gang. Beispielhaft verwiesen sei auf Arbeiten zu differentiellen Effekten verschiedener Experimentalformen (z. B. Walker 2013; Walker u. a. 2016; vgl. auch Fletcher & Walker in diesem Band), auf Arbeiten zu Lehrerkompetenzen (z. B. Goreth, Geißel & Rehm 2015) und laufende Arbeiten zur Problemlösekompetenz in technischen Systemen an der PH Ludwigsburg bzw. zur Kompetenz- und Motivationsentwicklung im NwT Unterricht an der Universität Stuttgart.

b) Arbeiten zu beruflichen Lehr-Lernprozesse

Ein erster Zyklus an hypothesenprüfenden Arbeiten (vgl. z. B. Betzler 2006; Bünning 2007, Knöll 2007, Nickolaus u. a. 2005, Nickolaus & Bickmann 2002, Wülker 2004) entstand in diesem Segment im Anschluss an die in den 80er und 90er Jahren einsetzenden didaktischen Reformprozesse, im Rahmen derer auch für gewerblich-technische Berufe neue didaktische Ansätze präferiert wurden. Dem lag die Annahme zugrunde, dass die „neuen" didaktischen Ansätze, die durch ein höheres Maß an Selbststeuerung und Handlungsorientierung gekennzeichnet waren, für die Motivations- und Kompetenzentwicklung vorteilhaft wären (z. B. Dörig 2003). Die Ergebnisse der einschlägigen Studien in gewerblich technischen Berufen zeichnen allerdings ein inkonsistentes Bild, das keineswegs geeignet ist, die mit den neuen didaktischen Ansätzen verbundenen Grundannahmen zu stützen. Soweit die Arbeiten im Bereich der beruflichen Grundausbildung durchgeführt wurden, konnten in der Regel weder die Annahmen zu Vorteilen zur Motivationsentwicklung noch zur Kompetenzentwicklung bestätigt werden. In der Fachstufe sind die Ergebnisse zwar ebenfalls inkonsistent, es konnten jedoch zumindest teilweise erwartungskonforme Ergebnisse vorgelegt werden (z. B. Bünning 2007; Wülker 2004). Wülker berichtete zugleich starke ATI Effekte, d. h., die Leistungsschwächeren entwickelten sich in den Reformkonzepten unterdurchschnittlich. Deutlich wurde in den Arbeiten auch, dass die Varianz innerhalb der methodischen Setting größer war als zwischen den Settings, was so interpretiert wurde, dass es weniger auf die Wahl des Settings als auf die Qualität dessen Umsetzung ankomme (Nickolaus, Knöll & Heinzmann 2005). Dieser Forschungszyklus ebbte allerdings in der ersten Dekade des neuen Jahrtausends langsam ab, inzwischen werden dazu eher vereinzelt Arbeiten publiziert, in welchen auch weniger differentielle Effekte methodischer Settings im Fokus stehen sondern eher Möglichkeiten, über spezifische Förderprogramme einzelne Kompetenzfacetten zu entwickeln (vgl. z. B. Zinn u. a. 2015a).

Ein zweiter Forschungszyklus, zu dem in den beiden letzten Dekaden immer wieder Arbeiten vorgelegt wurden, war und ist der Gewinnung von Erklärungsmodellen zur fachlichen Kompetenzentwicklung über mehr oder weniger große Entwicklungszeiträume gewidmet. Zu Beginn dieses Forschungszyklus standen zum Teil einzelne Facetten berufsfachlicher Kompetenz im Fokus, aufwändigere Kompetenzmodellierungen wurden den einschlägigen Arbeiten erst im Anschluss an die ab etwa 2005 auch in der beruflichen Bildung einsetzenden Arbeiten zur Kompetenzmodellierung und Kompetenzmessung zugrunde gelegt. Inzwischen liegen für den gewerblich technischen Bereich für einzelne Berufe auf Längsschnitten beruhende Erklärungsmodelle vor, in welchen im Kern immer wieder die große Bedeutung der kognitiven Voraussetzungen, insbesondere des technischen Vorwissens für die weitere fachliche Kompetenzentwicklung bestätigt wird (Abele 2013; Lehmann & Seeber 2007; Maier u. a. 2014; Nickolaus u. a. 2010, 2011, 2012, 2015; Nitzschke u. a. 2016; Petsch, Norwig & Nickolaus 2015). Zum Teil direkt, zum Teil auch nur indirekt über das technische Vorwissen werden auch die kognitiven Grundfähigkeiten, die mathematischen Kompetenzen und vor allem bei Leistungsschwächeren die Lesekompetenzen integriert. Mit deutlich geringerem Gewicht gehen auch Motivationsausprägungen in die Erklärungsmodelle ein. Qualitätsmerkmale des Unterrichts und der betrieblichen Unterweisung werden in der Regel lediglich indirekt über die Motivation in die Erklärungsmodelle integriert. In neueren Studien wurden z. T. auch die curricularen Schwerpunktsetzungen einbezogen, welchen nach der gegenwärtigen Befundlage größere Bedeutung zuzukommen scheint als methodischen Grundentscheidungen. Beispielhaft wiedergegeben ist im Folgenden ein Erklärungsmodell für Mechatroniker, in dem neben den kognitiven Voraussetzungen die Motivation und die curricularen Schwerpunktsetzungen als erklärungsrelevant ausgewiesen werden. Der relativ geringe Beitrag der Motivation ist auch darauf zurückzuführen, dass in den Leistungsdaten zu den verschiedenen kognitiven Eingangsmerkmalen bereits die Traitkomponenten der Motivation implizit enthalten ist.

Die Wahrnehmung ausgewählter Qualitätsmerkmale durch die Lernenden erklärte in dieser Untersuchung etwa 40 % der Motivationsvarianz, sie wird jedoch nicht direkt, sondern nur über die Motivation leistungsrelevant. Verursacht scheint dies u. a. durch die subjektiven Momente dieser Unterrichtsbeurteilungen. Variiert man Qualitätsmerkmale in Interventionsstudien systematisch, wie dies im gewerblich-technischen Bereich beispielsweise im Rahmen der BEST Studien und in FLAM geschah, ergeben sich allerdings substantielle Effekte dieser Variationen (Petsch, Norwig & Nickolaus 2012; Zinn u. a. 2015a). D. h., allerdings nicht, dass die Bedeutung der kognitiven Eingangsvorausset-

4.2 Hypothesenprüfende Zugänge zur Technikdidaktik und ausgewählte empirische Befunde

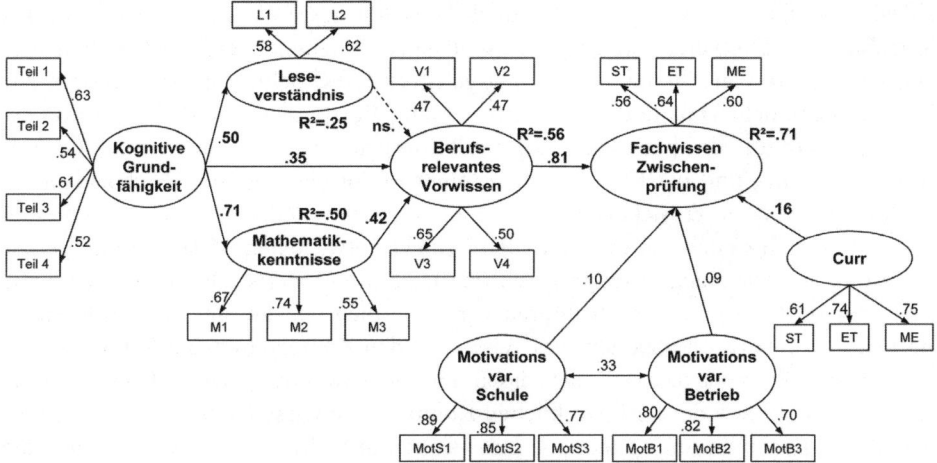

Abbildung 1: Kognitive Eingangsvoraussetzungen und ihr Einfluss auf die berufsfachliche Kompetenzentwicklung in der ersten Ausbildungshälfte bei Auszubildenden der Mechatronik (Nickolaus u. a. 2015, S. 351). Lesehilfe: Die Pfadkoeffizienten geben an, wie stark sich bei einer Änderung der unabhängigen Variablen die abhängige Variable verändert. Am Beispiel: Verändert sich die kognitive Grundfähigkeit um eine Standardabweichung, so ändert sich die mathematische Kompetenz (Mathematikkenntnisse) um 0,71 Standardabweichungen. Damit wird deutlich, dass die Fachwissensentwicklung zum Zeitpunkt der Zwischenprüfung besonders stark durch das berufsrelevante Vorwissen bestimmt wird. Die Motivation und die curricularen Schwerpunktsetzungen erklären hingegen kleinere Anteile. Insgesamt werden 67 % der Varianz (R^2) des Fachwissens durch das Vorwissen, die Motivation und die curricularen Schwerpunktsetzungen erklärt.

zungen aufgehoben wird, diese bleibt vielmehr erhalten, aber jene Gruppen, in welchen die Qualitätsmerkmale des didaktischen Geschehens modifiziert wurden, profitieren auf allen Leistungsniveaus gleichermaßen von den Änderungen. Interessant scheinen auch neuere Befunde, nach welchen sich in einzelnen Segmenten (z. B. bei Anlagenmechanikern in der Grundstufe) die Leistungsschwächeren besonders positiv entwickeln, wofür die Autoren auf eine spezifische Förderung dieser Leistungsgruppe als ursächlich erachten (Atik & Nickolaus 2016). Bezogen auf die in Abbildung 2 dokumentierte hohe prädiktive Kraft der kognitiven Eingangsvoraussetzungen bedeutet das, dass es sich dabei nicht um eine unabänderliche Gesetzmäßigkeit handelt, sondern pädagogische Handlungsprogramme auch so ausgerichtet werden können, dass die enge Kopplung der Kompetenzentwicklung an die kognitiven Voraussetzungen reduziert wird.

Einen dritten Forschungszyklus bilden die neueren Arbeiten zur Kompetenzmodellierung und Kompetenzmessung, die insbesondere im BMBF Programm ASCOT auf breiter Ebene vorangetrieben wurden (zu den Ergebnissen des Programms im Überblick Beck, Landenberger & Oser 2016). Erprobt wurden in diesem Kontext technologiegestützte Verfahren, die sich nicht zuletzt in gewerblich-technischen Domänen als valide Verfahren erwiesen (im Überblick Abele u. a. 2016; Walker u. a. 2016). Speziell in technischen Domänen setzten die einschlägigen Arbeiten, allerdings bereits früher ein, z. B. in dem von Klieme und Leutner geleiteten DFG Schwerpunktprogramm zur Kompetenzmodellierung und Kompetenzmessung. Entstanden sind in diesem Kontext z. B. Arbeiten zur Kompetenzmessung und Kompetenzmodellierung in der Grundstufe Bautechnik und bei Kfz – Mechatronikern (Norwig, Petsch & Nickolaus 2017; Gschwendtner, Abele & Nickolaus 2017). Einen wichtigen Meilenstein stellten in diesem Forschungszyklus auch die im ULME III Projekt entwickelten Messinstrumente zur Erfassung berufsfachliche Kompetenzen dar, im Rahmen derer allerdings noch keine Analysen zu den Kompetenzstrukturen vorgenommen wurden. Inzwischen kristallisiert sich als relativ gut abgesichertes Wissen zu den Kompetenzstrukturen in technischen Berufen heraus, dass das Fachwissen und die Anwendung des Fachwissens als je eigene Dimensionen der berufsfachlichen Kompetenz unterscheidbar sind und innerhalb dieser Dimensionen weitere Subdimensionen unterschieden werden können, die sich im Verlauf der Ausbildung auszudifferenzieren. Bezüglich des Fachwissens scheinen diese Ausdifferenzierungen primär entlang von inhaltlichen Ausdifferenzierungen zu erfolgen, im Anwendungsbereich scheinen eher Tätigkeitsbereiche strukturbildend (Behrendt, Abele & Nickolaus 2017). Partiell konnten auch Ausdifferenzierungen in Orientierung an den in der Kognitionspsychologie unterschiedenen Wissensformen beobachtet werden (Dammann u. a. 2016; Pittich 2013), im Kern spiegelt sich das auch in der Unterscheidung des Fachwissens und der Anwendung des Fachwissens als eigenen Subdimensionen berufsfachlicher Kompetenz (im Überblick auch Nickolaus & Seeber 2013). Bemerkenswert scheinen auch die Ergebnisse, die in diesem Kontext zur Rolle allgemeiner Problemlösekompetenzen, genauer der dynamischen Problemlösekompetenz generiert wurden, vor allem bezogen auf die im Bereich der Schlüsselqualifikationsdebatten genährten Erwartungen. Letztlich werden diese allgemeinen Problemlösekompetenzen für das berufsfachliche Problemlösen nicht prädiktiv, als zentraler Prädiktor erweist sich vielmehr das fachliche Wissen der Probanden (Abele u. a. 2012), das bereits bei der Problemerfassung, bei der Informationsgewinnung, Hypothesenprüfung als auch der Interpretation von Messdaten relevant wird. Didaktisch wertvoll scheinen aus diesem Forschungszyklus auch die Arbeiten zu Niveaumodellierungen, die allerdings nicht durchgängig in hypothesengeleiteter Form betrieben wurden, sondern partiell auch eher explorativ angelegt waren. Zu den Herausforderungen hypothesengeleitet Aussagen zu domänenübergreifenden Schwierigkeitsmerkmalen zu gewinnen, vergleiche z. B. Behrendt, Abele & Nickolaus (2017). Eine der zentralen Herausforderungen besteht in diesem Kontext darin, die Aufgabenmerkmale systematisch zu variieren und dennoch hinreichend valide zu messen. Beispielhaft verwiesen sei auf die hypothesengeleitete Arbeit zur Niveaumodellierung von Petsch u. a. (2015), in der es gelungen ist, die prädiktive Kraft der in Vorstudien identifizierten Schwierigkeitsmerkmale zu replizieren ($R^2=0,62$). Besonders stark sichtbar wird in dieser Niveaumodellierung das nahezu durchgängige beobachtbare Zurückbleiben der Auszubildenden hinter den curricularen Anforderungen. Mit den identifizierten Schwierigkeitsmerkmalen stehen zugleich Hinweise zur Verfügung, an welchen Anforderungen die Auszubildenden scheitern. Neuerdings wurden auch hypothesenprüfend angelegte Studien auf den Weg gebracht, in welchen der Versuch unternommen wird, genauere Einblicke in die Mikroprozesse zu erhalten, wie z. B. Fehlerdiagnoseprozesse (z. B. Abele 2017), die in didaktischer Perspektive besonders hilfreich werden könnten.

Interventionsstudien

Als didaktisch von besonderem Wert erachten wir einen vierten Forschungstypus, nämlich Interventionsstudien, in welchen pädagogische Handlungsprogramme gezielt modifiziert und deren Effekte analysiert werden. Zu diesem Typus ist auch ein Teil der oben bereits angesprochenen Studien zu differentiellen Effekten methodischer Entscheidungen zuzurechnen, die sowohl in der allgemeinen Technikdidaktik als auch berufliche ausgerichteten Didaktiken durchgeführt wurden. Daneben gibt es vor allem Studien, die auf die Förderung des Strategieeinsatzes bei fachlichen Problemen (z. B. Petsch u. a. 2012; Zinn u. a. 2015a, b) und Fehlerdiagnoseprozesse in technischen Systemen (Sonntag 1997; Sonntag, Schaper & Hochholdinger 2004) zielen (s. u.). Hervorgehoben seien hier die Arbeiten zur Förderung kognitiver und metakognitiver Strategien bei der Bearbeitung fachlicher Probleme, für die positive Effekte für alle Leistungsgruppen dokumentiert werden konnten (Petsch u. a. 2012; Zinn u. a. 2015) und die aus diesem Grunde auch als Ansatzpunkte für den Umgang mit Heterogenität nutzbar sind.

c) Arbeitswissenschaftliche und arbeitspsychologische Studien

Verwiesen sei hier lediglich auf einige ausgewählte Arbeiten, deren Ergebnisse zum Teil auch in technikdidaktischen Konzeptbildungen Berücksichtigung fanden. Das gilt z. B. für jene Arbeiten, in welchen der Frage nachgegangen wurde, wie über die Vier-Stufen-Methode und daran anknüpfenden Weiterentwicklungen des psychoregulativen Trainings der Fertigkeitserwerb stimuliert werden kann (z. B. Rohmert, Rutenfranz & Ulich 1971; im Überblick z. B. Schelten 2005). Basis dieser Arbeiten bildete teilweise die Handlungsregulationstheorie sensu Hacker und Volpert, die auch in den Entwicklungsarbeiten zu handlungsorientiertem Lernen Pate standen. Zentrale Ergebnisse dieser Arbeiten bestanden u. a. darin, Hinweise bereitzustellen, dass ein gezieltes mentales und verbales Training den Fertigkeitserwerb begünstigt. D. h., Verbalisierungen der Handlungen und eine bewusste geistige Modellierung der vorzunehmenden (Teil)handlungen erwies sich für den Fertigkeitserwerb als vorteilhaft. Einschlägig sind in diesem Kontext auch die Arbeiten der Forschergruppe um Ackerman, die in einer (geprüften) Theorie des Fertigkeitserwerbs mündeten (z. B. Ackerman 1992). Einen eigenen Forschungszyklus stellen auch die Studien zur Förderung der Problemlösefähigkeit der Forschergruppe um Sonntag dar, in welchen u. a. der Frage nachgegangen wurde, wie die Transferproblematik von Problemlöseheuristiken (in technischen Anwendungskontexten) gemildert werden kann (Sonntag u. a. 1997; Sonntag, Schaper & Hochholdinger 2004). Zum Einsatz kamen dabei Förderansätze, wie z. B. der Cognitive Apprenticeship Ansatz, der letztlich eine Weiterentwicklung der Vier-Stufen-Methode und des psychoregulativen Trainings darstellt. Die Prüfung erfolgte zum Teil in Experimental-Kontrollgruppendesigns. Von besonderem Interesse scheint der Befund, dass die Transferproblematik der Anwendung von Problemlöseheuristiken mit Hilfe des Cognitive Apperanticeship Ansatzes tatsächlich reduziert werden konnten.

d) Sozialisationsstudien

Von Interesse sind diese Studien insbesondere im Hinblick auf die Relevanz von technisch geprägten Arbeits- und Lernbedingungen auf persönliche Merkmale, wie z.B. Kontrollkognitionen, Partizipationsbereitschaft an Gestaltungsprozessen, die moralische Urteilsfähigkeit oder auch übergreifende Merkmale wie die kognitiven Grundfähigkeiten oder die kognitive Flexibilität. Diese Studien wurden vor allem in den beiden letzten Dekaden des vorigen Jahrhunderts durchgeführt und bestätigen, dass durch Technik geprägte Arbeits- und Lernbedingungen, in welchen der Umgang mit Objekten einen hohen Stellenwert einnimmt, auch für die Entwicklung von Persönlichkeitsmerkmalen bedeutsam werden, die in den inhaltlichen curricularen Fixierungen in aller Regel nicht explizit berücksichtigt werden (Hoff, Lempert & Lappe 1991; Häfeli, Kraft & Schallberger 1988; im Überblick Lempert 1986, 2006).

Potentiale und Limitationen einschlägiger Arbeiten, zugleich eine Zusammenfassung

Es gibt inzwischen eine Fülle einschlägiger Arbeiten, in welchen partielle Theorieausschnitte einer Prüfung unterzogen werden. In einzelnen Themenfeldern zeichnet sich auch ein Wissenstand ab, der Anlass gibt, von relativ gut gesichertem Wissen zu sprechen. Zugleich bestehen jedoch vielfältige Forschungsdesiderata, deren Reduktion eine Ausweitung des Forschungsfeldes wünschenswert erscheinen lässt. Abgesehen von den Interventionsstudien, die für das didaktische Handeln in den verschiedenen Praxisfeldern Aussagen zu differentiellen Effekten verschiedener pädagogischer Handlungsprogramme zur Verfügung stellen und damit direkt Wissen zu den Implikationen verschiedener Handlungsoptionen verfügbar machen, resultieren aus den oben knapp skizzierten Arbeiten in aller Regel lediglich Aussagen zu Zusammenhängen und Wechselwirkungen zwischen relevanten Konstrukten sowie deren Ausprägungen in unterschiedlichen Konstellationen. Welche Konsequenzen daraus für das praktische Handeln zu gewinnen sind und ob beispielsweise im Anschluss an spezifische Defizitdiagnosen entwickelten alternativen Handlungsprogramme die Erwartungen besser erfüllen als die Ausgangsprogramme bleibt notwendigerweise offen. Limitationen ergeben sich auch aus den im Forschungsprozess notwendig werdenden Komplexitätsreduktionen, die zugleich die Basis für prüfbare Aussagen darstellen. Ohne solche Prüfungen sind jedoch keine Aussagen zu gewinnen, die einer kritischen Reflexion der Geltungsansprüche standhalten.

Literatur

Abele, S. (2013). Modellierung und Entwicklung berufsfachlicher Kompetenz in der gewerblich-technischen Ausbildung. Empirische Berufsbildungsforschung Bd.1. Stuttgart: Franz Steiner Verlag.

Abele, S., Behrendt, S., Weber, W. & Nickolaus, R. (2016). Berufsfachliche Kompetenzen von Kfz Mechatronikern. In: K. Beck, M. Landenberger & F. Oser (Hrsg.), Technologiebasierte Kompetenzmessung in der beruflichen Bildung (ASCOT). Ergebnisse aus der BMBF-Förderinitiative ASCOT, 171–204. Bielefeld.

Abele, S., Greiff, S., Gschwendtner, T., Wüstenberg, S., Nickolaus, R. & Funke, J. (2012). Dynamische Problemlösekompetenz. Ein bedeutsamer Prädiktor von Problemlöseleistungen in technischen Anforderungskontexten? Zeitschrift für Erziehungswissenschaft, 15, 363–391.

Abele, S., Ostertag, R. & Peissner, M. (2017). Eine Eye-Tracking-Studie zum diagnostischen Problemlöseprozess: Bedeutung der Informationsrepräsentation für den diagnostischen Problemlöseerfolg. Zeitschrift für Berufs- und Wirtschaftspädagogik, 113, 2017(1), 86–109.

Ackerman, P.L. (1992). Predicting Individual Differences in Complex Skill Acquisition: Dynamics of Ability Determinants. Journal of Applied Psychology, 77, 589–613.

Atik, D. & Nickolaus, R. (2017). Die Bedeutung institutioneller Kontexte für die Entwicklung berufsfachlicher Kompetenzen – ein Beitrag zur Funktionalität des Übergangssystems. Zeitschrift für Berufs- und Wirtschaftspädagogik, H2, 202–227.

Atik, D. & Nickolaus, R. (2016). Die Entwicklung berufsfachlicher Kompetenzen von Anlagenmechanikern im ersten Ausbildungsjahr. Zeitschrift für Berufs- und Wirtschaftspädagogik, 2016(2), 243–269.

Beck, K., Landenberger, M. & Oser, F. (Hrsg.) (2016). Technologiebasierte Kompetenzmessung in der beruflichen Bildung. Ergebnisse aus der BMBF-Förderinitiative ASCOT. Bielefeld 2016.

Behrendt, S., Abele, S. & Nickolaus, R. (2017). Struktur und Niveaus des Fachwissens von Kfz Mechatronikern gegen Ende der formalen Ausbildung. *Journal of Technical Education*. (Im Druck)

Betzler, J.(2006). Vergleich zwischen schülerzentriertem und lehrerzentriertem Unterricht an der Fachschule für Technik. Die Berufsbildende Schule, 58.(2), 2006, 56–60.

Bünning, F. (2007). Experimentierendes Lernen in der Bau- und Holztechnik- Entwicklung eines fachdidaktisch begründeten Experimentalkonzepts als Grundlage für die Realisierung eines handlungsorientieren Unterrichts für die Berufsfelder der Bau- und Holztechnik. Magdeburg

Dammann, E., Behrendt, S., Stefanica, F. & Nickolaus, R. (2016). Kompetenzniveaus in der ingenieurwissenschaftlichen akademischen Grundbildung – Analysen im Fach Technische Mechanik. Zeitschrift für Erziehungswissenschaft (ZfE), 19(2) (2016), 351–374. Online DOI 10.1007/s11618-016-0675-5

Dörig, R. (2003). Handlungsorientierter Unterricht- Ansätze, Kritik und Neuorientierung aus bildungstheoretischer, curricularer und instruktionspsychologischer Perspektive. Stuttgart/Berlin: Wiku Verlag.

Fletcher, S. & Walker, F. (2017, zur Veröffentlichung angenommen). Analyse individueller Handlungsstrukturen bei der Bearbeitung technischer Experimente auf der Basis von Videoanalysen. Beiträge zur Technikdidaktik, Band 1, 7–31.

Gschwendtner, T., Abele, S. & Nickolaus, R. (2017). Multidimensional Competency Assessments in VET. InD. Leutner, J. Fleischer, J. Grünkorn & E. Klieme (Hrsg.), Competence Assessment in Education, Research, Models and Instruments (183–202). Cham: Springer.

Goreth, S., Geißel, B. & Rehm, M. (2015). Erfassung fachdidaktischer Lehrkompetenz im technikbezogenen Unterricht der Sekundarstufe 1. Instrumentenkonstruktion und erste Befunde. Journal of Technical Education (JOTED), 3(1), 13–38.

Häfeli, K., Kraft, U. & Schallberger, U. (1988). Berufsausbildung und Persönlichkeitsentwicklung. Eine Längsschnittstudie. Bern: Huber.

Hoff, H., Lempert, W. & Lappe, L. (1991). Persönlichkeitsentwicklung in Facharbeiterbiographien. Bern/Stuttgart/Toronto: Huber.

Knöll, B. (2007). Differenzielle Effekte von methodischen Entscheidungen und Organisationsformen beruflicher Grundbildung auf die Kompetenz- und Motivationsentwicklung in der gewerblich-technischen Erstausbildung. Stuttgart (Dissertationschrift). Aachen: Shaker.

Lempert, W. (1986). Sozialisation in der betrieblichen Ausbildung. Der Beitrag der Lehre zur Entwicklung sozialer Orientierung im Spiegel neuerer Längsschnittuntersuchungen. In: H. Thomas & G. Elstermann (Hrsg.), Bildung und Beruf. Soziale und ökonomische Aspekte (105–144). Berlin: Springer.

Lempert, W. (2006). Berufliche Sozialisation. Persönlichkeitsentwicklung in der betrieblichen Ausbildung und Arbeit. Baltmannsweiler: Schneider.

Lempert, W. (1988). Moralisches Denken. Essen: Neue Deutsche Schule Verlagsgesellschaft.

Lauterbach, W., Singer, P. & Badur-Seifert, E. (1996). Abbau von Fremdenfeindlichkeit: Kooperatives Lernen in ethnisch gemischten Ausbildungswerkstätten. Heidelberg: Assanger.

Lehmann, R. & Seeber, S. (2007). Untersuchungen von Leistungen, Motivation und Einstellungen der Schülerinnen und Schüler in den Abschlussklassen der Berufsschulen (ULME III). Behörde für Bildung und Sport.

Mayer, E., Schumm, W., Flaake, K., Gerberding, H. & Reuling, J. (1981). Betriebliche Ausbildung und gesellschaftliches Bewusstsein. Die berufliche Sozialisation Jugendlicher. Frankfurt a. M.: Campus.

Maier, A., Nitzschke, A., Nickolaus, R., Schnitzler, A., Velten, S. & Dietzen, A. (2014). Der Einfluss schulischer und betrieblicher Ausbildungsqualität auf der Entwicklung des Fachwissens. In: M. Stock, P. Schlögl, K. Schmid & D. Moser (Hrsg.), Kompetent – wofür? Life-Skills- Beruflichkeit- Persönlichkeitsbildung. Innsbruck.

Mokhonko, S. (2016). Nachwuchsförderung im MINT-Bereich. Aktuelle Entwicklungen, Fördermaßnahmen und ihre Effekte. Stuttgart: Steiner.

Nickolaus, R. & Bickmann, J.(2002). Kompetenz- und Motivationsentwicklung durch Unterrichtskonzeptionsformen. Die berufsbildende Schule, 54(7–8), 236–243.

Nickolaus, R., Rosendahl, J., Gschwendtner, T., Geißel, B. & Straka, G. A. (2010). Erklärungsmodelle zur Kompetenz- und Motivationsentwicklung bei Bankkaufleuten, Kfz-Mechatronikern und Elektronikern. Zeitschrift für Berufs- und Wirtschaftspädagogik, 23. Beiheft, 73–87.

Nickolaus, R., Geißel, B., Abele, S. & Nitzschke, A. (2011). Fachkompetenzmodellierung und Fachkompetenzentwicklung bei Elektronikern für Energie- und Gebäudetechnik im Verlauf der Ausbildung – ausgewählte Ergebnisse einer Längsschnittstudie. Zeitschrift für Berufs- und Wirtschaftspädagogik, 25 Beiheft, 77–94.

Nickolaus, R. & Seeber, S. (2013). Berufliche Kompetenzen: Modellierungen und diagnostische Verfahren. In: A. Frey, U. Lissmann & B. Schwarz (Hrsg.), Handbuch Berufspädagogische Diagnostik, 166–195. Weinheim: Beltz.

Nickolaus, R., Abele, S., Gschwendtner, T., Nitzschke, A. & Greiff, S. (2012). Fachspezifische Problemlösefähigkeit in gewerblich-technischen Ausbildungsberufen – Modellierung, erreichte Niveaus und relevante Einflussfaktoren. Zeitschrift für Berufs- und Wirtschaftspädagogik 108, 243–272.

Nickolaus, R., Heinzmann, H. & Knöll, B. (2005). Ergebnisse empirischer Untersuchungen zu Effekten methodischer Grundentscheidungen auf die Kompetenz- und Motivationsentwicklung in gewerblich-technischen Berufsschulen. Zeitschrift für Berufs- und Wirtschaftspädagogik, 101(1), 58–78.

Nickolaus, R. u. a. (2016). Physikalisch-technische Eingangskompetenzen von Studierenden der Ingenieurwissenschaften. Bundesministerium für Bildung und Forschung (Hrsg.), Bildungsforschung 2020. Berlin.

Nickolaus, R., Nitzschke, A., Maier, A., Schnitzler, A., Velten, St. & Dietzen, A. (2015). Einflüsse schulischer und betrieblicher Ausbildungsqualitäten auf die Entwicklung des Fachwissens und die fachspezifische Problemlösekompetenz. Zeitschrift für Berufs- und Wirtschaftspädagogik, Band 111(3), 333–358.

Nitzschke, A., Nickolaus, R., Velten, S., Maier, A., Schnitzler, A. & Dietzen, A. (2016). Kompetenzstrukturen im Ausbildungsberuf Fachinformatiker/in. In: A. Dietzen, R. Nickolaus, B. Rammstedt & R. Weiß (Hrsg.), Kompetenzorientierung. Berufliche Kompetenzen entwickeln, messen und anerkennen, Bielefeld, 189–208.

Norwig, K., Petsch, C. & Nickolaus, R. (2017). Professional Competencies of Building Trade Apprentices after their first Year of Training. In: D. Leutner, J. Fleischer, J.Grünkorn & E. Klieme (Hrsg.), Competence Assessment in Education, Research, Models and Instruments (203–220). Cham: Springer.

Oser, F. (1981). Moralische Erziehung als Intervention. Unterrichtswissenschaft, 3, 207–224.

Petsch, C., Norwig, K. & Nickolaus, R. (2015). Berufsfachliche Kompetenzen in der Grundstufe Bautechnik. Strukturen, erreichte Niveaus und relevante Einflussfaktoren. In: A. Rausch (Hrsg.), Konzepte und Ergebnisse ausgewählter Forschungsfelder der beruflichen Bildung. Festschrift für Detlef Sembill. (59–88). Baltmannsweiler: Schneider Verlag Hohengehren.

Petsch, C., Norwig, K. & Nickolaus, R. (2012). Individuelle Förderung in der beruflichen Grundbildung. Das berufsbezogene Strategietraining BEST. Die berufsbildende Schule. Heft 11(12), 317–324.

Pittich, D. (2013). Diagnostik fachlich-methodischer Kompetenzen. Stuttgart: Fraunhofer IRB Verlag.

Rauner, F. (1996). Gestaltungsorientierte Berufsbildung. In: H. Dedering (Hrsg.), Handbuch zur arbeitsorientierten Bildung (411–430). München/Wien: Oldenburg.

Rohmert, W., Rutenfranz, J. & Ulich, E. (1971). Das Anlernen sensomotorischer Fertigkeiten. Wirtschaftliche und soziale Aspekte des technischen Wandels in der Bundesrepublik Deutschland, Siebenter Band. Frankfurt am Main: Europäische Verlagsanstalt.

Schelten, A.(2005). Grundlagen der Arbeitspädagogik. Stuttgart: Steiner.

Sonntag, K. & Schaper, N. (Hrsg.) (1997). Störungsmanagement und Diagnosekompetenz. Leistungskritisches Denken und Handeln in komplexen technischen Systemen. Zürich: vdf Hochschulverlag (Mensch Technik Organisation; Bd.13).

Sonntag, K., Schaper, N. & Hochholdinger, S. (2004). Förderung des Transfers von Diagnosestrategien durch computergestütztes Training mit kognitiver Modellierung. Zeitschrift für Personalpsychologie, 3(2), 51–62. Göttingen: Hogrefe.

Walker, F. (2013). Das technische Experiment – Ein Vergleich von Schüler-, Demonstrationsexperiment und dem lesenden Bearbeiten eines Experiments –. Journal of Technical Education (JOTED), 1(1), 75–97.

Walker, F., Link, N., van Waveren, L., Hedrich, M., Geißel, B. & Nickolaus, R. (2016). Berufsfachliche Kompetenzen von Elektronikern für Automatisierungstechnik- Kompetenzdimensionen, Messverfahren und erzielte Leistungen (KOKO EA). In: K. Beck, M. Landenberger & F. Oser (Hrsg.), Technologiebasierte Kompetenzmessung in der beruflichen Bildung. Ergebnisse aus der BMBF-Förderinitiative ASCOT, 139–170.

Wülker, W. (2004). Differenzielle Effekte von Unterrichtskonzeptionsformen in der gewerblichen Erstausbildung in Zimmererklassen- eine empirische Studie. Aachen: Shaker 2004.

Walker, F. (2013). Der Einfluss von Handlungsmöglichkeiten auf den Wissenserwerb bei der Durchführung von technischen Experimenten. Universität Duisburg-Essen.

Zinn, B., Wyrwal, M., Sari, D. & Lois, A. (2015). Förderung von Auszubildenden im Berufsfeld Metalltechnik. Zeitschrift für Berufs- und Wirtschaftspädagogik, 111(1), 56–78.

Zinn, B., Güzel, E., Walker, F., Nickolaus, R., Sari, D. & Hedrich, M. (2015b). ServiceLernLab-Ein Lern- und Transferkonzept für (angehende) Servicetechniker im Maschinen- und Anlagenbau. Journal of Technical Education, Band 3(2).

5.
Bildungs-Praxis

5.1 Technisches Lernen in Kindergarten und Grundschule

Ingelore Mammes (Universität Duisburg-Essen)

Zusammenfassung

Die zunehmende Technisierung der Lebenswelt erfordert technische Literalität. Sie umfasst nicht nur die Entwicklung von Kompetenzen, sondern auch den Aufbau positiver Einstellungen, Überzeugungen und Haltungen. Solche selbstbezogenen Kognitionen bilden sich früh aus und sind mit zunehmendem Alter schwer veränderbar (vgl. Martschinke 2005). Daher kommt frühen Bildungsprozessen besondere Bedeutung zu. Solche bildungswirksamen Lernsituationen müssen sich an der kindlichen Lebenswelt orientieren, in der von Kindern technische Phänomene wahrgenommen werden (z. B. Sahneschlagen). Bildungspläne in Kindergarten und Grundschule berücksichtigen ein solches Lernen zwar theoretisch, die praktische Umsetzung technischer Bildung erfolgt jedoch zumeist nur randständig.

Abstract

Technology Education in Early Childhood

The increasing mechanization in our environment requires technological literacy. This does not only include the development of competencies but also of positive beliefs and attitudes towards technology. Such self-cognitions develop in early childhood and are difficult to change in adulthood (cf. Martschinke 2005). Thus, technology education in early childhood is particularly significant. The learning settings have to be oriented on the children's perspective in which children do perceive technological phenomena. Curricula for kindergartens and primary schools consider technological learning theoretically, but the practical implementation is still lacking.

1 Zur Notwendigkeit technischen Lernens in frühen Bildungsprozessen

Die zunehmende Technisierung der Lebenswelt erfordert technische Bildung. Sie muss einerseits der Qualifizierung von Fachkräften dienen und andererseits ein Angebot für „alle" sein, um so die Entwicklung einer technikmündigen Gesellschaft voranzutreiben (vgl. VDI 2012, S. 2; vgl. Mammes & Tuncsoy 2013).

Auseinandersetzungen in Bildungsinstitutionen sollen daher eine technische Literalität ausbilden. Dies ist die Fähigkeit Technik einzusetzen, zu verstehen und zu evaluieren sowie technische Konzepte und Prozesse zu nutzen, um Probleme zu lösen (ITEA 2007 S. 2). Damit ist nicht nur ein Kompetenzerwerb verbunden, sondern auch der Aufbau positiver Einstellungen, Überzeugungen und Haltungen, die nur in einer aktiven Auseinandersetzung mit Technik erworben werden können.

Dagegen können mangelnde Erfahrungen im Umgang mit Technik die Vorstellung ausbilden, geringe Fähigkeiten und unpassende Eigenschaften im Umgang mit Technik zu besitzen. Folglich werden Auseinandersetzungen mit Technik vermieden und vielfältige Lebensperspektiven, wie z. B. die Wahlmöglichkeiten technisch geprägter Studiengänge und Berufe ausgeschlossen (vgl. acatech & VDI 2009; Mammes 2001).

Solche selbstbezogenen Kognitionen bilden sich früh aus und sind mit zunehmendem Alter schwer veränderbar (vgl. Martschinke 2005). Daher kommt frühen Bildungsprozessen besondere Bedeutung zu, in deren Mittelpunkt vor allem die Ausbildung positiver Kognitionen steht. So tragen sie zur Entwicklung eines enttäuschungsfesten Selbstvertrauens in die eigenen Fähigkeiten bei und fördern so in besonderer Weise lebenslanges Lernen.

2 Frühes Lernen an technischen Phänomenen

2.1 Technische Phänomene – eine Begriffsbestimmung

Bildungswirksame Lernsituationen müssen sich an der kindlichen Lebenswelt orientieren (Graube & Mammes 2015). Die Auseinandersetzung des Kindes mit seiner Lebenswelt erfolgt jedoch zumeist ganzheitlich über die Wahrnehmung von Phänomenen, denen es im Alltag begegnet (z. B. das Sahneschlagen). Diese Phänomene sind oft mehrdimensional und folgen interdisziplinären Erklärungen (Schlagsahne: Chemie = Fett-in-Wasser-Emulsion & Technik = elektrischer Sahnebesen). Technische Phänomene sind dabei Erscheinungen der technischen Welt, die sich wie folgt definieren lässt: In der Unterscheidung zur Natur, die als etwas ‚Gegebenes' verstanden wird, lässt sich Technik als etwas vom Menschen ‚Gemachtes', ‚Hervorgebrachtes' oder ‚Erzeugtes' definieren und wird darüber hinaus als sozio-technisches System begriffen (Banse 2013, S. 26; vgl. Ropohl 2009). Damit schließt Technik „nicht nur die von Menschen gemachten Gegenstände (technische Sachsysteme, ‚Artefakte') selbst, sondern […] auch deren Entstehungs- und Verwendungszusammenhänge (‚Kontexte') ein" (Banse 2013, S. 27). Dabei ist Technik auch ein Ausdruck für ein erzwungenes, komplexes und zielgerichtetes Zusammenwirken von Naturvorgängen und ein Kompromiss zwischen Gewünschtem und Machbarem (z. B. naturgesetzlich, ökologisch, ökonomisch, politisch). Ihr Wesen besteht im Handeln zur Erschaffung von Artefakten zur Befriedigung menschlicher Bedürfnisse. Dieser Zusammenhang lässt sich in der Triade Bedürfnis – Handeln – Artefakt beschreiben (vgl. Graube & Mammes 2015).

Damit sind technische Phänomene vorgefundene technische Artefakte und technische Prozesse, beispielsweise das Auto und die Bewegung eines Autos oder die Herstellung von Schlagsahne. Sie sind Ergebnis technisch-gestalterischen Denkens und Handelns und beruhen auf naturgesetzlichen Wirkungsweisen. Daher sind in technischen Phänomenen immer auch natürliche Phänomene enthalten.

2.2 Bedingungen frühen Lernens

Kinder ergründen ihre Lebenswelt im spielerischen und ausprobierenden Handeln. Dabei beobachten sie, entwickeln weitere Ideen und nähern sich auf diese Art neuen Erkenntnissen. Dieses Vorgehen der „… neugierigen und wissbegierigen Wesen …" (Anders et al. 2013, S. 30) ist durchaus gezielt. Aber immer ist ihr Zugang ganzheitlich und der Auslöser die Wahrnehmung eines Phänomens. „Betrachtet man Bildung nicht im Sinne von Bildungsziel, sondern als Aktivität, die vom Kinde ausgeht, so kann man diese auch als Aneignung von Welt im Sinne von Selbstbildung verstehen, wobei dem Elementarbereich die Aufgabe zukommt, bei diesem Prozess helfend die Hand auszustrecken" (Lück 2003, S. 20).

Dabei wird davon ausgegangen, dass der Erwerb von Kompetenzen verschiedener Domänen (Sprache, Naturwissenschaften, Technik) schon mit der Geburt beginnt und Umwelt als entscheidender Einflussfaktor gilt. Damit ist technikwissenschaftliche Sozialisation mit ihrer Anregung durch bereitgestelltes Material, Unterstützung durch LernbegleiterInnen und Bereitstellung von Lerngelegenheiten von entscheidender Bedeutung. Bildungsinstitutionen müssen diese Sozialisationsprozesse unterstützen und ggf. Defizite ausgleichen (vgl. Anders et al. 2013).

Kinder besitzen demnach bereits Vorstellungen über Phänomene. Ziel der bildenden Institution muss es sein, diese Vorstellungen ggf. zu modifizieren und „… ein erfahrungsbasiertes, anschlussfähiges und alltagsnahes Wissen über grundlegende Konzepte zu entwickeln" (Anders et al. 2013, S. 47). Eine solche Entwicklung ist durch Umstrukturierung, Differenzierung und Integration von Wissen geprägt, die Vorstellungen im Laufe der Zeit verändert. Dabei können auch inkompatible Vorstellungen zwischenzeitlich simultan vertreten werden. Diese Entwicklung grundlegenden Wissens kann in gleicher Weise für verschiedene Domänen angenommen werden. Der Erwerbsprozess des Wissens muss dabei immer erfahrungsorientiert in Alltagssituationen erfolgen, in denen Kinder Phänomene der Lebenswirklichkeit wahrnehmen, beschreiben und vergleichen können (vgl. Anders et al. 2013).

3 Technisches Lernen in Kindergarten und Grundschule

3.1 Technisches Lernen im Kindergarten

Naturwissenschaftliche Wissensbestände sind nach Fthenakis (2009) in den aktuellen Bildungsplänen für den Elementarbereich vorhanden. Für den technischen Inhaltsbereich liegen noch keine systematischen Analysen vor. Beispielhaft kann aber die Domäne Technik anhand des zufällig ausgewählten Rahmenplans für Bildung und Erziehung im Elementarbereich des Bundeslands Bremen vorgestellt werden (vgl. Die Senatorin für Soziales, Kinder, Jugend und Frauen 2004).

Dabei wird dort Bildung in aktiver Aneignung als Selbstbildung verstanden, die deshalb dem Konzept des ganzheitlichen und forschenden Lernens folgt mit dem Leitprinzip, Lernen im Spiel zu vollziehen. Demnach bilden sich Kinder, indem sie sich aktiv mit ihrer persönlichen, gesellschaftlichen und materiellen Umwelt auseinandersetzen. Konstruktivistischen Lernauffassungen folgend soll jedes Kind dabei seine eigenen Bilder von der Welt konstruieren.

Hintergrund bildet das Ausgehen von einer reduzierten technikwissenschaftlichen Sozialisation, nach der die Lebenswelt, in der Kinder sich heute bewegen, nicht das Maß an Anregungen und Betätigungen zu bieten hat, welche aber u. a. auch für die Entwicklung des Wissensdrangs notwendig sind. Daher werden frühbildende Einrichtungen im Selbstverständnis Bremens als Institutionen gesehen, die einen erweiterten Erfahrungsraum anbieten und damit die notwendige Grundlage schaffen, elementares Wissen und grundlegende Fähigkeiten in unterschiedlichen Bereichen ausbilden zu können.

Mit diesem Verständnis sollten Bildungsangebote stets verschiedene Bereiche ansprechen. So soll „… über Erfahrungen mit Naturphänomenen ebenso wie über eigenes Forschen und Experimentieren (…) ein Verständnis für naturwissenschaftliche Gesetzmäßigkeiten, die auch allen technischen Anwendungen zu Grunde liegen" (Die Senatorin für Soziales, Kinder, Jugend und Frauen 2004, S. 28) aufgebaut werden. Auch wird im Bildungsplan darauf verwiesen, dass sich Anlässe, natur- und technikwissenschaftliche Zusammenhänge aufzugreifen, besonders im Umgang mit der Natur, dem künstlerischen und technischen Gestalten ergeben, weshalb diesen Thematiken ein Bildungsbereich „Natur, Umwelt und Technik" zugeordnet werden.

Technik scheint demnach in einer Integration mit den Naturwissenschaften im Bildungs- und Erziehungsplan in frühen Bildungsprozessen zumindest konzeptionell und auf Basis der in diesem Alter stattfindenden Lernprozesse intendiert. Eine überblicksartige Betrachtung anderer Bildungs- und Erziehungspläne erbrachte ein ähnliches Bild mit ähnlichen Argumentationsmustern. So nennt z. B. das Bundesland Bayern „Naturwissenschaft und Technik" als themenbezogenen Bildungs- und Erziehungsbereich (Bayerisches Staatsministerium für Arbeit, Sozialordnung, Familie und Frauen 2012). In Nordrhein-Westfalen wird ein „naturwissenschaftlich-technischer" Bildungsbereich benannt (Ministerium für Schule und Weiterbildung des Landes NRW, 2010), während im Saarländischen Bildungsprogramm für Kindergärten der Bildungsbereich

„naturwissenschaftliche und technische Grunderfahrungen" (Minister für Bildung, Kultur und Wissenschaft 2006) angeführt wird. Dabei wirkt die Koppelung beider Bereiche intuitiv und nicht wie ein theoriegeleiteter Verständigungsrahmen, der für eine bildungswirksame Auseinandersetzung wichtige Entscheidungsfelder umfasst und zueinander in Beziehung setzt (vgl. Kahlert 2007). Eine systematische Analyse der konzeptionellen Verankerung und systematischen Umsetzung steht jedoch noch aus. Auf dem Papier scheint eine Anschlussfähigkeit an die weiterführende Bildungsinstitution Grundschule dennoch möglich.

3.2 Technisches Lernen in der Grundschule

Den kindlichen Auseinandersetzungsbedürfnissen folgend muss technische Bildung im Grundschulunterricht einer tragfähigen Konzeption folgen. Es lassen sich nachfolgende Ansätze unterscheiden:

Winfried Schmayl (vgl. Schmayl 1994) unterscheidet den stärker fachlichen, mehrperspektivischen oder integrativen Ansatz. Der fachliche Ansatz beansprucht dabei ein eigenständiges Unterrichtsgebiet für die technische Elementarbildung während der mehrperspektivische innertechnische Themenstellungen mit technikübergreifenden Zusammenhängen verknüpft. Der integrative Ansatz thematisiert Technik in komplexen Lebenssituationen, innerhalb derer dann fachliche Aspekte vertieft werden.

Harald Schaub (2003) unterscheidet den problembezogenen, kindorientierten und teilweise mehrperspektivischen Ansatz, in dem eine fachliche Systematik mit überfachlichen Aspekten verknüpft wird, des Weiteren den historisch-genetischen, problembezogenen und handlungsprozessorientierten Ansatz. Kinder sollen hier in Originalsituationen zurückgeführt werden, in denen der technische Gegenstand einst entstand. Anhand einer problemorientierten und handlungsintensiven Auseinandersetzung zwischen Kind und Sache wird ein Nachentwickeln und Nacherfinden angeregt. Beim integrativen Ansatz schließlich werden fachliche Inhalte in komplexe Themenbereiche aus der Lebenswelt des Kindes integriert. Letzterer scheint am ehesten der Auseinandersetzung mit technischen Phänomenen gerecht zu werden und sollte daher im Unterricht zu Grunde gelegt werden.

Die bildungspolitische Implementation technischer Bildung in Grundschulen kann am ehesten über die Analyse der Richtlinien und Lehrpläne erfolgen. Zuletzt hat Biester im Jahr 1996 eine solche Auswertung für die Technik vorgenommen. Die Analyse ergab, dass technische Inhalte in den meisten Plänen unterrepräsentiert waren. „Wo sie aufgeführt werden, erscheinen sie vereinzelt, beliebig und deshalb einer kontinuierlichen Entwicklung nicht zugänglich" (Biester o. J., S. 105). Andere Analysen verweisen ebenfalls auf die starke Unterrepräsentanz von Naturwissenschaften und Technik (vgl. Einsiedler 2002).

Die hier vorgestellte „Aspektuntersuchung" (Blaseio 2004, S. 67) des Inhaltsbereichs „Technik" erzeugt eine Momentaufnahme der aktuellen Verteilung technischer Inhalte in den Lehrplänen.

Technik existiert in der Primarstufe nicht als einzelnes Fach, sondern ist in den 16 Bundesländern zumeist im Unterrichtsfach „Sachunterricht" bzw. „Heimat- und Sachkunde" integriert. Um entsprechend der Empfehlungen der KMK (2009) Einfluss auf eine Homogenisierung der Lehrpläne in den 16 Bundesländern zu nehmen und dadurch eine institutionelle Verankerung bestimmter Inhalte und Methoden sicherzustellen, hat die Gesellschaft für Didaktik des Sachunterrichts in ihrer Expertise den „Perspektivrahmen Sachunterricht" entwickelt (vgl. GDSU 2013; 2002). Er hat nach Möller (2010) dazu beigetragen, dass die technische Bildung in den Lehrplänen mehr Beachtung findet. Daher scheint sein Konzept für die technische Bildung der Primarstufe analytisch besonders bedeutsam.

Das vorgestellte Positionspapier der ExpertInnen verweist auf die Bedeutung technischer Bildung für den Sachunterricht und stellt Inhaltsbereiche sowie konkrete Handlungs-, Arbeits- und Denkweisen technischer Bildung vor. Nach Möller (2010) müssten demnach Entsprechungen in den Lehrplänen der unterschiedlichen Bundesländer zu finden sein. Daher orientiert sich das Kategorienschema der Inhaltsanalyse an den perspektivenbezogenen Themenbereichen des Perspektivrahmens Sachunterricht (vgl. GDSU 2013).

Im ersten Schritt der Analyse wurden die Sachunterrichtslehrpläne auf das Schlagwort Technik hin gesichtet. Damit wird ein Überblick erzeugt, in welchen Lernfeldern der unterschiedlichen Lehrpläne der Gegenstandsbereich Technik verankert ist. Im zweiten Schritt wurden die Lehrpläne hinsichtlich technischer oder technikbezogener Inhalte ausgewertet. Dazu werden die im ersten Schritt gesicherten technikbezogenen Lernfelder bzw. Themenbereiche inhaltlich untersucht. Hierzu werden die Inhalte paraphrasiert und im Rahmen einer Generalisierung den perspektivbezogenen Themenbereichen der technischen Perspektive (vgl. Tab. 2, Tab. 4) des Perspektivrahmens zugeordnet. In dem so entstehenden Kategorienschema wird anschließend eine Reduktion der Paraphrasen der einzelnen Bundesländer vorgenommen. Somit ergibt sich eine tabellarische Gesamtübersicht der Inhalte.

Ergebnisse

Fast alle Bundesländer enthalten in ihrem Sachunterrichtslehrplan einen Bereich, in dem technische Inhalte abgebildet sind. Auffällig hierbei ist, dass sowohl
- die Benennung des Themenbereichs „Technik" (Perspektive, Themenfeld, Lernbereich, Lernfeld, etc.),
- die Gliederung des Themenbereichs als auch
- die einzelnen Inhalte in jedem Bundesland andersartig gestaltet sind (Beispiel Abb. 1 und Abb. 2).

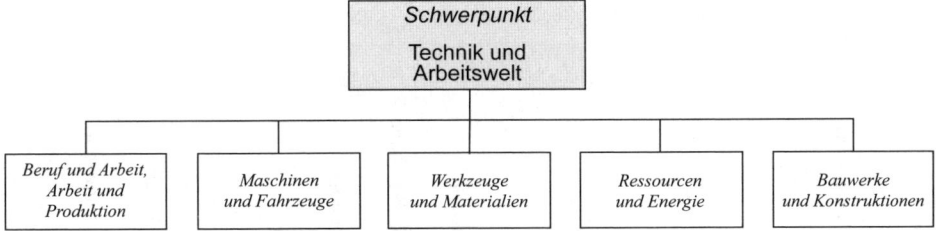

Abbildung 1: Beispiel Lehrplankonzeption Nordrhein-Westfalen

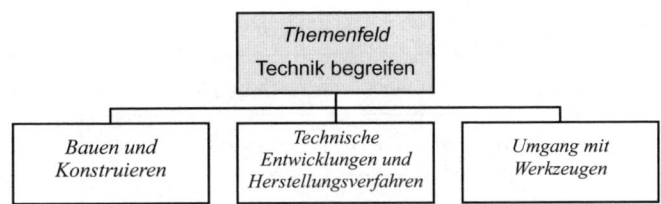

Abbildung 2: Beispiel Lehrplankonzeption Ländergruppe Berlin/Brandenburg/Mecklenburg-Vorpommern

Diese erste Sichtung des Materials verdeutlicht, dass Inhalte und Methodik zumeist nicht eindeutig voneinander abgegrenzt werden. Der Perspektivrahmen gibt eine solche Trennung – zum einen in die Inhaltsbereiche, zum anderen in konkrete Handlungs-, Arbeits- und Denkweisen – jedoch vor (vgl. GDSU 2013, S. 64). Dementsprechend wird dieser Aspekt in der Analyse berücksichtigt.

Die Übersicht der Inhaltsverteilung (siehe Tab. 1, Tab. 3) zeigt, dass fast alle Bundesländer alle Inhaltsteilbereiche bedienen.

Tabelle 1: Übersicht der Inhaltsverteilung (länderabhängig)

	Baden-Württemberg	Bayern	Berlin/ Brandenburg/ Mecklenburg-Vorpommern	Bremen	Hamburg	Hessen	Niedersachsen	Nordrhein-Westfalen	Rheinland-Pfalz	Saarland	Sachsen	Sachsen-Anhalt	Schleswig-Holstein	Thüringen
TE 1	x	o	x	x	x	o	X	X	o	x	O	o	o	O
TE 2	x	x	x	x	x	x	X	X	x	x	X	o	x	X
TE 3	o	x	x	x	x	o	X	X	x	x	X	o	x	X
TE 4	x	x	x	x	x	x	X	X	x	x	X	o	x	X
TE 5	x	o	x	x	x	x	X	X	x	x	X	o	x	X

Die Zuordnung zu den Themenbereichen (siehe Tab. 1, Tab. 2) zeigt zusammenfassend, welche technischen Inhalte in den Lehrplänen vertreten sind. Die Verteilung ist sehr heterogen. Auch der Umfang der Inhaltsbeschreibungen unterscheidet sich stark und reicht von wenigen Zeilen (z. B. Bayern) bis hin zu ein bis zwei Seiten (z. B. Nordrhein-Westfalen, Hamburg). Teilweise werden zur besseren Veranschaulichung Beispiele genannt, gelegentlich die Bereiche nur grob durch Stichworte umrissen.

Tabelle 2: Zuordnung zu den perspektivbezogenen Themenbereichen technischer Bildung

Perspektivbezogene Themenbereiche	Generalisierte Inhalte	Beispiele[1]
TE 1 **Stabilität bei technischen Gebilden**	– Modellbaukästen – Modellzeichnungen – Modellbau – Stabilitätsproblematik – Bauwerke	– *Brücken* – *Türme* – *Kran* – *Schiff* – *Räderfahrzeug*
TE 2 **Werkzeuge, Geräte und Maschinen**	– Alltags- und Spielgeräte – Maschinen – Werkzeuge – Materialkunde – Sachgerechter Umgang – Funktionsweisen	– *Fahrrad* – *Hebel* – *Kompass* – *Bohrmaschine* – *Staubsauger* – *Mixer*

1 Hier werden einige Beispiele aus den Lehrplänen exemplarisch wiedergegeben.

Perspektivbezogene Themenbereiche	Generalisierte Inhalte	Beispiele[1]
TE 3 **Arbeitsstätten und Beruf**	– Produktionsablauf – Herstellungsverfahren – Handwerkliche/industrielle Fertigung – Arbeitsteilung – Folgewirkungen – Berufsbilder, Formen von Arbeit – Berufsstätten	– Brötchenherstellung – Regionale Produkte – Schule – Feuerwehr/Polizei – Arbeitslosigkeit
TE 4 **Umwandlung und Nutzung von Energie**	– Energiesparen – Energieübertragung/ -umwandlung – Energieträger/ -formen – Energiegewinnung – Energienutzung – Strom/Elektrizität – Magnetismus	– Wärme – Gezeitenkraftwerk – Wasserkraft – Puppenhausbeleuchtung – Stoßlüften – Energiesparlampen – Lichtanlage beim Fahrrad
TE 5 **Technische Erfindungen**	– Forscher/ Erfinder – Erfindungen – Technische Errungenschaften – Folgewirkungen	– Galileo Galilei – Druckerei – Glühbirne

Im Ergebnis der Analyse wird deutlich, dass die Inhalte
- „Alltags- und Spielgeräte",
- „Modellbau",
- „Stabilität/Überbrückung",
- „sachgerechter Umgang mit Werkzeugen, Maschinen und Geräten" und
- „Materialkunde"

vermehrt in den Sachunterrichtslehrplänen der Bundesländer zu finden sind. Zusätzlich ist in nahezu allen Bundesländern im Zusammenspiel mit der Verkehrserziehung das Themenfeld „Fahrrad" verankert. Dabei bleibt oft unklar, ob es aus technischer Perspektive betrachtet werden soll.

Anzumerken ist, dass einige Bundesländer neben dem Sachunterricht das Fach „Werken", „Werkerziehung" oder „Gestaltendes Werken" anbieten. Hier werden zum Teil ebenfalls technische Inhalte vermittelt. Vermehrt geht es in dem Fach jedoch um das klassische „Werken" an sich, also das Erschaffen und handwerkliches Bauen mit Materialen und (Bau-) Stoffen. Technische Zusammenhänge und Hintergründe sind dabei oft nicht Gegenstand der Auseinandersetzung. Zum Teil behandelt das Fach Werken auch gänzlich musisch-gestalterische Aspekte (vgl. Wessels 1969; Sellin 1972).

Die Analyse der Lehrpläne für die Primarstufe zeigt insgesamt, dass technische Inhalte vielfältig vorhanden sind. Der bildungspolitische Rahmen zur Umsetzung technischer Bildung ist damit gegeben. Somit scheint die Situation technischer Bildung in der Grundschule seit den letzten Untersuchungen (vgl. Blaseio 2004; Einsiedler 2002; Biester o. J.) deutlich verbessert.

4 Fazit

Technische Bildung wird in einer durch Technik geprägten Gesellschaft immer bedeutsamer. Dabei soll sie nicht nur einem ‚technischen Analphabetismus' vorbeugen und technische Literalität entwickeln, sondern darüber hinaus auch auch identitätsstiftend sein. Dabei müssen solche Bildungsprozesse früh einsetzen, da sich selbstbezogene Kognitionen bereits in der frühen Kindheit entwickeln und Stabilität aufweisen. Bildungspolitisch wird dieses Ziel durch die Implementation technischer Bildung in Kindergarten und Grundschule verfolgt.

Dabei folgt der elementarbildende Bereich den Ansprüchen kindlichen Lernens und legt ganzheitliches Lernen an Phänomenen zu Grunde. Aufgrund dessen sind disziplinär angelegten Begegnungen des Kindes mit der Lebenswelt eher selten und in Rahmenplänen eher als thematische Begegnungen zu finden.

Die Grundschule als Eingangsstufe des Bildungswesens für alle Schülerinnen und Schüler verfolgt technische Bildung in ihren Richtlinien und Lehrplänen stärker als in den 1990er Jahren. Dennoch werden natur- und technikwissenschaftliche Inhalte in Kindergarten und Grundschule oft vernachlässigt (vgl. Mammes & Tuncsoy 2013). Dies scheint auf die mangelnde Professionalisierung der Lehrkräfte in dieser Domäne zurückzuführen zu sein (vgl. Möller et al. 1996; Mammes et al. 2012; Mammes & Schaper 2012).

Technische Bildung in frühen Bildungsprozessen braucht daher noch Entwicklungsarbeit, um dadurch langfristig die Entwicklung einer technikmündigen Gesellschaft zu unterstützen.

Literatur

Acatech & VDI (2009). Nachwuchsbarometer Technikwissenschaften. München & Düsseldorf: Ley + Wiegandt.
Anders, Y., Hardy, I., Pauen, S. & Steffensky, M. (2013). Zieldimensionen früher naturwissenschaftlicher Bildung im Kita-Alter und ihre Messung. In: Stiftung Haus der kleinen Forscher (Hrsg.), Wissenschaftliche Untersuchungen zur Arbeit der Stiftung „Haus der kleinen Forscher", Band 5 (19–82). Schaffhausen: Schubi Lernmedien AG.
Banse, G. (2013). Erkennen und Gestalten – oder: über Wissenschaften und Machenschaften. In: W. Bienhaus & W. Schlagenhauf (Hrsg.), Technische Bildung im Verhältnis zur naturwissenschaftlichen Bildung (21–49). Offenbach am Main: BE.ER-Konzept.
Bayerisches Staatsministerium für Arbeit und Sozialordnung, Familie und Frauen (Hrsg.). (2012). Der Bayerische Bildungs – und Erziehungsplan für Kinder in Tageseinrichtungen bis zur Grundschule. Berlin: Cornelsen.
Biester, W. (o. J.). Praktisches Lernen und technische Bildung in der Grundschule. Bestandsaufnahme und Ausstattungsempfehlungen (105). Düsseldorf: VDI.
Blaseio, B. (2004). Entwicklungstendenzen der Inhalte des Sachunterrichts. Eine Analyse von Lehrwerken von 1970 bis 2000. Bad Heilbrunn: Klinkhardt, 67.

Die Senatorin für Soziales, Kinder Jugend und Frauen (2004). Rahmenplan für Bildung und Erziehung im Elementarbereich – Bremen (28). Bremen-Brinkum: Scharnhost & Reinke.

Einsiedler, W. (2002). Empirische Forschung zum Sachunterricht – Ein Überblick. In: K. Spreckelsen, C. Möller & A. Hartinger (Hrsg.), Ansätze und Methoden empirischer Forschung zum Sachunterricht (17–31). Bad Heilbrunn: Klinkhardt.

Fthenakis, W. E. (Hrsg.) (2009). Frühe naturwissenschaftliche Bildung. Troisdorf: Bildungsverlag Eins.

Gesellschaft für Didaktik des Sachunterrichts (GDSU) (2002). Perspektivrahmen Sachunterricht. http://www.gdsu.de/wb/media/upload/pr_gdsu_2002.pdf, Stand vom 22.09.2016.

Gesellschaft für Didaktik des Sachunterrichts (GDSU) (Hrsg.) (2013). Perspektivrahmen Sachunterricht. Völlig überarbeitete und erweiterte Ausgabe. Bad Heilbrunn.

Graube, G. & Mammes, I. (2015). Kinder in der Auseinandersetzung mit ihrer natürlichen und technischen Lebenswelt – Ein didaktisches Konzept zur Unterstützung früher Bildungsprozesse. In: Stiftung Haus der kleinen Forscher (Hrsg.), Wissenschaftliche Untersuchungen zur Arbeit der Stiftung „Haus der kleinen Forscher", Band 7, Schaffhausen: Schubi Lernmedien AG.

ITEA (Ed.) (2007). Standards for Technical Literacy. Virginia.

Kahlert, J. (2007). Wozu dienen Konzeptionen. In: J. Kahlert, M. Fölling-Albers, M. Götz, A. Hartinger, D. von Reeken & S. Wittkowske (Hrsg.). Handbuch Didaktik des Sachunterrichts (215–219). Bad Heilbrunn: Klinkhardt.

KMK – Kultusministerkonferenz (2009). Empfehlung der Kultusministerkonferenz zur Stärkung der mathematisch-naturwissenschaftlich-technischen Bildung. http://www.kmk.org/fileadmin/veroeffentlichungen_beschluesse/2009/2009_05_07-Empf-MINT.pdf, Stand vom 06.09.2013.

Lück, G. (2003). Handbuch der naturwissenschaftlichen Bildung. Theorie und Praxis für die Arbeit in Kindertageseinrichtungen (20). Freiburg, Basel & Berlin: Herder.

Mammes, I. (2001). Förderung des Interesses an Technik durch technischen Sachunterricht. Eine Untersuchung zum Einfluss technischen Sachunterrichts auf die Verringerung von Geschlechterdifferenzen im technischen Interesse. Frankfurt a. M.: Verlag Peter Lang.

Mammes, I. (2001). Noten im Sachunterricht? Das „Pädagogische Tagebuch" als Alternative zur Ziffernbenotung. Unterricht Arbeit + Technik 3(9), 8–10.

Mammes, I. & Schäffer, K. (2014). Anschlussperspektiven? Technische Bildung in der Grundschule und ihrem Übergang zum Gymnasium. In: A. Liegmann, I. Mammes & K. Racherbäumer (Hrsg.) Facetten von Übergängen im Bildungssystem. Nationale und internationale Ergebnisse empirischer Forschung. Münster: Waxmann. 79–93.

Mammes, I. & Schaper, N. (2012). Zur Konstruktion kompetenzorientierter Erfassung technischer Wissensbestände von Grundschullehrkräften. In: W. Theurkauf (Hrsg.), Erfassung fachlicher Basiskompetenzen zur Qualitätssicherung technischer Bildung (97–107). Frankfurt a. M.

Mammes, I., Schaper, N. & Strobel, J. (2012). Professionalism and Teachers' Beliefs in Teaching Technology Education in Primary Schools in Germany – An area of conflict. In: J. König (Hrsg.), Pedagogical teachers' beliefs and its relation to knowledge and performance (91–109). Bad Heilbrunn: Klinkhardt.

Mammes, I. & Tuncsoy, M. (2013). Technische Bildung in der Grundschule. In: I. Mammes (Hrsg.), Technisches Lernen im Sachunterricht: Nationale und internationale Perspektiven (8–21). Hohengehren: Schneiderverlag.

Martschinke, S. (2005). Identity Development and Self-Concept. In: W. Einsiedler, M. Götz, H. Hacker, J. Kahlert, R. W. Keck & U. Sandfuchs (Hrsg.), Handbuch Grundschulpädagogik und Grundschuldidaktik (265–266). Bad Heilbrunn: Klinkhardt.

Ministerium für Schule und Weiterbildung des Landes Nordrhein-Westfalen (2010). Bildungsförderung im Elementarbereich – Mehr Chancen durch Bildung von Anfang an. Bottrop: Peter Pomp.

Möller, K. (2010). Naturwissenschaftliche und technische Bildung in der Grundschule und im Übergang. In: A. a Campo & G. Graube (Hrsg.), Übergänge gestalten. Naturwissenschaftliche und technische Bildung am Übergang der Primarstufe zur Sekundarstufe (15–35). Düsseldorf: VDI.

Möller, K., Tenberge, K. & Ziemann, U. (1996). Technische Bildung im Sachunterricht. Münster.

Ropohl, G. (2009). Allgemeine Technologie. Eine Systemtheorie der Technik. Karlsruhe: Universitätsverlag.

Schaub, H. (2003). Konzeptionen technischer Bildung im Sachunterricht. In: Grundschule, 9, 8–12.

Schmayl, W. (1994). Technik in der Grundschule. Ansätze technischen Elementarunterrichts. In: tu 74, 16–22.

Sellin, H. (1972). Werkunterricht-Technikunterricht. Düsseldorf: Pädagogischer Verlag Schwann.
VDI – Verein Deutscher Ingenieure (2012). Technische Allgemeinbildung stärkt den Standort Deutschland. http://www.vdi.de/uploads/media/Positionspapier_Technische_Allgemeinbildung.pdf, Stand vom 05.06.2013.
Wessels, B. (1969). Die Werkerziehung. Bad Heilbrunn.

5.2 Technikbezogenes Lernen in der Sekundarstufe 1

Bernd Geißel (Pädagogische Hochschule Ludwigsburg)

Zusammenfassung

Die Entwicklung schulisch organisierten, technikbezogenen Lernens beginnend in der Aufklärungsepoche differenzierte sich über mehrere Entwicklungsstadien hinweg durch den Übergang vom Werken im Anschluss an die 1960er Jahre in einen Technikunterricht aus, der sich primär in drei konkurrierende Ansätze gliedern lässt. Die Diskussion um eine adäquate Gegenstands- und Zielstrukturierung, etwa im Anschluss an die Lehre der Allgemeinen Technologie oder der Problem- und Handlungsfelder ist eng mit diesen Ansätzen verbunden. Die empirische Fundierung der Fachdidaktik Technik, sei es bzgl. der datenbezogenen Deskription der Bildungspraxis oder der Evaluation von Lehr-Lern-Arrangements, ist nur gering ausgebildet. Entsprechend den wenigen vorliegenden Befunden wird die Bildungspraxis z. B. für Baden-Württemberg primär durch die Konstruktions- und Fertigungsaufgabe geprägt und kann daher nicht dem aktuellen Paradigma der Methodenvielfalt folgen. Aktuell liegen vor bzw. entstehen erste empirische Arbeiten zur Lehr-Lern-Forschung, die auch den Kenntnisstand über Effekte von Gestaltungsvarianten technikbezogenen Unterrichts erweitern.

Abstract

Technology Education in Secondary School

School-based technology education, beginning in the Enlightenment, went through several developmental stages, in recent times from the *Werkunterricht* of the 1960s to a modern *Technikunterricht*, that can be classified by three competing approaches. The discussion about an appropriate structure of contents and objectives, e. g. subsequent to the theory of the so-called *Allgemeine Technologie* or *Problem- und Handlungsfelder*, is closely associated with these approaches. The empirical substantiation of the didactical field of technology education, e. g. the description of the educational practice or the evaluation of learning concepts, is rather sparse. Following the few existing findings, the educational practice in the state of Baden-Württemberg is mainly shaped through the construction and manufacturing method and therefore cannot please the current paradigm of methodological diversity. Now initial empirical work concerning teaching-learning research in the school-based technology education is available. This will expand scientific knowledge about effects of divers leaning arrangements in this field.

1 Einleitung

Die Gestaltung technischer Lehr-Lern-Prozesse in der Sekundarstufe 1 des allgemein bildenden Schulwesens sieht sich vielen Problemfeldern gegenüber. Diese Problemfelder existieren in Teilen schon lange, ohne das durch Bildungsadministration, Wissenschaft und Bildungspraxis befriedigende Antworten ausgearbeitet werden konnten. Problemfelder bestehen in der konkurrierenden Ausdifferenzierung technikdidaktischer Ansätze, die sich in Tradition eher unversöhnlich gegenüber standen und stehen, bundeslandspezifisch den Technikunterricht dominieren und zu unterschiedlichen Strukturen in den entsprechenden Lehr- und Bildungsplänen führte (vgl. zu einer Übersicht Hartmann, Kussmann & Scherweit 2008; Mammes u.a. 2016). Diese anhaltende Auseinandersetzung um den geeigneten Zugang zum technischen Lernen führte bzw. führt in der Konsequenz dazu, dass Technik als eigenständiges Fach nicht in allen Bundesländern verankert werden konnte, verkürzend als Anhängsel der Naturwissenschaften gedacht wird und/oder in Fächerverbünden aufgeht. So ist es teilweise schwierig technische Lehr-Lernprozesse in den jeweiligen Lehr- oder Bildungsplänen überhaupt zu identifizieren (vgl. Schlagenhauf 2017, S. 7); ebenso führen die Probleme auch zu sehr kritischen Einschätzungen gegenüber der eigenen Disziplin (vgl. Geißel & Gschwendtner (in Vorbereitung); Tenberg 2016).

Darüber hinaus sieht sich das technikbezogene Lernen auf der Inhaltsebene durch die technische Weiterentwicklung enormen und stetigem Druck ausgesetzt, die auch weitreichende Fragen nach Gelingensbedingungen der Zugänglichkeit technischer Lerninhalte auf dem Niveau der Sekundarstufe 1 aufwerfen.

Mit diesem Beitrag soll in die einleitend angesprochenen Problemfelder ein Überblick zum technikbezogenen Lernen gegeben werden. Nach einigen wichtigen Stationen der Entwicklung des Technikunterrichts und den sich unterschiedlich ausprägenden Ansätzen ab den 1960er Jahren wird die Diskussion zur Inhalts- und Zielstruktur beleuchtet. Im Weiteren werden ausgewählte Ergebnisse der empirischen Lehr-Lernforschung mit direktem Bezug zur schulischen Praxis des technikbezogenen Lernens in der Sekundarstufe 1 gegeben, bevor ein Ausblick den Beitrag schließt.

2 Zur Entwicklung des Technikunterrichts im allgemein bildenden Schulwesen

Beginnend soll zunächst der Begriff Technik thematisiert werden, um den Gegenstand der Betrachtung eingrenzen zu können. Die Verwendungszusammenhänge des Wortes lassen verschiedene Verständnisse hervortreten, die Ropohl in einen engen, mittleren und weiten Technikbegriff klassifiziert (vgl. Ropohl 2009, S. 29 ff.). Das weite Verständnis umfasst sämtliche zweckbezogenen menschliche Handlungen und Verfahren, das enge Verständnis eine Begrenzung auf künstlich erzeugte Gegenstände. Ropohl plädiert für einen mittleren Technikbegriff, der die zu hohe Offenheit des weiten sowie die Ausgrenzung von Prozessen des engen Technikbegriffs vermeidet. Technik bezeichnet im Sinne von Ropohl von Menschen künstlich gefertigte Gegenstände und deren zweckbehaftete Verwendung (vgl. ebd., S. 30). „Technik umfasst (a) die Menge der nutzenorientierten, künstlichen, gegenständlichen Gebilde (Artefakte oder Sachsysteme), (b) die Menge menschlicher Handlungen und Einrichtungen, in denen Sachsysteme entstehen und (c) die Menge menschlicher Handlungen, in denen Sachsysteme verwendet werden." (vgl. ebd., S. 31) Dieser mittlere Technikbegriff im Anschluss an Ropohl wird in der allgemein bildenden Technikdidaktik breit aufgriffen und vertreten.

2.1 Vorläufer

Wurzeln des Technikunterrichts unter allgemein bildender Perspektive lassen sich nach Wilkening bis in die Epoche der Aufklärung in die Zeit der Gründung von Industrieschulen nachzeichnen (vgl. ebd. 1995). Die ersten Industrieschulen entstanden gegen Ende des 18. Jahrhunderts als Reaktion auf die ansteigende Armut sowie die aufkommenden Veränderungen in den Wirtschafts- und Produktionsverhältnissen (vgl. ebd., S. 27). Bereits in dieser Zeit der Entstehung eines systematischen Technikunterrichts manifestiert sich eine „Doppelstruktur der Arbeitserziehung" (ebd., S. 28), indem zwei abgrenzbare Merkmale hervortreten: Auf der einen Seite ein Primat fertigungsbezogener Unterweisungen und auf der anderen Seite ein Primat erfinderischer Fähigkeiten.

Im aufkommenden Neuhumanismus kann sich Technikunterricht zunächst nicht weiter entfalten und wird zurückgedrängt. Erst gegen Ende des 19. Jahrhunderts lassen sich wohlgemerkt noch unter handwerklicher Perspektive wieder Bestrebungen und Umsetzungen ausmachen, Werkunterricht in den Schulen zu implementieren (vgl. ebd., S. 29). In der reformpädagogischen Epoche zu Beginn des 20. Jahrhunderts setzte u. a. Kerschensteiner technikbezogenen Unterricht in seinem Konzept der Arbeitsschule in seinem Wirkungskreis um, welche eine stärker handwerkliche Ausrichtung[1] verfolgte. Eine weitere Begründungslinie des heutigen Technikunterrichts erfolgt aus den werkpädagogischen Konzepten der Kunsterziehung heraus, die z. B. mit den Namen Pralle und Förtsch verbunden werden und stärker gestalterische und werkschaffende Kräfte des zu bildenden Menschen in den Blick nehmen.

---

[1] In der entstehenden Sowjetunion dagegen favorisierte etwa Blonskij bereits eine stärkere Orientierung an der aufstrebenden Industrie (vgl. Wilkening 1995, S. 30 ff.).

Unter nationalsozialistischer Herrschaft unterliegt der Werkunterricht der politischen Einflussnahme der Entwicklung eines Wehrbewusstseins (vgl. ebd., S. 42).

2.2 Entstehung

Als Startpunkt einer eigenständigen Entwicklung allgemein bildender Technikdidaktik nach dem 2. Weltkrieg gilt der Übergang von einem primär musisch-gestalterisch ausgerichteten Werkunterricht ab Mitte der 1960er Jahre in das technische Werken bzw. dem Technikunterricht (vgl. Wilkening 1995, S. 43). Impulse zu dieser Entwicklung entstammen der Forderung, die Lernenden stärker zur Arbeits- und Berufswelt hinzuführen.

Auf den werkpädagogischen Kongressen (beginnend mit 1966) (s. u.) wurden diverse Ansätze und Möglichkeiten didaktischer Umsetzungen technischer Bildung vertreten, diskutiert und fanden schließlich auch in der schulischen Praxis Eingang. Einer Systematisierung und Aufarbeitung der entstandenen technikdidaktischen Grundpositionen nahmen sich u. a. die Autoren Wilkening (1980, 1995), Schmayl (1995, 2003, 2010) und Sachs (1999) an. In ihren Kategorisierungen gelangten sie zu Ergebnissen, die eine grobe Korrespondenz – unter Vernachlässigung durchaus bestehender Differenzen in den Analyserastern – von jeweils drei identifizierbaren Hauptansätzen zulassen (vgl. Schmayl 2010, S. 121).

Aus Gründen der einheitlichen Terminologie soll im Weiteren den Bezeichnungen von Schmayl gefolgt werden. Die drei Ansätze werden in den folgenden Unterkapiteln bzgl. der Zielsetzung, der Gegenstandsstruktur von Technik und der typischen Unterrichtsverfahren knapp charakterisiert und diskutiert werden. Für eine ausführlichere Darstellung und Würdigung sei an dieser Stelle nochmals auf die eben erwähnten Originalarbeiten von Wilkening, Sachs und Schmayl verwiesen. Unberücksichtigt in der folgenden knappen Zusammenstellung bleibt der Ansatz polytechnischen Unterrichts in der ehemaligen DDR (vgl. hierzu z. B. Wilkening 1995, S. 58 ff.).

2.2.1 Allgemeintechnologischer Ansatz (AtA)

Der älteste Ansatz allgemein bildender Technikdidaktik wurde auf dem 1. Werkpädagogischen Kongress ausgearbeitet und vertreten. Leitziel ist, dass die Lernenden sich in der zunehmend technisierten Welt orientieren können. Dabei stehen nicht nur technische Artefakte, sondern auch technische Prozesse (konstruieren, fertigen) im Mittelpunkt.

Zur Strukturierung des Faches wurde eher pragmatisch Bau-Gerät-Maschine postuliert. Auf den Unterricht konkreter bezogen bedeutet dies, dass im Bereich Bau etwa einfache statische Betrachtungen (Türme, Brücken usw.), im Bereich Gerät Funktionszusammenhänge und im Bereich Maschine Fahrzeuge zum Unterrichtsgegenstand wurden.

Problem des Faches Technik – bis heute – ist das Fehlen einer allgemeinen Techniklehre zur Gegenstandsstrukturierung, was sich in dem oben gewählten Begriff des Pragmatischen ausdrücken soll. Die Bezugsdisziplinen der Lehrenden sind die jeweiligen Ingenieurwissenschaften, die sich jedoch an den Universitäten stark ausdifferenziert präsentieren. Im Anschluss an Arbeiten von Wolfgramm hat Ropohl in der weiteren Entwicklung des Ansatzes eine auf Basis der Systemtheorie begründete Gegenstandsstrukturierung vorgelegt. Die Untergliederung der Inhalte erfolgte nach Stoff – Energie – Information. Diese theoretisch abgeleitete Gliederungsidee ging u. a. auch in die Lehrpläne von NRW ein (vgl. Wagener & Haupt 2000).

Die inhaltlich-theoretischen Grundlagen für den Unterricht entstammen den Technikwissenschaften, so dass die Lehrenden des Faches Technik, zunächst primär Ingenieure, die fachwissenschaftlichen Theorien für den Lernenden durch didaktische Reduktion fassbar aufbereiten mussten. Die didaktisch-methodischen Grundprinzipien werden den typischen Ingenieurtätigkeiten nachempfunden. Dominierend sind im Unterrichtsprozess folglich die Konstruktionsaufgabe, in der in einem geplanten, schöpferischen Prozess eine Problemlösung für die Entwicklung eines Artefakts durchgeführt wird, und die Fertigungsaufgabe zur Herstellung des Artefakts. Darüber hinaus dienen zur Kenntnisgewinnung auch technisches Experiment und Aspekterkundung (vgl. Schmayl 2013).

2.2.2 Arbeitsorientierte Ansatz (AoA)

Im Anschluss an den AtA wurde im Zuge der stärker sozialkritisch bewegten Zeiten auf dem 3. und 4. Werkpädagogischen Kongress (1970, 1972) eine Hinwendung zur gesellschaftlichen Emanzipation auch in der Technikdidaktik vertreten. Leitziel ist nun die Beförderung individueller und gesellschaftlicher Emanzipation, die durch die Gestaltungsfähigkeit von Technik, der Schaffung eines kritischen Bewusstseins und einer Vorbereitung auf die Arbeits- und Berufswelt erfolgen sollte.

Die Gegenstandsstrukturierung Bau-Gerät-Maschine wurde zunächst übernommen, jedoch inhaltlich verändert gefüllt. Jenseits der oben angesprochenen fachwissenschaftlichen Betrachtungen des AtA werden im Bereich Bau die Themen des bedarfsgerechten Wohnens oder der Stadtplanung, im Bereich Gerät neben der Funktion auch Produktionsbedingungen, Gebrauchswertanalysen und im Bereich Maschine neben der Konstruktion auch Folgen der Arbeitsteilung (Taylorismus) bearbeitet. In der Fortführung des Ansatzes wird die Strukturierung durch das sogenannte Interdependenztheorem abgelöst, das die wechselseitige Abhängigkeit von Technik, Wirtschaft und Politik ins Zentrum hebt. In dieser Folge geht Technikunterricht in die Arbeitslehre auf und wird nicht mehr als eigenes Fach ausgebracht.

Bezüglich didaktisch-methodischer Gestaltungsmerkmale werden Projekte und fächerübergreifender Unterricht favorisiert. In der Schule werden zum Einblick in die Erwerbsarbeit Gebrauchsgüter produziert, so dass weiterhin fachpraktische Elemente und technisches Wissen und Können einen Stellenwert besitzen. Gleichwohl kommen weitere didaktisch-methodische Elemente wie Arbeitsplatzanalysen, Erkundungen in produzierende Betriebe, Produktanalysen und Fallanalysen hinzu. Die teils abstrakten Themen zu (negativen) Auswirkungen und Folgen von Technik werden über Medien (Statistiken, Diagramme, Filme usw.) im Unterricht zugänglich.

2.2.3 Mehrperspektivischer Ansatz (MpA)

Der mehrperspektivische Ansatz wird ab den 1980er Jahren vertreten. Als explizit subjektorientierter Ansatz geht es ihm auf der Leitzielebene um die Förderung der Handlungsfähigkeit der Lernenden in technisch geprägten Lebenssituationen. Diese Handlungsfähigkeit wird über die Ausdifferenzierung von vier Lernzielen, die diese Mehrperspektivität konstituieren, zu erreichen beansprucht: inhaltsbezogene, verfahrensbezogene, verhaltensbezogene und wertungsbezogene Lernziele (vgl. Wilkening 1995, S. 53).

Ausgehend von sogenannten Handlungsfeldern werden fünf Gegenstandsbereiche von Technik identifiziert, die zum Einen die großen Ingenieurwissenschaften sowie die vielfältigen menschlichen Lebensbereiche Betrieb, Haushalt, Familie und Freizeit einbeziehen sollen: Arbeit und Produktion, Bauen und Wohnen, Transport und Verkehr, Information und Kommunikation sowie Versorgung und Entsorgung (vgl. Sachs 1991, S. 19).

Ein didaktisch-methodisches Kennzeichen ist das gut ausgearbeitete und vielfältige Repertoire an fachspezifischen und fachunspezifischen Unterrichtverfahren (vgl. Kap. 3.3; Hüttner 2009). Neben Konstruktions- und Fertigungsaufgabe sowie dem technischen Experiment, welche weiterhin auch die fachpraktische Seite aufnehmen, werden auch in kognitiven Unterrichtsphasen eher erörternd-betrachtend auf technische Zusammenhänge, human-soziale Wirkungen von Technik und deren Bewertung eingegangen (Unterrichtsgespräch, Fallanalyse).

2.4 Kritik der Ansätze

Die Ansätze blieben in der technikdidaktischen Diskussion nicht ohne Kritik. Letztlich stellte die vorgebrachte Kritik den Ausgangspunkt dafür dar, nachfolgende Ansätze zu entwickeln sowie ggf. den eigenen Ansatz elaborierter auszuarbeiten (vgl. im Folgenden Schmayl 2013).

Vertretern des allgemeintechnologischen Ansatzes wird vorgeworfen, die Technik als sinn- und wertneutral zu betrachten. Jedoch ist Technik ohne den Menschen nicht existent. Der Zugriff über die Systemtheorie mittels der Kategorien Stoff – Energie – Information erzeugt jedoch gerade diese scheinbare Neutralität von Technik und überbetont dadurch die fachwissenschaftlichen Inhalte in der Unterrichtsgestaltung. Der Mensch ist in dieser Gliederungsidee gar nicht explizit einbezogen. Sofern Sinn- und Wertfragen im Unterricht einbezogen werden, geschehe dies nur rudimentär und wird als Anhängsel aufgefasst. Des Weiteren werden der Methodenmonismus in der Konzentration auf die Konstruktions- und Fertigungsaufgabe kritisiert.

Dem arbeitsorientierten Ansatz wird kritisch entgegengehalten, dass er gegenüber der Technik häufig eine zu negative Grundeinstellung einnimmt und in Teilen technikwissenschaftliche Kenntnisse und Verfahren durch den gesellschaftskritischen Zugang ausklammert. Zudem löst auch der unscharf gebliebene Arbeitsbegriff nicht das Fehlen einer allgemeinen Lehre der Technologie in der Strukturierung des Gegenstandsbereichs.

Den Handlungsfeldern des mehrperspektivischen Ansatzes mangelt es an klarer Abgrenzung gegeneinander und besteht die Möglichkeit aufgrund einer fehlenden theoretischen Basis, weitere Handlungsfelder zu postulieren, wie etwa Sichern und Schützen (vgl. Schmayl 2010). Auch ist die Repräsentativität dieser ausgewählten Themen ungesichert und letztlich jedes technische Artefakt oder jeder technischer Prozess einem Handlungsfeld zuordenbar, so dass damit nahezu sämtliche technische Lerninhalte über dieses Suchraster legitimiert werden können.

3 Zur Systematisierung technischen Lernens

3.1 Ansätze zur Strukturierung des Gegenstandsbereichs

Bislang ist eine allgemein anerkannte Strukturierung auf der Ebene des Gegenstandsbereichs technikbezogenen Lernens nicht gelungen. Die drei Hauptströmungen (vgl. Kap. 2.2.) entwickelten unterschiedliche Strukturierungskonzepte, an denen jeweils von der anderen Seite vehemente Kritik geäußert wird. Der Gegenstand Technik erscheint zu ausdifferenziert, vielschichtig und im Anwendungsfeld wiederum zu integrativ, als dass konsensuale und widerspruchsfreie Strukturierungen erreichbar scheinen. Fletcher hat eine Übersicht zur fachdidaktischen Diskussion der Strukturierungen erstellt (vgl. ebd. 2009, S. 58–59). Er führt als gliedernde Merkmale Fachsystematik, Systemtheorie, Persönlichkeitsprinzip[2] und Handlungssystematik[3] an, von denen im Weiteren die beiden erst genannten sowie ein weiterer Strukturierungsvorschlag, jener der Problem- und Handlungsfelder, hier knapp skizziert werden sollen.[4]

Die Fachsystematik orientiert sich an den ausgebildeten Ingenieurwissenschaften der Universitäten und Hochschulen, wie etwa der Elektro-, Maschinen- und Bautechnik. Vorteilhaft erscheinen klare Begriffshierarchien und technische Verfahrensweisen, die unter Anwendung der didaktischen Reduktion für die Lernenden zugänglich gemacht werden können. Kritisch ist anzumerken, dass sich die Ingenieurwissenschaften sehr stark ausdifferenziert haben und zergliedert sind, so dass aus den Wissenschaften heraus dieses Feld möglicher Orientierungsstiftung schwierig in der Anwendung wird. Darüber hinaus spielt der Mensch in seiner Lebenswelt in diesem Zugang nur eine untergeordnete Rolle.

Auf Basis systemtheoretischer Überlegungen entwickelte Ropohl die Allgemeine Technologie (Ropohl 2009, 1979)[5], die auf Basis der Grundkategorien Materie, Energie

---

2 Das Persönlichkeitsprinzip als fächerübergreifendem Entwurfsrahmen überbetont die Bedürfnisse der Lernenden in der Begründung (vgl. Fletcher 2009, S. 58; Schlagenhauf 2009).
3 Die Handlungssystematik ist ein primär in der beruflichen Erstausbildung verwendeter Strukturrahmen, welcher berufsprägende Handlungssituationen aus den Tätigkeiten heraus identifiziert (Fletcher 2009, S. 58; Sloane 2009).
4 Eine weitere zusammenstellende Übersicht findet sich etwa bei Hartmann, Kussmann und Scherweit (ebd. 2008, S. 33).
5 Ropohl rekurriert hier auf Vorarbeiten von Wolfgramm.

und Information sowie Wandlung, Transport und Speicherung die Vielfalt der Ausprägungsformen von Technik in einer Matrix ordnet (vgl. Tabelle 1).

Tabelle 1: Klassifikationsmatrix nach Ropohl (vgl. ebd. 2009, S. 131)

Output \ Funktion	Wandlung (Produktionstechnik)	Transport (Transporttechnik)	Speicherung (Speicherungstechnik)
Materie (Materialtechnik)	Verfahrenstechnik Fertigungstechnik	Fördertechnik Verkehrstechnik Transporttechnik	Behältertechnik Lagertechnik Hochbautechnik
Energie (Energietechnik)	Energiewandlungstechnik	Energieübertragungstechnik	Energiespeicherungstechnik
Information (Informationstechnik)	Informationsverarbeitungstechnik Mess-, Steuer-, Regelungstechnik	Informationsübertragungstechnik	Informationsspeicherungstechnik

Ropohls Entwurf wurde zur Strukturierung von Lehrplänen in mehreren Bundesländern herangezogen (vgl. z. B. Wagener & Haupt 2000) oder steuerte zumindest Elemente der Strukturierung bis hin in neuere Vorgaben bei.[6] Ebenfalls wie im Zugriff der Fachsystematik erscheint die menschliche Dimension in diesem Zugang unterrepräsentiert. Die vorgebrachte Kritik, eine Geige als einen Energiewandler einzuordnen, treffe nicht den Kern der Zweckbestimmung des Artefakts aus menschlicher Sicht (vgl. Schmayl 2010, S. 128).

Sachs brachte im Rahmen des Mehrperspektivischen Ansatzes den Vorschlag der bereits in Kap. 2.2.3 erwähnten Problem- und Handlungsfelder Arbeit und Produktion, Bauen und gebaute Umwelt, Versorgung und Entsorgung, Transport und Verkehr sowie Information und Kommunikation ein, welche in leicht abgewandelter Form auch für den inzwischen abgelösten Bildungsplan 2004 im Fach Technik an Realschulen Baden-Württembergs Praxisrelevanz erlangte (vgl. Sachs 1991, 2001). Sein Vorschlag beansprucht, die Sachperspektive mit der sozial-humanen Perspektive zu verbinden und dient als Heuristik, technische Inhalte zu identifizieren, die aus verschiedenen Bereichen entstammen. Fehlend bzw. nicht beansprucht wird eine zwischen verschiedenen Ingenieurwissenschaften abgrenzbare Anbindung. Ausstehend ist auch eine Begründung durch einen theoretischen Überbau, wie sie etwa Ropohl in der Systemtheorie gefunden hat, was dazu führt, dass einerseits die Abgrenzung der Handlungsfelder untereinander schwierig ist (und zu verschiedenen Anordnungen führen kann; vgl. Bienhaus 1995, S. 142) als auch in der Diskussion weitere Problem- und Handlungsfelder vorgeschlagen werden (vgl. z. B. Schlagenhauf 2009).

---

[6] Vgl. z. B. die Fassung der Ländergemeinsamen inhaltlichen Anforderungen für die Fachwissenschaften und Fachdidaktiken in der Lehrerbildung der KMK (vgl. ebd. 2016, S. 14).

3.2 Ziele technikbezogenen Lernens

Die Ziele technikbezogenen Lernens, deren systematische Entfaltung, Struktur, Abgrenzung und ggf. Hierarchisierung sind ebenfalls wie die Gegenstandsstrukturierung innerhalb der Fachentwicklung an den präferierten technikdidaktischen Ansatz gebunden.

So formuliert etwa Wilkening als Vertreter des mehrperspektivischen Ansatzes gleichrangig Kategorien inhaltsbezogener, verfahrensbezogener, verhaltensbezogener und wertungsbezogener Lernziele (vgl. ausführlicher Wilkening 1995, S. 53 u. S. 122). Merkmal dieser Zielaufstellung ist, dass deren Formulierung unabhängig vom Gegenstandsbereich einer Fachwissenschaft erfolgt und daher für verschiedene Inhaltsbereiche geeignet ist, konkrete Lernziele für Unterrichtseinheiten zu bestimmen.

Neuere Gliederungsvorschläge entstanden u. a. im Anschluss an die Kompetenzorientierung und der Einführung von Bildungsstandards. In einer früheren Fassung von Standards technischer Bildung formulieren Hartmann und Tyrchan die Fähigkeiten Technik analysieren und bewerten, technische Probleme erfassen und lösen, techniktypisch kommunizieren sowie technische Systeme planen, konstruieren, herstellen, nutzen und erhalten, außer Betrieb nehmen und entsorgen (vgl. Hartmann & Tyrchan 2004, S. 12) und verschränken diese mit den Problem- und Handlungsfeldern, welche um das Feld Haushalt und Freizeit ergänzt werden. In der Überarbeitung der Standards 2008 wird diese Verschränkung nicht mehr expliziert und in die Kategorien Technik verstehen, Technik konstruieren und herstellen, Technik nutzen, Technik bewerten und Technik kommunizieren neu untergliedert (vgl. Hartmann, Kussmann & Scherweit 2008, S. 28).

Allen bekannten Lernzielen und Standards ist gemein, dass diese keiner empirischen Fundierung unterzogen wurden. Sie entstammen weitgehend normativ gewonnenen Modellen zur Ausformulierung von Zieldimensionen technischer Bildungsprozesse. Es besteht daher ein Mangel an empirisch geprüften und validen Modellierungen technischer Kompetenzen, so dass unklar ist, ob die eben vorgestellten Strukturierungen überhaupt abgrenzbar sind und welche qualitativen Niveaus die Lernenden erreichen. Erste Arbeiten (vgl. Theuerkauf u. a. 2009) wurden nicht mehr weitergeführt oder publiziert. Besonders problematisch wird dieser Mangel an empirischer Fundierung der entsprechenden Modelle durch eine damit üblicherweise einhergehende deutliche Überschätzung der in der Realität zu erreichenden Kompetenzniveaus der Lernenden, wie sie für die berufliche Domäne mittlerweile mehrfach empirisch bestätig sind (vgl. Nickolaus, Abele & Gschwendtner 2012, S. 546; Link 2016).

3.3 Methoden technischen Lehrens und Lernens

Die Unterrichtsmethoden oder -verfahren im Fach Technik sind gemessen am sonstigen Kenntnisstand der Technikdidaktik vergleichsweise gut ausgearbeitet (vgl. u. a. Henseler & Höpken 1996; Hüttner 2009), bleiben jedoch in einer rein normativen oder geisteswissenschaftlichen Begründung verhaftet.

Wilkening legte 1995 eine Übersicht eines Methodensystems des Technikunterrichts[7] vor, die im weiteren Verlauf durch weitere Methoden ergänzt wurden. Impulse für neue methodische Entwicklungen kamen aus der beruflichen Bildung sowie veränderten Anforderungen aus der technikbezogenen Lebenswelt der Lernenden.

Als Klassifikationsrahmen wählt Schmayl die Gegenstandsdimension und die Lernrichtung (vgl. Tabelle 2).

Tabelle 2: Klassifikation von methodischen Grundformen des Technikunterrichts nach Schmayl (vgl. ebd. 2013, S. 214)

		Lernrichtungen	
		Genetisch-produktives Lernen	Instruierend-analytisches Lernen
Gegenstandsdimensionen	Sachdimension erschließend	Experiment Konstruktionsaufgabe Fertigungsaufgabe Instandhaltungsaufgabe Recyclingaufgabe	Lehrgang Produktanalyse
	Humandimension erschließend	Projekt Fallaufgabe Planspiel	Erkundung Technikstudie

Die Aufstellung lässt eine Vielfalt an methodischen Möglichkeiten für die Ausgestaltung des Technikunterrichts erkennen, was der Forderung nach Methodenpluralität im Unterricht auf Basis der Erkenntnisse empirischer Lehr-Lern-Forschung entspricht (vgl. Helmke 2009, S. 259). Dies übersieht jedoch die praktische Dominanz weniger fachspezifischer Methoden innerhalb dieser Aufstellung, an deren Überwindung die allgemein bildende Technikdidaktik schon länger arbeitet (vgl. Kap. 4.2).

4 Ausgewählte Aspekte technikdidaktischer, schulpraxisbezogener Forschung

4.1 Empirische Fundierung der Fachdidaktik Technik

Als im hohen Grade problematisch für die Evaluation technikbezogenen Unterrichts an allgemein bildenden Schulen stellt sich heraus, dass die Technikdidaktik bislang keine eigene empirische Tradition entwickeln konnte bzw. diese gerade erst im Entstehen begriffen ist. Duismann u.a. sprechen daher pointiert von einer Empiriefeindlichkeit in der allgemein bildenden Technikdidaktik (vgl. Duismann u.a. 2005, S. 59), die sich

---

7 Eine alternative Klassifikation führen z.B. Henseler & Höpken (1996) an.

auch in der teilweise vehement vorgetragenen Ablehnung des Kompetenzbegriffs und dem Paradigma der Output-Orientierung wiederfindet (vgl. exemplarisch z. B. Schmayl 2010, S. 28 ff.). Primär ist, so dokumentieren dies etwa Tagungsbände der DGTB oder Beiträge in der *Zeitschrift für Technik im Unterricht (tu)*, die Diskussion und Publikationskultur in der Community Großteils durch die Auseinandersetzung über Ziele des Technikunterrichts, Systematisierungs- und Strukturierungsfragen sowie der Vorstellung konkreter Unterrichtsbeispiele bestimmt. Die innerhalb der wissenschaftlichen Technikdidaktik generierten Aussagesysteme zu Lehr-Lernprozessen in der Sekundarstufe 1 basieren daher überwiegend auf mehr oder weniger plausiblen Überlegungen sowie individuellen und/oder gemeinsamen Überzeugungen und kaum auf einem empirisch bestätigten und systematisch entwickeltem Wissen. Beiträge in Verwendung von empirisch-qualitativer oder -quantitativer Arbeitsweisen sind also bezogen auf die Sekundarstufe 1[8] vergleichsweise selten vorzufinden. In Teilen sind sicher die vorliegenden Befunde thematisch verwandter Fachdidaktiken, wie etwa der Chemie- oder Physikdidaktik, in den Technikunterricht transferfähig, können jedoch aus Raumgründen hier nicht einbezogen werden. Eine systematische Aufarbeitung des Kenntnisstands dieser Fachdidaktiken mit ihrer umfassenderen Befundlage stellt für die allgemein bildende Technikdidaktik sicher ein noch unausgeschöpftes Reservoir dar.

Walker (2013a, 2013b) nimmt sich als einer der ersten in der allgemein bildenden Technikdidaktik in der Bundesrepublik der empirischen Fundierung methodischer Entscheidungen an. In seiner empirisch-quantitativ konzipierten Studie geht er den Effekten alternativer Gestaltungsmöglichkeiten von technischen Experimenten bzgl. deren Förderwirkung auf das deklarative und prozedurale Wissen nach. Die Lernenden seiner Stichprobe (N=257) bearbeiteten ein technisches Experiment zum Inhaltsbereich Maschinentechnik entweder lesend, als Demonstrations- oder als Schülerexperiment. Die Variation zwischen diesen drei Gestaltungsvarianten lag in den unterschiedlichen Freiheitsgraden bzgl. der Handlungsmöglichkeiten der Lernenden, welche beim Schülerexperiment ausgeprägter, bei der lesenden Bearbeitung hingegen geringer ausfallen. Das Demonstrationsexperiment wurde als dazwischenliegend eingestuft. Im Ergebnis konnten Vorteile des Schülerexperiments auf die Förderung deklarativen und prozeduralen Wissens nachgewiesen werden, hingegen unterschieden sich die beiden anderen Varianten nicht signifikant voneinander (vgl. Walker 2013a, S. 88 f.).

Erweiternd zu diesen statistisch-quantitativen Auswertungen der Effekte variierend ausgestalteter technischer Experimente werden an anderer Stelle die Entwicklung eines Instruments zur Analyse von videografierten Prozessqualitäten beim Experimentieren und darauf basierende qualitative Befunde vorgestellt (vgl. Fletcher & Walker 2016). Fletcher und Walker arbeiten heraus, dass sich die Phasenstruktur des technischen Experimentierprozesses nicht für alle Lernenden bestätigen lässt. In zwei exemplarisch ausgewählten Fallbeispielen kann sowohl gezeigt werden, dass sich die fachdidaktisch begründete Phasenstruktur (Information-Hypothese-Planung-Durchführung-Auswertung-Bewertung) in den Handlungen der Lernenden wiederfindet und somit bestätigen

---

[8] Durch den gewählten Fokus des Beitrags auf die Sekundarstufe 1 sind empirische Arbeiten im Bereich der Primarstufe (vgl. u. a. Mammes & Tuncsoy 2013) ausgeblendet.

lässt, aber auch Sprünge, Auslassungen einzelner Handlungsschritte, Wiederholungen und fehlerhafte Handlungen auftreten (vgl. ebd., S. 26), die ggf. das Erreichen der mit dem technischen Experiment angestrebten Lernziele fraglich werden lässt.

In einer weiteren Studie zu Treatmenteffekten adaptieren Schray und Geißel den Cognitive Apprenticeship Ansatz (vgl. Collins, Brown & Newman 1989) für den allgemein bildenden Technikunterricht (vgl. Schray & Geißel 2016a, b) und setzen dies einer an Fertigungsaufgaben orientierten Unterrichtsgestaltung gegenüber, wie sie häufig die unterrichtliche Praxis dominiert (s. u.; vgl. Bleher 2001). Die Ergebnisse dieser Pilotierungsstudie (N=32) sind zunächst aussichtsreich und legen nahe, dass mit dem Ansatz günstigere Förderwirkungen auf das elektrotechnische Wissen der Schülerinnen und Schüler erzielt werden können. Einschränkend konnten die parallel erwarteten motivationale Effekte jedoch nicht nachgewiesen werden (vgl. Schray & Geißel 2016c). Die Hauptstudie mit erweiterter Stichprobe und belastbareren Aussagemöglichkeiten ist aktuell (2016/2017) laufend.

Befunde zur Förderung von Schreibkompetenzen bei deutsch und türkischsprachigen Lernenden der 7. und 8. Klasse im Fachunterricht Technik legen Schniederjan und Lang vor (vgl. ebd. 2016; Lang 2016). Ausgangspunkt ist die Feststellung, dass zwar dem Lesen (u. a. Fertigungspläne, Anleitungen) eine Bedeutung zukommt, das Schreiben im Technikunterricht hingegen unterrepräsentiert ist. Dem Schreiben wird jedoch eine lernförderliche Funktion zugeschrieben, indem durch den Schreibakt eine vertiefte Auseinandersetzung mit dem Lerninhalt eingefordert wird. Die Autoren wählten als Testformat die Anfertigung einer schriftlichen technischen Analyse zum Alltagsgegenstand Fahrrad. Durch Einbezug weiterer Variablen (u. a. sozioökonomischer Status, allgemeinsprachliche und bildungssprachliche Kompetenz in Deutsch, kognitive Grundfähigkeit) sind komplexe Zusammenhangsanalysen möglich, die hier nicht alle berichtet werden können (vgl. Schniederjan & Lang 2016, S. 45). Hoch interessant ist der Befund des signifikanten Zusammenhangs (r=.35; N=338) zwischen Fachwissen und der Schreibfähigkeit technischer Analysen, wohin gegen die allgemeinsprachliche Kompetenz nicht signifikant korreliert. „Für erfolgreiches Schreiben im Fach ist das Beherrschen bildungssprachlicher, an Fachinhalte geknüpfter Fähigkeiten die Voraussetzung, um sich sowohl fachlich als auch sprachlich im Fach weiterentwickeln und seine Textsortenkompetenz (hier: technische Analyse; Anmerk. des Verf.) erweitern zu können." (vgl. Schniederjan & Lang 2016, S. 58) Ergebnisse zu Effekten der Intervention stehen noch aus.

4.2 Forschungsarbeiten zur Beschreibung der schulischen Praxis in der Sekundarstufe 1

Breiter angelegte Untersuchungen, die beanspruchen können, die schulische Bildungspraxis in der Sekundarstufe 1 jenseits subjektiver Erfahrungen des Autors zu beschreiben, sind ebenfalls vergleichsweise selten aufzufinden.

Bleher liefert durch seine innerhalb der Technikdidaktik vielbeachtete empirische Untersuchung vielfältige Einblicke zur Deskription der Unterrichtsrealität technikbezogenen Lernens. Zentrales Ergebnis der Arbeit ist der Befund, dass jenseits eines theoretisch gut ausgearbeiteten Methodenspektrums und einer Vielzahl an leicht zugänglich ausgearbeiteten Unterrichtsbeispielen[9] primär zwei Methoden den Unterrichtsalltag dominieren (vgl. ebd. 2001). Der Autor befragte Lehrkräfte an Hauptschulen Baden-Württembergs u. a. zur Selbsteinschätzung ihrer methodischen Unterrichtspraxis. Auf Basis von N=211 Lehrkräften (Rücklaufquote 53 %) ergibt sich, dass primär Konstruktions- und Fertigungsaufgaben im Unterrichtsalltag eingesetzt werden (vgl. ebd. S. 233). In einer an diese Befunde anschließende Aufarbeitung erachtet Schlagenhauf die Situation auch in neuerer Zeit als unverändert und formuliert, „dass die Herstellung technischer Gegenstände derzeit die Hauptvollzugsform des real existierenden Technikunterrichts darstellt" (Schlagenhauf 2013, S. 184) und damit „... unvermeidlich zur Ausblendung zentral bedeutsamer Ziel- und Inhaltsbereiche des Technikunterrichts" (ebd., S. 185) führt.

Mit dieser Dominanz zweier Unterrichtsmethoden in der schulischen Praxis ist zugleich verbunden, dass die theoretisch als gleichrangig konzipierten Lernziele des in Baden-Württemberg in den jeweiligen Bildungsplänen fest verankerten Mehrperspektivischen Ansatzes (vgl. Kap. 2.2.3) in der praktischen Umsetzung einseitig zu Gunsten der Förderung inhaltsbezogener[10] Lernziele verkürzt wird. Dies wird im weiteren Verlauf der Auswertungen dann auch durch die Angaben der teilnehmenden Lehrkräfte bestätigt, indem besonders wertungsbezogene[11] Lernziele unterrepräsentiert sind (vgl. Bleher 2001, S. 224).

Zum Stand und den Möglichkeiten des Einsatzes von technikspezifischer Lernsoftware im Technikunterricht an Realschulen Baden-Württembergs berichtet Kruse auf Basis einer Lehrkräftebefragung (N=121) überwiegend gute bis befriedigende Ausstattungen (vgl. ebd. 2011, S. 151). Ca. 63 % der befragten Lehrkräfte verfügen entsprechend den Angaben über eine separate Rechnerausstattung in den Technikräumen bzw. immerhin umgekehrt 37 % wiederum auch nicht. „Dadurch werden der Einsatz spezifischer Programme, die Anbindung von Werkzeugmaschinen oder notwendige Experimentalaufbauten erheblich eingeschränkt." (vgl. ebd., S. 211) Die Lehrkräfte benötigen zudem eine mittlere Vorlaufzeit für den Unterrichtseinsatz von fast 4 Tagen. Lediglich knapp 30 % der befragten Lehrkräfte können kurzfristig und anlassbezogen auf die Rechner zugreifen (vgl. ebd., S. 150). Im computerunterstützten Unterricht verwenden die Lehrkräfte dann Software primär als Werkzeug oder als Motivierungshilfe (vgl. ebd., S. 162) sowie überwiegend in länger andauernden Zeitabschnitten (> 20min).

Übergreifend kritisiert Kruse die geringe Bekanntheit an technikspezifischer Software und die dadurch entstehende Unterschätzung der damit verbundenen Möglichkeiten bei den Lehrkräften, obwohl diese selbst das Thema als bedeutsam einstufen.

---

9 Die *Zeitschrift für Technik im Unterricht (tu)* als in der Wahrnehmung des Autors zentrales Organ der Technikdidaktik widmet weite Teile ihres Inhalts der Vorstellung von Unterrichtsbeispielen.
10 Darunter fällt u. a. „Werkzeuge/Maschinen etc. sachgerecht handhaben" und „Erfahrungen mit verschiedenen Werkstoffen sammeln" (Bleher 2001, S. 222).
11 U. a. „Auswirkungen von Technik einsichtig machen", „Reflexion über technische Probleme" (Bleher 2001, S. 223).

5 Zusammenfassung und Perspektiven

Prinzipiell ist die hohe Bedeutung auf Technik bezogener Lehr-Lern-Prozesse wohl unbestritten. Gleichwohl findet sich diese allgemein anerkannte hohe Bedeutsamkeit nicht konsequent in der schulischen Fächerstruktur der Bundesländer wieder. Technik ist häufiger in Fächerverbünde eingegliedert oder lediglich als Wahlpflichtfach in der Sekundarstufe 1 verortet. Damit ist eine *systematisch entfaltete* allgemeine technische Bildung für die heranwachsende Generation nur verkürzt oder nicht gewährleistet und für unsere durch und durch technisierte Lebenswelt wenig vorbereitend (vgl. Pfennig, Hiller & Renn 2012, S. 142). Die allgemein bildende Technikdidaktik leistet sich jedoch zu dieser Situation ebenfalls Beiträge, indem sie in dem jahrzehntelang andauernden und vehement geführten Richtungsstreit keinen allgemein akzeptierten Ansatz hervorbringen konnte.

Die allgemein bildende Technikdidaktik hat sich insbesondere mit der Ausarbeitung und Begründung von fachspezifischen Unterrichtsverfahren und den Fragen zur Inhalts- und Zielstruktur befasst. Eine empirische Fundierung der Fachdidaktik Technik steht erst am Anfang. Aktuell ist die Befundlage zur repräsentativen Beschreibung und Fundierung allgemein bildender technischer Lehr-Lern-Prozesse nur bruchstückhaft ausgeprägt und eine systematische Erschließung der Ergebnisse der Lehr-Lernforschung in nahestehenden Fachdidaktiken nicht geleistet.

In jüngerer Zeit werden empirische Arbeiten insbesondere im Bereich der Evaluation von Lehr-Lern-Arrangements stärker vorangetrieben, so dass zumindest das Defizit erkannt ist und bearbeitet wird. Gleichwohl sind hier noch immense Anstrengungen notwendig, die längere Zeitspannen füllen dürften. Die Arbeiten zur Deskription der aktuellen Bildungspraxis verlieren durch die zurückliegende Zeit zunehmend an Aussagekraft und bedürften dringend der Replikation unter zwingendem Einbezug verschiedener Bundesländer.

Ungeklärt ist, wie sich die vielfältigen neuen und rasant fortschreitenden technischen Entwicklungen sowie die gesellschaftlich-politischen Auseinandersetzungen darüber (schlagwortartig angeführt seien hier u. a. Web 2.0, Industrie 4.0, Mobilität und autonomes Fahren, Smart-Phones, Überwachung und Drohnen, Smart Home) in technikbezogenen Lehr-Lern-Prozessen konzeptionell aufgreifen lassen und wie diese die allgemein bildenden Technikdidaktik verändern (müssen)? Diese modernen technischen und gesellschaftlich-politisch hoch relevanten Themen treffen in der Schule auf ein in meiner Wahrnehmung durch Fertigung und Konstruktion im Kern *fachpraktisch* ausgeprägten Unterricht, der diese Themen ohne Veränderungen im Fachverständnis in der schulischen Praxis so nicht wird aufgreifen können. Diese Veränderung betrifft die kritische Überprüfung des annähernd durchgängig im Fachraum angesetzten Technikunterrichts, der eine primär fachpraktische Erschließung der technischer Lerninhalte in der Planung durch die Lehrenden nahelegt und zumindest in Teilen eine stärker theoretische Auseinandersetzung über Technik (auch in den damit verbundenen Erwartungen der Schülerinnen und Schüler an Technikunterricht) unterbindet.

Der mehrperspektivische Ansatz wäre zur Auseinandersetzung mit modernen Techniken durch seine theoretische Konzeption her offen, jedoch sind die wertungsbezogenen Lernziele im Technikunterricht bzgl. der Beurteilung der Voraussetzungen und Folgewirkungen technischen Handelns im Sinne Wilkenings stark unterrepräsentiert.

Literatur

Bienhaus, W. (1995). Inhalte. In: W. Schmayl & F. Wilkening (Hrsg.), Technikunterricht, (129–145). Bad Heilbrunn: Klinkhardt.
Bleher, W. (2001). Das Methodenrepertoire von Techniklehrkräften. Hamburg: Kovac
Collins, A., Brown, J. S. & Newman, S. (1989). Cognitive Apprenticeship: Teaching the Crafts of Reading, Writing, and Mathematics. In: L. B. Resnick (Hrsg.), Knowing, Learning, and Instruction. Essays in honor of Robert Glaser (453–494). Hillsdale: Erlbaum.
Duismann, G. H., Fast, L., Meier, B. & Meschenmoser, H. (2005). Bildungsstandards für Arbeitslehre, Technik, Wirtschaft, Hauswirtschaft. In: Unterricht – Arbeit + Technik (27), 59–64.
Fletcher, S. (2009). Technische Allgemeinbildung in Deutschland – Probleme und Möglichkeiten der Bestimmung von Inhalten und Strukturen. In: W. Bienhaus (Hrsg.), Inhaltsfelder und Themen zeitgemäßen Technikunterrichts (52–64). Karlsruhe: DGTB.
Fletcher, S. & Walker, F. (2016). Analyse individueller Handlungsstrukturen bei der Bearbeitung technischer Experimente auf Basis von Videoanalysen. In: B. Geißel & T. Gschwendtner (Hrsg.), Aktuelle Forschungsarbeiten und unterrichtspraktische Beispiele (7–32). Berlin: Logos.
Geißel, B. & Gschwendtner, T. (in Vorbereitung): Effektiver Fachunterricht. Interviewband (Arbeitstitel). Baltmannsweiler: Schneider.
Hartmann, E., Kussmann, M. & Scherweit, S. (2008). Technik und Bildung in Deutschland. Technik in den Lehrplänen allgemeinbildender Schulen. Eine Dokumentation und Analyse. Düsseldorf: VDI.
Hartmann, E. & Tyrchan, G. (2004). Bildungsstandards im Fach Technik für den mittleren Schulabschluss. Düsseldorf: VDI.
Helmke, A. (2009). Unterrichtsqualität und Lehrerprofessionalität. Diagnose, Evaluation und Verbesserung des Unterrichts. Seelze-Velber: Klett-Kallmeyer.
Henseler, K. & Höpken, G. (1996). Methodik des Technikunterrichts. Bad Heilbrunn: Klinkhardt.
Hüttner, A. (2009). Technik unterrichten. Haan-Gruiten: Europa.
Kruse, S. (2011). Lernsoftware in der allgemeinen technischen Bildung. Hamburg: Kovac.
Ländergemeinsame inhaltliche Anforderungen für die Fachwissenschaften und Fachdidaktiken in der Lehrerbildung (Beschluss der Kultusministerkonferenz vom 16.10.2008 i. d. F. vom 06.10.2016).
Lang, M. (2016). Förderung der fachspezifischen Schreibkompetenzen im Technikunterricht. In: J. Menthe, D. Höttecke, T. Zabka, M. Hammann & M. Rothgangel (Hrsg.), Befähigung zu gesellschaftlicher Teilhabe. Beiträge der fachdidaktischen Forschung (81–94). Münster: Waxmann.
Link, N. (2016). Problemlösen bei der Programmierung von speicherprogrammierbaren Steuerungen in komplexen automatisierten Systemen. Berlin: Logos.
Mammes, I., Fletcher, S., Lang, M. & Münk, D. (2016). Technology Education in Germany. In: M. de Vries u. a. (Hrsg.), Technology Education Today. International Perspectives (11–38). Münster, New York: Waxmann.
Mammes, I. & Tuncsoy, M. (2013). Technology Education in Primary Schools. In: I. Mammes (Hrsg.), Technical Learning in General Sciences (9–22). Baltmannsweiler: Schneider.
Nickolaus, R., Abele, S. & Gschwendtner, T. (2012). Valide Kompetenzabschätzungen als eine notwendige Basis für Effektbeurteilung beruflicher Bildungsmaßnahmen. Wege und Irrwege. In: G. Niedermair (Hrsg.), Kompetenzen entwickeln, messen und bewerten (537–554). Linz: Trauner.
Pfennig, U., Hiller, S. & Renn, O. (2012). Zentrale Ergebnisse der empirischen MINT-Bildungsforschung. In: U. Pfennig & O. Renn (Hrsg.), Wissenschafts- und Technikbildung auf dem Prüfstand (129–142). Baden-Baden: Nomos.

Ropohl, G. (1979). Eine Systemtheorie der Technik. Zur Grundlegung der Allgemeinen Technologie. München, Wien: Hanser.

Ropohl, G. (2009). Allgemeine Technologie. Eine Systemtheorie der Technik. Karlsruhe: Universitätsverlag.

Sachs, B. (1991). Grundlegende Konzepte technischer Bildung in Deutschland. In: W. Traebert (Hrsg.), Technische Bildung in Deutschland (7–24). Düsseldorf.

Sachs, B. (1999). Zum Stand der Technikdidaktik in Deutschlang. In: E. Hartmann & C. Hein (Hrsg.), Technikdidaktik – Entwicklungsstand – Theorien – Aufgaben (29–45). Zielona Góra.

Sachs, B. (2001). Technikunterricht: Bedingungen und Perspektiven. Zeitschrift für Technik im Unterricht (tu), 26(100), S. 5–12.

Schlagenhauf, W. (2009). Inhalte technischer Bildung. Überlegungen zu ihrer Herkunft, Legitimation und Systematik. In: W. Bienhaus (Hrsg.), Inhaltsfelder und Themen zeitgemäßen Technikunterrichts (21–36). Karlsruhe: DGTB.

Schlagenhauf, W. (2013). Methoden des Technikunterrichts – Situationsanalyse und Entwicklungsperspektiven. In: W. Bienhaus & W. Schlagenhauf (Hrsg.), Technische Bildung im Verhältnis zur naturwissenschaftlichen Bildung und Methoden des Technikunterrichts (181–198). Freiburg: DGTB.

Schlagenhauf, W. (2017). Technische Bildung heute. Ein Strukturmodell als Diskussionsgrundlage. Zeitschrift für Technik im Unterricht (tu), 42(163), 5–16.

Schmayl, W. (1995). Richtungen der Technikdidaktik. In: W. Schmayl & F. Wilkening (Hrsg.), Technikunterricht (64–75). Bad Heilbrunn: Klinkhardt.

Schmayl, W. (2003). Ansätze allgemeinbildenden Technikunterrichts. In: B. Bonz & B. Ott (Hrsg.), Allgemeine Technikdidaktik – Theorieansätze und Praxisbezüge (131–147). Baltmannsweiler: Schneider.

Schmayl, W. (2010). Didaktik allgemeinbildenden Technikunterrichts. Baltmannsweiler: Schneider.

Schniederjan, M. & Lang, M. (2016). Schreiben im Technikunterricht: Untersuchung zum textsortenbasierten Schreiben am Beispiel der Technischen Analyse. Journal of Technical Education (JOTED), 2(2), 41–63.

Schray, H. & Geißel, B. (2016a). Erprobung von Varianten elektronischer Schaltungen zur Förderung der Fehleranalysefähigkeit im Technikunterricht der Sekundarstufe 1. In: B. Geißel & T. Gschwendtner (Hrsg.), Aktuelle Forschungsarbeiten und unterrichtspraktische Beispiele (105–128). Berlin: Logos.

Schray, H. & Geißel, B. (2016b). Cognitive Apprenticeship als Gestaltungsansatz für die Fehlersuche im allgemein bildenden Elektrotechnikunterricht. Journal of Technical Education (JOTED), 4(2), 151–170.

Sloane, P. (2009). Didaktische Analyse und Planung im Lernfeldkonzept. In: B. Bonz (Hrsg.), Didaktik und Methodik der beruflichen Bildung (195–216). Baltmannsweiler: Schneider.

Tenberg, R. (2016).Wie kommt die Technik in die Schule. Journal of Technical Education (JOTED), 4(1), 11–21.

Theuerkauf, W. E., Meschenmoser, H., Meier, B. & Zöllner, H. (2009). Qualität Technischer Bildung. Kompetenzmodelle und Kompetenzdiagnostik. Berlin: Machmit.

Wagener, W. & Haupt, W. (2000). Technik als Fach der gymnasialen Oberstufe. In: R. Bader & K. Jenewein (Hrsg.), Didaktik der Technik zwischen Generalisierung und Spezialisierung 53–74. Frankfurt a. M.: Gesellschaft zur Förderung arbeitsorientierter Forschung und Bildung.

Walker, F. (2013a). Das technische Experiment – Ein Vergleich von Schüler-, Demonstrationsexperiment und dem lesenden Bearbeiten eines Experiments. Journal of Technical Education (JOTED), 1(1), 75–97.

Walker, F. (2013b). Der Einfluss von Handlungsmöglichkeiten auf den Wissenserwerb bei der Durchführung von technischen Experimenten. Universität Duisburg-Essen (http://duepublico.uni-duisburg-essen.de/servlets/DocumentServlet?id=32554; Stand vom 30.03.2017).

Wilkening, F. (1995). Fachgeschichte. In: W. Schmayl & F. Wilkening (Hrsg.), Technikunterricht (27–63). Bad Heilbrunn: Klinkhardt.

5.3 Technisches Lernen am Gymnasium

Bernd Zinn (Universität Stuttgart)

Zusammenfassung

Eine technische Grundbildung an allgemein bildenden Gymnasien im Bezugsfeld eines eigenständigen Unterrichtsfaches stellt in Deutschland nach wie vor eine Ausnahme dar, wenngleich in den letzten Jahren in mehreren Bundesländern spezielle Fächer für eine technische Literalität entstanden sind. In Baden-Württemberg wurde bereits vor einer Dekade das Fach „Naturwissenschaft und Technik" an allgemein bildenden Gymnasien etabliert, um Kindern und Jugendlichen eine breite technische Grundbildung zu ermöglichen. Der Beitrag fokussiert die Bildungsstandards des Fachs „Naturwissenschaft und Technik" und deren schulpraktische Umsetzung.

Abstract

Technical Learning at Academic High Schools

A technical basic education at general academic high schools in the field of reference of an independent teaching subject is still an exception in Germany, although special subjects for a technical literacy have emerged in several states in Germany in recent years. In Baden-Wuerttemberg, the subject of „Natural Sciences and Technology" was already established in general academic high schools a decade ago in order to enable children and adolescents to achieve a broad technical basic education. The paper focuses on the educational standards of the subject „Natural Sciences and Technology" as well as its practical implementation in the scholastic environment.

Einleitung

Technik beeinflusst zunehmend das individuelle und gesellschaftliche Leben. Technik bestimmt zahlreiche Lebensbereiche und ist Teil unserer kulturellen Identität. Um als Individuum eine verantwortungsvolle gesellschaftliche Rolle einnehmen zu können, sind Kompetenzen gefordert, die es heute und zukünftig ermöglichen, die vielfältigen Problemstellungen und technischen Errungenschaften in unserer Gesellschaft verstehen, beurteilen und weiterentwickeln zu können. Obwohl man davon ausgehen könnte, dass mit der zentralen Bedeutung der Technik für unsere Gesellschaft auch ein umfassendes Interesse an einer technischen Literalität einherginge und eine technische Allgemeinbildung in allen Bildungsstufen umgesetzt wird – und damit auch im allgemeinen gymnasialen Bildungssektor verankert ist –, bildet das technische Lernen an allgemein bildenden Gymnasien innerhalb eines eigenständigen Faches die Ausnahme. Die Vermittlung einer technischen Grundbildung (Technology Literacy) im Rahmen eines singulären Faches ist an allgemein bildenden Gymnasien bislang wenig tradiert. Der technische Unterricht im allgemein bildenden Schulwesen ist in Deutschland im Bezugsfeld der Diskussion um formale und materiale Bildung traditionell begründet (für einen Überblick siehe hierzu z. B. Lind 1996; Lind 1997; Blankertz 1967). Während die technische Bildung in anderen Ländern wie England, in den Niederlanden, in Australien oder in den USA seit mehreren Jahren schon länger zum Bildungskanon im Grundschulbereich, Sekundarstufenbereich und College-Niveau gehört (vgl. z. B. Labudde et al. 2005; für einen Überblick siehe de Vries 2012), ist in Deutschland im allgemein bildenden gymnasialen Sektor die Förderung der technischen Grundbildung im Bezugsfeld eines eigenständigen Unterrichtsfaches relativ jung (vgl. z. B. Zinn 2014). Im Sekundarstufenbereich hingegen werden technische Bildungsinhalte bereits ab den 1960/70er-Jahren an Haupt- und Realschulen unterrichtet (vgl. z. B. Schmayl & Wilkening 1995; Ropohl 2004). Technische Bildungsinhalte finden sich im Unterrichtsfach Arbeitslehre bzw. an ihr orientierten Fächern wie beispielsweise Beruf-Haushalt-Technik-Wirtschaft oder Arbeit-Wirtschaft-Technik. Die Bildungsinhalte entsprechender Fächer umfassen im Teilbereich Technik u. a. Elemente handwerklicher und informationstechnischer Grundbildung und fokussieren meistens auch Berufsorientierungsmaßnahmen (Ziefuss 1998; Interdisziplinäre Arbeitsgruppe BHTW Sekundarstufe I 2006). In den genannten Fächern Technik im Sekundarstufenbereich (vgl. z. B. Autorengruppe Fachlehrplan Sekundarschule Technik 2012, Sachsen-Anhalt; Autorengruppe Bildungsplan Realschule 2004, Baden-Württemberg, S. 143–148) und in den themenorientierten Projektarrangements wie technisches Arbeiten (TA) liegt der Schwerpunkt vornehmlich auf der Förderung des Umgangs mit Werkstoffen, technischen Artefakten und dem Erwerb einfacher handwerklicher Fertigkeiten (vgl. z. B. ebd., S. 175–177). Darüber hinaus haben einzelne Bundesländer auch im allgemein bildenden Gymnasium im Sekundarstufe-Bereich I und/oder -Bereich II singuläre oder interdisziplinäre Unterrichtsfächer zum Erwerb einer technischen Grundbildung eingeführt (vgl: z. B. für Nordrhein-Westfalen, Autorengruppe Kernlehrplan für die Sekundarstufe II Technik 2013; für Baden-Württemberg, Autorengruppe Bildungsplan Allgemein bildendes

Gymnasium 2016, S. 397–402; für Brandenburg, Autorengruppe Rahmenplan Technik Gymnasiale Oberstufe Sekundarstufe II 1994). Damit stellt sich die Frage nach den zentralen Bildungsinhalten einer technischen Grundbildung an allgemein bildenden Gymnasien oder anders formuliert: Was ist das Charakteristische am technischen Lernen am Gymnasium?

Charakteristika des technischen Lernens am Gymnasium

Zur Beschreibung der Charakteristika einer technischen Literalität an allgemein bildenden Gymnasien werden im Beitrag die Bildungsstandards und deren schulpraktische Umsetzung im gymnasialen Fach Naturwissenschaft und Technik (NwT) exemplarisch betrachtet. Das Fach NwT wurde 2007 an den allgemein bildenden Gymnasien in Baden-Württemberg als natur- und technikwissenschaftliches Profilfach in den Klassenstufen 8 bis 10 als zweistündiges Hauptfach eingeführt. Zudem wird das Fach seit 2010 in den Klassenstufen 6 und 7 sowie ab 2008 in der Oberstufe an Modellversuchsschulen in Baden-Württemberg zweistündig unterrichtet. Das Fach NwT ersetzt in der Mittelstufe nicht die traditionellen naturwissenschaftlichen Fächer Biologie, Chemie und Physik, sondern wird additiv zu diesen unterrichtet. Die im Bildungsplan zum gymnasialen Unterrichtsfach (NwT) definierten Bildungsstandards (MKJS 2016) für die Klassenstufen 8 bis 10 sind in prozess- und inhaltsbezogene Kompetenzen differenziert. Ausgehend von den Empfehlungen der Kultusministerkonferenz für die MINT-Bildung (KMK 2009) werden die prozessbezogenen Kompetenzen in die vier Bereiche Erkenntnisgewinnung und Forschen, Entwicklung und Konstruktion, Kommunikation und Organisation sowie Bedeutung und Bewertung unterteilt.
- Im Kompetenzbereich „Erkenntnisgewinnung und Forschen" liegt der Fokus darauf die gymnasialen SchülerInnen an wissenschaftspropädeutisches Arbeiten heranzuführen. Die Lernenden formulieren in diesem Zusammenhang u. a. Forschungsfragen, bereiten Experimente vor, führen sie durch und werten die erhobenen Daten aus.
- Im Kompetenzbereich „Entwicklung und Konstruktion" geht es darum, dass die SchülerInnen die für Technik charakteristischen Denk- und Handlungsweisen kennen lernen; insbesondere das mit der Entwicklung, Konstruktion und Fertigung technischer Produkte verbundene Wissen sowie korrespondierende Fähigkeiten und Fertigkeiten. Die Lernenden sollen Kompetenzen u. a. zur Ausbildung eines systematischen, technikaffinen Vorgehens, zur Modellierung technischer Fragen oder zur Problemlösefähigkeit und zur kritischen Reflexion im Bezugsfeld technischer Handlungsfelder entwickeln. Methodisch erfolgt im Unterricht eine enge Verknüpfung der theoretischen Inhalte mit Phasen der praktischen Realisierung im Rahmen von projekt- und problemorientierten Lehr-Lernarrangements.
- Der Kompetenzbereich „Kommunikation und Organisation" zielt zum einen auf den adaptiven Umgang mit den im natur- und technikwissenschaftlichen Unter-

richt differierenden Fachsprachen, zum anderen auf die Entwicklung von Kompetenzen zu Projektmanagement und systematischem Vorgehen.
- Der Kompetenzbereich „Bedeutung und Bewertung" fokussiert die Zusammenhänge zwischen Natur, Gesellschaft, Naturwissenschaft und Technik. In diesem Kompetenzbereich geht es um Folgenabschätzung, Nutzen- und Risikobewertung und Ausbildung einer begründeten Meinung im Bezugsfeld natur- und technikwissenschaftlicher Entwicklungen und Entscheidungen.

Die inhaltsbezogenen Kompetenzen sind ebenfalls in vier Bereiche gegliedert, von denen sich drei Bereiche an der Analyse von natürlichen und technischen Systemen orientieren und Stoff-, Energie- und Informationsströme betrachten. Es werden im Einzelnen die Kompetenzbereiche Denk- und Arbeitsweisen in Naturwissenschaft und Technik: Systeme und Prozesse, Energie und Mobilität, Stoffe und Produkte sowie Informationsaufnahme und -verarbeitung differenziert.
- Der Kompetenzbereich „Denk- und Arbeitsweisen in Naturwissenschaft und Technik: Systeme und Prozesse" ist bereichsübergreifend angelegt und soll mit den nachstehenden drei inhaltlichen Kompetenzbereichen verknüpft werden. Der zentrale Fokus liegt auf der interdisziplinären Betrachtung von komplexen Systemen und Prozessen. Dabei geht um den Erwerb von Wissen, Fähigkeiten und Fertigkeiten im Bezugsfeld der Analyse von Themenbereichen, die über den fachinhaltlichen Kanon einzelner naturwissenschaftlicher und technischer Fächer hinausgehen. Die SchülerInnen sollen Kompetenzen entwickeln, die ihnen ein systematisches Denken, die Darstellung von Wechselwirkungen und eine systematische Betrachtung von komplexen natur- und technikwissenschaftlichen Systemen und Prozessen ermöglichen.
- Im Kompetenzbereich „Energie und Mobilität" werden speziell die Energiespeicherung und der Energietransport zwischen Teilsystemen im Bezugsfeld naturwissenschaftlicher und technischer Prozesse thematisiert. Beispiele für Lerninhalte sind u. a.: Energieversorgungssysteme, Energienutzung.
- Im Kompetenzbereich „Stoffe und Produkte" geht es um den Erwerb von Wissen, Fähigkeiten und Fertigkeiten, um naturwissenschaftliche Analysen durchzuführen und technische Artefakte funktionsgerecht und optimiert zu gestalten. Beispiele für Lerninhalte sind u. a. Stoffeigenschaften, Stoffströme und Verfahren sowie die Produktentwicklung.
- Der Kompetenzbereich „Informationsaufnahme und -verarbeitung" beinhaltet den Informationsaustausch im Bezugsfeld natur- und technikwissenschaftlicher Prozesse und Systeme und umfasst u. a. Kenntnisse, Fähigkeiten und Fertigkeiten zu Sensoren, elektronischen Schaltungen sowie zur Datengewinnung und -auswertung.

Im Bildungsplan für die Kursstufe (Oberstufe) ist insbesondere eine inhaltliche Vertiefung der technischen Grundbildung intendiert (Autorengruppe Entwurf für Bildungsstandards 2011, Bildungsplan NwT Kursstufe Baden-Württemberg, S. 1–4). Die in vier

Kompetenzbereichen beschriebenen Standards umfassen den kognitiven Bereich, den Handlungsbereich, den kommunikativen Bereich sowie den Bewertungsbereich (ebd.) und sind mit dieser Differenzierung an den von der KMK definierten Bildungsstandards für die naturwissenschaftlichen Fächer (vgl. z. B. für Physik siehe KMK 2005) orientiert. Für das Fach Technik der Sekundarstufe II in Nordrhein-Westfalen (Autorengruppe Kernlehrplan für die Sekundarstufe II Technik 2013, S. 13 ff.) wird in ähnliche Kompetenzbereiche (Sach-, Handlungs-, Methoden- und Urteilskompetenz) und Inhaltsfelder (Soziotechnische Systeme, Technische Innovationen, Automatisierungstechnik, Versorgung mit elektrischer Energie, Entwicklungsfelder neuer Technologien) differenziert.

Zum technischen Lernen am allgemein bildenden Gymnasium kann festgestellt werden, dass die Gegenstandsbereiche der Bildungsstandards mehrheitlich auf lebensweltliche Kontexte und Handlungsfelder bezogen sind und weniger fachsystematische Beschreibungen enthalten (Zinn, Latzel & Ariali 2017). Es erfolgt eine Orientierung am Literacy-Konzept, wie es auch für den naturwissenschaftlichen Fächerkanon mit der Verschiebung von der Fachsystematik hin zu allgemein bildenden Themen schon länger konstatiert wurde (vgl. z. B. Euler 2008). Die Lernziele der technischen Grundbildung sind allgemein gehalten und fokussieren damit weniger ein formales Verfügungswissen, sondern rekurrieren auf ein Orientierungs- und Handlungswissen. Die unterrichtlichen Themengebiete orientieren sich eng an den ingenieurwissenschaftlichen Domänen der Bau-, Elektro-, Maschinenbautechnik und Informatik. Zentrale Themengebiete im Fach NwT sind: u. a. Elektronik/Mikrocontroller, Technisches Zeichnen/CAD, Robotik, Automatisierungstechnik, Baustatik, Erneuerbare Energien (Zinn, Latzel & Ariali 2017).

Zur schulischen Umsetzung des technischen Lernens an allgemein bildenden Gymnasien liegen bislang wenige empirische Studien vor. Während die naturwissenschaftlichen Fächer am Gymnasium schon lange bildungs- und wissenschaftstheoretisch legitimiert und traditionell verankert sind (vgl. z. B. Schöler 1970), ihre fachinhaltlichen Bezugspunkte in Bildungsstandards, schulform- und länderspezifischen Curricula fixiert sind und sie auf eine elaborierte domänenspezifische fachdidaktische Forschung zurückgreifen können, sind die empirischen Erkenntnisse zur technischen Grundbildung an allgemein bildenden Gymnasien wenig elaboriert (vgl. z. B. Zinn 2014). Erste empirische Studien im gymnasialen Fach NwT belegen, dass die Umsetzung des Technikunterrichts durch individuelle schulische Unterrichtskonzepte mit sowohl theoretischen als auch breiten praktischen Unterrichtsphasen geprägt ist. So werden sowohl handwerkliche Fähigkeiten im Kontext der Planung und Herstellung eines Lernträgers (vgl. Bielefeld et al. 2013) als auch analytische Fähigkeiten im Bezugsfeld von natur- und technikwissenschaftlichen Problemstellungen gefördert (Zinn, Latzel & Sari 2017).

Zur Qualitätssicherung können die oben skizzierten Bildungsstandards für das technische Lernen nur dann wirksam werden, wenn sich auf der Grundlage der hinter ihnen liegenden Kompetenzen entsprechende valide Leistungstests entwickeln lassen. Es ist in zukünftigen empirischen Studien zu klären, ob die normativen Bildungsstandards empirisch repliziert werden können. Im Bezugsfeld stellt sich auch die Frage, ob die schulisch erworbenen, allgemeinen technischen Kompetenzniveaus von SchülerInnen eines singulären Technikunterrichts im Fach Technik vergleichbar mit den Kompetenzniveaus von Lernenden integrativer Unterrichtskonzepte zur Technik sind. Auch wenn mittlerweile zahlreiche Entwicklungs- und Forschungsdesiderate zur technischen Bildung an Gymnasien bestehen sei abschließend festgestellt, dass das technische Lernen am Gymnasium in den letzten Jahren zunehmend an Bedeutung gewonnen hat (ebd.). Auch wenn noch nicht in allen Bundesländern singuläre oder interdisziplinäre Fächer zur Technik eingerichtet worden sind, so zählen technikwissenschaftliche Kompetenzen zu den kulturellen Grundqualifikationen, die für ein selbstständiges Handeln in der Gesellschaft, für ökonomische, politische, soziale und kulturelle Partizipation erforderlich sind. Ein Grundverständnis für technische Zusammenhänge ist dabei sowohl im Alltagsleben als auch in zahlreichen Berufen und akademischen Qualifikationen eine zentrale Voraussetzung und unentbehrliche Bezugsgröße für erfolgreiches Handeln und Wirken in privaten, beruflichen und gesellschaftlichen Bereichen. Bislang reduziert sich die technische Grundbildung von SchülerInnen am allgemein bildenden Gymnasium in vielen Bundesländern noch auf die Vermittlung einzelner technischer Lerninhalte im Rahmen der traditionellen naturwissenschaftlichen Unterrichtsfächer. Bei der integrativen Konzeptualisierung des technischen Lernens innerhalb dieser Fächer besteht die latente Gefahr, dass zentrale Perspektiven, Besonderheiten und typische Arbeitsweisen der Domäne Technik nicht angemessen berücksichtigt werden und die technische Bildung dabei weitgehend auf den Aspekt einer angewandten Naturwissenschaft begrenzt wird (vgl. z. B. Euler 2008). Eine zeitgemäße und umfassende technische Grundbildung an den Gymnasien kann nicht darauf reduziert werden, dass einzelne beliebige technische Lerninhalte in den traditionellen naturwissenschaftlichen Unterrichtsfächern mitbehandelt werden, sondern es bedarf eines eigenständigen singulär oder interdisziplinär konzeptualisierten Unterrichtsfaches, das grundlegend an den zentralen technischen Lerninhalten orientiert ist und von in der Technik ausgebildeten gymnasialen Lehrkräften unterrichtet wird. In den vergangenen Jahren ist die Erkenntnis gereift, dass technische Kompetenzen zur Allgemeinbildung gehören und sich der Stellenwert einer Technology Literacy auch an allgemein bildenden Gymnasien inzwischen deutlich gewandelt hat. Heute werden technische Unterrichtsfächer an allgemein bildenden Gymnasien in einzelnen Bundesländern als selbstständiger Bildungsbereich betrachtet, mit dem sowohl aus bildungstheoretischer-, wissenschaftstheoretischer-, soziologischer und bildungspraktischer Perspektive wichtige Zielsetzungen einer umfassenden und zeitgemäßen Bildung verfolgt werden.

Literatur

Autorengruppe Entwurf für Bildungsstandards (2011). Entwurf für Bildungsstandards Naturwissenschaft und Technik (NwT) Kursstufe 2-stündig. Landesinstitut für Schulentwicklung, 1–4. Online: http://www.bildung-staerkt-menschen.de/service/downloads/Bildungsstandards/Gym/Gym_NwT_kurs_2st_bs.pdf, Stand vom 27.08.2014.

Autorengruppe Bildungsplan 2004 Realschule (2004). Ministerium für Kultus, Jugend und Sport Baden-Württemberg (Hrsg.), 143–148. Online: http://www.bildung-staerkt-menschen.de/service/downloads/Bildungsplaene/Realschule/Realschule_Bildungsplan_Gesamt.pdf, Stand vom 22.08.2014.

Autorengruppe Fachlehrplan Sekundarschule Technik (2012). Kultusministerium des Landes Sachsen-Anhalt (Hrsg.). Online: http://www.bildung-lsa.de/pool/RRL_Lehrplaene/Endfassungen/lp_sks_tech.pdf, Stand vom 22.08.2014.

Autorengruppe Kernlehrplan für die Sekundarstufe II Technik Gymnasium/Gesamtschule in Nordrhein-Westfalen Technik (2013). Herausgegeben vom Ministerium für Schule und Weiterbildung des Landes Nordrhein-Westfalen (Hrsg.). Online: http://www. standardsicherung.schulministerium.nrw.de/lehrplaene/upload/klp_SII/tc/GOSt_Technik_Endfassung.pdf, Stand vom 22.08.2014.

Autorengruppe Rahmenplan Technik Gymnasiale Oberstufe Sekundarstufe II (1994). Herausgegeben vom Ministerium für Bildung, Jugend und Sport des Landes Brandenburg. Potsdam: Brandenburgische Universitätsdruckerei und Verlagsgesellschaft Potsdam.

Blankertz, H. (1967). Zum Begriff des Berufs in unserer Zeit. In: H. Blankertz (Hrsg.), Arbeitslehre in der Hauptschule (9–27). Essen.

Bielefeld, U., Eisele, G., Frank, R., Ramin, S., Rehfeld, U. & Wegenast, J. (2013). Technik im NwT-Unterricht – Erprobte Beispiele für das Fach Naturwissenschaft und Technik. In: R. Frank (Hrsg.), VDI e. V. Landesverband Baden-Württemberg. Würzburg: flyeralarm.

De Vries, M. (2012). Teaching for scientific and technological literacy – an international comparison. In: U. Pfenning & O. Renn (Hrsg.), Wissenschafts- und Technikbildung auf dem Prüfstand. Zum Fachkräftemangel und zur Attraktivität der MINT-Bildung und -Berufe im europäischen Vergleich (93–110). Baden-Baden: Nomos.

Euler, M. (2008). Situation und Maßnahmen zur Förderung der technischen Bildung in der Schule. In: R. Buhr & E. A. Hartmann (Hrsg.), Technische Bildung für Alle. Institut für Innovation und Technik (67–104). Berlin: VDI/VDE Innovation + Technik GmbH.

Interdisziplinäre Arbeitsgruppe BHTW (2006). Kerncurriculum Lernbereich Beruf-Haushalt-Technik-Wirtschaft/Arbeitslehre. Journal of Social Science Education 5(3).

KMK [Sekretariat der Ständigen Konferenz der Kultusminister der Länder der Bundesrepublik Deutschland] (Hrsg.) (2005). Bildungsstandards im Fach Physik für den mittleren Schulabschluss. München: Luchterhand.

KMK [Sekretariat der Ständigen Konferenz der Kultusminister der Länder in der Bundesrepublik Deutschland] (2009). Empfehlung der Kultusministerkonferenz zur Stärkung der mathematisch-naturwissenschaftlich-technischen Bildung. München: Luchterhand.

Labudde, P., Heitzmann, A., Heiniger, P. & Widmer, I. (2005). Dimensionen und Facetten des fächerübergreifenden naturwissenschaftlichen Unterrichts: ein Modell. Zeitschrift für die Didaktik der Naturwissenschaften (ZfDN), 11, 103–115.

Lind, G. (1996). Physikunterricht unter formaler Bildung. Zeitschrift für die Didaktik der Naturwissenschaften (ZfDN), 2(1), 53–68.

Lind, G. (1997). Physikunterricht unter materialer Bildung. Zeitschrift für die Didaktik der Naturwissenschaften (ZfDN), 3(1), 3–20.

MKJS [Ministerium für Kultus, Jugend und Sport Baden-Württemberg] (2016). Bildungsplan 2016 – Naturwissenschaft und Technik (NwT) Profilfach, Kultus und Unterricht – Amtsblatt des Ministerium für Kultus, Jugend und Sport Baden-Württemberg, 5 ff.

Ropohl, G. (2004). Arbeitslehre und Techniklehre. Philosophische Beiträge zur technologischen Bildung. Berlin: Edition Sigma.

Schöler, W. (1970). Geschichte des naturwissenschaftlichen Unterrichts. Berlin: de Gruyter.

Schmayl, W. & Wilkening, F. (1995). Technikunterricht. (2. überarbeitete und erweiterte Auflage). Bad Heilbrunn: Klinkhardt.

Ziefuss, H. (1998). Arbeitslehre – eine Bildungsidee im Wandel: Band 4: Lehrerbildung in der Arbeitslehre. Seelze: Friedrich-Verlag.

Zinn, B. (2014). Technische Allgemeinbildung – Bedeutungsspektrum, Bildungsstandards und Forschungsperspektiven. Journal of Technical Education (JOTED), Jg. 2(2), 24–47.

Zinn, B., Latzel, M. & Ariali, S. (2017). Bericht zur Evaluation des Schulversuchs Naturwissenschaft und Technik (NwT) in den Jahrgangsstufen – zweistündig (Universität Stuttgart).

5.4 Technisches Lernen im Übergangsbereich

Britta Bergmann (Technische Universität Darmstadt)

Zusammenfassung

Das technische Lernen im Übergangsbereich zeichnet sich vor allem dadurch aus, dass dieser in den einzelnen Bundesländern sehr individuell gehandhabt wird und es dadurch eine große Vielfalt unterschiedlicher Bildungsgänge mit unterschiedlicher Zielperspektive gibt, die von schulischen aber auch außerschulischen Bildungsträgern angeboten werden. Aus diesem Grund gestaltet sich auch das technische Lernen im Übergangsbereich als mannigfaltig und bundeslandabhängig. Aus wissenschaftlicher Sicht ist der Übergangsbereich bzw. das technische Lernen in diesem bisher eher vernachlässigt worden, sodass nur wenige bzw. keine abgesicherten Ergebnisse vorliegen. Der folgende Aufsatz soll hierzu einen ersten Ansatz liefern und zudem neue „Wege" des technischen Lernens vorstellen.

Abstract

Technical learning in the „Übergangsbereich"

Technical learning in the „Übergangsbereich"[1] is characterised by a huge variety of further education courses, all with varying objectives. The cause of this is that the various Federal States of Germany (Bundesländer) administer this way of education independently. Technical learning is offered both ‚in house' by schools and colleges as well as by other institutions and authorities. It is for this reason that technical learning in the „Übergangsbereich" is so diverse.

From an analytical point of view, such technical learning has been largely ignored, so that few, if any, statistics are available. The following essay aims to begin to rectify this and also to suggest new methods of technical learning.

---

[1] Übergangsbereich – further education (after compulsory education).

1 Der Übergangsbereich

Möchte man sich mit dem technischen Lernen innerhalb des Übergangsbereiches auseinandersetzen, ist es zunächst notwendig zu klären, welche Ziele der Übergangsbereich verfolgt und welche Bildungsgänge dem Übergangsbereich zuzuordnen sind.

2006 wurde von der Autorengruppen des Bildungsberichtes der Begriff des „Übergangssystems" (kann synonym mit dem Begriff des Übergangsbereiches verwendet werden) geprägt und umfasst alle Bildungsgänge, die „unterhalb einer qualifizierten Berufsausbildung liegen bzw. zu keinem anerkannten Ausbildungsabschluss führen, sondern auf eine Verbesserung der individuellen Kompetenzen von Jugendlichen zur Aufnahme einer Ausbildung oder Beschäftigung zielen und zum Teil das Nachholen eines allgemeinbildenden Schulabschlusses ermöglichen." (Konsortium Bildungsberichterstattung 2006, S. 79) Die unterschiedlichen „Bildungsgänge" des Übergangsbereiches werden entweder von beruflichen Schulen, außerschulischen Bildungsträgern oder sonstigen Einrichtungen[2] angeboten, was u. a. dazu führt, dass dem Übergangsbereich Strukturlosigkeit und Intransparenz (Krüger-Charlé 2010) vorgeworfen wird, welches den Jugendlichen weniger dabei unterstützt einen Ausbildungsplatz zu bekommen, sondern die Jugendlichen vielmehr in einem „Maßnahmedschungel" festhält und „Maßnahmekarrieren" fördert.

Der Übergangsbereich ist bildungsbiografisch zwischen der allgemeinbildenden Schule und der dualen bzw. vollzeitschulischen Berufsausbildung (unterhalb des Hochschulsektors) zu verorten und verfolgt u. a. folgende Ziele

1. Jugendlichen, die als noch nicht ausbildungsreif gelten, sollen für die Aufnahme einer dualen/schulischen Ausbildung vorbereitet werden.
2. Jugendliche, die aufgrund des schwierigen Ausbildungsstellenmarktes keine Ausbildungsstelle gefunden haben, sollen berufliche Grundfertigkeiten erlernen und die Zeit bis zum Einstieg in die Berufsausbildung überbrücken.
3. Jugendlichen soll die Möglichkeit geboten werden, weiterführende Schulabschlüsse (i. d. R. den Hauptschulabschluss bzw. den mittleren Abschluss) zu erreichen, um die Chancen auf dem Ausbildungsmarkt zu erhöhen.

Dem Übergangsbereich kann man u. a. folgende z. T. zieldifferente Bildungsgänge zuordnen:
- Berufsvorbereitende Maßnahmen der BA (BvB)
- Einstiegsqualifizierung (EQ)
- Zweijährige Berufsfachschule (BFS)
- Einjährige höhere Berufsfachschule (HBFS)
- Bildungsgänge zur Berufsvorbereitung (BzB)
- Berufsvorbereitungsjahr (BVJ)
- Berufsgrundbildungsjahr (BGJ)

---

[2] Z. B. der Bundesagentur für Arbeit.

- Produktionsschulen
- Berufsvorbereitungsschulen/Ausbildungsvorbereitung (AvDual)(Hamburg)
- ...

Um die Relevanz des Übergangsbereiches in der deutschen Bildungslandschaft zu verdeutlichen, werden zunächst die Neuzugänge in die unterschiedlichen Systeme des Ausbildungssystems näher betrachtet.

Der Übergangsbereich[3] bildet zusammen mit dem System der dualen Ausbildung[4] und dem Schulberufssystem[5] die drei Hauptsektoren des beruflichen Ausbildungssystems, welches im Jahr 2015 957192 Neuzugänge verzeichnen konnte (Abb. 1).

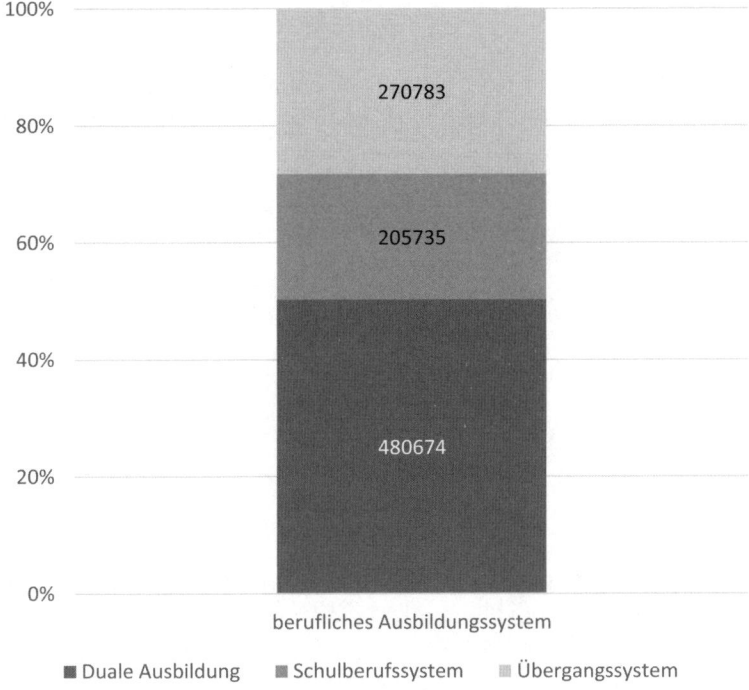

Abbildung 1: Neuzugänge berufliches Ausbildungssystem 2015

Während das duale System in den letzten Jahren stetig an Neuzugängen verloren hat (seit 2011 sind 85150 Lehrstellen weniger besetzt worden) und 2015 erstmals unter die 500000 Grenze gefallen ist (Abb. 2), liegen die Neuzugänge im Übergangsbereich auf einem relativ stabilen Niveau.

---

[3] Bildungsgänge, die keinen qualifizierenden beruflichen Abschluss vermitteln, teilqualifizierende Angebote, die auf Ausbildungszeit angerechnet werden können (Anerkennung des ersten Ausbildungsjahres).
[4] Vermittelt qualifizierenden beruflichen Abschluss (Teilzeitberufsschule, betriebliche Ausbildung).
[5] Vermittelt qualifizierenden beruflichen Abschluss in vollzeitschulischer Ausbildung.

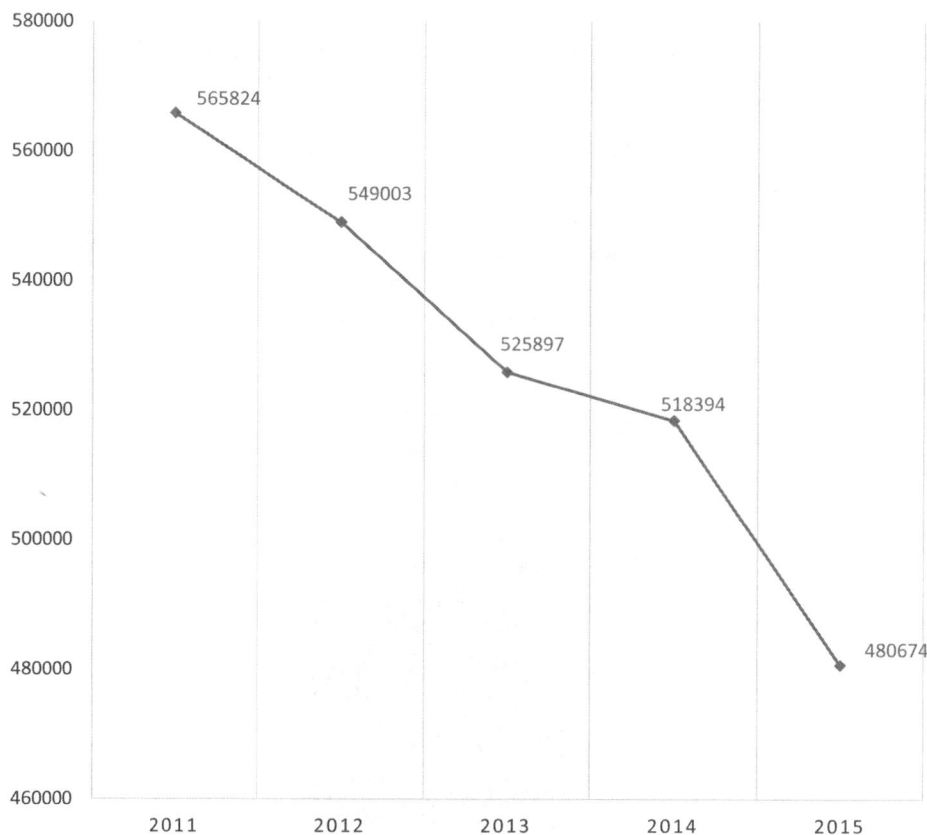

Abbildung 2: Neuzugänge duale Ausbildung

Im Jahr 2015 konnte der Übergangsbereich mit 270783 Neuzugängen sogar eine leichte Steigerung erfahren (Abb. 3).

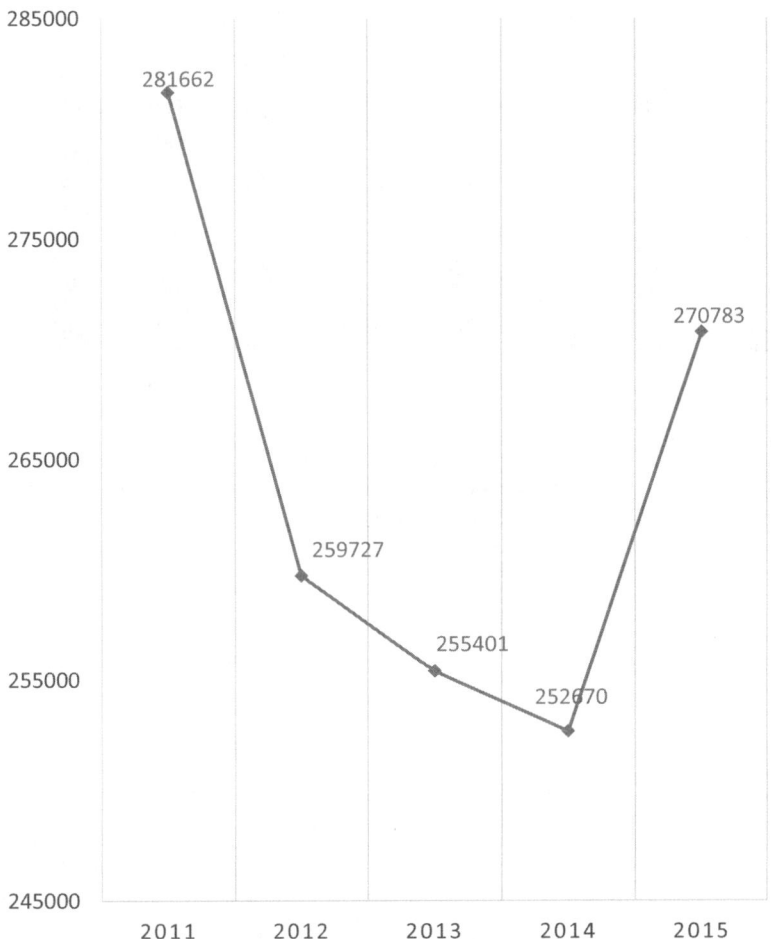

Abbildung 3: Neuzugänge Übergangsbereich

Während in das Duale System und in das Schulberufssystem überwiegend Jugendliche mit mittlerem Abschluss eintreten, prägen im Übergangsbereich vor allem Jugendliche ohne Abschluss bzw. Jugendliche mit Hauptschulabschluss das Bild (Abb. 4).

Eine für Jugendliche mit Hauptschulabschluss negative Entwicklung ist, dass immer mehr Ausbildungsverträge mit Jugendlichen geschlossen werden, die über eine (Fach)Hochschulzugangsberechtigung verfügen und Jugendliche mit Hauptschulabschluss seit 2009 immer mehr vom Ausbildungsmarkt verdrängt werden (Abb. 5). Dies führt unweigerlich dazu, dass Jugendliche durch den Erwerb eines höheren Abschlusses (i. d. R. mittleren Abschluss) versuchen, ihre Chancen auf dem Ausbildungsmarkt zu erhöhen.

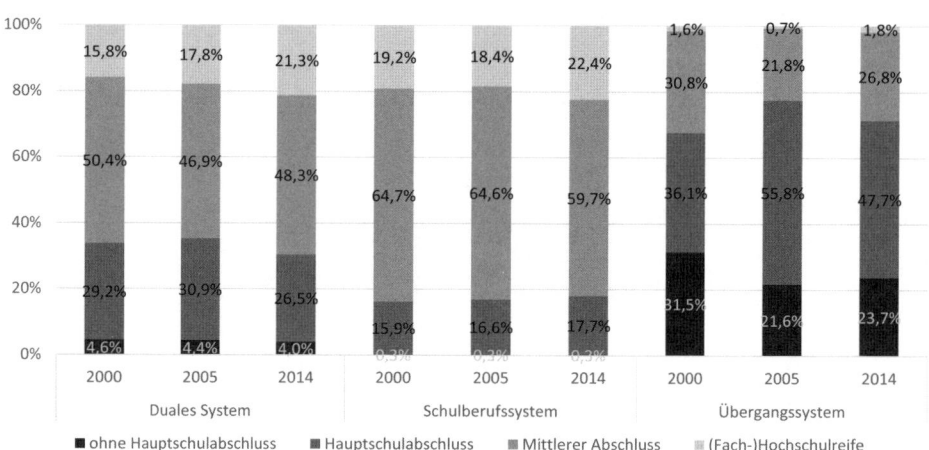

Abbildung 4: Zusammensetzung der Neuzugänge in den drei Sektoren des Berufsbildungssystems nach schulischer Vorbildung (Autorengruppe Bildungsberichterstattung 2016, S. 105)

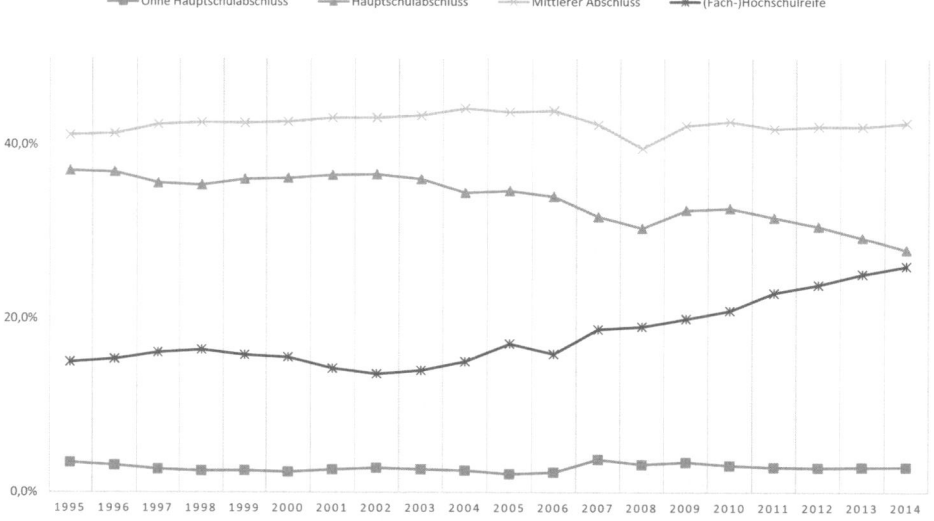

Abbildung 5: neu abgeschlossene Ausbildungsverträge nach schulischer Vorbildung in % (Autorengruppe Bildungsberichterstattung 2016, S. 284)

Ein weiteres Merkmal des Übergangsbereiches, ist der hohe Anteil an nichtdeutschen Jugendlichen[6] (≈ 20 %) (Abb. 6). Dies könnte entweder damit begründet werden, dass diese auf dem Ausbildungsmarkt weniger Chancen haben einen Ausbildungsplatz zu finden, als deutsche Jugendliche mit vergleichbarem Abschluss oder aber mit dem unmittelbaren Wunsch der nichtdeutschen Jugendlichen nach einem höheren Schulabschluss.

6 Jugendliche ohne deutsche Staatsangehörigkeit.

5.4 Technisches Lernen im Übergangsbereich

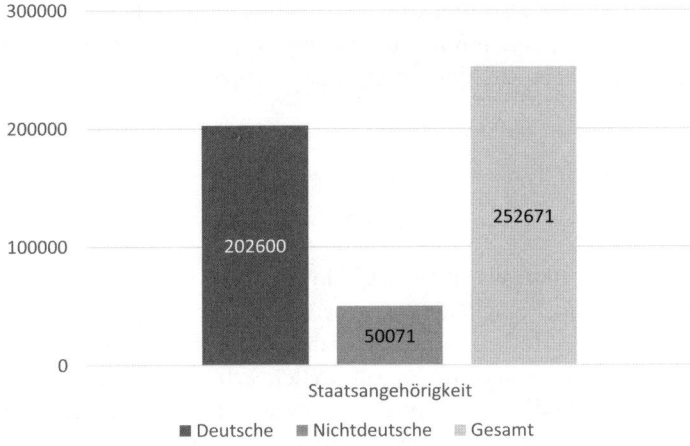

Abbildung 6: Neuzugänge im Übergangssystem nach Staatsangehörigkeit

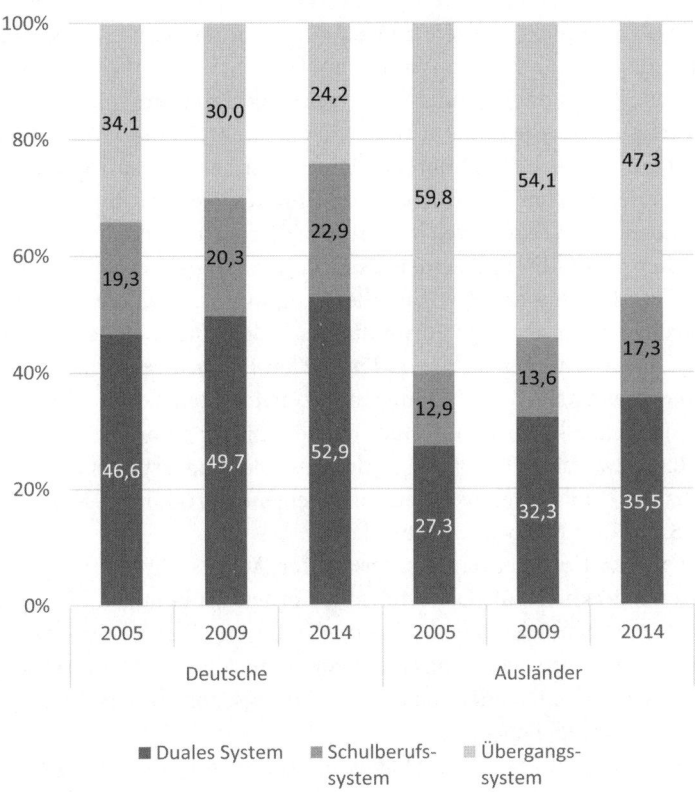

Abbildung 7: Neuzugänge in das berufliche Ausbildungssystem nach Staatsangehörigkeit (Autorengruppe Bildungsberichterstattung, 2016. E1–8web)

Dies würde auch erklären, warum nichtdeutsche Jugendliche (47,3 %) prozentual häufiger in das Übergangssystem einmünden als deutsche Jugendliche (24,2 %) (Abb. 7) da, wie oben beschrieben, ein Ziel des Übergangsbereiches im Erwerb höherer Schulabschlüsse liegt.

2 Technisches Lernen

Georg Kerschensteiner hatte als erster den Bildungswert im Erlernen gewerblich-technischer Fähigkeiten und Fertigkeiten herausgestellt. Er postulierte 1904, dass die Berufsbildung als wichtiger Teil einer ganzheitlichen Menschenbildung zu verstehen und sie sowohl in funktioneller als auch in kultureller Sicht in Schule zu legitimieren sei (Gonon 2013). Zeitgeschichtlicher Hintergrund war dabei eine ähnliche Situation wie heute, in der es galt, Jugendliche in einem Übergangsbereich sinnvoll in unsere Gesellschaft einzubinden und einzuführen. Neben allgemeinbildenden Lehr- und Lernzielen (im Sinne eines neuhumanistischen Bildungskonzeptes) sollte nach Kerschensteiner auch das berufsfachliche (technische) Lehren und Lernen in den bildungspädagogischen Fokus gerückt werden und eine Separation von Allgemeinbildung und Berufsbildung aufgehoben werden (Gonon 2013). Dabei überschritt die Berufsbildung für Kerschensteiner das damals durchaus verbreitete Erlernen von (einfachen) handwerklichen Fertigkeiten, wie es der Handfertigkeitsunterricht der Volksschulen seit ca. 1870 vorsah, deutlich. Arbeitsschulischer Unterricht sollte derart gestaltet sein, dass nicht nur tradiertes Wissen (Buchwissen) und mechanisches Können gelehrt und gelernt wird, sondern ein Wissen, welches auf (praktischen) Erfahrungen basiert und ein Können, welches produktiv und seinen Ursprung in der „Beschäftigung der Seele des Kindes" hat (Kerschensteiner 1968). Vor allem kognitiv schwächere Kinder profitierten von der Transformation der allg. Fortbildungsschule („Buchschule") in eine Arbeitsschule. Durch das Anknüpfen an den individuellen Erfahrungshorizont des Einzelnen und durch die praktische Beschäftigung mit Lerninhalten konnten Jugendliche, die in der traditionellen Pflichtschule („Buchschule") bisher wenig positive Erfahrungen gemacht hatten bzw. nur selten Erfolgserlebnisse hatten, erstmals Selbstwirksamkeit (durch praktische Erfolgserlebnisse) erfahren, eigene „produktive Kräfte" (Kerschensteiner 1968, S. 27) und Motivation entwickeln.

Daher zeigt sich Kerschensteiners Ansatz der Arbeitsschule nun ein Jahrhundert später immer noch aktuell für das technische Lernen im heutigen Übergangsbereich. Da dieser in Deutschland jedoch institutionell und curricular sehr uneinheitlich gestaltet ist, gibt es auch sehr viele, durchaus differente Ansätze, technisches Lernen bildungshaltig umzusetzen. Die hier etablierten Bildungsgänge unterscheiden sich alleine in ihrer Zielsetzung erheblich:

Liegt bei einem Bildungsgang der Fokus vor allem im Erwerb eines höheren Schulabschlusses (zweijährige BFS), fokussiert ein anderer eher die berufliche Grundbildung in einer Fachrichtung (BGJ) oder die berufliche Orientierung in unterschiedlichen Fachrichtungen (BVJ). So unterschiedlich die Ziele der unterschiedlichen Bildungsgänge sind, so unterschiedlich sind bezogen auf das technische Lernen auch die fachlichen Inhalte. In den zweijährigen BFS beispielsweise bilden die KMK-Rahmenlehrpläne der Ausbildungsberufe[7] das fachliche Curriculum für die beiden Schulbesuchsjahre, während in anderen Bildungsgängen vermeintlich auf curriculare Vorgaben[8] verzichtet wird, um den Schulen bzw. Bildungseinrichtungen größtmögliche Flexibilität (Anpassung an die regionalen Gegebenheiten) und Autonomie zu ermöglichen.

Ein weiterer nicht zu vernachlässigender Aspekt ist die föderale Struktur der Bundesrepublik Deutschland, die durch die Kultushoheit der Länder dazu geführt hat, dass sich der Übergangsbereich, sowohl bei den außerschulischen als auch den schulischen Bildungsgängen (inkl. der fachlichen Inhalte und Zielsetzungen), in den Ländern unterschiedlich entwickelt hat. Aus diesem Grund erscheint es sinnvoll, das technische Lernen in einem Bildungsgang des Übergangsbereiches näher zu betrachten und zu analysieren, welcher in den meisten Bundesländern ähnlich gehandhabt wird. So hat die Kultusministerkonferenz (KMK) eine gemeinsame Bestimmung für die Berufsfachschulen verfasst, die in einer Rahmenvereinbarung festgeschrieben sind (Kultusministerkonferenz, 2013) und die neben den Aufgaben und Zielen der Berufsfachschulen auch die möglichen Abschlüsse und Bildungsgänge vereinheitlicht.

Allen Berufsfachschulen gemein ist, dass den SchülerInnen berufliche Grundqualifikationen in einem oder mehreren anerkannten Ausbildungsberufen vermittelt werden, die Grundlagen für eine berufliche Handlungskompetenz gelegt werden und die Allgemeinbildung erweitert wird. Darüber hinaus bieten einige Berufsfachschulen die Möglichkeit einen Berufsausbildungsabschluss (z. B. Assistenzberufe) oder einen weiterführenden Schulabschluss (z. B. mittleren Abschluss) zu erwerben (Kultusministerkonferenz 2013, S. 3).

Im Weiteren wird das technische Lernen in der teilqualifizierenden zweijährigen Berufsfachschule, die zu keinem Berufsabschluss in einem anerkannten Ausbildungsberuf führt, aber auf die Ausbildungszeit angerechnet werden kann, beispielartig betrachtet. Grund für diese Fokussierung ist zum einen die weite Verbreitung dieses Ansatzes, der aktuell in seiner Grundform wohl am meisten SchülerInnen in Deutschland einbindet, zum anderen dessen Nähe zu den Grundideen Kerschensteiners, Jugendliche mit Bildungsdefiziten durch den Aspekt der Beruflichkeit persönlich zu fördern.

2.1 Technisches Lernen in der zweijährigen Berufsfachschule

Die zweijährige Berufsfachschule[9] ist eine vollschulische Schulform, die es in drei unterschiedlichen Fachrichtungen (Wirtschaft, Technik, Gesundheit und Sozialwesen) gibt, in denen wiederum unterschiedliche Schwerpunkte (Fachrichtung Technik: z. B. Metalltechnik, Elektrotechnik) angeboten werden. Neben dem Erwerb eines dem mittleren Bildungsabschluss gleichwertigen Abschlusses, fokussiert die BFS eine berufliche Grundbildung in einem Schwerpunkt einer beruflichen Fachrichtung und eröffnet da-

---

7 Des ersten Ausbildungsjahres.
8 Z. B. Berufsfachschule Rheinland-Pfalz.
9 Wird im weiteren Text als BFS bezeichnet.

mit HauptschülerInnen neue Chancen. Zum Besuch der BFS ist i. d. R. berechtigt, wer über einen Hauptschulabschluss[10] und über keine abgeschlossene Berufsausbildung verfügt und das 18. Lebensjahr noch nicht vollendet hat.

Grundsätzlich gilt für die berufliche Grundbildung, dass diese handlungsorientiert und berufsbezogen zu vermitteln ist (Pahl 2014). Das technische Lernen an der BFS vereint daher theoretische und praktische Aspekte und erlaubt eine „mehrdimensionale Ausleuchtung" (Pahl 2014, S. 253) berufsfachlicher Themen.

Im Theorieunterricht werden auf theorieorientierter Ebene berufstheoretische Inhalte adressiert und im fachpraktischen Unterricht auf praktischer Ebene berufsrelevante Qualifikationen/Kompetenzen und Arbeitstechniken vermittelt.

Obwohl sich die Lehrpläne der BFS in den einzelnen Bundesländer inhaltlich zum Teil erheblich unterscheiden, orientieren sie sich in der Regel indirekt an der Handreichung für die Erarbeitung von Rahmenlehrplänen der Kultusministerkonferenz für den berufsbezogenen Unterricht in der Berufsschule (Kultusministerkonferenz 2007) oder aber direkt an den Rahmenlehrplänen anerkannter Ausbildungsberufe für das erste Lehrjahr (z. B. Hessen) (Pahl 2014, S. 349) und damit am Konzept der beruflichen Handlungskompetenz (Pahl 2014, S. 339). Berufliche Handlungskompetenz wird dabei „verstanden als die Bereitschaft und Befähigung des Einzelnen, sich in beruflichen, gesellschaftlichen und privaten Situationen sachgerecht durchdacht sowie individuell und sozial verantwortlich zu verhalten. Handlungskompetenz entfaltet sich in den Dimensionen von Fachkompetenz, Humankompetenz und Sozialkompetenz." (Kultusministerkonferenz 2007, S. 10). Der besondere Hinweis auf die unterschiedlichen Dimensionen der Handlungskompetenz verweist u. a. darauf, dass der Unterricht nicht nur auf Tätigkeiten in der realen Arbeitswelt bezogen sein sollte, sondern auch allg. Bildungsziele im berufsbezogenen Unterricht zu adressieren sind, um z. B. „die Fähigkeit und Bereitschaft zu fördern, bei der individuellen Lebensgestaltung und im öffentlichen Leben verantwortungsbewusst zu handeln." (Kultusministerkonferenz 2007, S. 9)

Aufgrund der geforderten Vermittlung beruflicher Handlungskompetenz sind die Lehrpläne der BFS häufig nach Lernfeldern organisiert. „Lernfelder sind durch Ziel, Inhalte und Zeitrichtwerte beschriebene thematische Einheiten, die an beruflichen Aufgabenstellungen und Handlungsfeldern orientiert sind und den Arbeits- und Geschäftsprozess reflektieren" (Kultusministerkonferenz 2007, S. 17).

Auf curricularer Ebene legt das Lernfeldkonzept die Annahme nahe, dass dem „Situationsprinzip"[11] scheinbar verstärkt Rechnung getragen wird, obwohl eine gängige didaktische Forderung eine Gleichstellung des Situationsprinzips mit dem des Wissenschafts- und des Persönlichkeitsprinzips fordert (Nickolaus 2014, S. 81). Das Lernfeldkonzept, welches die Entwicklung von beruflicher Handlungskompetenz intendiert und zu kompetenten beruflichen Handeln befähigen soll, impliziert, wenn auch nicht explizit, die Ausrichtung sowohl am Persönlichkeitsprinzip, durch die allgemein zu vermittelnde „Lebensbewältigungskompetenz" als auch am Wissenschaftsprinzip, durch die allgemeine Orientierung am Arbeitsprozess (und die damit implizierte Vermittlung

---

10 Je nach Bundesland werden unterschiedliche Bedingungen an den Hauptschulabschluss gestellt.
11 Entwicklung der Curricula orientiert sich an beruflichen Arbeits- und Geschäftsprozessen.

fachwissenschaftlicher Inhalte), was bei der Umsetzung des Lernfeldkonzeptes entsprechend zu beachten ist.

Die mit dem Lernfeldkonzept bzw. mit dem damit im Zusammenhang stehenden größeren, auf Ziele und Inhalte bezogen, Gestaltungsspielraum der Lehrkräfte, einhergehende notwendige curriculare Abstimmung und Verknüpfung berufstheoretischer und berufspraktischer Inhalte, welche sich zwar einfacher als in der dualen Berufsausbildung (an dieser sind unterschiedliche Lernorte beteiligt) umsetzen lässt, gestaltet sich dennoch als schwierig, da es ein gut funktionierendes Team voraussetzt, welches didaktisch und methodisch bereit ist zusammenzuarbeiten (Pahl 2014, S. 421) und nicht durch Probleme auf der Beziehungsebene gestört wird. Neben dem „Prinzip der Kollegialität" (Pahl 2014, S. 488) sind schulische Rahmenbedingungen[12], die eine kollegiale Zusammenarbeit erst ermöglichen, Voraussetzung für eine gute Lehrerteamarbeit.

Das Lernfeldkonzept bzw. die Vermittlung beruflicher Handlungskompetenz stellt erhöhte Ansprüche an die Lernumgebung, die vermehrt berufspädagogischen Ansprüchen genügen muss und multifunktional ausgestattet sein sollte, um ausschnittsweise die „Gegebenheiten des Beschäftigungssystems" wiederzugeben (Pahl 2014, S. 375–377).

So sieht der Lehrplan für die BFS in Hessen z. B. vor, dass sich der Unterricht an Arbeits- und Geschäftsprozessen zu orientieren hat und die beruflichen Realität im Sinne einer ganzheitlichen Aufgabenstellung möglichst vollständig abgebildet wird. Dies bedeutet für die Lernumgebung, dass SchülerInnen sowohl die theoretischen (Vor-)Überlegungen, im Sinne z. B. von Information und Planung, anstellen können als auch berufsnahe Handlungen unter Einbeziehung entsprechender Maschinen und Geräte in geeigneter Weise praktisch umsetzen können. Dafür sind je nach Fachrichtung unterschiedliche Raumkonzepte erforderlich, die sowohl die ungestörte Theoriearbeit als auch realitätsnahe praktische Tätigkeiten erlauben (Riedl 2011, S. 199).

Die Methodik des beruflichen Lernens ist, obwohl oder gerade weil die Auswahl an verschiedenen Unterrichtsmethoden, Medien, Sozial- und Aktionsformen vielfältig ist, für die Berufsfachschule noch nicht näher spezifiziert. D. h. es gibt bisher für die Berufsfachschule keine spezielle Methodik und im weiteren Sinne keine systematische berufliche Didaktik für den „technischen" Unterricht in der Berufsfachschule (Pahl 2014, S. 449). Da der Unterricht in der Berufsfachschule darauf abzielen sollte, Selbstständigkeit zu fördern und berufliche Handlungskompetenz zu entwickeln, bieten sich vor allem handlungsorientierte Unterrichtsformen und -verfahren an, die den beruflichen Arbeitsprozess sowohl als inhaltliche als auch methodische Basis nutzen.

Betrachtet man nun die Zielgruppe der BFS erscheint die geforderte Orientierung am Arbeitsprozess (Kultusministerkonferenz 2007) wenigstens teilweise als problematisch, da im Unterricht des beruflichen Lernbereichs, durch das Fehlen eines dualen Partners, in aller Regel nicht an vorhandene betriebliche/arbeitsweltliche Erfahrungen angeknüpft werden kann. Vor allem in der Fachrichtung „Technik" führt dies dazu, dass aufgrund des Mangels an anschlussfähigem Wissen, eine Anpassung der Lernsi-

---

[12] Z. B. zeitliche (gemeinsame „Freistunden") und räumliche Ressourcen (Lehrerstützpunkte), die kommunikative und kooperative Strukturen etablieren lassen.

tuationen[13] an die Arbeits- und Berufswelt zumindest teilweise als lebensfern empfunden wird. Dies kann dazu führen, dass die Lernmotivation, die u. a. von der „Relevanzzuschreibung" der Jugendlichen abhängt, sowie der Lernerfolg, welcher in aller Regel vom Vorwissen abhängt, geschmälert wird (Nickolaus 2014, S. 48) (Riedl 2011, S. 46). Dementsprechend ist gemäß dem hess. Lehrplan der BFS darauf zu achten, dass der persönliche Erfahrungshorizont der Jugendlichen einbezogen wird, d. h. auf eine „praxis- und lebensferne Zergliederung der Lerngegenstände ist zu verzichten" (Hessisches Kultusministerium, 2005, S. 6). Wie schwierig diese Forderung allerdings tatsächlich ist, zeigt Lernfeld 3 des Rahmenlehrplans der BFS im Berufsfeld Metalltechnik. Dort heißt es z. B. „Die Schülerinnen und Schüler erstellen und ändern Teil- und Gruppenzeichnungen sowie Stücklisten, Anordnungs- und Schaltpläne. Sie planen auch mithilfe von Anwendungsprogrammen einfache Steuerungen und wählen die entsprechenden Bauteile aus" (Hessisches Kultusministerium, 2005, S. 15). Gerade das Gebiet der Steuerungstechnik (hierzu zählen traditionell die Disziplinen Pneumatik, Elektropneumatik, Hydraulik) ist ohne Kenntnisse aus der realen Berufs- und Arbeitswelt für die Jugendlichen in hohem Maße lebensfern. Da die Lehrkraft in der Regel weder auf persönliche Erfahrungen der SchülerInnen zurückgreifen noch an bestehendes Wissen anknüpfen kann, ist häufig sowohl die Motivation als auch der resultierende Lernerfolg defizitär.

Ebenso erscheint die Vermittlung von prozeduralem Wissen in der Berufsfachschule als schwierig, weil dieses Verfahrenswissen, welches man zur Lösung beruflicher Problemsituation benötigt, nicht einfach vermittelt werden kann. Vielmehr trägt, neben dem fachlichen Wissen, die Arbeitserfahrung in der betrieblichen Realität entscheidend zum Aufbau dessen bei (Bonz & Ott 2003, S. 61). Der Mangel an Realerfahrungen führt also dazu, dass die Verknüpfung von vorhandenem Wissen (Faktenwissen) und den für die konkrete berufliche Handlungssituation benötigten Verfahrenswissen nicht gelingt. Dies liegt u. a. an der Komplexität realer beruflicher Handlungssituationen, die im Unterricht nur stark reduziert abgebildet werden können. Das führt dazu, dass das Handeln bzw. die Problemlösung nicht auf andere Kontexte oder reale berufliche Situationen übertragen werden kann (Übertragungsproblematik) (Riedl 2011, S. 113).

Aus diesen Gründen nehmen Praktika in der BFS und die in diesem Zusammenhang gemachten Realerfahrungen einen großen Stellenwert ein und leisten, vorausgesetzt diese sind in einem didaktischen Gesamtkontext implementiert, einen wichtigen Beitrag zur Entwicklung beruflicher Handlungskompetenz (Pahl 2014, S. 445).

Inwiefern die geforderte Handlungsorientierung im technischen Unterricht der Berufsfachschulen von Vorteil ist, kann aufgrund mangelnder Untersuchungen nicht ausreichend geklärt werden. Allerdings deutet sich bei Untersuchungen in der gewerblich-technischen Berufsausbildung[14] an, dass sich bezogen auf die Motivation der SchülerInnen leichte Vorteile der Handlungsorientierung (Nickolaus 2014, S. 84) einstellen, dass aber von einer generellen Überlegenheit der Handlungsorientierung gegenüber

---

13 „Lernsituationen sind exemplarische curriculare Bausteine, in denen fachtheoretische Inhalte in einen Anwendungszusammenhang gebracht werden; sie sollen die Vorgaben der Lernfelder in Lehr-/Lernarrangements weiter konkretisieren." (Kultusministerkonferenz 2007, S. 18).
14 Spezifische Untersuchungen zur BSF liegen nicht vor.

anderen Lehr-Lernkonzepten nicht gesprochen werden kann. So hat sich z. B. in einer Untersuchung von Nickolaus, Knöll und Geschwendtner im Jahre 2006 gezeigt, dass bei SchülerInnen mit geringem beruflichen Vorwissen bzw. geringeren kognitiven Fähigkeiten der individuelle Wissenszuwachs in direkten Lehr-Lernkonzepten größer ist und sich die Problemlösefähigkeit besser entwickelt, als bei handlungsorientierten Konzepten. Andere Untersuchungen[15] hingegen zeigten allerdings eine Überlegenheit handlungsorientierter Konzepte (Nickolaus 2014, S. 84). Unbestritten ist indessen, dass handlungsorientierte Lehr-Lernformen eine bedarfsgerechte Unterstützung der Lernenden von Seiten der Lehrkraft erfordern, um wirksam werden zu können (Nickolaus 2014, S. 85).

Unabhängig von der Wirksamkeit handlungsorientierten Unterrichts haben Untersuchungen von Günter Pätzold, Judith Wingels und Jens Klusmeyer (Pätzold, Klusmeyer, Wingels & Lang 2003) gezeigt, dass die geforderten handlungs- bzw. schülerorientierten Unterrichtsformen im alltäglichen Unterrichtsgeschehen überhaupt nur eine ergänzende Rolle einnehmen und der Frontalunterricht häufig den beruflichen Unterricht bestimmt, da handlungsorientierte Unterrichtsverfahren als zu zeitintensiv und als zu wenig effektiv wahrgenommen werden und die Vor- und Nachbereitung für die Lehrkraft als zu aufwändig empfunden wird.

Vergleicht man die übergeordneten Ziele des Übergangsbereiches mit den Zielen der Berufsfachschulen kann man feststellen, dass die zweijährige Berufsfachschule vor allem der „Nachqualifizierung" im Sinne des Erwerbs des mittleren Abschlusses dient, um die Chancen auf dem Ausbildungsmarkt zu erhöhen. Inwiefern die Vermittlung einer beruflichen Grundbildung dazu dient die Ausbildungschancen zu erhöhen, kann aufgrund fehlender Erhebungen nicht nachvollzogen werden[16]. Die Förderung der sogenannten „Ausbildungsreife" die gemäß der Definition in den Schulformen des Übergangsbereichs entwickelt werden sollte, wird in der zweijährigen Berufsfachschule nur peripher fokussiert, da nur „guten" Hauptschülern der Zugang und damit die Erhöhung der eigenen Ausbildungschancen gewährt wird. Den „schlechten" Hauptschülern[17], denen aufgrund ihrer formalen (Nicht-) Qualifikation ein Mangel an „Ausbildungsreife" nachgesagt wird, bleibt hingegen der Zugang zur zweijährigen Berufsfachschule verwehrt.

---

15 Z. B. von Geißel im Jahr 2008.
16 Es kann allerdings die These aufgestellt werden, dass für die Betriebe eher der mittlere Abschluss ausschlaggebend ist, da z. B. bis 2011 in Hessen eine Anrechnung des erfolgreichen Besuchs der zweijährigen Berufsfachschule auf die Berufsausbildung auf Grundlage des Berufsbildungsgesetzes vom 23. März 2005 verbindlich war, während in der „Verordnung über die Ausbildung und Prüfung an zweijährigen Berufsfachschulen" ab 2011 diese Verbindlichkeit zu Gunsten einer Freiwilligkeit aufgehoben wurde.
17 Vgl. Anmerkung 10.

2.2 Technisches Lernen im Pilotversuch „Gestufte BFS Hessen[18]"

Innerhalb der Pilotstudie der gestuften Berufsfachschulen hat man die eben beschriebenen Probleme bei der Umsetzung des Lernfeldkonzeptes in der Berufsfachschule aufgegriffen und den beruflichen Lernbereich sowohl curricular als auch hinsichtlich der Zielperspektive erheblich umgestaltet. Der Fokus des 14 Stunden umfassenden beruflichen Lernbereiches liegt nicht mehr in der Vermittlung beruflicher Grundfertigkeiten in einem spezifischen Schwerpunkt einer Fachrichtung (z. B. Metalltechnik) sondern vielmehr in der beruflichen Orientierung in mehreren Schwerpunkten (z. B. Elektrotechnik, Chemietechnik, Holztechnik) bzw. unterschiedlichen Fachrichtungen (z. B. Wirtschaft und Technik), da man festgestellt hat, dass das größte Ausbildungshemmnis[19] die „unklaren Berufsvorstellungen" der Bewerber ist (Deutscher Industrie- und Handelskammertag e. V. 2016). Aus diesem Grund wurde zunächst auf verbindliche curriculare Vorgaben für den beruflichen Lernbereich in der Pilotstudie verzichtet. Inhaltlich soll sich zwar ebenfalls an beruflichen Handlungsprozessen orientiert werden, aber weniger aus der Forderung heraus, berufliche Handlungskompetenz zu erwerben. Es geht im Unterricht vielmehr darum, dass die Jugendlichen praktische Erfahrungen im Sinne typischer beruflicher Handlungen sammeln, um sie bei der Entwicklung einer beruflichen Identität[20] aktiv zu unterstützen. Dies bedeutet, dass die Jugendlichen dazu befähigt werden sollen, sich aktiv für einen Beruf zu entscheiden, der für sie realisierbar ist. Durch die in einem beruflichen Kontext stehenden praktischen Erfahrungen und den damit gemachten Selbstwirksamkeitserfahrungen sollen die Jugendlichen zudem in die Lage versetzt werden, die eigene Berufsentscheidung als eine wichtige persönliche Entwicklungsaufgabe zu begreifen und dafür Verantwortung zu übernehmen.

An fachlichen Inhalten / theoretischem Fachwissen ist daher unterrichtlich nur zu adressieren, was für die Ausübung der beruflichen Handlung unbedingt erforderlich ist oder im besonderem Maße zum Verständnis beiträgt. Die Bewertung der erworbenen „Kompetenzen" erfolgt mittels stufenbasierter (0–4) Kompetenzmatrizen, denen spezifische Kompetenzbeschreibungen zugrunde liegen. Die Kompetenzbeschreibungen geben die ausgeführten Tätigkeiten (z. B. Drehen von Drehknöpfen für ein Radio) sowie das zugrundeliegende Wissen bzw. Verständnis (z. B. Wissen darüber, wie der Oberschlitten bewegt wird, oder wie die Schnitttiefe verändert wird) wieder, welches der Jugendliche braucht, um die Tätigkeit auszuführen. Die Diagnose der fachlichen „Kompetenzen" muss demnach über die reine Wissensabfrage hinausgehen und einer formativen situativen Diagnostik gerecht werden. Diese sollte dabei sowohl über observative als auch über verbale Elemente (Fachgespräche oder kleine Wissenstest) verfügen und in mehreren ausgewählten Einzelsituationen entsprechende Einzelbewertungen zulassen. Dazu ist es notwendig, dass die Lehrperson auf der einen Seite die

---

18 Auf die Darstellung der Gesamtkonzeption wird an dieser Stelle verzichtet. Siehe hierzu Bergmann & Tenberg, Kompetenzerfassung in der Pilotstudie „Gestufte Berufsfachschule" Hessen 2014; Bergmann & Tenberg, Schulversuch „Gestufte Berufsfachschule" in Hessen 2014; Bergmann & Tenberg, Berufsorientierung im hessischen Pilotprojekt „Gestufte Berufsfachschule" 2014.
19 Hierzu zählt ebenfalls die vorzeitige Auflösung des Ausbildungsvertrages.
20 Metakompetenz der Berufswahlkompetenz.

richtige Handlungssituation für die Kompetenzdiagnostik abpassen muss und auf der anderen Seite die Bewertung nach spezifischen Einzelparametern zu handhaben ist, um Transparenz und Vergleichbarkeit herzustellen. Dafür sind aus den Kompetenzmatrizen sogenannte Checklisten zu generieren, die neben performativen Paramatern auch die entsprechenden kognitiven Parameter adressieren.

Aber auch in der Pilotstudie bleibt das Problem bestehen, dass in der Regel nicht an bestehende Erfahrungen[21] der Jugendlichen angeknüpft werden kann, sodass daraus resultierende Motivationsdefizite durch „interessante" praktische Erfahrungen und relevanter Unterrichtsarrangements kompensiert werden muss. Durch die veränderte Zielperspektive, weg von der Entwicklung beruflicher Handlungskompetenz hin zur Entwicklung von Berufswahlkompetenz, kann die in der bisherigen BFS ohnehin fragwürdig gewordene Forderung des Lernfeldkonzeptes, ohne dualen Partner betriebliche bzw. arbeitsweltliche Erfahrungen zu ermöglichen, zurückgewiesen werden.

Die inzwischen erfolgte Öffnung der gestuften BFS für alle HauptschülerInnen, unabhängig von der „Güte" des Hauptschulabschlusses, und die damit aufgehobene Selektion ist der Feststellung geschuldet, dass gerade HauptschülerInnen mit „schlechtem" Abschluss u. a. einer Förderung der „Ausbildungsreife" bedürfen, was in der gestuften BFS explizit adressiert wird[22]. Auf eine berufliche Grundbildung, welche als Ziel des Übergangsbereiches definiert wurde, wurde zumindest in Stufe I der gestuften BFS zu Lasten einer umfassenden beruflichen Orientierung verzichtet, da davon ausgegangen wurde, dass die Chancen auf einen Ausbildungsplatz dadurch kaum beeinflusst werden[23]. Auch hier erfolgt eine Anlehnung an Kerschensteiner, für den das berufliche Lernen primär keine instrumentelle Intention hatte, sondern eher persönlichkeitsorientiert war.

3 Fazit

Zusammenfassend kann festgestellt werden, dass sich das „technische Lernen" in der traditionellen zweijährigen BFS schwierig und wenig erfolgreich gestaltet und darauf zu schließen ist, dass sich viele der oben beschriebenen Probleme bzw. Defizite auf den gesamten Übergangsbereich übertragen lassen. Zwar hat man mit dem Ansatz der gestuften Berufsfachschule in Hessen nun versucht diesen Defiziten entgegen zu wirken, aber inwieweit dieses didaktische Konzept geeignet ist, um die Ziele „berufliche Orientierung" (Stufe 1) und „Vermittlung beruflicher Grundfertigkeiten" (Stufe II) zu erreichen, bleibt abzuwarten. Da das Entwickeln von fachlichen Kompetenzrastern und das Arbeiten mit diesen, vor allem in Bezug auf Organisation und Durchführung von technischem Unterricht, sowie die Diagnose fachlicher Kompetenzen im technischen Unterricht des Übergangssystems neuartig ist, werden die dort unterrichtenden Lehrkräfte massiv gefordert. Bisherige Unterrichtskonzepte sowie Unterrichtsinhalte müssen von

---

21 Vor allem in der Fachrichtung Technik.
22 Vgl. Anmerkung 17.
23 Vgl. Anmerkung 16.

diesen gezielt überarbeitet werden bzw. völlig neue Unterrichtsarrangements müssen entwickelt werden, um einer ganzheitlichen Kompetenzorientierung im Sinne einer beruflichen Orientierung (Stufe I) gerecht zu werden. Dies erfordert von den Lehrkräften des technischen Unterrichtes nicht nur die Bereitschaft an didaktischen Fortbildungen teilzunehmen, sondern auch die Bereitschaft von dem bisherigen Ansatz der Vermittlung beruflicher Grundfertigkeiten abzurücken und Neuland zu betreten. Auch in anderen Bundesländern wurden bzw. werden die Berufsfachschulen verändert. Überall wurde erkannt, dass hier dem technischen Lernen eine zunehmende Bedeutung beizumessen ist, welche jedoch nicht neu gefunden werden, sondern – angesichts der Ansätze von Kerschensteiner – nur wiederentdeckt werden muss. Dieses technische Lernen steht dann einerseits zwischen allgemeiner und beruflicher Bildung, andererseits kann es diese adäquat verbinden. Wenn dies gelingt, kann die Berufsfachschule weiterhin den Übergangsbereich produktiv adressieren und ein Vorbild auch für ähnliche Formate zur Integration bildungsschwacher Jugendlicher in unsere Erwerbsgesellschaft sein. In jedem Falle kommt hier dem technischen Lernen eine erhebliche Bedeutung bei, sowohl für die Jugendlichen, als auch für die Wirtschaft und für die Gesellschaft.

Literatur

Autorengruppe Bildungsberichterstattung. (2016). Bildung in Deutschland 2016 Ein indidkatorengestützter Bericht mit einer Analyse zu Bildung und Migration. Bielefeld: W. Bertelsmann Verlag GmbH & Co. KG.
Bergmann, B., & Tenberg, R. (2014). Berufsorientierung im hessischen Pilotprojekt „Gestufte Berufsfachschule". bwp@Berufs- und Wirtschaftspädagogik-online(27), S. 1–19.
Bergmann, B., & Tenberg, R. (2014). Kompetenzerfassung in der Pilotstudie „Gestufte Berufsfachschule" Hessen. berufsbildung(146), S. 9–12.
Bergmann, B., & Tenberg, R. (2014). Schulversuch „Gestufte Berufsfachschule" in Hessen. Die berufsbildende Schule(66), S. 135–139.
Bonz, B., & Ott, B. (2003). Allgemeine Technikdidaktik-Theorieansätze und Praxisbezüge. Baltmannsweiler : Schneider Verlag.
Deutscher Industrie- und Handelskammertag e. V. (Juni 2016). Ausbildung 2016-Ergebnisse einer DIHK-Online-Unternehmensbefragung.
Gonon, P. (März 2013). Von Kerschensteiner zum Europäischen Qualifikationsrahmen-ein Blick zurück und nach vorne. Berufsbildung in Wissenschaft und Praxis (BWP)-Geschichte der Berufsbildung, S. 58.
Hessisches Kultusministerium. (November 2005). Lehrplan Zweijährige Berufsfachschule-Berufsbildender Lernbereich-Berufsfeld Metalltechnik. 1–18. Wiesbaden.
Kerschensteiner, G. (1968). Texte zum pädagogischen Begriff der Arbeit und zur Arbeitsschule. Schönighs Sammlung Pädagogischer Schriften, Quellen zur Geschichte der Pädagogik. Paderborn: Ferdinand Schöningh.
Konsortium Bildungsberichterstattung. (2006). Bildung in Deutschland. Bielefeld: W.Bertelsmann Verlag GmbH & Co. KG.
Krüger-Charlé, D. M. (2010). Übergänge zwischen Schule, Ausbildung und Beruf: Strukturen, Einschätzugen und Gestaltungsperspektiven. Forschung aktuell, 11(1–23). (I. A. Gelsenkirchen, Hrsg.) Gelsenkirchen.
Kultusministerkonferenz. (9 2007). Handreichung für die Erarbeitung von Rahmenlehrplänen der Kultusministerkonferenz für den berufsbezogenen Unterricht in der Berufsschule und ihre Abstimmung mit Ausbildungsordnungen des Bundes für anerkannte Ausbildungsberufe. (S. d. Weiterbildung, Hrsg.) Bonn.

Kultusministerkonferenz. (17. 10 2013). Rahmenvereinbarung über die Berufsfachschulen.
Nickolaus, R. (2014). Didaktik- Modelle und Konzepte beruflicher Bildung. Baltmannsweiler: Schneider.
Pätzold, G., Klusmeyer, J., Wingels, J., & Lang, M. (2003). Beiträge zur Berufs- und Wirtschaftspädagogik. Lehr-Lernmethoden in der beruflichen Bildung. Oldenburg: BIS-Verlag.
Pahl, J.-P. (2014). Berufsfachschule. Bielefeld: Bertelsmann Verlag GmbH & Co.KG.
Riedl, A. (2011). Didaktik der beruflichen Bildung. Stuttgart: Franz Steiner Verlag.
Schelten, A. (2007). Berufsschule. In: S. B.-W. W. Sacher, Handbuch Schule. Bad Heilbrunn: Klinkhardt/ UTB.

5.5 Technisches Lehren und Lernen an Berufsschulen/Berufskollegs

Ralf Tenberg (Technische Universität Darmstadt)

Zusammenfassung

Nach einer Verortung technischen beruflichen Unterrichts im Gesamtsystem der deutschen beruflichen Bildung wird zunächst geklärt, wie sich eine Kompetenzvermittlung in technischen Ausbildungsberufen curricular darstellt und welche Unschlüssigkeiten hierbei vorliegen. Anschließend werden Eckpunkte eines kompetenzorientierten technischen Unterrichts auf Basis theoretischer und wissenschaftlich abgestützter Bezugskonzepte erörtert. Dem gegenüber gestellt wird dann ein Blick auf die Realität technischen beruflichen Unterrichts, um zu zeigen und zu begründen, wie und warum hier curriculare Anforderungen, wissenschaftliche Ansprüche und Alltagspraxis differieren. Um diese Gegenüberstellung empirisch zu hinterlegen, werden Befunde aus einer aktuellen Studie über metalltechnischen beruflichen Unterricht referiert und diskutiert. Der Aufsatz schließt mit einer Gesamtzusammenfassung aller Fakten und Kommentierungen.

Abstract

Technical Teaching and Learning at Vocational Schools

In a first step, this contribution locates technical vocational teaching in the German system of vocational education. Secondly, it explains how the idea of competence training is represented in the curriculum of vocational training in technical professions, thereby discussing a number of inconclusive aspects that have so far been neglected. On the basis of theoretical and research-based reference concepts, this contribution proceeds by elaborating on the corner points of competence-oriented technical teaching. Opposed to this approach, the contribution also offers a glance at the reality of vocational teaching. This way, it becomes clear that scholarly, research-based requirements, demands of the curriculum, and the reality of German vocational teaching differ. So as to consolidate this comparison empirically, outcomes of a current study on vocational teaching for metalworkers will be referred to and discussed. Finally, the contribution closes with a summary of the facts provided and their discussion.

1 Einführung

Technikunterricht findet im deutschen Bildungssystem überwiegend in der beruflichen Bildung statt. Auf Grund der traditionellen Orientierung am Humboldtschen Bildungsideal wurde Technik in der Allgemeinbildung bis vor Kurzem weitgehend ausgespart, was aktuell erhebliche Probleme nach sich zieht (Tenberg 2016). Im Gegensatz dazu ist technische Bildung an berufsbildenden Schulen langjährig etabliert. Sie findet vollschulisch an Berufsfachschulen, Fachakademien und Fachschulen statt und führt dort zu grundständigen Berufsabschlüssen, dem Techniker- oder Meisterabschluss. Die breiteste und quantitativ dominante technische Bildung ist jedoch im Teilzeitsektor der Berufsschulen bzw. Berufskollegs vertreten. Im Zeitraum vom 1. Oktober 2014 bis 30. September 2015 wurden bundesweit insgesamt 522.094 Ausbildungsverträge neu abgeschlossen (Berufsbildungsbericht 2016, S. 15), davon 480.000 betrieblich nach HWO oder BBiG. Geschätzt sind davon 25 % in techn. Berufen (Uhly 2004, S. 9). 2011 wurden 101 technische Ausbildungsberufe verzeichnet, womit fast 1/3 aller dualen Berufe technisch ist (Gericke 2013). Markant ist dabei, dass in den 10 Jahren zwischen 1993 und 2003 der Anteil der Dienstleistungsberufe um 40 % gestiegen ist, während der Anteil der Produktionsberufe relativ konstant geblieben ist (ebd., S. 11). Aktuell kann damit davon ausgegangen werden, dass sich ca. ¼ der technischen Ausbildungsberufe im Dienstleistungsbereich befinden, mit ansteigendem Trend, wenn die absehbaren Auswirkungen von Industrie 4.0 unsere Produktionen umfassend erreichen.

Gegenwärtig findet in Deutschland für ca. 120.000 Jugendliche beruflicher Unterricht in Teilzeitform an Berufsschulen und Berufskollegs statt. Je nach Beruf und Ausbildungsjahr handelt es sich dabei um wöchentlich einen (i. d. R.) bis zwei Unterrichtstage. Der überwiegende Anteil dieses Unterrichts ist berufsfachlich, daneben befinden sich noch Religion, Sport, Politik, Deutsch und teilweise Englisch in der Stundentafel. Der berufsfachliche Unterricht wird traditionell als eine Ergänzung des betrieblichen Lernens verstanden, was letztlich auf die Ideen von Georg Kerschensteiner zu Beginn des 20. Jahrhunderts zurückgeführt werden kann. Sein Arbeitsschulkonzept sollte genuin Jugendliche zwischen Hauptschule und Militärdienst in eine sinnvolle Entwicklungsphase führen, die aus heutiger Sicht als Berufsausbildungsvorbereitung eingestuft werden muss (Schelten 2005, S. 11). Um dies institutionell gewährleisten zu können, wurden die damals allgemeinbildenden Fortbildungsschulen in gewerbliche Fortbildungsschulen erweitert, also mit Werkstätten ausgestattet und schließlich auch in Klassen nach Berufen segmentiert. Zwischen 1920 und 1930 wurden die Fortbildungsschulen deutschlandweit in Berufsschulen umbenannt, am 06.07.1938 wurde schließlich die allgemeine Berufsschulpflicht im Rahmen des Reichsschulpflichtgesetzes eingeführt.

Entscheidend für die Implementierung eines dualen Ausbildungssystems waren historisch betrachtet auch die Betriebe (Gonon 2002, S. 208 f.). Im Zuge der Industrialisierung hatte sich neben der traditionellen Lehre im Handwerk schnell eine neue Form der Ausbildung in den Großbetrieben entwickelt. Grund dafür war deren neuer und großer Bedarf an hoch qualifizierten Fachkräften welche unabhängig von spezifischen Gewerken (Tischler, Schmied, Zimmerer, …) in einzelnen Technologien arbeiten konnten (Maschinenbau, Elektrotechnik, Chemietechnik). Schnell wurde erkannt, dass hochwertige Facharbeit neben den berufspraktischen Fähigkeiten und Fertigkeiten Fachkenntnisse erfordert, welche an Schulen besser vermittelt werden können, als in den Betrieben[1].

Angesichts der aktuellen Verbreitung und anhaltenden (wenngleich immer wieder in Frage gestellten) Bedeutung der dualen Ausbildung erstaunt die Tatsache, dass diese keinem integrativen Bildungskonzept unterliegt, welches die schulischen und betrieblichen Anteile überspannt. Beleg dafür sind die beiden unterschiedlichen Ordnungsmittel der Dualpartner, denn Berufsschulunterricht wird auf Basis von KMK-Rahmenlehrplänen reglementiert, die betriebliche Ausbildung auf Basis der Ausbildungsordnungen. Die KMK-Rahmenlehrpläne sind staatliche Ordnungsmittel welche in einem Abstimmungsprozess der kulturhoheitlichen Bundesländer entwickelt und legitimiert werden. Die Ausbildungsordnungen sind privatrechtliche Ordnungsmittel (Bundesgesetzblatt), welche von den zuständigen Stellen der jeweiligen Berufsgruppen (Kammern, Innungen, …) entwickelt und auf Bundesebene legitimiert werden. Wenngleich ein Ausbildungsberuf letztlich als Ganzes auf einen vom BIBB gesteuerten Prozess durch Integration beider Dualpartner zurückgeht, wurde bislang kein Weg gefunden ein entsprechend fundiertes und tragfähiges Bildungskonstrukt zu entwickeln, das konsequent die Bildungskonzepte beider Lernorte integriert.

Für den schulischen Dualpartner beschloss die Kultusministerkonferenz zum 15.03.1991, dass die Berufsschule u. a. zum Ziel hat, „eine Berufsfähigkeit zu vermitteln, die Fachkompetenz mit allgemeinen Fähigkeiten humaner und sozialer Art verbindet" (Kultusministerkonferenz 1991, S. 9). In Umsetzung dieses neuen Kompetenz-Paradigmas wurden ab 1996 neue Rahmenlehrpläne der dualen Berufe nicht mehr nach beruflichen Fächern, sondern nach Lernfeldern strukturiert. Aktuell umfasst das KMK-Kompetenzkonzept die drei Haupt-Kompetenzen Fach-, Sozial- und Humankompetenz und als deren querverlaufende Bestandteile Methodenkompetenz, kommunikative Kompetenz und Lernkompetenz. Diesem Ansatz stand im alten Berufsbildungsgesetz (BBiG alt) in §1 (2) entgegen: „Die Berufsausbildung hat eine breit angelegte berufliche Grundbildung und die für die Ausübung einer qualifizierten beruflichen Tätigkeit notwendigen fachlichen Fertigkeiten und Kenntnisse in einem geordneten Ausbildungs-

---

[1] 2015 bildeten 438.000 von 2,1 Mio. Betrieben mehr als 500.000 neue Azubis aus. 66 % der Azubis werden nach ihrer Ausbildung von den Betrieben unmittelbar übernommen. Pro Azubi werden durchschnittlich 18.000 € pro Jahr (davon 62 % Ausbildungsvergütung) investiert, 76 % der Investition amortisieren sich durch die produktiven Beiträge der Auszubildenden (2015, BIBB Datenreport zum Berufsbildungsbericht, Statistisches Bundesamt).

gang zu vermitteln". Als dieses dann nach der Jahrtausendwende reformiert wurde, erfolgte keine Implementierung des Kompetenz-Paradigmas, denn im einschlägigen Paragraphen (jetzt 1 (3)) wurde der Satz lediglich um den Aspekt der Fähigkeiten ergänzt. Dies schlägt sich auch in den Ordnungsmitteln nieder, denn in den KMK-Rahmenlehrplänen werden Kompetenzziele konkretisiert, in den Ausbildungsordnungen Qualifikationen.

Für berufsschulischen Unterricht ergibt sich damit eine schwirige Situation, denn es ist die betriebliche Seite, die formell über Erfolg oder Misserfolg der Ausbildung entscheidet. Die Abschlussprüfungen der Kammern werden umgesetzt und damit letztlich von der betrieblichen Seite her festgelegt, was explizit relevant ist. Neben den KMK-Rahmenlehrplänen wirken sich somit maßgeblich die betrieblich getragenen Abschlussprüfungen als heimliche Lehrpläne auf den beruflichen Unterricht aus. Der offizielle Lehrplan muss gegenüber dem Staat verantwortet werden, der heimliche gegenüber den SchülerInnen.

Ein weiteres Problem der Lernortteilung resultiert aus den sich dabei unumgänglich einstellenden Differenzen in den Zeitpunkten aber auch in den konkreten Schwerpunkten und Inhalten des beruflichen Lernens. Jeder Betrieb hat eigene Wege die Ausbildungsordnung auszugestalten, jede Berufsschule hat eigene Ansätze, die Lernfeld-Lehrpläne umzusetzen. In günstigen Situationen wird so etwas wie Lernortkooperation gepflegt, in den meisten Fällen arbeiten die Dualpartner weitgehend unabgestimmt. Grund dafür ist nicht deren Unwille oder Unfähigkeit, sondern die Unmöglichkeit hier Parallelstrukturen über alle Schulen, Klassen und Klein- sowie Großbetriebe zu schaffen, ohne dabei die Stärken der Dualen Ausbildung zu korrumpieren (Euler 2004, S. 34). Diese bestehen zu einem großen Teil auch in der Individualität und Besonderheit beider Lernorte und der Tatsache, dass Ausbildungsberufe weder betriebsspezifische Sondermodelle, noch schulische Universalmodelle sein sollen, sondern Kompetenz-Pakete mit übergreifender Aufhängung und einzelbetrieblicher Prägung.

Trotz des hohen Anteils technischer Ausbildungsberufe im beruflichen Gesamtportfolio kann diesem Bereich keineswegs Homogenität unterstellt werden. Gegenteilig stellt er sich hinsichtlich seiner Gesamtstruktur, schulorganisatorischen Umsetzung und auch Schülerschaft äußerst heterogen dar. Kroll (2010, S. 8) stellt fest, dass ca. 25 % aller abgeschlossenen Ausbildungsverträge auf nur 7 Berufe entfallen, „selbst bei der Betrachtung der Hälfte aller neu abgeschlossenen Ausbildungsverträge erweitert sich die Anzahl der gewählten Berufe auf nur 18 und bei drei Viertel auf 44" (ebd). Von diesen 44 Berufen sind ca. 20 technisch, was bedeutet, dass sich bundesweit der technische berufsschulische Unterricht auf etwa 20 Berufe fokussiert, jedoch die weiteren 80 Berufe trotzdem angemessen versorgt werden müssen. Dies erfolgt durch entsprechende schulische Schwerpunktsetzungen, durch Standortkonzentrationen und Fachklassenbildungen, welche jedoch ihre Grenzen in einer für die betriebliche Infrastruktur erforderlichen regionalen Verfügbarkeit berufsschulischen Unterrichts finden. In einzelnen gewerblich-technischen Berufen gibt es Landes- oder Bundessprengel (z. B. AugenoptikerIn oder GebäudereinigerIn), welche von spezialisierten Berufsschulen umgesetzt werden. Das Anspruchsniveau technischer Berufe erstreckt sich über die gesamte Bandbreite dualer Berufe. Eckpunkte sind dabei weniger anspruchsvolle zweijährige Berufe wie Maschinen- und AnlagenführerIn gegenüber sehr komplexen Berufen wie MechatronikerIn oder FluggerätbauerIn. Demgemäß ist auch die Schülerschaft hinsichtlich ihres Vorwissens und ihrer kognitiven Möglichkeiten sehr unterschiedlich: Vom gerade noch erreichten Hauptschulabschluss bis hin zum sehr guten Abitur bzw. Studienabbruch sind alle Nuancen vertreten. Sehr markant drückt sich die Heterogenität hier auch dann aus, wenn man ein städtisches monostrukturiertes Berufsbildungszentrum mit einer ländlichen Berufsschule vergleicht. Im ersten Fall dominieren wenige mehrzügige Fachklassen in Schwerpunkt-Berufen die Unterrichtsplanung der Lehrpersonen, im zweiten Fall gibt es viele einzügige Fachklassen, bei welchen teilweise Berufsgruppen und Jahrgangsstufen zusammengelegt werden (Hahn & Clement 2007). Damit steht fest, dass es nicht den typischen technischen Unterricht in der dualen Ausbildung gibt, sondern diesbezüglich unzählige Varianten, wofür zum einen die bislang angeführten systembezogenen Verwerfungen und Heterogenitäten verantwortlich sind, zum anderen aber auch das didaktische Verständnis der Lehrpersonen.

2 Kompetenzvermittlung in technischen Ausbildungsberufen

Das didaktische Verständnis von Lehrpersonen in technischen Ausbildungsberufen sollte gemäß der aktuellen Curricula von der Grundidee einer beruflichen Handlungskompetenz ausgehen. „Zentrales Ziel von Berufsschule ist es, die Entwicklung umfassender Handlungskompetenz zu fördern. Handlungskompetenz wird verstanden als die Bereitschaft und Befähigung des Einzelnen, sich in beruflichen, gesellschaftlichen und privaten Situationen sachgerecht durchdacht sowie individuell und sozial verantwortlich zu verhalten. Handlungskompetenz entfaltet sich in den Dimensionen von Fachkompetenz, Selbstkompetenz und Sozialkompetenz. [..] Methodenkompetenz, kommunikative Kompetenz und Lernkompetenz sind immanenter Bestandteil von Fachkompetenz, Selbstkompetenz und Sozialkompetenz." (KMK 2015, S. 3 f.). Dabei wird ein sog. „Handlungsorientierter Unterricht" gefordert, welcher sich prioritär an „handlungssystematischen Strukturen" orientieren sollte, also gegenüber „fachsystematischem Unterricht" eine „veränderte Perspektive darstellen" (ebd., S. 5). Anstatt im Lehrplan diese wissenschaftlich nicht eindeutig definierten Termini zu klären, werden dort relativ inkonsistent sog. „Orientierungspunkte" angeführt: „Didaktische Bezugspunkte sind Situationen, die für die Berufsausübung bedeutsam sind. Lernen vollzieht sich in vollständigen Handlungen, möglichst selbst ausgeführt oder zumindest gedanklich nachvollzogen. [...] Handlungen greifen die Erfahrungen der Lernenden auf und reflektieren sie in Bezug auf ihre gesellschaftlichen Auswirkungen. Handlungen berücksichtigen auch soziale Prozesse, zum Beispiel die Interessenerklärung oder die Konfliktbewältigung, sowie unterschiedliche Perspektiven der Berufs- und Lebensplanung." (ebd.)

Diese curricularen Vorgaben können aus heutiger Perspektive als Ergebnis eines didaktisch-methodischen Diskurses der 1990er-Jahre eingeschätzt werden, in welchem die Zergliederung beruflichen Unterrichts in berufliche Fächer erheblich in Frage gestellt wurde. Zum einen wurde unterstellt, dass so träges Wissen vermittelt werde, welches kaum berufliche Relevanz erlangen würde, zum anderen wurden, in Orientierung an konstruktivistischen Ansätzen aus den USA, auch lernpsychologische Defizite unterstellt (Reinmann-Rothmeier & Mandl 1994, S. 35 f.). Als Ideallösung für all diese Desiderata wurde Handlungsorientierter Unterricht gegenüber fächergetrenntem beruflichen Unterricht favorisiert, wobei es weder gelungen war, den Vorwurf trägen Wissens, noch die Vorzüge eines handlungsorientierten Unterrichts gegenüber einem herkömmlichen empirisch tragfähig zu belegen (Tenberg 1998). Für die Umsetzung der Lernfeldlehrpläne gibt es letztlich keine belastbare wissenschaftliche Basis, sie muss aus heutiger Sicht als normativ getragener Wandel eingestuft werden.

Unabhängig davon sind Berufsschulen und BerufsschullehrerInnen an diese Lehrplanvorgaben gebunden, wenngleich die Umsetzung des umfassenden Kompetenzmodells schon unmittelbar im Lehrplan erheblich eingeschränkt wird, denn die konkreten Lernfelder akzentuieren fast ausschließlich Fachkompetenzen. In den neuesten Vorgaben für die Erstellung von KMK-Rahmenlehrplänen (Kultusministerkonferenz 2011, S. 20) wird zwar darauf hingewiesen, dass alle Kompetenzbereiche in den Lernfeldern expliziert werden sollen, konkret wurde dies bislang jedoch in keinem neuen Lehrplan umgesetzt. Das heißt, dass technischer berufsschulischer Unterricht sich lehrplankonform weitgehend auf die Vermittlung von Fachkompetenzen fokussiert. Im unmittelbaren Vollzug dieses Anspruchs eröffnen sich weitere Probleme, die wiederum mit dem Kompetenz-Anspruch zusammenhängen. Zum einen zeigt sich, dass in den Lernfeldern keine Kompetenzen, sondern weitgehend berufliche Handlungen festgeschrieben sind, zum anderen, dass die optional bzw. exemplarisch angeführten Inhalte relativ allgemein bzw. unscharf formuliert sind und damit kaum ausreichen können, dem Anspruch der einzelnen Lernfelder gerecht zu werden.

Mit dem Erscheinen der Lernfeldlehrpläne wurde ein theoretisches Modell von Reinhard Bader veröffentlicht, welches sich explizit auf die I. und II. didaktische Transformation dieses Gesamtansatzes bezog. Im Zentrum stehen dabei berufliche Handlungsfelder, welche in Lernfelder transformiert werden sollen (I. Transformation) und Lernfelder, welche in Lernsituationen transformiert werden sollen (II. Transformation) (Bader 1990). Als Orientierungspunkt für beide Transformationen wird gleichermaßen die jeweilige berufliche Realität gesetzt, hinzugezogen werden soll eine didaktische Analyse, um spezifische Bedeutungsgehalte zu akzentuieren. Dies stellt sich – angesichts der wenig konkreten Lernfeld-Substanz – sehr offen und vage dar. Noch problematischer erscheint die Idee, einen Unterricht nicht über die Formulierung von Lernzielen – welche hier konkrete Kompetenzen sein müssten – zu planen, sondern über die Generierung von Lernsituationen. Eine derartige Lehrplanumsetzung würde hinter den Errungenschaften eines curricularen Lehrplans im Sinne Robinsohns (1967) liegen.

Subsummiert man dieses Problemgeflecht, wird die schwierige Situation, in der die Planung und Durchführung technischen beruflichen Unterrichts im Sinne der Lernfeld-Lehrpläne stattfindet deutlich:

Es gilt dabei zunächst, einen konzeptionell vagen Lehrplan (aufgrund der umfänglichen Planungseinheiten der Lernfelder zwischen 20 und 80 Stunden gemeinsam mit KollegInnen) zu entschlüsseln bzw. zu interpretieren und in ein Zielgefüge zu übertragen, welches im Unterricht adressiert werden kann. Dieses Zielgefüge sollte sich in Kompetenzen ausdrücken, was – unabhängig von der jeweiligen Formulierung – in jedem Falle einen Handlungsanspruch impliziert. D. h., dass der Unterricht auch berufliche Handlungen einbeziehen muss, ansonsten würde es sich um eine reine Wissensvermittlung handeln. Da jedoch die fachpraktischen Ausstattungen von Berufsschulen zumeist auf einen relativ begrenzten Bestand an Maschinen und Werkzeugen begrenzt sind, welcher primär auf die Vermittlung von beruflichen Basiskompetenzen in den dort jeweils präsentesten Berufen ausgerichtet ist, kann ein durchgängig handlungsorientierter Anspruch in keinem Falle umgesetzt werden (Tenberg 2011). Wird dies aber in Einzelfällen (in welchen entsprechende Berufsszenarien imitiert oder simuliert werden) versucht, entsteht häufig ein aktionistischer Unterricht, bei welchem eine systematische Wissensvermittlung in den Hintergrund gerät. Mit der Folge, dass das Alleinstellungsmerkmal der Berufsschule innerhalb der dualen Ausbildung – die Vermittlung hochwertigen Fachwissens – verloren geht bzw. erodiert (Dengler 2016, S. 3 ff.). Ein wissenschaftlich haltbarer kompetenzorientierter beruflicher Unterricht erfordert somit die Identifikation, Explikation und konsequente methodische Inszenierung reflektierten beruflichen Handelns. Dies kann nur gelingen, indem ehemalige fachsystematische Konzepte nicht gegen handlungssystematische eingetauscht werden, sondern beide Lernsystematiken integriert werden und so anspruchsvolles Fach- und Bezugswissen im Anwendungskontext aufgebaut wird.

3 Eckpunkte eines kompetenzorientierten technischen Unterrichts

Ein technischer beruflicher Unterricht, der dem innovativen Kern des Lernfeldkonzepts gerecht wird und dabei die Stärken der Berufsschule ausbaut, anstatt sie zu verlieren, erfordert zunächst ein tragfähiges Kompetenz-Konstrukt. Ausgehend von Erpenbeck & Rosenstiel eignet sich dazu deren Konzept fachlich methodischer Kompetenzen: „Dispositionen einer Person, bei der Lösung von sachlich-gegenständlichen Problemen geistig und physisch selbstorganisiert zu handeln, d. h. mit fachlichen und instrumentellen Kenntnissen, Fertigkeiten und Fähigkeiten kreativ Probleme zu lösen, Wissen sinnorientiert einzuordnen und zu bewerten; das schließt Dispositionen ein, Tätigkeiten, Aufgaben und Lösungen methodisch selbstorganisiert zu gestalten, sowie die Methoden selbst kreativ weiterzuentwickeln" (2003, S. XXVIII). Ausgehend von diesem Ansatz haben fachlich-methodische Kompetenzen von Facharbeitern drei zentrale Dimensionen: „(I) Die des Wissens und Verständnisses, (II) die der Nutzbarmachung des Wissens und der Reflexion sowie (III) die der Berufsmotorik" (Tenberg 2011a, S. 76). Im Rahmen einer dualen Ausbildung müssen beide Lernorte diesem integrativen Anspruch gerecht werden, dabei können sie jedoch Schwerpunkte setzen. Im Betrieb liegen diese bei II und III, in der Schule bei I und II. Interessant ist dabei der

Aspekt II, welcher von keinem der beiden Lernorte diskret umgesetzt werden kann. In der Schule gilt es diesbezüglich, Teile des betrieblichen Handelns zu reflektieren und im Betrieb, Teile des schulischen Wissens reflexiv aufzugreifen.

Für den Berufsschulunterricht liegt hierbei die Herausforderung in der Bestimmung der Qualität des zu vermittelnden Wissens, denn der Lehrplan gibt dazu keine konkreten Hinweise. Ausgehend von der Definition fachlich-methodischer Kompetenzen nach Erpenbeck & Rosenstiel sind hierbei zwei Aspekte bedeutsam: zum einen die unmittelbar fachlichen Inhalte, deren Verständnis, Zusammenhänge und Anwendungsweisen, zum anderen der Anspruch, wie eigenständig über dieses Wissen verfügt werden soll, also wie tief es verstanden werden muss, um es situationsflexibel anzupassen und eigenständig weiterentwickeln zu können. Ausgehend vom Konzept von Renkl (1995) gilt es somit ein grundlegendes Professionswissen zu vermitteln, welches deklarative und prozedurale Komponenten (Kenntnisse aller fachlichen Dinge, deren Funktion und Handhabung) mit konzeptuellen Komponenten (Verständnis der fachlichen Dinge, deren Funktion und Handhabung sowie die dahinter liegenden naturwissenschaftlich-technischen Zusammenhänge) integriert. Vereinfacht ausgedrückt, sind hier methodische Wege zu finden, die zu einem doppelseitigen Verständnis komplexen Fachwissens führen, einerseits zu einem inhaltlich-logischen Verständnis (a), andererseits zu einem kasuistisch-kontextuellen (b).

Zu (a): Ein inhaltlich-logisches Verständnis beruflicher Gegenstände, Systeme und Prozesse entsteht aus deren grundlegender Kenntnis und funktionalen Erschließung. Jeder technische Gegenstand kann weitgehend über seinen Nutzen erklärt werden, also dessen Form und Beschaffenheit ebenso wie dessen Werkstoff, Oberfläche, etc. Ebenso verhält es sich mit der Herstellung, Montage und Funktion dieser Gegenstände – alles steht in einem rationalen Sinnzusammenhang. Aus dieser Rationalität heraus ergibt sich eine umfassende, komplexe und alles übergreifende Systematik, welche Dinge und Zusammenhänge ordnet, also z. B. die Systematik der Baustähle, die Systematik der Wälzlager oder die Systematik der Schweißverfahren. Sie ist einerseits Bezugssystem für alle Wissenskomponenten und andererseits deren Ordnungsrahmen. Daher bedingt der Aufbau eines inhaltlich-logischen Verständnisses in der Technik in jedem Falle den Aufbau von Fachsystematiken. Fachsystematiken ordnen aber nicht nur das Professionswissen, sondern bilden auch die Bezugsebene zu den naturwissenschaftlichen Zusammenhängen der Technik. Z. B. stehen hinter der Technologie der Schweißverfahren deren physikalische und chemische Grundlagen.

Zu (b): Ein kasuistisch-kontextuelles Verständnis beruflicher Gegenstände, Systeme und Prozesse entsteht aus deren Einbettung in konkrete und authentische berufliche Aktions- und Funktionsräume. Diese beinhalten Arbeits- und Geschäftsprozesse, deren Subjekte, Objekte sowie vielfältige Interaktions- und Kommunikationsvorgänge. Technische Gegenstände und Prozesse bleiben so lange universell und abstrakt, so lange sie nicht angewandt bzw. umgesetzt werden. Für die Technik ist diese Universalität gut, da durch sie eine enorme Vielfalt in der Nutzung der Gegenstände und Prozesse entsteht, was letztlich in Effizienz umgewandelt wird. Für Lernende ist diese Universalität Unsicherheit und Unschärfe, denn ohne Einsatz bzw. Anwendung bleibt alles offen und allgemein. Mit der Erfahrung konkreter Technik-Umsetzung materialisieren sich die dabei eingesetzten Gegenstände und Prozesse. Analysiert man Arbeits- und Geschäftsprozesse, findet man regelkreisähnliche Systematiken, welche eine Abstraktion in Teilaspekte von Planung, Durchführung und Rückmeldung erlauben. Daher schlägt sich der Aufbau eines kasuistisch-kontextuellen Verständnisses letztlich im Aufbau von Handlungssystematiken nieder.

Wie oben bereits festgestellt, bedingt ein kompetenz-konformes technisches Lernen beide Aspekte: den Aufbau von Fachsystematiken und von Handlungssystematiken.

Vernachlässigt man (a), resultiert ein aktionistischer Unterricht, in welchem die Lernenden zwar kontextnah handeln können, jedoch nur episodisches bzw. partikuläres Wissen erwerben, welches zum einen flach (im Sinne der Verständnistiefe) bleibt und zum anderen kaum übertragbar auf ähnliche Sachzusammenhänge ist. Damit entsteht keine Kompetenz, sondern eine angelernte Qualifikation. Vernachlässigt man (b), ergibt sich traditioneller wissensdominanter Berufsschulunterricht, in dem – ähnlich wie an den Hochschulen – „Wissen auf Vorrat" verabreicht wird. Auch so kann keine Kompetenz entstehen, da nur wenige der Lernenden über die Transferfähigkeiten und das Selbstbewusstsein verfügen, dieses Wissen anzuwenden.

Für den Erwerb spezifischer fachlich-methodischer Kompetenzen müssen somit (a) und (b) korrespondieren, inhaltlich-logisches und kasuistisch-kontextuelles Lernen müssen dazu ineinander verschränkt sein. Technischer beruflicher Unterricht erfordert daher ein Alternieren zwischen fach- und handlungssystematischen Sequenzen. Der Grad der Verschränkung bzw. die Frequenz, in welcher zwischen den beiden Lernsystematiken alterniert werden sollte, kann nur im Einzelfall bestimmt werden, da er von den jeweiligen inhaltlichen, adressatenbezogenen aber auch lernorganisatorischen Gegebenheiten abhängt. Vorstellbar sind Unterrichtssequenzen in die unmittelbar über eine Anwendungssituation eingestiegen wird ebenso wie Unterrichtssequenzen, welche zunächst auf naturwissenschaftlich-technische Zusammenhänge ausgerichtet sind. Bislang gibt es keine Befunde über eine diesbezügliche Reihenfolge.

Durch die Erfordernis, zwei Lernsystematiken umzusetzen und zu integrieren, erweitert sich das Methodenspektrum im technischen Unterricht erheblich: Alle bisherigen Methoden im fachsystematischen Unterricht sind nach wie vor relevant, hinzu kommen Methoden für handlungssystematischen Unterricht und Methoden, diese beiden Unterrichtssegmente ineinander zu verschränken. Ein Beispiel für einen diesbezüglich tragfähigen Ansatz ist der Handlungsorientierte Unterricht nach Schelten (Riedl & Schelten 2013, S. 101). Wenngleich dieser Ansatz in vielen Varianten häufig auf ein überwiegend handlungssystematisches Konzept reduziert wurde, ist er in seiner ursprünglichen Struktur kombiniert fach- und handlungssystematisch intendiert.

Der Grundablauf des Unterrichts erfolgt dabei entlang einer Handlungssystematik, die fachsystematischen Auseinandersetzungen finden in Unterbrechung des Handlungslernens statt. Die Handlungslogik wird genau dort unterbrochen, wo sich fachliche Fragen aufwerfen, um diese zunächst im Handlungszusammenhang zu klären und dann darüber hinaus fachsystematisch aufzuarbeiten. Da sich ein solcher Unterricht über längere Sequenzen erstreckt, gilt es zum Abschluss einer Gesamteinheit sowohl den durch fachsystematische Einschübe fragmentierten Handlungszusammenhang, als auch die episodisch erarbeiteten Inhalte zusammenfassend aufzuarbeiten. Wird dies vernachlässigt, ist die Wahrscheinlichkeit groß, dass wesentliche Dinge verloren gehen, entweder Teile des erarbeiteten Wissens oder dessen kontextuelle Bezüge.

Als Merkmale eines solchen Unterrichts werden neben der handlungssystematischen Aufhängung (a) komplexe, problemhaltige, praxisrelevante Aufgabenstellungen, (b) die Orientierung an der Leittextmethode, (c) das schüleraktive Arbeiten in Gruppen, (d) die Rolle der Lehrpersonen als InitiatorInnen und ModeratorInnen sowie (e) die Nutzung eines integrativen Fachunterrichtsraums festgestellt (Schelten 2013, S. 182 ff.). Während das Merkmal (c) für fach- und handlungssystematische Unterrichtssequenzen gleichermaßen einschlägig ist, richten sich (a), (b) und (e) eher spezifisch auf handlungssystematische Unterrichtssequenzen aus, Merkmal (d) bezieht sich auf beide Sequenzen und auch auf deren Integration. Hinzu kommt – wie vorausgehend beschrieben – (f) die gezielte Handhabung zweier Lernsystematiken als eigenständiges Merkmal. Damit wird deutlich, dass kompetenzorientierter Unterricht hohe methodische Anforderungen stellt:

Zu (a): Unterrichtsplanung, -konzeption und auch -durchführung erfordern hohe fachliche Expertise seitens der Lehrperson. D. h. dass sie im jeweiligen fachlichen Segment (also mindestens im jeweiligen Lernfeld) den aktuellen Stand der Technik kennen und beherrschen muss. Das ist ein hoher Anspruch, denn die Lehrpersonen müssen viele Lernfelder in einigen, teilweise sehr unterschiedlichen Berufen[2] unterrichten können, zudem ändern sich Technologien und damit einhergehende Problemstellungen in einigen Segmenten relativ schnell.

Zu (b): Die aus der betrieblichen Ausbildung stammende Leittextmethode[3] verlagert die Lehrprozesse weitgehend in einen Textapparat und damit korrespondierende Medien. Dies bedingt einen enormen Vorbereitungsaufwand, zumal der Anspruch gestellt wird, dass die Lernenden hierbei nicht in restriktive Lern-Algorithmen gezwängt werden, sondern gegenteilig individuelle Lernwege ermöglicht werden sollen. Auch hier erzeugt der zeitliche Verfall anhaltend Aufwand, da die Unterlagen immer wieder aktualisiert werden müssen.

Zu (c): Schüleraktiver Unterricht in Kleingruppen wird inzwischen (nicht nur im beruflichen Unterricht) als Selbstverständlichkeit impliziert. Dies entspricht selten der Schulrealität. Zudem gibt es wenig tragfähige empirische Befunde über diese komplexen Lernszenarien, in welchen soziale und kognitive Prozesse ineinander verschränkt und relativ selbstgesteuert stattfinden. Die Studie von Tenberg (2016, S. 152) hat in einem Einzelfall gezeigt, dass die Einschätzungen der Lehrpersonen über den Gruppenlernprozess sehr unscharf und teilweise widersprüchlich sind, mit der Folge, dass diffuse Lernräume entstehen, in welchen nur teilweise das Intendierte erreicht wird, teilweise jedoch auch kontraproduktive Effekte entstehen. Daher erfordert dieser Anspruch an kompetenzorientierten Unterricht eine gründliche Auseinandersetzung mit

---

[2] Z. B. im Metallbereich Industriemechaniker, Augenoptiker, Bauschlosser und Goldschmiede.
[3] S. Tenberg, R.: Die technische Unterweisung aus Kompetenz-Perspektive: Eine Methoden-Analyse. In diesem Sammelband.

selbstorganisiertem Lernen und den Interaktions- und Kommunikationsprozessen in Lerngruppen. Zudem gilt es, eine strukturierte Methodik der Gruppenarbeit umzusetzen, um die individuellen Selbstlernprozesse zu stimulieren, zu moderieren und zu verifizieren.

Zu (d): Wie die vorausgehenden Punkte zeigen, beinhaltet das Handlungsspektrum der Lehrperson in einem kompetenzorientierten Unterricht mehrere anspruchsvolle Facetten. Die unmittelbare Instruktion wird dabei nicht ausgeschlossen, jedoch zu einer randständigen Vermittlungsform für Unterrichtseinstiege bzw. für spezifische Teilsegmente welche nicht schüleraktiv erschlossen werden können. Da komplexe berufliche Aufgaben im Mittelpunkt des Unterrichts stehen, ähnelt die Rolle der Lehrperson hier jener der betrieblichen Ausbilder. Der Unterschied besteht hierbei jedoch im fokussierten Vermittlungsziel: Intendieren die Ausbilder primär die korrekte Ausführung der Tätigkeiten und das effektive Erreichen eines Produktionsziels, fokussieren die Lehrpersonen die Denk- und Verständnisprozesse der Lernenden. Unabhängig davon kann dieser Unterricht jedoch nur funktionieren, wenn die Lernenden die beruflichen Aufgaben umsetzen. Daher müssen die Lehrpersonen in jedem Falle in der Lage sein, die Handlungsausführungen und -ergebnisse der Lernenden zu beobachten, zu bewerten und zu korrigieren. Da in dieser Unterrichtsrealität handlungssystematisches und fachsystematisches Lernen ineinander verschränkt sind, ergibt sich letztlich eine Hybrid-Rolle einer „Ausbildungs-Lehrperson" in welcher der „Zweikanaligkeit" dieses Unterrichts fortlaufend gefolgt werden muss.

Zu (e): Um Berufspraxis in den Berufsschulunterricht zu bringen, sind berufliche Szenarien erforderlich. Dies ist im Baubereich angesichts der Größe von Gebäuden und Baustellen sehr schwierig, im Metall- und Elektrobereich immer noch anspruchsvoll. Trotzdem gilt auch hier, dass es nur für einen geringen Teilausschnitt des Praxiskontextes möglich sein wird diesen in Berufsschulräumen abzubilden, zum einen auf Grund der hier vorliegenden Vielfalt an Gerätearrangements, zum anderen an den begrenzten Ressourcen der Schulen. Integrierte Fachunterrichtsräume sind somit (ähnlich wie die ehemaligen Praxis-Werkstätten) Lernorte, die an den Schulen nur zu spezifischen Themen genutzt werden, dann aber eine Idealsituation für Lehrpersonen und Lernende darstellen. In unmittelbarer Nähe kann dort praktisch gehandelt und theoretisch gelernt werden. Das Alternieren zwischen Fach- und Handlungssystematik kann planerisch optimal dimensioniert und situativ individuell umgesetzt werden.

Zu (f): Folgt man konsequent einer Handlungssystematik, ergibt sich betriebliches Lernen, folgt man einer Fachsystematik, ergibt sich traditionelles schulisches Lernen. Kompetenzorientiertes Lernen erfordert die Integration beider Lernsystematiken, woraus sich ein alternierendes Lernen ergibt. Dieses Alternieren kann nicht beliebig strukturiert werden, gegenteilig entsteht es aus den Handlungszusammenhängen und deren fachlicher Substanz heraus. Daraus folgt, dass schon die Auswahl der berufsfachlichen Problemstellung und deren Inszenierungs-Ansatz im Unterricht hinsichtlich des Unterrichtssequenzierung vorentscheidend wirken. Da davon auszugehen ist, dass für die Lernenden das Alternieren kaum wahrgenommen wird und damit für sie die theoretisch akzentuierten unterschiedlichen Lernprozesse ineinander verschmelzen (Riedl

2001), sind zum Ende einer Gesamtsequenz für beide Lernsystematiken separate Zusammenfassungen vorzunehmen. Aus der Bilanzierung der Aufgabenbearbeitung und -lösung ergibt sich ein Gesamtüberblick über den beruflichen Prozess, aus der Synopse der fachlichen Inhalte und deren naturwissenschaftlich-mathematische Zusammenhänge ergibt sich ein einschlägiges und gleichermaßen verallgemeinertes fachwissenschaftliches Gefüge.

Wie jeder Unterricht erfordert auch kompetenzorientierter Unterricht vielfältige Rückmeldungen. Dabei ist zwischen situativen Lernrückmeldungen und Lerneffekt-Rückmeldungen zu unterscheiden. Über situative Lernrückmeldungen wird das schüleraktive Lernen reguliert. Sie sind im selbstregulierten Unterricht unabdingbar, da sich nur durch sie ein stabiler Lernprozess einstellen kann. Die Lernenden erfahren unmittelbar, ob sie richtig oder falsch liegen und können demgemäß einen Lernschritt wiederholen oder weitergehen. Lerneffekt-Rückmeldungen wirken ebenfalls regulierend, hinzu kommt dabei eine Bewertung. Sie sollen Lernenden und Lehrenden zeigen, ob bzw. in wie fern die gesetzten Ziele erreicht wurden. Während die situativen Lernrückmeldungen relativ einfach aus der jeweiligen Handlungs- oder Verständnis-Logik im Lernvollzug abgeleitet werden können, stellen sich die Lerneffekt-Rückmeldungen schwieriger dar, denn es gilt, nicht Wissen, sondern Kompetenzen zu diagnostizieren. Was darunter genau zu verstehen ist, legt letztlich die unterrichtende Lehrperson fest. Im Falle des hier vorzustellenden Konzepts stellen sich fachlich-methodische Kompetenzen als (a) reflektiertes Handeln bzw. (b) als handlungsbezogenes Wissen dar. Um solche Kompetenzen zu diagnostizieren, sind entsprechende Prüfungsformen zu wählen, im Fall (a) also Handlungsaufgaben, bei welchen der Handlungsvollzug und die Handlungsergebnisse erklärt und begründet werden müssen, im Fall (b) Verständnis-Aufgaben, deren Ergebnisse in berufsrelevante Handlungen übertragen werden müssen. Für (a) bieten sich insbesondere rekonstruktive Fachgespräche an, in welchen wesentliche Handlungsschritte und Handlungsergebnisse aber auch Fehler und Mängel vor dem fachlichen Theoriehintergrund geklärt werden (Buchalik 2009). Der wissenschaftliche Diagnostik-Ansatz von Pittich (2014), der sich explizit auf die Analyse und Erklärung von Produktionsfehlern richtet, erscheint hier ebenfalls interessant, bislang fehlen jedoch Konzepte, welche diesen aus der Forschung in die Praxis übertragen. Für (b) sind Textaufgaben zu konzipieren, welche den inhaltlichen und kontextuellen Inhalt eines abgeschlossenen Lernfelds aufarbeiten. Im Falle (a) wird berufliches Handeln rekonstruiert, im Falle (b) wird es antizipiert. In beiden Fällen wird es jedoch nicht konkret. Dies könnten nur performanzbedingte Ansätze leisten, welche jedoch zum einen eine explizite Einbettung in einen Berufskontext erfordern, zum anderen nicht im Einzelfall, sondern nur in aggregierter Form kompetenzbezogene Aussagen zulassen[4]. Daher sind solche Diagnoseinstrumente besser für den Einsatz im Ausbildungsbetrieb geeignet. Unabhängig, welchen Diagnose-Ansatz man nun in der Schule

---

[4] Ein weiteres Problem entsteht hierbei aus der Konfundierung durch die betrieblich erworbenen Kompetenzen, welche in solchen Aufgaben eine große Rolle spielen. Wenn also (wie z. B. in Nickolaus, Behrend & Abele 2016) derartige Simulations-Aufgaben im Schulkontext gestellt werden, ergeben sich daraus keine nachvollziehbaren Rückmeldungen für den Unterricht, diesbezüglich ermittelte Benotungen wären daher auch unfair.

anwendet, ergeben sich immer Schwachstellen. Bei den Fachgesprächen liegen diese in der Einengung des abprüfbaren Wissens- und Verständnisspektrums auf das konkret Rekonstruierbare, bei den Textaufgaben liegen diese in den fiktiven Handlungen, deren Beschreibungen kaum den Auflösungsgrad realer beruflicher Handlungen erreichen könnten. Daher bietet es sich an, beide Prüfungsformate zu kombinieren, um deren Stärken zur Wirkung zu bringen und die Schwächen zu kompensieren. Insgesamt ist hier festzustellen, dass über signifikante und gleichermaßen alltagstaugliche Ansätze einer Kompetenzdiagnostik für technischen beruflichen Unterricht bislang nur wenig veröffentlicht wurde (Pittich 2013).

Zusammengefasst ergeben sich als Eckpunkte für einen kompetenzorientierten Unterricht ...
- ein tragfähiges Kompetenz-Konstrukt als Ausgangspunkt,
- dessen Übertragung auf den curricularen und institutionellen Kontext technisch-beruflichen Unterrichts (explizit innerhalb einer dualen Berufsausbildung),
- die Klärung des Zusammenhangs von Handeln und Wissen einschließlich einer Klärung der dabei bedeutsamen Facetten von Wissen,
- die daraus hervorgehende Unterscheidung von Fach- und Handlungssystematik als strukturelle Grundgerüste für die Unterrichtsplanung,
- die Erfordernis, dass der Unterricht beide Strukturkonzepte integriert und diese alternierend umsetzt, sowie deren selektive Bilanzierung am Ende einer Unterrichtssequenz,
- ein breites Methodenspektrum welches insbesondere die Implementierung berufspraktischer Aufgaben, die Erstellung von Leittexten und -hinweisen, das selbstregulierte Lernen in Kleingruppen, moderierende bzw. unterstützende Interaktionsformen einbezieht,
- die Entwicklung und Nutzung integrierter Fachunterrichtsräume sowie
- lerndiagnostische Konzepte, mit welchen über das Fachwissen hinaus Kompetenzen erhoben und bewertet werden können.

In Abbildung 1 wird dargestellt, dass die hier benannten Eckpunkte in interpretativer bzw. transformativer Verbindung stehen, was verdeutlichen soll, dass hier weder wissenschaftlich noch normativ eindeutige Ableitungen erfolgen können. Wie genau Lernfeldlehrplan und Ausbildungsordnung im Einzelnen und in deren Zusammenhang interpretiert werden, hängt vom individuellen Verständnis der Lehrperson über den jeweiligen Ausbildungsberuf, dessen aktuelle Realität und dessen zukünftige Entwicklung ab (didaktische Analyse). Das Ergebnis dieser Transformation sollte dann eine strukturierte Auflistung von beruflichen Handlungen in unmittelbarer Verknüpfung mit deren einschlägigen Wissensaspekten sein. Wiederum als Transformation entstehen daraus durch die handlungsbezogenen Ideen aber auch Möglichkeiten der planenden Lehrperson eine oder mehrere Handlungssystematiken und diesen nebengeordnet, die aus Sicht der Lehrperson thematisch einschlägigen Fachsystematiken. Fach- und Handlungssystematiken methodisch zu integrieren erfordert weitere Transformationen, wobei insbesondere das Methodenverständnis und -repertoire, die Befähigungen

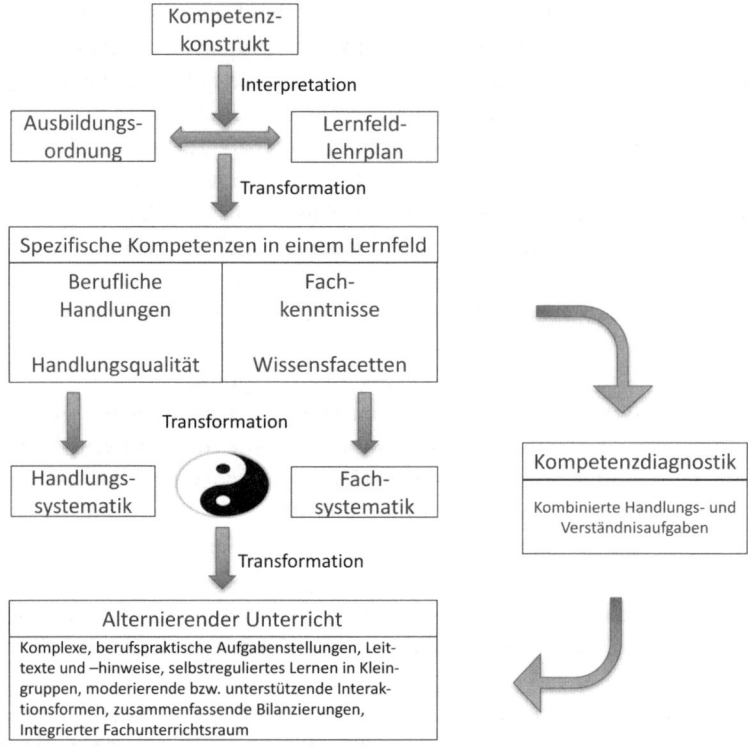

Abbildung 1: Eckpunkte für einen kompetenzorientierten technischen Unterricht

und Einstellungen für einen alternierenden, schüleraktiven Unterricht aber auch die räumlich-technischen Möglichkeiten entscheidend sind. Die Konzeption der Leistungsprüfung als Transformation erfolgt schließlich in Übertragung der intendierten Kompetenzen vor dem Hintergrund des umgesetzten Unterrichts als spezifisches Testdesign mit entsprechenden Formaten.

4 Realität technischen beruflichen Unterrichts

Schulische Realität kann nie einem Idealszenario gerecht werden, gegenteilig wird der Unterrichtsalltag hier häufig von völlig anderen Faktoren beeinflusst, als jenen, die aus wissenschaftlicher Perspektive bedeutsam sind. Wie vorausgehend bereits erwähnt, liegt dies zum einen an der multiperspektiven Heterogenität, welche durch die verschiedenen Bildungsgänge, die Schülerschaft und deren betriebliche Hintergründe, die regionale Situation und Struktur, das kollegiale Gefüge und die Führungskultur etc. entsteht. Zum anderen entsteht alltägliches didaktisches Handeln weniger im Sinne einer best-practice-Umsetzung, sondern durch das Zusammenwirken all dessen, (a) was eine Lehrperson in der eigenen Berufsausbildung, im Studium und im Referendariat gelernt hat, (b) was sie in dieser Zeit an Unterrichtsrealität erfahren hat und wie dies bewertet wurde, (c) welche persönlichen Antriebe kurz-, mittel-, und langfristig vorliegen und schließlich, (d) welche interpersonalen, organisatorischen oder auch administrativen Prozesse und Dynamiken den Unterrichtsalltag überlagern.

Zu (a): Eine eigene Berufsausbildung liegt bei BerufsschullehrerInnen häufig vor, ist aber nicht selbstverständlich. Fest steht, dass diese Schülererfahrung in der späteren Arbeitsstätte einen ebenso bedeutsamen Einfluss auf die eigene Professionalität hat, wie die dahinterliegende betriebliche Erfahrung als Auszubildender. Man kennt die Dinge von innen aus einem prägenden Lebensabschnitt und ist damit den SchülerInnen generell näher (sowohl in fachlicher, als auch in persönlicher Hinsicht) als wenn man unmittelbar vom Gymnasium kommt. Ein Betriebspraktikum – auch wenn es 50 Wochen umfasst – kann dies kaum ersetzen, es kompensiert lediglich den berufsfachlichen Hintergrund und die Kontexterfahrungen. Die Qualität des Lehramtstudiums kann von Standort zu Standort erheblich schwanken. Dies betrifft sicher alle Aspekte des Studiums, in diesen Betrachtungen aber insbesondere die naturwissenschaftlich-technischen Inhalte und die berufliche Fachdidaktik. Durch die häufig vollzogene Anbindung dieses Studiums an die Ingenieurwissenschaften wird oft das mathematische Niveau überzogen, die technologische Breite hingegen vernachlässigt. Fachdidaktik-Professuren sind selten, häufig werden diese von Lehrbeauftragten vertreten (Tenberg 2016a, 153). Die gegenüber dem Studium unabhängigen Referendariate werden ebenfalls zumeist von „guten Praktikern" umgesetzt. Damit wird deutlich, dass insbesondere der fachdidaktische Hintergrund technischer Lehrpersonen selten auf aktuellem wissenschaftlichen Niveau sein kann. In manchen Fällen entstehen durch diese Entkoppelung zweier fachdidaktischer Interventionssegmente sogar Unstimmigkeiten bzw. Verwerfungen, mit der Folge, dass die Fachdidaktik für die angehenden Lehrpersonen unglaubwürdig wird bzw. obsolet erscheint und sie diese durch eine individualistische Alltagsdidaktik kompensieren.

Zu (b): Unterrichtsrealität beginnt für eine Lehrperson früh in der eigenen Schulbiografie. Ihre Wahrnehmung und Bewertung ist sehr persönlich geprägt, also polarisierend zwischen „guten Lehrpersonen" und „schlechten Lehrpersonen". Diese Bewertung hängt nur zum Teil von deren didaktischer Leistungsfähigkeit ab, sondern auch von ihrer persönlichen Ausstrahlung. Häufig wird daher der Unterricht solcher Lehrpersonen als vorbildlich eingestuft. Je näher diese Erfahrungen an die eigene LehrerInnen-Bildung gelangen, desto intensiver wirken sie. D.h. dass ein ehemals „guter Berufsschullehrer" stärker zum Vorbild wird, als eine ehemals „gute Grundschullehrerin". Weitere Unterrichtserfahrungen werden in den Schulpraktika des Studiums gesammelt. Um hier den beschriebenen persönlichen Effekt zu reduzieren, erfolgen analytische Vor- und Nachbereitungen zu den Unterrichtsbeobachtungen. Diese Seminare sind sehr bedeutsam für die Relativierung persönlicher Unterrichtswahrnehmung und stellen im Idealfall gute Verbindungen zur Fachdidaktik her. Ähnlich findet dies im Referendariat statt, wobei hier zunehmend die Fremderfahrungen durch die eigene Unterrichtspraxis überlagert werden. Ob dieser Prozess einer analytischen Unterrichtswahrnehmung produktiv (= emotional positiv) oder inproduktiv (= emotional negativ) verläuft, hängt hier zentral davon ab, wie die/der jeweils zugeteilte MentorIn hier kommuniziert. Bei einer förderlichen Kommunikation entsteht ein positives Bild von „gutem Unterricht", anderenfalls ist davon auszugehen, dass „guter Unterricht" von der angehenden Lehrperson eher in Frage gestellt wird.

Zu (c): Anspruchsvoller Unterricht bedeutet insbesondere in seiner Vorbereitung, aber auch in seiner Umsetzung und Aktualisierung in jedem Falle Aufwand. Daher steht und fällt die Qualität technischen Unterrichts mit der Arbeitsmotivation der Lehrperson. Diese wird von kurz-, mittel und langfristigen Faktoren bedingt, wobei hier viele internalen und externalen Aspekte einwirken (Cichlars 2011). Professionalität bedingt hier eine qualitative Konstanz im Unterricht, welche derartigen Schwankungen widersteht, sie kann sich in einem Minimalismus äußern, aber auch in einem anhaltend hochwertigen Unterricht im Rahmen des Möglichen.

Zu (d): Die frühere „Einzelkämpfer-Institution-Schule" wandelt sich nach und nach in fraktale Strukturen um (Röder 2017, S. 155). Insbesondere Berufsschulen sind kollektive Organisationen, in welchen Lehrergruppen gemeinsam Unterricht verantworten und von Schulleitungsteams geführt werden. An Stelle der ehemaligen Schulaufsicht sind inzwischen Qualitätsmanagement-Instrumente implementiert, Schulentwicklung ist kein Projekt mehr, sondern fortlaufender Anspruch. In solchen fraktal und kollegial strukturierten Schulen entscheidet die Qualität der Zusammenarbeit darüber, ob diese Ressourcen verbraucht, oder freisetzt. Zudem sind hierbei die persönlichen Beziehungen und Prozesse sehr bedeutsam. In positiver Wahrnehmung wirken sie absehbar motivierend, in negativer demotivierend und damit (wie in (c) ausgeführt) mittelbar auf die Unterrichtsqualität.

Angesichts dieser vielfältigen Einflussfaktoren wird deutlich, warum beruflicher Unterricht trotz verbindlicher curricularer Vorgaben und trotz einer institutionalisierten Lehrpersonenbildung, trotz moderner Medien und systematischer Schulentwicklung in seiner Umsetzung und Qualität eine hohe Varianz von Schule zu Schule, Fachgruppe zu Fachgruppe und schließlich von Lehrperson zu Lehrperson aufweist. Umso erstaunlicher ist es dann, wenn man Alltagsunterricht vergleichend beobachtet und feststellt, dass dieser „gar nicht so unterschiedlich" ist. Dies liegt keineswegs daran, dass sich „das Richtige" oder „das Bessere" eben in der Praxis bewährt, sondern zum einen an der didaktischen Normierungskraft der Medien, insbesondere der Schulbücher, zum anderen an kollegialen Nivellierungsprozessen, welche im Referendariat mit dem Austausch von Unterlagen beginnen und später dann durch kollegiale Teamarbeit fortgesetzt werden. Damit wird auch deutlich, dass dieses System aus Unterrichtsmaterialien, Medien und den gewohnten Prozessen für deren Umsetzung äußerst affirmativ ist. Neue Lehrpläne wirken hier nicht wie ein unmittelbarer Impuls, sondern wie ein fernes Dämmern am Horizont. Die inzwischen mehr als ein Jahrzehnt eingeführten Lernfeldlehrpläne befinden sich nach wie vor in der Implementierung, welche nicht als geregelter Prozess verläuft, sondern sich in den vielfältigen Wirkmechanismen der hier vorausgehend erörterten Bezugsräume individuell abspielt. Im Folgenden wird eine Studie vorgestellt, in welcher dem Rechnung tragend nach einer „good practice" im metalltechnischen Unterricht geforscht wurde.

5 Empirische Befunde

Bislang gibt es kaum belastbare Befunde über die konkrete berufsschulische Umsetzung der Lernfeldlehrpläne (Dengler 2016, 10 ff.; Clement 2002, 52). Die wenigen Studien welche sich überhaupt mit diesbezüglichen Fragestellungen befasst haben, signalisieren verschiedene Defizite und deuten an, dass aktueller beruflicher Unterricht – wenn überhaupt – nur selten die hohen Ansprüche dieses Curriculums umsetzt, geschweige denn erfüllt (ebd.). In einer Good-Practice-Studie hat Dengler (2016) auf materialanalytischem Weg erhoben, wie metalltechnischer beruflicher Unterricht nach dem Lernfeldkonzept konzipiert wird. Datenbasis waren dabei 26 Unterlagen-Sätze von Lehrpersonen, welche deutschlandweit explizit von ihren Schulleitungen als innovative Didaktiker benannt wurden. D. h. dass es sich in dieser Kohorte um eine Positiv-Selektion handelt, also um Unterrichtskonzepte, die qualitativ deutlich über dem Durchschnitt liegen sollten. Über eine spezifische Kohorten-Analyse wurde nachgewiesen, dass sich jene Metalltechnik-Lehrpersonen, welche hier Unterlagen eingereicht haben (n=26) signifikant von einer einschlägigen Vergleichsgruppe (n=149) unterschieden haben: Die Proband/-innen der Materialanalyse weisen im Durchschnitt weniger Dienstjahre auf (11 Dienstjahre gegenüber 14), nahmen an mehr als doppelt so vielen didaktischen Fortbildungsveranstaltungen teil, bestätigen eine höhere Berufszufriedenheit und mehr Enthusiasmus für ihr Fach, sind weniger instruktionsorientiert und evaluieren ihren Unterricht häufiger (ebd., S. 350 f.).

Im Kern der Studie steht ein theoretisch abgestütztes Instrument zur inhaltlich-didaktischen Analyse, welches über die folgenden 4 Hauptkategorien eine Erschließung und Bewertung der Unterrichtskonzepte ermöglicht: 1. Vermittlungssystematik, 2. Zielorientierung, 3. Konstruktivistischer Bereich und 4. Objektivistischer Bereich. Diese Hauptkategorien wurden über vielfältige Unterkategorien in ein Bewertungsraster umgesetzt, welches schließlich ermöglichte, jedem Teilaspekt in begründeter und gewichteter Form Punkte zuzuweisen (ebd., 209 ff.). Ex post wurden für die vier Hauptkategorien drei Niveaustufen hergeleitet, welche ein defizitäres Niveau (I), ein alltagsbezogen haltbares Niveau (II) und ein als „good practice" einschätzbares Niveau (III) unterscheiden. Die Verteilung der Niveaustufen lag in der Kategorie 1 (Vermittlungssystematik) bei 15/8/3, in der Kategorie 2. (Zielorientierung) 4/16/6, in der Kategorie 3. (Konstruktivistischer Bereich) 10/8/8 und in der Kategorie 4. (Objektivistischer Bereich) 9/6/11 (ebd., S. 293). „In der Dimension A „Verknüpfungssystematik" erreichen mehr als die Hälfte der Planungssätze nicht einmal die mittlere Niveaustufe (II). In der höchsten Niveaustufe (III) können lediglich drei Konzeptionen eingruppiert werden. Dieses Ergebnis scheint zu belegen, dass ein ausgewogenes Verhältnis von fach- und handlungssystematischen Vermittlungssequenzen mit einer mehrzyklischen Verknüpfung einen sehr hohen Anspruch darstellt, der nur selten erreicht wird. Einseitige Ausrichtungen hinsichtlich einer Vermittlungssystematik scheinen dagegen häufiger zu sein.

Bei Dimension B „Zielorientierung" erzielen dagegen fast alle Planungssätze mindestens Niveaustufe II. Lernziele in Dokumenten der Unterrichtskonzeption zu verschriftlichen scheint einer standardmäßigen Praxis zu entsprechen. Bei der Qualität der

Lernzielbeschreibung lassen sich jedoch durchaus Unterschiede feststellen. Die Mehrheit der Planungssätze richtet sich bei der Lernzielformulierung an den KMK-Rahmenlehrplänen aus, was im Rahmen dieser Untersuchung als konzeptkonform eingeordnet wird. Aus didaktischer Sicht kann dies allerdings nicht ausreichen, da performative Lernziele nicht unmittelbar im berufsschulischen Unterricht umgesetzt werden können. In den Dimensionen C „Konstruktivistischer Bereich" und Dimension D „Objektivistischer Bereich" sind die Niveaustufen gleichmäßiger verteilt. In beiden Dimensionen erreichen jeweils knapp 2/3 der Planungssätze mindestens die Niveaustufe II. Die hier gestellten Ansprüche scheinen mehrheitlich erfüllbar" (ebd., S. 344).

Bezogen auf die einzelnen Unterrichtssätze kommt Dengler zu dem zusammenfassenden Schluss, dass kaum ein Drittel der untersuchten Unterrichtssätze als good practice bezeichnet werden kann. Dieses Kriterium ist erfüllt, wenn in den vier Einzelkriterien überwiegend die Stufe III erreicht wird. Wiederum ein knappes Drittel stellt sich als haltbar für einen Alltagsunterricht heraus, indem in den vier Einzelkriterien überwiegend die Stufe II erreicht wird. Als größte Gruppe mit mehr als einem Drittel stellen sich jene Unterrichtssätze heraus, welche in den 4 Einzelkriterien überwiegend nur die Stufe I erreichen (ebd.). Wie die Ergebnisse bei den Hauptkriterien zeigen, liegt dies zu einem erheblichen Teil an den Defiziten in Dimension A „Verknüpfungssystematik". Die durchaus häufig feststellbaren kombinierten fach- und handlungssystematischen Vermittlungssequenzen lagen somit häufig neben- oder nacheinander, was im Hinblick auf einen alternierenden Kompetenzerwerb skeptisch einzuschätzen ist.

Angesichts der hier analysierten positiv selektierten Kohorte muss bezüglich der schulalltäglichen Gesamtsituation von weiteren Abstrichen ausgegangen werden, welche jedoch auf Basis dieser Studie nur spekuliert werden können. Z. B. können die hier festgestellten Stärken und Schwächen typisch für hoch engagierte Lehrpersonen sein, nicht jedoch für „normal motivierte". Fakt ist aber, dass das Lernfeldkonzept bislang nur partikulär in der Praxis „angekommen" ist. Angesichts der Tatsache, dass hier hohe kriteriale und analytische Maßstäbe angesetzt wurden, muss aber auch dies als gutes Signal bewertet werden, denn in anderen Schulformen (z. B. dem Gymnasium) konnte festgestellt werden, dass Lehrplanreformen von der Lehrerschaft weitgehend ignoriert werden (Schramm 2006, S. 287 f.).

6 Synopse

Wenngleich ein lernortübergreifendes Kompetenzkonzept bislang nicht implementiert wurde, versteht sich technischer berufsschulischer Unterricht als eigenständiger Part in einem integrativen Kompetenzentwicklungsprozess zweier Lernorte. Dabei steht fest, dass der Unterricht zwar in Orientierung an einem offiziellen lernfeldorientierten Lehrplan umgesetzt wird, jedoch nicht ohne Einflüsse „heimlicher Lehrpläne", insbesondere der betrieblichen Abschlussprüfungen. Lernortkooperation ist dabei schon immer mehr Wunsch als Wirklichkeit, was weniger am Willen der beiden Dualpartner liegt, sondern an den sehr unterschiedlichen organisationalen Restriktionen. Trotzdem kann davon ausgegangen werden, dass die so vermittelten Berufe dem Anspruch hochwertiger Kompetenzpakete mit übergreifender Aufhängung und einzelbetrieblicher Prägung gerecht werden.

Angesichts vielfältiger Heterogenität hinsichtlich der Schülerschaft, deren betrieblicher Zuordnung, der Schulstrukturen und insbesondere der Ausbildungsberufe innerhalb unserer technischen Hauptdomänen kann nicht davon ausgegangen werden, dass es so etwas wie „den technischen Unterricht" gibt oder geben kann. Nicht zuletzt, weil bislang kein übergreifend akzeptiertes Konzept für lehrplanadäquate didaktische Transformationen vorliegt. Vielmehr ist hier eine große Vielfalt feststellbar, zumal die Lehrerschaft nicht über einen „normierten" Ausbildungsweg qualifiziert wird, sondern auch dies von deren sehr unterschiedlichen Zugangswegen, Studiengängen und Vorbereitungsdiensten abhängt. Hinzu kommen im tagtäglichen Schuldienst die individuellen Antriebe und Ressourcen, sowie vielfältige interpersonale, organisatorische und administrative Prozesse und Dynamiken, welche den Unterrichtsalltag anhaltend überlagern.

Gemäß der aktuellen Curricula soll technischer beruflicher Unterricht generell von der Grundidee einer beruflichen Handlungskompetenz ausgehen. Um diese zu vermitteln, sollen handlungsorientierte Ansätze realisiert werden, was sich angesichts der Unschärfe dieses methodischen Konzepts allerdings als leicht erfüllbar darstellt, ebenso wie die geforderte prioritäre Orientierung an handlungssystematischen Strukturen. Die hierbei zu Grunde liegenden Lernfeldlehrpläne sind jedoch theoretisch inkonsistent und hinsichtlich der Übertragung des Kompetenzkonzepts in die konkreten Lernfelder auch inkonsequent. Dort finden sich an Stelle der zu erwartenden Kompetenzen die Beschreibungen beruflicher Teilhandlungen als Lehrziele. Die Planung und Durchführung technischen beruflichen Unterrichts stellt sich somit auch aus curricularer Perspektive schwierig dar. Dies hängt nicht nur mit den beschriebenen theoretisch-konzeptionellen Schwächen des Curriculums zusammen, sondern auch mit dessen kaum erfüllbaren Ansprüchen an einen Unterricht, der anhaltend Berufspraxis inszenieren soll.

Daher erfordert hier ein glaubwürdiges didaktisches Handeln die Orientierung an einem Kompetenzmodell, welches einerseits dem Grundanspruch der vorliegenden Curricula gerecht wird und auch bzgl. deren Inhalten tragfähig ist, andererseits aber konsequent in einen hochwertigen Unterricht übertragen werden kann. Wie sich zeigt, ist so ein Konzept möglich, jedoch sehr komplex und fordert deutlich mehr von den Lehrpersonen, als es vor dem Lernfeldkonzept der Fall war. Analysiert man nun aktuellen metalltechnischen Unterricht entlang der hier gesetzten Prämissen und Ansprüche, kann zwar festgestellt werden, dass vielversprechende Entwicklungen aktuell stattfinden, jedoch ist einzuräumen, dass diese bislang nur Teilbereiche der Schulpraxis erreicht haben. Die Vielfalt der hier möglichen und wahrscheinlich auffindbaren Varianten zwischen fach- und handlungssystematischen Ansätzen bzw. diesbezüglicher Hybride ist absehbar groß und bislang deutet sich kein Impuls an, hier so etwas wie Klärung herbei zu führen. Damit ist zu subsumieren, dass es aktuell für technischen beruflichen Unterricht eine „curricular geprägte Idee" gibt, welche jedoch erhebliche

Mängel aufweist, einen wissenschaftlich fundierten Ansatz, welcher sich jedoch in seiner Umsetzung sehr anspruchsvoll darstellt und schließlich eine schulische Realität, die sich in den verschiedensten Ausprägungen um diese beiden Konvergenzzonen rankt.

Literatur

Bader, R. (1990). Entwicklung beruflicher Handlungskompetenz in der Berufsschule. Zum Begriff ‚berufliche Handlungskompetenz' und zur didaktischen Strukturierung handlungsorientierten Unterrichts; (Ausarbeitung im Auftrag des Landesinstituts für Schule und Weiterbildung in Nordrhein-Westfalen zur Unterstützung der Lehrplanentwicklung in den Berufsfeldern Elektrotechnik und Metalltechnik). Dortmund: Universität, Hochschuldidaktisches Zentrum.

Buchalik, U. (2009). Fachgespräche: Lehrer-Schüler-Kommunikation in komplexen Lehr-Lern-Umgebungen (Beiträge zur Arbeits-, Berufs- und Wirtschaftspädagogik). Frankfurt a. M.: Lang.

Cihlars, D. (2011). Die Förderung der Berufszufriedenheit von Lehrkräften: Individuelle, soziale und organisationsbezogene Maßnahmen der schulischen Personalentwicklung. Bad Heilbrunn: Julius Klinkhardt.

Clement, U. (2002). Lernfelder im richtigen Leben – Implementationsstrategie und Realität des Lernfeldkonzeptes. In: Zeitschrift für Berufs- und Wirtschaftspädagogik 98 (1), 26–55.

Dengler, M. (2016). Empirische Analyse lernfeldbasierter Unterrichtskonzeptionen in der Metalltechnik (Beiträge zur Arbeits-, Berufs- und Wirtschaftspädagogik). Frankfurt a. M.: Lang.

Euler, D. (2004). Lernortkooperation im Spiegel der Forschung. In: D. Euler (Hrsg.), Handbuch der Lernortkooperation: Band I. Theoretische Fundierungen, 25–40.

Erpenbeck, J. & von Rosenstiel, L. (2003). Einführung. In: J. Erpenbeck & L. von Rosenstiel (Hrsg.), Handbuch Kompetenzmessung. Erkennen, verstehen und bewerten von Kompetenzen in der betrieblichen, pädagogischen und psychologischen Praxis (IX–XI). Stuttgart, Schaeffer-Poeschel, I–XIV.

Gonon, P. (2002). Arbeit, Beruf und Bildung. Bern: hep.

Hahn, C. & Clement, U. (2007). Heterogenität in berufs- und ausbildungsjahrübergreifenden Klassen – individuelle Lernvereinbarungen als Lösungsansatz. In: bwp@ 13.

Kultusministerkonferenz (1991): Handreichung für die Erarbeitung von Rahmenlehrplänen der Kultusministerkonferenz für den berufsbezogenen Unterricht, KMK.

Kultusministerkonferenz (2011). Handreichung für die Erarbeitung von Rahmenlehrplänen der Kultusministerkonferenz für den berufsbezogenen Unterricht in der Berufsschule und ihre Abstimmung mit Ausbildungsordnungen des Bundes für anerkannte Ausbildungsberufe, KMK.

Nickolaus, R., Behrendt, S. & Abele, S. (2016). Kompetenzstrukturen bei KFZ-Mechatronikern und die Erklärungskraft des fachsystematischen Wissens für berufsfachliche Kompetenzen. Unterrichtswissenschaft, 22, 114–130.

Pittich, D. (2013). Dysfunktionale Verständniskonzepte als Lernchancen im gewerblich-technischen beruflichen Unterricht. In: bwp@ 28.

Pittich, D. (2014). Diagnostik fachlich-methodischer Kompetenzen. Wissenschaft, Band 14. Stuttgart: Fraunhofer IRB.

Riedl, A. (2001). Technischer handlungsorientierter Unterricht in der Berufsschule – Gestaltungsanforderungen einer komplexen Lehr-Lernumgebung. In: H. Kremer % P. Sloane (Hrsg.), Konstruktion, Implementation und Evaluation komplexer Lehr-Lern-Arrangements. Fallbeispiele aus Österreich, den Niederlanden und Deutschland im Vergleich (75–106). Paderborn: Eusl.

Riedl, A. & Schelten, A. (2013). Grundbegriffe der Pädagogik und Didaktik beruflicher Bildung. Stuttgart: Steiner.

Robinsohn, S. B. (1967). Bildungsreform als Revision des Curriculum. Ein Strukturkonzept für Curriculumentwicklung. Neuwied: Luchterhand.

Röder, L. (2017). Kollegiale Teamarbeit an berufsbildenden Schulen in Hessen: Empirische Befunde zu Implementierung und Qualität. Dissertationsschrift. Frankfurt a. M.: Lang.

Schelten, A. (2005). Grundlagen der Arbeitspädagogik. Stuttgart: Steiner.

Schelten, A. (2013). Einführung in die Berufspädagogik. Stuttgart: Steiner.

Schramm, E. (2006). Möglichkeiten und Grenzen von Innovationen durch Lehrpläne. Dissertationsschrift, Universität Augsburg.
Tenberg, R. (1998). Schülerurteile über einen handlungsorientierten Metalltechnikunterricht. In: A. Schelten, P. F. E. Sloane & G. A. Straka, (Hrsg.), Perspektiven des Lernens in der beruflichen Bildung. Forschungsberichte der Frühjahrstagung der DGFE, Sektion Berufs- und Wirtschaftspädagogik (115–170), 1997. Opladen: Leske + Budrich.
Tenberg, R. (2011). Kompetenzorientierung statt Performanzorientierung: Ein neuer Lehrplan des beruflichen Gymnasiums als Prototyp für den nächsten Schritt im Lernfeldkonzept. In: bwp@ 20/2011.
Tenberg, R. (2011a). Vermittlung fachlicher und überfachlicher Kompetenzen in technischen Berufen. Theorie und Praxis der Technikdidaktik. Stuttgart: Steiner, 366.
Tenberg, R. (2016). Wie kommt die Technik in die Schule. Journal of Technical Education (JOTED), Jg. 4 (Heft 1), 11–21.
Tenberg, R. (2016). Lehramtsstudium für berufsbildende Schulen: Eine kasuistische Bilanz. In: Die Berufsbildende Schule 2/2016 JG 68, 152–153

5.6 Technisches Lernen an Fachhochschulen und Universitäten

Daniel Pittich (Universität Siegen)

Zusammenfassung

Im vorliegenden Beitrag sollen ausgehend von einer kurzen Darstellung der Entwicklungen des ingenieurwissenschaftlichen Studiums aktuelle Bemühungen im Kontext des technischen Lehrens und Lernens in deutschen Hochschulen skizziert werden. Dabei wird neben der Bologna-Reform ebenfalls auf aktuelle Forschungsansätze der technischen Hochschuldidaktik sowie die in der Praxis feststellbaren Ansätze und Formate eingegangen. Der Beitrag schließt mit einer Zusammenfassung und einem Ausblick, in dem zudem offene Fragen und Desiderate der (technischen) Hochschuldidaktik umrissen werden.
Schlüsselwörter: Hochschuldidaktik, Hochschulmethodik, hochschulische Kompetenzen, technisches Lehren und Lernen im Ingenieurstudium, Formate und Methoden

Abstract

Technical learning at Universities of Applied Sciences and Universities

The present paper intends to draw a picture of current endeavors in context of technical teaching and learning at German universities, starting from a brief outline regarding the historical evolution in engineering studies. For this purpose, the focus of the paper will be – in addition to conclusions concerning the Bologna reform – on latest research approaches regarding technical teaching and learning in higher education institutions and those approaches and formats identified in practice. The paper concludes with a summary and a prospect, outlining questions and desiderata of (technical) teaching and learning in higher education didactics.

1 Historische Entwicklung des Ingenieursstudiums

Das technische Lernen an Hochschulen[1] weist ähnlich wie das technische Lernen in der beruflichen Bildung eine lange Tradition auf. Dabei haben sich ausgehend von Bildungspraxis tradierte Grundannahmen, Lehrkonzepte und Methoden entwickelt und inzwischen etabliert. Hochschulisches technisches Lehren und Lernen ist eng mit der Entwicklung der Ingenieurwissenschaften verbunden. Das Ingenieurwesen bzw. die Ingenieurarbeit weist eine mehrere tausend Jahre lange Geschichte (Kaiser & König, 2006b) auf, wobei der Begriff des Ingenieurs erstmals explizit im hohen Mittelalter (Kaiser & König 2006a, S. 1) erwähnt wurde. Das Berufsbild „IngenieurIn" ist bis heute offen, mitunter diffus und ragt in unterschiedliche Bereiche von Technik hinein. Den Ingenieursberuf an bestimmten Technik- bzw. Technologiebereichen festzumachen erscheint dabei zu kurz gegriffen, so dass es sich im deutschen Sprachraum manifestiert hat, unter „IngenieurInnen" Personen zu verstehen, die ein Studium an einer Technischen Universität oder Fachhochschule erfolgreich absolviert haben.

Die deutsche Ingenieurausbildung erfolgte bis in die 1970er Jahre in einem zweischichtigen System aus Technischen Hochschulen und Ingenieursschulen. Gegenüber den Ingenieurschulen, welche gewissermaßen aus den Maschinenbauschulen entstanden sind, lassen sich die erstgenannten den Einrichtungen der Wissenschaft zuordnen (Kaiser 2006, S. 237). Im Zuge der Neupositionierung bzw. -ausrichtung haben sich ab Mitte der 1960er Jahre die Technischen Hochschulen in die heute etablierten Technischen Universitäten umbenannt. Ein weitreichender Einschnitt hat sich in den Jahren 1968 bis 1971 durch die Neuregulierung der „Fachhochschulen" und dem Fachhochschulgesetz ergeben. Aufgabe von Fachhochschulen war es eine Ausbildung umzusetzen, die eine auf wissenschaftlichen Grundlagen abgestützte praxisbezogene Lehre zur Ausübung des Berufs fokussiert (Kaiser, 2006, S. 238 f.). In Abgrenzung zu den (Technischen) Universitäten (Dipl. Ing.) verliehen die Fachhochschulen ihren AbsolventInnen den „Dipl. Ing. (FH)". Seit den 1970er Jahren und der Einführung der Fachhochschulen haben sich nach Kaiser (2006, S. 239) Annäherungen in den Gehaltsstrukturen und den besetzten Positionen ergeben. Um den gesetzlich festgeschriebenen Forschungs- und Entwicklungsaufgaben mehr Nachdruck zu verleihen, haben sich zahlreiche Fachhochschulen ab den 1990er Jahren in „Universities of Applied Sciences" umbenannt.

2 Bologna-Prozess und Kompetenzorientierung als Neuausrichtung technischen Lernens im Hochschulsektor

Von der Bologna-Reform, aber auch weiteren Entwicklungen im europäischen Bildungsbildraum (EQF, DQR und QDH), wurde ein erheblicher Wandel im tertiären Bereich ausgelöst. Neben der Einführung der Bachelor- und Masterstudiengänge sowie den diesbezüglichen Abschlüssen, markiert die Kompetenzorientierung eine der zentralen Neuerungen dieser Entwicklung. Ähnlich wie in allgemeiner und beruflicher

---

[1] Damit sind im vorliegenden Beitrag sowohl Fachhochschulen als auch Universitäten gemeint.

Bildung wird damit eine neuartige Zielperspektive hochschulischen Lehrens und Lernens gesetzt, die aufgrund der Outcome-Orientierung erhebliche Implikationen für das hochschuldidaktische Handeln sämtlicher ProtagonistInnen beinhaltet. Dies gilt sowohl in Bezug auf die curriculare Ausgestaltung (Prüfungsordnungen und Modulhandbücher), als auch die Konzeption hochschulischer Lehre (didaktische und methodische Ausgestaltung der Curricula) und letztlich auch für die diesbezügliche Diagnostik (kompetenzorientierte Prüfungsformate). Erstaunlich erscheint hierbei jedoch, dass ein konkreter Forschungsstand zu dieser Gesamtthematik nur in einzelnen Rand- bzw. Teilbereichen, jedoch nicht für das Kerngebiet eines hochschuldidaktischen Kompetenz-Gesamtansatzes, ermittelt werden kann. Aktuell ist ein in sich schlüssiges hochschulisches Kernkonzept, welches anschlussfähig an den diesbezüglichen Forschungsstand der Psychologie, Pädagogik und in hochschuldidaktischen Kontexten ist, nicht feststellbar (Tenberg 2015, S. 50). Nach Tenberg (2014, S. 23) sind die theoretischen Vorgaben einer hochschulischen Kompetenzorientierung aufgrund deren Allgemeinheitsgrades, Inkonsistenz und ihrer kulturell divergierenden Lesarten bestenfalls als Zielbeschreibungen verwertbar. Generell argumentiert Rhein diesbezüglich (2011, S. 217), dass der Kompetenzbegriff – in der Hochschullandschaft – stark unterschiedlich verwendet wird. Somit ist nach Tenberg (2015) das Konzept im Sinne von Erpenbeck & Rosenstiel (2007a, S.XII) theorierelativ: „innerhalb der spezifischen Konstruktion einer Theorie von Kompetenz eine definierte Bedeutung" (Erpenbeck & Rosenstiel, 2007a, S. XII). Als Minimalanspruch setzt Rhein in diesem definitorischen Kontext Kompetenz als die „Fähigkeit zur erfolgreichen Bewältigung mehr oder weniger komplexer Anforderungen in mehr oder weniger komplexen Situationen" (Rhein 2011, S. 217). Mit kleineren Einschränkungen ist diese Setzung theoriekonform zu etablierten Ansätzen bspw. von Klieme & Hartig (2007). Dort sind Kompetenzen humane Dispositionen, die zur erfolgreichen Bewältigung variabler Anforderungssituationen in einem bestimmten Lern- oder Handlungsbereich (Domäne) befähigen. Gemäß Chomsky (1965) stellen sie damit den Zusammenhang zwischen „competence" als dispositionale Voraussetzung für „performance" her. Die Domäne ist im Sinne von Klieme & Hartig (2007) kein unmittelbares Tätigkeitsspektrum oder Aufgabenpaket, sondern ein komplexer Funktions- und Kommunikationsraum. Gegenüber der beruflichen und allgemeinen Bildung ist die Handhabung eines derartigen Domänenbezugs sowie den divergenten Wirkungsbereichen in der Hochschule durchaus schwerer eingrenzbar. Dies wird angesichts der von Rhein (2011, S. 220) beschriebenen vier prototypischen Zielfelder bzw. Ansprüche hochschulischer Kompetenzen deutlich (Abbildung 1):

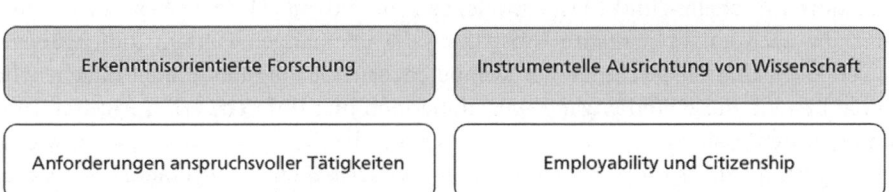

Abbildung 1: Prototypische Zielfelder bzw. Ansprüche hochschulischer Kompetenzen nach Rhein (2011, S. 220)

Nach Rhein (2011) lassen sich hierbei folgende Zielperspektiven unterscheiden:

Erkenntnisorientierte Forschung: Kompetenzorientierung bezieht sich auf den „Auf- und Ausbau von Kompetenzen für Wissenschaft als spezifische Praxis" (Rhein 2011, S. 220). Hier wäre die Universität der unmittelbare Tätigkeitsbereich.

Der „Erwerb von Kompetenzen durch Wissenschaft für Tätigkeitsfelder" in welchem „Kompetenzorientierung als Zugriff auf den „instrumentellen Charakter von Wissenschaft mit ihren Methoden, Konzepten und Wissensbeständen" (Rhein 2011, S. 220) zu verstehen ist. Tätigkeitsbereiche wären hier staatliche oder privatwirtschaftliche Forschungs- und Entwicklungseinrichtungen.

Kompetenzorientierung „als Vorbereitung auf Handlungsanforderungen anspruchsvoller Tätigkeiten" (Rhein 2011, S. 220) und „als Betonung von employability aber auch citizenship" beziehen sich nicht auf Forschung, sondern auf Anwendung. Während erstgenannte den „Auf- und Ausbau von Kompetenzen durch das Studium insgesamt, inklusive einer studienbegleitenden Förderung von tätigkeitsbezogenen Schlüsselkompetenzen [… sowie einer] Förderung der Persönlichkeit der Studierenden für akademische Tätigkeitsfelder" (Rhein 2011, S. 220) fokussiert, steht bei zweitgenannter Orientierung „die studienbegleitende Vorbereitung auf die Anforderungen des realen (Arbeits-) Alltags durch die Förderung von Selbst-, Sozial- und Teamkompetenzen, Medien- und Methodenkompetenzen, ergänzend zu den Fachkompetenzen in ausdrücklich hierauf bezogenen Lernsettings" (Rhein 2011, S. 220) im Vordergrund. Damit wäre die letztgenannte Facette eher auf ein Fachhochschulstudium und die davorstehende eher auf ein Universitätsstudium zu beziehen (Tenberg 2015).

Wie diese Darstellung andeutet und auch von Rhein an gleicher Stelle weiter ausgeführt wird, sind insbesondere zwischen den Aspekten 1./2. (graue Kästen in Abbildung 1) und 3./4. (weiße Kästen in Abbildung 1) große Unterschiede feststellbar: „Während die dritte und vierte Lesart Anwendungskontexte betonen, verlegen die ersten beiden Optionen den Kompetenzgedanken in die Wissenschaft selbst" (ebd.). Hierbei lassen sich wiederum verschiedenste offene Frage erkennen[2]: 1) Ähnlich wie in der beruflichen Bildung (Straka & Macke 2008, 2010), ließe sich auch hier die Handhabung des Handlungsbegriffs diskutieren (Rhein, 2011, S. 220). Hinzu kommen 2) offene Fragen der Ausrichtung und des Gehaltes einzelner Fachdisziplinen selbst (ansatzweise in Tenberg (2014, 2015) und Jahnke & Wildt (2011a, 2011b); Wildt (2011, 2013) im Kontext der Hochschuldidaktik), die sich über tradierte Ansätze, Denkweisen und Grundausrichtungen im Kontext ingenieurwissenschaftlicher Studiengänge – bspw. in der bis heute (latent) vorhandenen Sequenzierung in Grund- bzw. Aufbaustudium – trotz eingeführter Bachelor- und Masterstudiengängen andeutet. Dabei bliebe zu klären ob durch die nach außen sichtbare Umstellung der ehemaligen Diplomstudiengänge an Universitäten und Hochschulen die Kompetenzorientierung tatsächlich Einzug erhalten hat bzw. ob diese Studiengänge gegenüber den hier differenzierten Facetten (noch immer) unschlüssig sind. Vor dem Hintergrund des Kompetenzdiskurses sowie den Überlegungen Rheins (2011, S. 220) sind 3) gewissermaßen die ingenieurwissenschaft-

---

[2] An dieser Stelle soll nur eine erste Auflistung einzelner Facetten erfolgen, welche keinen Anspruch auf Vollständigkeit erhebt.

lichen Bachelorstudiengänge an Fachhochschulen bzw. Hochschulen für Angewandte Wissenschaften als konsistenteste Ansätze zu sehen, da diese klar auf die „Betonung von employability aber auch citizenship" (siehe oben, Rhein 2011) ausgerichtet sind. Diese sind jedoch auch als ‚in sich geschlossene Ansätze' mit entsprechenden Kompetenzniveaus zu beschreiben, aus denen heraus nur mit großen Anstrengungen höhere Niveaus (bzw. die Aspekte 1 und 2 (weiße Kästen Abb. 1 in Rheins Ansatz) zugänglich gemacht werden können. Auch hier ließe sich die begründete Frage aufwerfen, inwieweit diesem Dilemma erstens durch den aktuellen Entwicklungstand (hochschulischer) Kompetenzbegriffe und -modelle (hier insbesondere der Aspekt Tragweite einer Kompetenz durch deren Reflexionsbasis) zu begegnen ist und zweitens ob und inwieweit dies die im Bologna-Prozess intendierte formale Durchlässigkeit überhaupt ermöglicht.

3 Aktuelle Situation technischer Hochschuldidaktik in Forschung und Praxis

In den vorangegangenen Abschnitten wurden die Entwicklungen der Ingenieurswissenschaften sowie das diesbezügliche technische Lernen skizziert. Bei letztgenanntem Aspekt stand der Bologna-Prozess und die darin vorgenommene Setzung des hochschulischen Kompetenzanspruchs im Fokus. Im nachfolgenden Abschnitt soll ausgehend vom hochschuldidaktischen Forschungshorizont (Abschnitt 3.1) ein Blick in die didaktische Umsetzungspraxis technischen Lehrens und Lernens (Abschnitt 3.2) erfolgen.

3.1 Hochschuldidaktsiche Forschung

Das BMBF-Förderprogramm KoKoHS (Kompetenzen im Hochschulsektor) war und ist bislang das einzige Förderprogramm, das sich explizit auf die Erschließung hochschulischer Kompetenzen richtet. „So zentral das Thema Kompetenzmodellierung und -erfassung im Zuge der zunehmenden Output-Orientierung für den Schulbereich geworden ist, so vernachlässigt stellt es sich – mit Ausnahmen im Bereich der Lehrerausbildung sowie der Medizin – für den Hochschulbereich dar. Betrachtet man das Forschungsfeld der Modellierung und Messung der an Hochschulen vermittelten domänenspezifischen und generischen Kompetenzen von Studierenden und Promovierenden unterschiedlicher Fachdisziplinen, muss – auch mit Blick auf die internationale Forschungslandschaft – eine erhebliche Forschungslücke konstatiert werden" (BMBF 2010). In der inhaltlichen Präzisierung der Ausschreibung werden jedoch keine in sich geschlossenen hochschuldidaktisch relevanten Kompetenzkonzepte adressiert, vielmehr wird hier – in Anlehnung an die internationalen Bildungs-Vergleichsstudien (LSA wie PISA TIMMS etc.) – die Entwicklung hochreliabler Messinstrumente fokussiert. Ein Blick in die theoretischen Fundierungen der im Rahmen von KoKoHS veröffentlichten Ansätze (u. a. in Blömeke et al. (2013), Blömeke & Zlatkin-Troitschanskaia (2015) und Zlatkin-Troitschanskaia et al. (2017)), deutet dabei keine grundlegend strukturelle Fundierung über ein theoretisches Kompetenzkonstrukt an, sondern vielmehr eine ex-post Modellierung: In den KoKoHS-Studien ist das jeweilige Kompetenz-Konstrukt nicht der theoretisch-konzeptionelle Ausgangspunkt der Diagnostik, sondern – umgekehrt – deren zurückdekliniertes Ergebnis. Dies ist im Sinne einer Handhabung von latent traits bei der Anwendung der Item Response Theorie (u. a. Rost 2004) durchaus schlüssig, für eine didaktische Handhabung, also zur Begründung von Curricula, deren konzeptionelle Umsetzung und deren Überprüfung jedoch ungeeignet. Ein ähnlicher Fehlschluss zeigt sich in der Metaanalyse von Schneider & Mustafić (2015), in welcher aus Perspektive der pädagogischen Psychologie von einer empirischen Wende der Hochschuldidaktik ausgegangen wird. Sie verweisen „auf die Ergebnisse von ca. 250 einzelnen empirischen Studien sowie ca. 120 Reviews und ca. 53 Metaanalysen jeweils mehrerer empirischer Einzelstudien" (Schneider & Mustafić 2015, S. 2) und versuchen durch Integration der Ergebnisse vieler Studien aus unterschiedlichsten Studiengängen, Hochschulen und anderen Lernkontexten (…) empirisch belegbare allgemeine Gestaltungsprinzipien effektiver Lehre" (Schneider & Mustafić 2015, S. 2) auszuweisen. Dabei wird jedoch übersehen, dass Didaktik nur zum Teil über Lehr-Lern-Forschung zugänglich ist, denn sie bedingt an verschiedenen Stellen normative Transformationen, welche empirisch nur schwer erschlossen werden können. Damit befindet sich jeder (hochschul-)didaktische Ansatz in einem paradigmatischen Gefüge, welches als Rahmen zu dessen Lehr-Lern-Wirkungen verstanden werden muss. Wirft man hier alles „in einen Topf", ist das in etwa so, wie wenn man die gesamte Kunststoffforschung auf deren bedeutsamste Parameter reduziert und damit „generelle Eigenschaften für Kunststoffe" ermittelt. Das Ergebnis wäre, dass sich Kunststoffe unter Wärme zersetzen und nicht magnetisch sind, was die aktuelle Kunststoffforschung kaum weiterbringen könnte. Ähnlich trivial sind die Ergebnisse einer übergreifenden hochschuldidaktischen Lehr-Lern-Forschung.

Eine theoretisch abgestützte, empirische Erforschung genuin hochschuldidaktischer Fragestellungen findet sich nur vereinzelt, bspw. in Jahnke & Wildt (2011) u. a. von Wildt (2011), von Rhein (2011) zu hochschulischen Kompetenzen (siehe Abschnitt 2) oder auch Tenberg (2014, 2015). Ein wissenschaftlicher Diskurs, welcher dem Sektor „Hochschuldidaktik" zugeordnet wird, ist aktuell weitgehend auf die hochschulische Umsetzungspraxis fokussiert. In aktuellen Veröffentlichungen dominieren die Themen Forschendes Lernen (u. a. Huber 2009, Schneider & Wildt 2009, Mieg & Lehmann 2017), Projektbasiertes Lernen (u. a. Zumbach, Weber & Olsowski 2007, Scholkmann, 2016), Constructive Alignment (Biggs & Tang 2007, Wildt & Wildt 2011), individuelle Lernbegleitung und -beratung (u. a. über TutoreInnen- bzw. MentorInnenprogramme) sowie die Einbindung digitaler Medien (u. a. Kerres 2013). Im Zuge dessen sind in den vergangenen Jahren an fast allen Hochschulstandorten – dies trifft sowohl für Universitäten als auch Fachhochschulen zu – hochschuldidaktische Arbeitsstellen bzw. Beratungszentren eingerichtet worden. Hierbei handelt sich nur selten um forschende Stellen, sondern zumeist um Einrichtungen, die Beratungs- und Unterstützungsangebote für Lehrende der unterschiedlichen Fachdisziplinen, in verschiedenen Tätigkeiten und für aktuelle Lehrformate bereithalten. Diese Einrichtungen sind zumeist fachbereichs- und damit themenübergreifend angelegt, setzen die hochschuldidaktische Weiterbildung um und fokussieren dabei häufig die methodische Umsetzung hochschulischer Themen. Hochschuldidaktische Kernthemen wie u. a. hochschulische Curricula, Lernziele, Lehr- und Lernparadigmen, und Vermittlungs- und Kontrollkonzepte in disziplinären und interdisziplinären Ausprägungen werden – wenn überhaupt – unsystematisch und anekdotisch gehandhabt.

Mit diesen erheblichen Einschränkungen zeigt sich folgende Situation als aktueller Forschungsstand:

1) Fundierte hochschuldidaktische Forschung (wie oben umrissen) ist gegenüber der Erforschung der Primär-, Sekundär- oder auch beruflichen Bildung in Theorie und Empirie als randständig und nur in Teilsegmenten und Randbereichen disziplinärer Auseinandersetzung feststellbar.

2) Empirische Auseinandersetzungen hochschulischen Lehrens und Lernens finden weitgehend zur Überprüfung der Wirksamkeit und Effektivität tradierter Lehrformate statt. Dabei kommen neben den Zugängen der empirischen Lehr-Lern-Forschung auch (zunehmend) hochgradig valide und reliable psychometrische Instrumente zur Anwendung (bspw. in Zlatkin-Troitschanskaia et al. (2017) und Blömeke & Zlatkin-Troitschanskaia (2015) zum Förderprogramm „KoKoHs").

3) Man findet vielfältige hochschulmethodisch ausgerichtete Abhandlungen über die praktische Lehre an Hochschulen mit Schwerpunkten bei den Themen „Shift from Teaching to Learning" (u. a. Brown & Atkins 1993; Barr & Tagg 1995; Berendt 1998, 2001, 2005; Wildt 2004, Welbers & Gaus 2005), dem Forschenden Lernen (u. a. BAK 1970; Huber 2009, Schneider & Wildt 2009, Mieg & Lehmann 2017) und dem großen klassischen Themenfeld der Hochschuldidaktik „Was ist gute Lehre?" (u. a. Berendt, Voss & Wildt 2002; Heiner et al. 2016), in dessen Zentrum u. a. Formate und Methoden hochschulischer Lehre stehen (u. a. Macke, Hanke & Viehmann 2012).

Daher bleibt als einziges annähernd konsistentes Forschungssegment jenes der Formate und Methoden. Im Folgenden soll dies exemplarisch bilanziert werden.

3.2 Bilanzierung aktueller Lehrformate und Methoden des technischen Lernens an Hochschulen

Hochschuldidaktische Entwicklungen von neuen Lehrangeboten, so die Wahrnehmung aus der hochschulischen Praxis, haben sich in den letzten Jahren (und auch davor) weniger ausgehend vom Bologna-Prozess und dem dort kommunizierten Kompetenzanspruchs ergeben, sondern vielmehr aus Überlegungen der Aktivierung und Motivation der Studierenden. Ein Blick in die wissenschaftlichen Diskussionen der 1970 bis 1990 zu Fragen der Anwendbarkeit von Wissen bzw. dem Aspekt „Träges Wissen" deuten jedoch an, dass die beiden Aspekte mitunter Schnittmengen in den Entwicklungslinien und theoretischen Ausgangspunkten aufweisen. Diese Feststellung ließe sich jedoch auch wenden: Der Kompetenzbegriff und dessen Implikationen[3] als dispositionales,

---

[3] Dargestellt in Abschnitt 2, aber auch tiefregend in Pittich 3.1 dieses Sammelbandes.

subjektbezogenes und handlungsintendiertes Konstrukt ist gewissermaßen als übergeordnete Zielperspektive einer lernerzentrierten und anwendungsbezogenen Vermittlung technischer Zusammenhänge zu sehen, welche sich parallel zu fortlaufenden Reaktionen der hochschulischen Praxis etabliert hat. In diesem Kontext sind im technischen Lehren und Lernen vor, während und nach dem Bologna-Prozess sowie der Setzung des Kompetenzanspruches vielfältige 1) Methoden und Formate zur Vermittlung, Reflektion und Anwendung fachlicher Grundlagen und 2) Methoden und Formate zur praxisbezogenen Vermittlung und unmittelbaren Anwendung in realen Kontexten etabliert. Diese beiden zeigen sich, wenn auch (zumeist) nicht über den Kompetenzansatz begründet, zu diesem hochgradig konsistent, da hier der Aufbau von Wissen, aber auch dessen Anwendung adressiert wird. Quer zu diesen beiden Grundausrichtungen bzw. in den Formaten ist eine zunehmende Verbreitung und Nutzung digitaler Medien festzustellen, die in den vergangenen Jahren u. a. zur Aktivierung der Lernenden eingebracht wurden.

3.2.1 Lehrformate und Methoden zur Vermittlung, Reflektion und Anwendung fachlicher Grundlagen

Die Vermittlung theoretischer Grundlagen und disziplinären (Fach-) Wissens weist im hochschulischen Lehren und Lernen eine lange Tradition auf. In der ingenieurwissenschaftlichen Lehre findet dieser Schwerpunkt seit je her im Grundlagenbereich, dem früheren Grundstudium bzw. dem heutigen Bachelor breite Anwendung. Gerade in den frühen Semestern des Studiums liegt der Fokus auf der Vermittlung naturwissenschaftlicher und technischer Grundlagen in typischen Ingenieur-Themen, wie u. a. Mechanik, Thermodynamik, Statik und Mathematik bzw. Physik.

Als tradierte und prominenteste Form hochschulischer Lehre bzw. Wissensvermittlung hat sich das Format der Vorlesung in den vergangenen Jahrhunderten etabliert. In Vorlesungen steht die Darbietung (und Vermittlung) objektivistischer Fachwissensbestände im Vordergrund. Als zentrale didaktische Intentionen lassen sich entsprechend die Systematisierung, Relativierung und Vertiefung von komplexen (technischen) Themenstellungen identifizieren. Vorlesungen liegt zumeist ein eher kognitivistisch geprägtes Lehr-Lernverständnis zu Grunde (zusammengefasst dargestellt u. a. in Edelmann 2000), welches in der Praxis über instruktive bzw. vortragsbezogene Ansätze methodisch umgesetzt wird.

Nach Tenberg finden Vorträge dort Verwendung, wo „Individualisierungen nicht sinnvoll oder möglich sind, nur Einblicke oder ein Überblick bzgl. einer Thematik gegeben werden sollen, eine hohe Effektivität bzw. Effizienz in der Darstellung erforderlich ist, schwierige Terminologien vorliegen oder ein wichtiger Zusammenhang zwischen der vortragenden Person und den Inhalten besteht" (Tenberg 2011, S. 292). Die Lehrpersonen geben hierbei a) einen anhand der fachwissenschaftlichen Logik strukturierten Überblick über ein bestimmtes Themengebiet (bspw. Mechanik) (Breite) und b) einen Einblick in zentrale Zusammenhänge des Themas (Tiefe). In ingenieurwissenschaftlichen Vorlesungen lassen sich damit in erster Linie inhalts- oder erklärungsorientierte Vortragsformen feststellen (Tenberg 2011, S. 293). Während in erstgenannten in der verfügbaren Zeit möglichst viel Inhalt dargeboten werden soll und der Fokus auf einem systematischen Überblick (Breite) liegt, sollen im Rahmen eines erklärungsorientierten Vortrags besondere Beispiele oder Einzelfälle punktuell und bis in die Tiefe hinein dargestellt werden. Ein erklärungsorientierter Abschnitt einer Vorlesung unterscheidet sich nicht nur in seiner didaktischen Intention von einem inhaltsorientierten, sondern auch in dessen Stil. Der erklärungsorientierte Vortrag ist auf gedanklichen Nachvollzug ausgerichtet und lässt sich als analytisch beschreiben. Demgegenüber ist der inhaltsorientierte Anteil einer Vorlesung eher als zusammenfassend bzw. darstellend zu charakterisieren (Tenberg 2011). Ingenieurwissenschaftliche Vorlesungen weisen häufig einen inhaltsorientierten Schwerpunkt auf und werden über Übungs- bzw. Tutorium-Formate flankiert. Diese Flankierung ist – ausgehend von Lehrerfahrungen – aufgrund der vielfach diskutierten Nachteile von instruktiven bzw. lehrpersonentrierten Formaten und Methoden entstanden. Zentrales Argument ist dabei die Aktivierung der Lernenden, welche sich mitunter über das konstruktivistische Lernparadigma (u. a. Dubs 1995, 1997) sowie empirische Studien (u. a. der Psychologie und Pädagogik) stützt. An gleicher Stelle sei jedoch darauf hingewiesen, dass diese Aussagen zumeist aus angrenzenden Forschungskontexten (bspw. der allgemeinen und beruflichen Bildung oder der Psychologie) stammen und die (format- und disziplin-)spezifische Befundlage als sehr schmal einzuschätzen ist.

Vor dem Hintergrund der LernerInnen-Aktivierung und in der didaktisch-methodischen Grundlogik (von inhalts- und erklärungsorientierten Ansätzen) haben sich in den Ingenieurwissenschaften (und Naturwissenschaften) die sog. „Übungsformate" mit erklärungsorientierter Ausrichtung etabliert. In diesen werden die dargebotenen fachwissenschaftlichen Inhalte der Vorlesungen aufgegriffen und in einer vertieften tlw. punktuellen Auseinandersetzung nutzbar gemacht. Hierbei stehen die Anwendung (bspw. Berechnungen zur Auslegung mechanischer Systeme) und/oder Reflektion bzw. Verständnis (bspw. Veranschaulichung und Identifizierung von Kraftverläufen in mechanischen Systemen) der Themen im Fokus, wobei hierbei weniger vortragsbezogene, sondern häufig lernerzentrierte Formate und Methoden zu beobachten sind. Damit geht nicht nur eine Verschiebung des methodischen Vorgehens bzw. die Verwendung von Lehrmethoden einher, sondern eine klare Fokussierung auf das konstruktivistische Lernparadigma (u. a. Dubs 1995). Wie Überblicke in der hochschuldidaktischen Methodenliteratur (u. a. Macke et al. 2012), sowie die Programme hochschuldidaktischen Beratungs- und Weiterbildungsveranstaltungen (u. a. HDA an der TU Darmstadt) andeuten ist aktuell ein Fokus auf leneraktiven Grundkonzepten (wie bspw. flipped-classroom, Gruppenpuzzle etc. bilanziert u. a. in Macke et al. 2012) gelegt.

Als ein dazu ergänzendes Lehrformat, das im Sinne einer (weiteren) Reduzierung des Abstraktionsgrades und der Komplexität und einer Steigerung der Individualisierung zu verstehen ist, ist im Kontext hochschulischer Lehre das „Tutorium" zu sehen. In der Literatur wird das Tutorium z. B. als „eine Lehr-Lern-Form, die durch relativ kleine Gruppen eine Kultur des aktiven Austausches ermöglicht. Im herkömmlichen Sinne sind Tutorinnnen und Tutoren häufig Studierende aus höheren Semestern, die eine Lerngruppe beim Einüben und Vertiefen die in der Vorlesung und Übung erarbeiteten Lerninhalte unterstützen" (Bachmann 2014, S. 153). Tutorielle Lehre ist aktuell als verbreiterter Bereich hochschulischen Lernens festzustellen (bspw. in KIVA an der TU Darmstadt), für den zunehmend auch Formate und Ansätze der Qualifizierung von TutorInnen entwickelt werden (u. a. Kröpke 2015, Kröpke & Ladwig 2013, Zitzelsberger et. al, 2015).

In den vergangenen Jahren ist – quer zu diesen – tradierten Lehrformaten eine zunehmende Verbreitung digitaler Medien und digital-gestützter Lehrformate feststellbar (u. a. Issing & Klimsa 2009, Kerres 2013, Niegemann et al. 2008, Wachtler et al. 2016). Diese Verbreitung wird zumeist 1) über die Zukunftsaufgabe der Nutzung neuer Medien und 2) damit (implizit) verbunden auch der Aktivierung – im oben beschrieben Sinne – begründet. Für Punkt 2) sind die Hintergründe und didaktische Grundüberlegungen oben bereits skizziert worden. Hinsichtlich Punkt 1) sind jedoch grundlegend verschiedene Ansätze beobachtbar (Schneider & Mustafić 2015, S. 24): a) Integration von digitalen Medien in die vorab skizzierten Präsenzveranstaltungen zu „Blended-Learning"-Ansätzen (u. a. Häfele & Maier-Häfele 2015, S. 15, Mayer & Treichel 2004, S. 130 Seufert & Mayr 2002, S. 23) und b) Etablierung von Onlineangeboten, die Präsenzveranstaltungen (u. a. Schneider & Mustafić (2015) und tlw. dargestellt in Jungermann & Wannemacher (2015)) komplett ersetzen.

Das Konzept „Blended Learning" ist sehr unterschiedlich definiert, die Verwendung und der Einsatz ist entsprechend als inkonsistent festzustellen (Oliver & Trigwell, 2005). Grundsätzlich sind Blended-Learning Angebote, zu denen u. a. Plattformen wie Moodle mit Möglichkeiten zur Bereitstellung von Präsentationsfolien und Dokumenten, Audios und Video-Dateien aber auch der Einrichtung von Wikis, Diskussionsforen und Umfragen zu inhaltlichen oder organisatorischen Fragen durchzuführen und Nachrichten mit Studierenden, gehören, dort feststellbar, wo die Kombinationen von Präsenz- und Onlinelernen als effizient und erfolgsversprechend angesehen werden. Auf Basis praktischer Erfahrungen sowie ersten Befunden zur (eingeschränkten) Wirksamkeit von Lernprozessen, die ausschließlich online stattfinden, wird im Blended-Learning Ansatz „E-Learning" mehr als Ergänzung, denn als Ersatz für herkömmliche Lehr-/Lernkonzepte angesehen (Seufert & Mayr 2002, S. 23). Ausgehend von derartigen Feststellungen finden aktuell insbesondere Web 2.0 Anwendungen Berücksichtigung, in denen die Lernenden nicht nur Inhalte konsumieren, sondern auch produzieren und damit in enger Verbindung eines konstruktivistischen Lernkontextes stehen. Ein Beispiel, das andeutet wie Blended-Learning über die Nutzung von Moodle etc. hinaus gestaltet werden kann, ist das Wiki-Bauingenieurwesen an der TU Darmstadt (u. a. beschrieben in Merle & Lange 2014). Dort werden die Inhalte des Normalkonzepts (Lange et al. 2000) bzw. die Struktur der Inhalte als Kombination aus Wiki-Seiten und Wiki-Links erarbeitet, so dass „auf Basis der assoziativen Relationen (...) ein assoziatives Netz [entsteht], das sich, durch die freie Editierbarkeit und das freie Erzeugen von Hyperlinks, zeitabhängig verändert" (Merle & Lange 2014, S. 60). Eine ausführliche Darstellung des Konzepts und dessen Evaluation ist u. a. in Merle & Lange (2014) zu finden.

In Gegenüberstellung zu den Ansätzen, Formaten, Methoden und Medien des Blended-Learning, die als Flankierung von Präsensveranstaltungen eingesetzt werden, sind reine Onlinelehrangebote zu beobachten. Hierzu zählen u. a. Fernstudienangebote (z. B. FernUni Hagen), massive open online courses (MOOCs) (u. a. dargestellt in Jungermann & Wannemacher 2015), Lecture on Demand (LoD) (u. a. Lehner & Rippler 2000) sowie sämtliche Online-Lehrgänge (u. a. Kerres 2013). Aktuell wird im Kontext des hochschulischen Lehrens und Lernens insbesondere über die sog. Massive Open Online Courses (MOOCs) und deren Potenziale, Ausprägungen und Einsatzfelder diskutiert (Jungermann & Wannemacher, 2015). Die bisher geringe Verbreitung (Schneider & Mustafić 2015) von MOOCs deutet allerdings an, dass diese sich bisher nicht als ein „Lehr- und Lernarrangement und eine Innovation in der Hochschulbildung (…), die nicht nur gängige Formen der Hochschullehre, sondern das klassische Hochschulmodell an sich in Frage" (Jungermann & Wannemacher 2015, S. 1) stellt, etabliert haben.

Zusammenfassend ist an dieser Stelle festzustellen, dass digitale Medien und online-gestützte Lehrformate im „Rahmen einer Vorlesung keinen Selbstzweck darstellen, sondern nur dann effektiv sind, wenn sie gezielt als Mittel zur Anregung beabsichtigter Lernprozesse" (Schneider & Mustafić (2015) in Anlehnung an Mayer (2010)) Berücksichtigung finden. Dabei ist vielfach diskutiert (u. a. in Kerres 2013): Lehrende und auch Lernende sollten sehr genau abwägen, ob und inwieweit die „Funktionen" und postulierten Vorteile online-gestützter Lehrszenarien (z. B. individuelle Lerngeschwindigkeit, Möglichkeit der „Stop-Taste" etc.) nicht auch in Präsenz-und Blended-Learning-Veranstaltung eingebunden und damit gemeinsam mit den Stärken des Präsenzlernen (z. B. individuelle Rückfragen samt Erklärung etc.) nutzbar gemacht werden können.

3.2.2 Lehrformate und Methoden zur praxisbezogenen Vermittlung und unmittelbaren Anwendung in realen Kontexten

Praxisbezogene universitäre Lehrformate und Ansätze weisen in Teilsegmenten – hier sind erster Linie „Labore" in naturwissenschaftlich-technischen Studiengängen zu nennen – eine lange Tradition auf, haben sich jedoch in den vergangenen Jahren zunehmend auch in Form von projekt- und problembasierten Lehrformaten und sog. Lernfabriken an Fachhochschulen und Universitäten verbreitet. Nachfolgend soll ein bilanzierender Überblick dieser drei Formate erfolgen, welcher auch aufgrund der Konzeptvielfalt in der hochschulischen Praxis keinen Anspruch auf Vollständigkeit erhebt.

Labore in Ingenieurausbildung
Im Rahmen einer acatech-Studie haben Tekkaya et al. (2016) die Gestaltung und den Einsatz von Laboren in der Ingenieurausbildung analysiert. Ausgehend von der Feststellung, dass „Technische Labore im heutigen Sinne (..) seit etwa 120 Jahren als integraler Bestandteil fest zur Ingenieurausbildung" (Tekkaya et al. 2016, S. 17) gehören, wird auf die grundlegenden Arbeiten von Haug (1980) bzw. Bruchmüller & Haug (2001) verwiesen. An gleicher Stelle wird jedoch auch bilanziert, dass „Forschungs- und Entwicklungslabore zur wissenschaftlichen Produktion von Erkenntnis seit meh-

reren Jahrzehnten Gegenstand sozial- und kulturwissenschaftlicher Wissenschafts- und Technikforschung sind" (Tekkaya et al., 2016, S. 17), demgegenüber jedoch „das Labor als Ort der Vermittlung in den Ingenieurwissenschaften bislang überraschenderweise wenig untersucht" (Tekkaya et al. 2016, S. 17) ist. Damit wird von Tekkaya et al. ähnlich wie in Abschnitt 2 dieses Beitrags für die technische Hochschuldidaktik eine schmale Befundlage festgestellt. Diese Befundlage steht im Widerspruch einerseits zu den Potentialen, die Laboren im Allgemeinen beigemessen werden (bilanziert in Tekkaya et al. 2016) und andererseits zu der Verbreitung von Laboren und Maschinenhallen bzw. Maschinenhäusern an deutschen Hochschulen. Während Kuntjoro (2007) Laboren Potentiale im Aufbau eines konzeptionellen Verständnisses im Kontext von Leichtbaustrukturen in der Raumfahrt zuweist, argumentieren Fosheim et al. (2014), dass Labore gute Unterstützungsmöglichkeiten in der Übertragung theoretischer Konzepte auf reale Systeme bieten aber auch einen Abgleich zwischen realem Kontext und theoretischem Modell ermöglichen. Im Rahmen des vorliegenden Beitrags erscheinen insb. die Befunde und Aussagen[4] interessant, dass in Bachelor-Studiengängen die Entwicklungslabore gegenüber den grundlagenorientierten Lehr-/Lernlaboren unterrepräsentiert sind, sich dies in Masterstudiengängen ausgleicht (Tekkaya et al. 2016, S. 109). Diese Befunde decken sich mit übergreifenden Beobachtungen, die andeuten, dass Bachelorstudiengänge des Ingenieurwesens trotz des Kompetenzanspruchs auf eine (grundlagenorientierte) Wissensvermittlung ausgerichtet sind, während in Masterstudiengängen die Anwendungs- und Handlungskontexte – und damit auch der Kompetenzanspruch – häufig unmittelbarer erkennbar und leichter adressierbar sind. Als dominierendes didaktisches Szenario identifizieren Tekkaya et al. (2016, S. 109) die Aufgabenorientierung, demgegenüber fallen die Ansätze des problembasierten, projektorientierten und forschenden Lernens im Kontext des Labors deutlich ab. Dies erscheint erstaunlich, da gerade die Aspekte „Projekt- und Problemorientierung" sich aktuell in der technischen Hochschuldidaktik großer Beliebtheit erfreuen und vielfältige Anknüpfungspunkte zu weiteren Ansätzen aufweisen.

Projektorientierte und problembasierte Ansätze
Projektorientierte und problembasierte Formate haben sich in den letzten beiden Dekaden im Gesamtspektrum des technischen Lehrens und Lernens verbreitet und zunehmend etabliert. Beide Ansätze sind dem konstruktivistischen Lernparadigma zuzuordnen. Die projektorientierten Ansätze orientieren sich an der „Projektmethode" (u. a. Frey 1998, Bonz 1999 oder auch Schelten 2004), in dessen Zentrum die Bearbeitung eines Projektes steht und die insbesondere in der beruflichen Bildung schon seit langem Anwendung findet. Grundidee ist das Lernen in vollständigen Handlungen nach Hacker (1973, 1986) mit den Schritten Zielsetzung, Planung, Ausführung und Beurteilung. Dabei werden je nach Konzeption kognitive, psychomotorische und affektive Dimensionen adressiert (Bonz 1999, S. 234; Schelten, 2004). In Ergänzung dessen wird

---

[4] Für differenzierte Darstellungen u. a. zu den Labor-Typen bzw. den Bearbeitungsmodi, den adressierten Verstehensebenen und Lernzielkomponenten inkl. Kompetenzen wird an dieser Stelle auf Tekkaya et al. (2016) verwiesen.

davon ausgegangen, dass die Projektmethode die Selbständigkeit und die Handlungsfähigkeit der Lernenden fördert (Bonz 1999, S. 124).

Die Projektmethode ist dabei nicht nur als didaktisches Format zu verstehen, sondern wird mitunter als Leitidee für die Gestaltung ingenieurwissenschaftlicher Studiengänge genutzt. An der Hochschule Bonn-Rhein-Sieg wird bspw. in den Studiengängen des Maschinenbaus und der Elektrotechnik das sog. 4-1-4-1-4-1-Modell umgesetzt (Winzker 2012). Dabei werden die traditionellen 15 Wochen eines Semesters durch drei Projektwochen pro Semester aufgebrochen. Die Projektwochen finden jeweils im Wechsel mit vier Vorlesungswochen statt, flankieren diese und sollen den Studierenden Gelegenheit bieten, die Inhalte der Vorlesungen in kleinen Teams projektbezogen zu bearbeiten, zu reflektieren und anzuwenden. Die Projekte werden durch die Lehrenden betreut und begleitet.

Im Rahmen der Projektmethode werden häufig fachliche Problemstellungen bearbeitet, so dass die Projektmethode in enger Verbindung zu Problem-basierten Ansätzen (Problem-based Learning- Ansätzen; kurz: PBL) steht. Der Problem-based Learning Ansatz (Barrows 1996) findet seit ca. 15 Jahren im deutschsprachigen Raum Anwendung. Hierbei lassen sich PBL-Ansätze im engeren und im weiteren Sinne beobachten. PBL-Ansätze i. e. S. werden in der Literatur mitunter auch als „7-Sprungmethode" (u. a. Zumbach et al. 2007) beschrieben. Es handelt sich um ein in sich geschlossenes didaktisches Konzept, welches ausgehend von einem konkreten Fall eine Erarbeitung in Kleingruppen intendiert.

Die Grundidee der Problembearbeitung und damit auch des Problem-basierten Lernens wird in den Ansätzen der „Anchored Instruction" (z. B. Bransford et al. 1990) sowie der „Cognitive Apprenticeship" (z. B. Collins, Brown & Newman 1989) aufgegriffen. In beiden wird ausgehend von einer Problemstellung deren Lösung bzw. die dazugehörigen Lernprozesse initiiert, so dass sich diese als PBL-Ansätze i. w. S. bezeichnen lassen. Während die Methode „Anchored Instruction" darauf abzielt „träges Wissen zu überwinden, indem bedeutungshaltige Lernumgebungen geschaffen werden, in denen Probleme zu lösen sind" (Straka 2009, S. 19) versucht der „Cognitive Apprenticeship" das Mentorenprinzip aus dem berufspraktischen Lernen auf kognitive, erkenntnisorientierte Lernprozesse zu übertragen (Tenberg 2011).

In den vergangenen Jahren sind projektorientierte und problembasierte Ansätze Gegenstand empirischer Studien gewesen. Die diesbezüglichen Befunde deuten an, dass sich die positiven Effekte insbesondere bei der Beobachtungs- und Analysefähigkeit, mündlichen Ausdrucksfähigkeit, Zufriedenheit am Berufsstart (Strobel & Van Barneveld 2009) einstellen, dass durch PBL-Lernumgebungen eine Steigerung der Kooperations-, Kommunikations- und Methodenkompetenz sowie höhere Zufriedenheiten als bei Studierende in traditionellen Veranstaltungen (Eder, Roters, Scholkmann & Valk-Draad 2011) festzustellen sind. Auffällig ist dabei, dass sich die positiven Effekte ausschließlich auf überfachliche Kompetenzen bzw. „soft skills" beziehen. Im Hinblick auf fachliche Berufskompetenzen konnte eine Vielzahl an Studien sogar einen schlechteren Fachwissenserwerb feststellen (u. a. Newman 2003 in Ausschnitten auch Müller & Eberle 2009).

Lernfabriken
Als ein besonderes Format haben sich im technischen Lehren und Lernen in den vergangenen Jahren Lernfabriken zur integrativen Vermittlung von Denken und Tun bzw. zur Verbindung von Theorie und Praxis an deutschen Hochschulen entwickelt. Im Bereich ingenieurwissenschaftlicher Ausbildung sind sie bezüglich der Adressierung des Kompetenzanspruches nicht nur der konsequenteste, sondern auch ein mittlerweile weit verbreiteter Ansatz (u. a. Plorin 2016). Lernfabriken haben ihren Ursprung in der angloamerikanischen Ingenieurausbildung der 1990er Jahre (Lamancusa et al. 1997, S. 105). Zentrales Anliegen war dabei die vorwiegend „theorielastigen" Lehrformate (siehe vorheriger Abschnitt dieses Kapitels) mit praktischen Umsetzungs- und Anwendungsphasen zu unterstützen bzw. anzureichern. Die Lernenden sollten die zuvor in der Theorie behandelten Themengebiete in realitätsnahen Kontexten und konkreten Handlungssituationen wiederfinden (Lamancusa et al. 2008, S. 5). Seit den späten 2000er-Jahren wurden diese Lernszenarien dann in Form von Lernfabriken auch an europäischen Hochschulen in der Lehre eingesetzt. Zum Konzept der Lernfabriken existieren bis heute verschiedene Definitionen (siehe hierzu: Barton & Delbridge 2001, Pullin, 2009, Roth et al. 1994, Siqueira, Barbarán & Becerra 2008, Tian 2011 sowie Plorin 2016). Als übergreifender und analytisch abgestützter Definitionsrahmen zeigt sich in diesem Kontext: „Die Lernfabrik bietet die Möglichkeit einer realitätsnahen Repräsentation von Fabrik-(teil)-systemen mit den notwendigen Produkten, Prozessen und Ressourcen in einer erlebnisorientierten sowie partizipativen digital-realen Lernumgebung. Diese ermöglicht dem Individuum sich reflexiv und selbstbildnerisch in einem konstruierten Problemlösungsprozess interaktiv mit dem bestehenden Wissen, der Erfahrung sowie Motivation zu interagieren, um Handlungskompetenzsteigerung im eigenen Arbeitsumfeld durch die Anwendung des Erlernten zu ermöglichen. Sie stellt die Voraussetzungen in Bezug zu Industrie, Forschung und Lehre, um interdisziplinäre und mehrdimensional-transitive Lernsituationen in den Trend geleiteten Handlungsfeldern anwendungsfallorientiert nachzubilden" (Plorin 2016, S. 63).

Lernfabriken können in der hochschulischen Lehre einen funktionalen Rahmen für die Inszenierung situierten Lernens (Ehrenmann 2015, S. 231) bieten, in dessen Zentrum häufig ein handlungsorientiertes (Gerstenmaier & Mandl, 2001 S. 464) wie auch problem-basiertes (Boud & Feletti 1997, S. 15) technisches Lernen steht. Damit einhergehend wird die Idee der Lernerzentrierung (siehe vorheriger Abschnitt dieses Kapitels) durch eine kontext- und handlungsnahe Grundorientierung (Cachay & Abele 2012, S. 639) fokussiert. In einer Vielzahl hochschulischer Lernfabriken werden diese am konstruktivistischen Lernparadigma ausgerichteten didaktischen Grundüberlegungen derzeit – teils implizit, teils explizit – zur Gestaltung der Lern- und Prüfungsszenarien aufgegriffen und umgesetzt (hierzu: Tisch, 2016, S. 21, Plorin, 2016 S. 20 ff., Wagner et al. 2015, S. 119, Abele et al. 2015, S. 68, Micheu & Kleindienst 2014, S. 404). Zentrale Themen beziehen sich dabei auf den Kernbereich des Industrial Engineering – also die Prozessoptimierung im Sinne der Ressourceneffizienz, Lean- sowie Qualitätsmanagement. Weitere Themenschwerpunkte entwickeln sich aktuell im Kontext der fortschreitenden Digitalisierung in der Industrie (Meier et al. 2015, S. 224). Zentrale

Intentionen universitärer Lernfabriken sind eine verstärkte Akzentuierung von Erleben und Handeln, die Schaffung erster Handlungserfahrungen in Schonräumen sowie die Überwindung von Handlungshemmungen in komplexen Produktionen. So entstanden primär habituell ausgerichtete Lernszenarien, in denen gegenüber einem realen Produktionsprozess Interventionen und Anpassungen risikofrei und ohne Kostendruck vorgenommen werden und für das Lernen genutzt werden können (Cachay & Abele 2012, S. 641). Für weiterführende Darstellungen sei an dieser Stelle zu Referenzmodellen für Lernfabriken auf Plorin (2016), zur Analyse aktueller (Studien-) Module auf Lensing (2016) und für die didaktischen Potentiale von Lernfabriken auf Pittich et al. (2017; in Druck) verwiesen.

4 Zusammenfassung, Ausblick und Desiderata

Die Darstellungen dieses Beitrags haben angedeutet, dass 1) sich der aktuelle hochschuldidaktische Diskurs vorwiegend auf Arbeiten und Überlegungen zum Einsatz unterschiedlicher Formate, Methoden und digitalen Medien fokussiert und 2) ein klarer Forschungsstand zu Themen einer technischen Hochschuldidaktik aktuell kaum darstellbar ist. Konkret bilanziert werden konnten Formate und Methoden, die weitegehend darauf ausgerichtet sind in den tradierten und etablierten hochschulischen Lehrformaten eine verstärkte Aktivierung der Studierenden zu erreichen. Hier sind einerseits Konzepte feststellbar, die einem konstruktivistischen Lernparadigma folgen, andererseits Ansätze zur Einbindung digitaler Medien. Hinzu kommen Praxis-Ansätze wie Laborübungen, Lernfabriken und Projekte verschiedenster Ausstattung. Die Tatsache, dass hier weder konzeptionell noch didaktisch ein innovativer Stand und damit korrespondierende Entwicklungen feststellbar sind, kann zusammenfassend auf vier Zusammenhänge zurückgeführt werden:

1) Wie in Abschnitt 3.1 skizziert, mangelt es zum einen an strukturierten Programmen zur Erforschung hochschulischer Kompetenzen sowie den damit einhergehenden didaktischen Implikationen und zum anderen an Ansätzen und Konzepten, die theoriehinterlegt und empirisch abstützt den Forschungsstand aus psychologischen und pädagogischen Teilsegmenten sowie der Hochschulforschung aufgreifen und im Sinne einer fachbezogenen aber auch fächerübergreifenden Hochschuldidaktik weiterführen (u. a. Jahnke & Wildt 2011a, Wildt 2011, 2013).

2) Ein Blick in die deutsche Hochschullandschaft deutet an, dass zum aktuellen Stand kaum Lehrstühle oder Professuren feststellbar sind, die eine explizite hochschuldidaktische Ausrichtung aufweisen. Wenngleich es diesbezügliche Professuren im 20. Jahrhundert gab (u. a. an der TU Dortmund) wurden diese mitunter nicht mehr besetzt, über ihre Denominationen eher in Richtung der Hochschulentwicklung und -forschung profiliert oder auf die Lehrevaluation ausgerichtet (u. a. an der Justus-Liebig-Universität Gießen). Ohne eine gewisse Anzahl adäquat ausgestatteter Professuren kann nicht erwartet werden, dass sich hochwertige Forschung auf internationalem Stand etabliert.

3) Die eher programmatischen Arbeiten von Wildt (u. a. 2011 oder 2013) oder auch Dubs (2009) deuten an, dass sich die (technische) Hochschuldidaktik seit vielen Jahrzehnten mit den ähnlichen offenen Fragen (wie bspw. deren grundlegenden Ausrichtung und Bedeutsamkeit) beschäftigt. Der in den vergangenen Jahren feststellbare Trend einer Verschiebung hinzu zu „Forschungsuniversitäten" und der damit einhergehenden Drittmittelforschung hat das Thema nochmals verschärft, und „entgegen allen Lippenbekenntnissen verliert die Lehrbefähigung in Wahlgeschäften an Bedeutung (Dubs 2009, S. 12). Um der Grundidee der Einheit von „Forschung und Lehre" weiterhin gerecht werden zu können, erscheint eine explizite hochschuldidaktische Professionalisierung notwendig, denn: „Wer nicht forscht, kann nicht wissenschaftlich innovativ unterrichten, und wer nicht lehrt, verliert den Bezug zu den Gegebenheiten bei den Studierenden und zum wissenschaftlichen Nachwuchs" (Dubs 2009, S. 13). Um diesem Anspruch Rechnung zu tragen, ist dringend eine gestaltungsorientierte Erforschung der Hochschullehre erforderlich, welche über den aktuellen Aktionismus hochschulmethodischer Modewellen hinausgeht.

4) Ein Grundproblem der Hochschuldidaktik ist deren einerseits unscharfes, andererseits schwer eingrenzbares Bildungsverständnis. Im hochschulischen Bildungsraum gehören bildungstheoretische Arbeiten und Konzepte der Vergangenheit an, denn sie entstanden im sog. hochschulpädagogischen Kontext, welcher geprägt war von den normativen Bezugspunkten des frühen 20. Jahrhunderts und den politischen Programmen und Effekten der Nachkriegszeit in Deutschland. Dass sich diese Ideen einer politisch ausgerichteten Forschung und Lehre nicht etablieren konnten, hängt zum einen mit der damals anhaltenden Demokratisierung unserer Gesellschaft und unserer Hochschulen zusammen, zum anderen mit dem seit dieser Zeit anhaltendem und immer noch zunehmenden Wettbewerb im internationalen Hochschulraum, welcher für uns insbesondere durch die „Europäisierung" im sog. Bologna-Prozess akzentuiert wurde. Trotz der damit einhergehenden Konkretisierung und Formalisierung hochschulischer Curricula, Lehrstrukturen und Bewertungsmaßstäbe fehlt aber bislang dahinter ein tragfähiges Konzept, in welchem sich alle Disziplinen, Studienrichtungen und -ansprüche wiederfinden können. Eine Definition, was hochschulische Bildung ist, bleibt damit aus, bzw. verliert sich in den vielen hochschulischen Lehrpraxen, die sich damit arrangiert haben, nebeneinander zu existieren.

Um zukünftig das technische Lernen an unseren Hochschulen und Universitäten zu verbessern, müsste man in diesen vier Problemfeldern weiterkommen, ansonsten bleibt hier absehbar alles beim Alten, also innovative Forschung – traditionelle Lehre.

Literatur

Abele, E., Metternich, J., Tenberg, R., Tisch, M., Abel, M., Hertle, C., Eißler, S., Enke, J. & Faatz, L. (2015). Innovative Lernmodule und -fabriken – Validierung und Weiterentwicklung einer neuartigen Wissensplattform für die Produktionsexzellenz von morgen Innovationspotenzial von Lernfabriken (Idefix), Darmstadt.

Bachmann, H. (2014). Kompetenzorientierte Hochschullehre die Notwendigkeit von Kohärenz zwischen Lernzielen, Prüfungsformen und Lehr-Lern-Methoden; eine Publikation des ZHE. (2., überarb. und erw. Aufl.). Bern.

BAK, Bundesassistentenkonferenz (1970). Forschendes Lernen – Wissenschaftliches Prüfen. Bd. 5. Schriften der Bundesassistentenkonferenz. Bonn. 86–88.

Barr, R. B. & Tagg, J. (1995). From Teaching to Learning – A New Paradigm for Undergraduate Education. In: Change (27), 13–25.

Barrows, H. S. (1996). Problem-based learning in medicine and beyond: A brief overview. New directions for teaching and learning (68). 3–12.

Barton, H. & Delbridge, R. (2001). Development in the learning factory: training human capital, Journal of European Industrial Training, Vol. 25 Issue: 9, 465–472.

Berendt, B. (1998). How to Support and Bring About the Shift from Teaching to Learning through Academic Staff Development Programms – Examples and Perspektives. In: UNESCO-CEPES (Hg.), Higher Education in Europe. Vol. XXIII: Bucharest, 56–59.

Berendt, B. (2001). From Teaching to Active Learning in Higher Education – A Researchoriented Concept for Staff Development Workshops. In: Sultanate of Oman, Ministry of Higher Education, UNESCO (Hg.), The University oft the 21st Century. Muscat: Oman, 415–434.

Berendt, B. (2005). The Shift from Teaching to Learning – mehr als eine Redewendung: Relevanz – Forschungshintergrund – Umsetzung. In: U. Welbers, O. Gaus (Hg.). The Shift from Teaching to Learning. Konstruktionsbedingungen eines Ideals. Reihe Blickpunkt Hochschuldidaktik (116). Bielefeld, 35–41.

Berendt, B., Voss, H.-P. & Wildt, J. (2002). Neues Handbuch Hochschullehre, Loseblattsammlung. Berlin.

Biggs, J. & Tang, C. (2011). Teaching for quality learning at university. What the student does. Maidenhead: McGraw-Hill.

Blömeke, S., & Zlatkin-Troitschanskaia, O. (2015). Kompetenzen von Studierenden.

Blömeke, S., Zlatkin-Troitschanskaia, O., Kuhn, C., & Fege, J. (2013). Modeling and measuring competencies in higher education tasks and challenges.

BMBF (2010). Bekanntmachung des Bundesministeriums für Bildung und Forschung von Richtlinien zur Förderung von Forschungsvorhaben zum Themenfeld „Kompetenzmodellierung und Kompetenzerfassung im Hochschulsektor".

Bonz, B. (1999). Methoden der Berufsbildung. Ein Lehrbuch. Stuttgart: Hirzel.

Boud D. & Feletti, G.-I. (1997). The Challenge of Problem-based learning, London.

Bransford, J. D., Sherwood, R. D., Hasselbring, T. S., Kinzer, C. K., & Williams, S. M. (1990). Anchored instruction: Why we need it and how technology can help. Cognition, education, and multimedia: Exploring ideas in high technology. 115–141.

Brown, G. & Atkins, M (1993). Effective Teaching in Higher Education. Routledge: London.

Bruchmüller, H.-G., & Haug, A. (2001). Labordidaktik für Hochschulen eine Hinführung zum praxisorientierten Projekt-Labor.

Cachay, J. & Abele, E. (2012). Developing Competencies for Continuous Improvement Processes on the Shop Floor through Learning Factories: conceptual design and empirical validation. In: CIRP (Ed.), Proceedings of the 45th. CIRP CMS, 726–733.

Chomsky, N. (1965). Aspects of the theory of syntax. Cambridge, Mass: M. I. T. Press.

Collins, A., Brown, J. S., & Newman, S. (1989). Cognitive apprenticeship: Teaching the crafts of reading, writing, and mathematics. In: L. B. Resnick (Hg.), Knowing, learning, and instruction: Essays in honor of Robert Glaser (453–494). Hillsdale NJ: Erlbaum.

Dubs, R. (1995). Konstruktivismus: Einige Überlegungen aus der Sicht der Unterrichtsgestaltung. Zeitschrift für Pädagogik, 41 (6). 889–903.

Dubs, R. (1997). Der Konstruktivismus im Unterricht. Schweizer Schule (6). 26–36.

Dubs, R. (2009). Hochschuldidaktik. Ein programmatischer Beitrag aufgrund langer Erfahrung. Beiträge zur Lehrerbildung, 27 (1). 12–25.

Edelmann, W. (2000). Lernpsychologie. (6., vollst. überarb. Aufl. Aufl.). Weinheim: Beltz.

Eder, F., Roters, B., Scholkmann, A., & Valk-Draad, M. P. (2011). Wirksamkeit problembasierten Lernens als hochschuldidaktische Methode.

Ehrenmann, F. (2015): Kosten- und zeiteffizienter Wandel von Produktions-systemen – Ein Ansatz für ein ausgewogenes Change-Management von Produktions-netzwerken, Wiesbaden.

Erpenbeck, J., & Rosenstiel, L. (2007a). Einführung. In: J. Erpenbeck & L. Rosenstiel (Hg.), Handbuch Kompetenzmessung (2 Aufl., XVII–XLVI). Stuttgart: Schäffer-Poeschel.

Erpenbeck, J., & Rosenstiel, L. (Hg.). (2003). Handbuch Kompetenzmessung: Erkennen, verstehen und bewerten von Kompetenzen in der betrieblichen, pädagogischen und psychologischen Praxis. Stuttgart: Schäffer-Poeschel.

Erpenbeck, J., & Rosenstiel, L. (Hg.). (2007b). Handbuch Kompetenzmessung: Erkennen, verstehen und bewerten von Kompetenzen in der betrieblichen, pädagogischen und psychologischen Praxis (2 Aufl.). Stuttgart: Schäffer-Poeschel.

Fosheim, J., Gagne, A., Johnson, P., & Thomas, B. (2014). Enhancing the undergraduate educational experience: development of a micro-gas turbine laboratory. International Journal of Mechanical Engineering Education, 42 (3). 267–278.

Frey, K. (1998). Die Projektmethode. (8. überarb. u. erw. Aufl.). Weinheim: Beltz.

Gerstenmaier, J. & Mandl, H. (2001). Methodologie und Empirie zum Situierten. Lernen (Forschungsbericht Nr. 137). München: Ludwig-Maximilians-Universität.

Hacker, W. (1973). Allgemeine Arbeits- und Ingenieurpsychologie: Psychische Struktur und Regulation von Arbeitstätigkeiten. Berlin: Dt. Verl. der Wiss.

Hacker, W. (1986). Arbeitspsychologie: Psychische Regulation von Arbeitstätigkeiten Winfried Hacker. Bern [u. a.]: Huber.

Häfele, H., & Maier-Häfele, K. (2015). 101 e-Learning Seminarmethoden: Methoden und Strategien für die Online- und Blended-Learning-Seminarpraxis. ManagerSeminare-Verlag.

Haug, A. (1980). Labordidaktik in der Ingenieurausbildung.

Heiner, M., Baumert, B., Dany, S., Haertel, T., Quellmelz & M., Terkowsky, C. (Hg.) (2016). Was ist gute Lehre? Perspektiven der Hochschuldidaktik. Reihe Blickpunkt Hochschuldidaktik (129). Bielefeld.

Huber, B. (2009). Warum Forschendes Lernen nötig und möglich ist. In: L. Huber, J. Hellmer, F. Schneider (Hg.). Forschendes Lernen im Studium. Aktuelle Konzepte und Erfahrungen. Bielefeld. 9–35.

Issing, L. J., & Klimsa, P. (2009). Online-lernen. Handbuch für Wissenschaft und Praxis, 2.

Jahnke, I., & Wildt, J. (2011a). Fachbezogene und fachübergreifende Hochschuldidaktik. Bielefeld: W. Bertelsmann Verl.

Jahnke, I., & Wildt, J. (2011b). Hochschuldidaktische Hochschulforschung – fachbezogen und fachübergreifend ?! In: I. Jahnke & J. Wildt (Hg.), Fachbezogene und fachübergreifende Hochschuldidaktik (9–18). Bielefeld: W. Bertelsmann Verl.

Jungermann, I., & Wannemacher, K. (2015). Innovationen in der Hochschulbildung. Massive Open Online Courses an den deutschen Hochschulen. Hannover.

Kaiser, W. (2006). Ingenieure in der Bundesrepublik Deutschland. In: W. Kaiser & W. König (Hg.), Geschichte des Ingenieurs : ein Beruf in sechs Jahrtausenden (233–268). München u. a.: Hanser Verlag.

Kaiser, W., & König, W. (2006a). Einleitung. In: W. Kaiser & W. König (Hg.), Geschichte des Ingenieurs : ein Beruf in sechs Jahrtausenden (1–4). München u. a.: Hanser Verlag.

Kaiser, W., & König, W. (Hg.). (2006b). Geschichte des Ingenieurs : ein Beruf in sechs Jahrtausenden. München u. a.: Hanser Verlag.

Kerres, M. (2013). Mediendidaktik. Konzeption und Entwicklung mediengestützter Lernangebote. München: Oldenbourg.

Klieme, E., & Hartig, J. (2007). Kompetenzkonzepte in den Sozialwissenschaften und im erziehungswissenschaftlichen Diskurs Kompetenzdiagnostik (11–29). Wiesbaden: VS Verl. für Sozialwissenschaften.

Kröpke, H. (2015). Tutoren erfolgreich im Einsatz: Ein praxisorientierter Leitfaden für Tutoren und Tutorentrainer. UTB.

Kröpke, H., & Ladwig, A. (2013). Tutorienarbeit im Diskurs: Qualifizierung für die Zukunft. (Vol. 12): LIT Verlag Münster.

Kuntjoro, W. (2007). Development of a lightweight box structure for static structural experiments. International Journal of Mechanical Engineering Education, 35 (4). 324–335.

Lamancusa, J. S., Jorgensen, J. E. & Zayas-Castro, J. L. (1997). The Learning Factory – A New Approach to lntegrating Design and Manufacturing into the Engineering Curriculum, in: Journal of Engineering Education, Jhrg.: 86, Nr. 2, 103–112, Washington DC.

Lamancusa, J. S., Zayas, J. L., Soyster, A. L., Morell, L. & Jorgensen, J. (2008). The Learning Factory: lndustry-Partnered Active Learning, in: Journal of Engineering Education, Jhrg.: 97, Nr. 1, 5–11, Washington DC.

Lange, J., Friemann, H., Pickel, C., Deneke, M. & Schmitz, B. (2000). Evaluation von aktivierenden Lehrformen in Vorlesungen zum Stahlbau. Thema Forschung 2. 70–77.

Lehner, F., & Rippler, C. (2000). Lecture-on-Demand. Entwurf und Entwicklung eines Web-basierten LoD-Systems. Forschungsbericht Nr. 45. Schriftenreihe des Lehrstuhls für Wirtschaftsinformatik III, Universität Regensburg.

Lensing, K. (2016). Entwicklung eines kompetenzorientierten Lehr-Lernszenarios zur Digitalen Fabrik, Unveröffentlichte Masterarbeit.

Macke, G., Hanke, U., & Viehmann, P. (2012). Hochschuldidaktik: Lehren – vortragen – prüfen – beraten. Weinheim und Basel: Beltz.

Meier, H., Kuhlenkötter, B., Kreimeier, D., Freith, S., Krückhans, B., Morlock, F. & Prinz, C. (2015). Lernfabrik zur praxisorientierten Wissensvermittlung für eine moderne Arbeitswelt. In: Meier, H. (Hg.): Lehren und Lernen für eine moderne Arbeitswelt, Schriftenreihe der Hochschulgruppe für Arbeits- und Betriebsorganisation e. V. (HAB), 211–231, Berlin.

Mayer, H. O., & Treichel, D. (2004). Handlungsorientiertes Lernen und eLearning Grundlagen und Praxisbeispiele. München, Wien: Oldenbourg.

Mayer, R. E. (2010). Learning with technology. In: H. Dumont, D. Istance & F. Benavides (Hg.), The Nature of Learning: Using Research to Inspire Practice (179–198). Paris: OECD Publishing.

Merle, H., & Lange, J. (2014). Ein konstruktivistisches Lehr-Lern-Konzept mit der Unterstützung von Computern im Stahlbau. Journal of Technical Education (JOTED), 2 (1). 54–79.

Micheu H.-J. & Kleindienst, M. (2014). Lernfabrik zur praxisorientierten Wissensvermittlung – Moderne Ausbildung im Bereich Maschinenbau und Wirtschaftswissenschaften, in: ZWF – Zeitschrift für wirtschaftlichen Fabrikbetrieb, Jhrg.: 109, Nr. 6, S. 403–407, München.

Mieg, H. A. & Lehmann, J. (2017): Forschendes Lernen: Wie die Lehre in Universität und Fachhochschule erneuert werden kann. Frankfurt.

Müller, C., & Eberle, F. (2009). Implementation von Problem-based Learning. Eine Evaluatiosstudie in einem nichtprivilegierten Kontext. Zeitschrift für Berufs- und Wirtschaftspädagogik, 105 (1). 53–69.

Newman, M. (2003). A Pilot Systematic Review and Meta-Analysis on the Effectiveness of Problem Based Learning.

Niegemann, H. M., Domagk, S., Hessel, S., Hein, A., Hupfer, M., & Zobel, A. (2008). Kompendium multimediales Lernen. Springer-Verlag.

Oliver, M., & Trigwell, K. (2005). Can 'blended learning' be redeemed? E-learning and Digital Media, 2 (1). 17–26.

Pittich, D., Tenberg, R., &Lensing, K. (2017). Learning Factories for complex competence acquisition. (Re)Thinking Higher Engineering Education. Special Issue of European Journal of Engineering Education. (In Druck).

Plorin, D. (2016): Gestaltung und Evaluation eines Referenzmodelles zur Realisierung von Lernfabriken im Objektbereich der Fabrikplanung und des Fabrikbetriebes, Dissertation, in: Wissenschaftliche Schriftreihen des Institutes für Betriebswissenschaften und Fabriksysteme, Heft 120, Chemnitz.

Pullin, J. (2009): The learning factory. Professional Engineering, 22 (11), 31–32.

Rhein, R. (2011). Kompetenzorientierung im Studium?! Fachbezogene und fachübergreifende Hochschuldidaktik (215–226). Bielefeld: W. Bertelsmann Verl.

Rost, J. (2004). Lehrbuch Testtheorie – Testkonstruktion. Bern [u. a.]: Huber.

Roth, A. V., Marucheck, A. S., Kemp, A. & Trimble, D. (1994): The knowledge factory for accelerated learning practices, Strategy & Leadership, Vol. 22 No. 3, 26–46.

Schelten, A. (2004). Einführung in die Berufspädagogik. (3 Aufl.). Stuttgart: Steiner.

Schneider, M., & Mustafić, M. (2015). Gute Hochschullehre: Eine evidenzbasierte Orientierungshilfe Wie man Vorlesungen, Seminare und Projekte effektiv gestaltet (XV, 193).

Schneider, R. & Wildt, J. (2009). Forschendes Lernen und Kompetenzentwicklung. In: L. Huber, J. Hellmer, F. Schneider (Hg.). Forschendes Lernen im Studium. Aktuelle Konzepte und Erfahrungen. Bielefeld. 53–69.

Siqueira, F. L., Barbarán, G. M. C. & Becerra, J. L. R. (2008): A Software Factory for Education in Software Engineering. In: L. Williams (Ed.), Conference on Software Engineering Education and Training (CSEE&T), 215–222. Charleston, S. Carolina: IEEE.

Scholkmann, A. (2016). Studentischer Kompetenzerwerb durch Problembasiertes Lernen. Reflexion von Evaluationsergebnissen im Spiegel existierender Vergleichsdaten. In: Zeitschrift für Evaluation (H. 1), 60–82.

Seufert, S., & Mayr, P. (2002). Fachlexikon e-learning. Wegweiser durch das e-Vokabular, Bonn.

Straka, G. A. (2009). Lern-lehr-theoretische Grundlagen der beruflichen Bildung. In: B. Bonz (Hg.), Didaktik und Methodik der Berufsbildung. (6–32). Baltmannsweiler.

Straka, G. A., & Macke, G. (2008). Handlungskompetenz – und wo bleibt die Sachstruktur? Zeitschrift für Berufs- und Wirtschaftspädagogik, 104 (4). 590–600.

Straka, G. A., & Macke, G. (2010). Kompetenz – nur eine „kontextspezifische kognitive Leistungsdisposition"? Anmerkungen zum Kompetenzkonzept des Schwerpunktprogramms „Kompetenzmodelle zur Erfassung individueller Lernergebnisse und zur Bilanzierung von Bildungsprozessen" der Deutschen Forschungsgemeinschaft. Zeitschrift für Berufs- und Wirtschaftspädagogik, 106 (3). 444–451.

Strobel, J., & Van Barneveld, A. (2009). When is PBL more effective? A meta-synthesis of meta-analyses comparing PBL to conventional classrooms. Interdisciplinary Journal of Problem-based Learning, 3 (1). 4.

Tekkaya, A. E., Terkowsky, C., Radtke, M., Wilkesmann, U., Pleul, C., & Maevus, F. (2016). Das Labor in der ingenieurwissenschaftlichen Ausbildung: Zukunftsorientierte Ansätze aus dem Projekt IngLab. Herbert Utz Verlag.

Tenberg, R. (2011). Vermittlung fachlicher und überfachlicher Kompetenzen in technischen Berufen: Theorie und Praxis der Technikdidaktik. Stuttgart: Steiner.

Tenberg, R. (2014). Kompetenzorientiert studieren – didaktische Hochschulreform oder Bologna-Rhetorik? Journal of Technical Education (JOTED), 2 (1). 1–30.

Tenberg, R. (2015). Vermittlung interdisziplinärer Kompetenzen an deutschen Hochschulen: Herausforderung oder Anmaßung? In: H. Frehe, M. Abdelhamid, L. Klare & G. Terizakis (Hg.), Interdisziplinäre Vernetzung in der Lehre : Vielfalt, Kompetenzen, Organisationsentwicklung (45–58). Tübingen: Narr.

Tian, J. (2011): An Emerging Experience Factory to Support High-Quality Applications Based on Software Components and Services (Invited Paper). Journal of Software, 6(2).

Tisch, M. (2016): Kompetenzorientierte Gestaltung von Lernfabriksystemen und -trainings für die schlanke Produktion, Regionalkonferenz Mittelstand 4.0, 28.07.16, Darmstadt, online: http://www.mittelstand-digital.de/MD/Redaktion/DE/PDF/1-regionalkonferenz-vortrag-4,property=pdf,bereich=md,sprache=de,rwb=true.pdf,: 29.02.2017.

Wachtler, J., Ebner, M., Gröblinger, O., Kopp, M., Bratengeyer, E., Steinbacher, H.-P., Kapper, C. (2016). Digitale Medien: Zusammenarbeit in der Bildung.

Welbers, U. & Gaus, O. (Hg.) (2005). The Shift from Teaching to Learning. Konstruktionsbedingungen eines Ideals. Reihe Blickpunkt Hochschuldidaktik (116). Bielefeld.

Wildt, J. (2004). „The Shift from Teaching to Learning" – Thesen zum Wandel der Lernkultur in modularisierten Studienstrukturen. In: H. Ehlert, U. Welbers (Hg.), Qualitätssicherung und Studienreform. Strategie- und Programmentwicklung für Fachbereiche und Hochschulen im Rahmen von Zielvereinbarungen am Beispiel der Heinrich-Heine-Universität Düsseldorf. Düsseldorf, 168–178.

Wildt, J. (2011). Ein Blick zurück – Fachübergreifende und/oder fachbezogene Hochschuldidaktik. (K)eine Alternative? Fachbezogene und fachübergreifende Hochschuldidaktik (19–34). Bielefeld: W. Bertelsmann Verl.

Wildt, J. (2013). Entwicklung und Potentiale der Hochschuldidaktik. In: M. Heiner & J. Wildt (Hg.), Professionalisierung der Lehre – Perspektiven formeller und informeller Entwicklung von Lehrkompetenz im Kontext der Hochschulbildung (27–58). Bielefeld: wbv.

Wildt, B. & Wildt, J. (2011). Lernprozessintegriertes Prüfen im „Constructive Alignment" – Auf dem Wege zur Entwicklung der Qualität von Lehre und Studium. In: B. von Berendt, H.-P. Voss, J. Wildt (Hg.): Neues Handbuch Hochschullehre. Berlin.

Winzker, M. (2012). Semester structure with time slots for self-learning and project-based learning. Paper presented at the Global Engineering Education Conference (EDUCON).

Zitzelsberger, O., Kühner- Stier, B., Meuer, J., Rößling, G., & Trebing, T. (Hg.). (2015). Neue Wege in der tutoriellen Lehre in der Studieneingangsphase Münster: WTM- Verlag.

Zlatkin-Troitschanskaia, O., Pant, H. A., Lautenbach, C., Molerov, D., Toepper, M., & Brückner, S. (2017). Modeling and measuring competencies in higher education approaches to challenges in higher education policy and practice.

Zumbach, J. R., Weber, A. & Olsowski, G. (2007). Problembasiertes Lernen Konzepte, Werkzeuge und Fallbeispiele aus dem deutschsprachigen Raum. (1. Aufl.).

6.
Internationale Perspektive

6.1 International perspectives on technology education pedagogy

Marc J. de Vries (Technische Universität Delft)

Abstract

2017 is the year of publication of the International Handbook of Technology Education in the prestigious education Handbook series by Springer. That Handbook offers an up-to-date perspective on the themes that have emerged in technology education pedagogy research in the past decades. That Handbook is an up-to-date resource for presenting an international perspective on technology education pedagogy.

Zusammenfassung

Internationale Perspektive auf Technikdidaktik

Im Jahr 2017 ist das International Handbook of Technology Education in der renommierten Bildungshandbuchserie von Springer erschienen. Dieses Handbuch bietet einen aktuellen Überblick über die Themen(gebiete), welche in den letzten Jahrzehnten im Bereich der pädagogischen Forschung zu technischer Ausbildung aufgekommen sind. Im folgenden Aufsatz wird diese Gesamtdarstellung bilanziert und diskutiert.

1 Introduction

2017 is the year of publication of the International Handbook of Technology Education in the prestigious education Handbook series by Springer. That Handbook offers an up-to-date perspective on the themes that have emerged in technology education pedagogy research in the past decades. I will strongly draw from that Handbook to present an international perspective on technology education pedagogy in this book. As the editor of the Handbook of course I had a certain influence on what became content of that publication and what did not make it. However, the Table of Contents was communicated with many experts in the field, so that I can say with some confidence that there is not really a strong 'De Vries bias' in it. My claim is that the Handbook does represent the current state of technology education pedagogy research with its strengths but also its weaknesses. The weaknesses can be read from obviously missing topics, like teachers' concepts of technology education, the relation between technology education and mathematics education, and several topics related to the use of media. But the fact that a lot of topics do feature in the Handbook give evidence to the fact that research in technology education has matured to a level that justifies the publication of a Handbook in the Springer series.

2 Historical survey

In the early years of technology education research, many international discussions focused on the content of the curriculum. In other words: what should technology education be about? In most countries it was a next step in the evolution of craft education. This evolution can be typified by the names the subject had in England and Wales. It moved from Craft to Craft and Design and then to Craft, Design and Technology (CDT; Penfold 1988) to and up (for now) with Design and Technology. This shows a move away from pure handicraft work to richer projects in which design activities had a place and knowledge about technology and its concepts and principles. Particularly the latter development gave rise to the need to seek connections to the academic discipline that focuses on defining and discussion the nature of technology: the philosophy of technology (De Vries 2016i). Not that this was entirely new. In Germany, Günther Ropohl is an example of a philosopher of technology who took an interest in technology education. His ideas about the notion of technological knowledge and of the concept for systems appeared to be very fruitful to technology education (Ropohl 2004). But more and more the initiatives for contacts between philosophy of technology and technology education would be taken by experts in technology education (rather than an individual philosopher of technology), who often did not have a philosophical background but studies texts by philosophers, or even organised conferences in which philosophers and educationalists met. A nice example of that was the symposium organised by John Dakers in 2007 In Glasgow. During that symposium, some of the most prominent philosophers of technology, such as Don Ihde, Andrew Feenberg and Joseph Pitt presented their views on the nature of technology, and experts in technology education responded to their presentations by indicating what might be the impact of their views on technology education. The effect of such bridges between philosophy of technology and technology education were sometimes manifest in curriculum documents. An example of that is the New Zealand curriculum for technology education in which the section on technological knowledge was clearly influenced by a philosophical symposium on normativity in technological knowledge in Boxtel, the Netherlands that was attended by Vicky Compton who was largely responsible for the text of that curriculum (Compton and Harwood 2003). Apart from the philosophical reflections on the nature of technological knowledge, reflections on the nature of technical artefacts and reflections on ethical issues in technology appeared to be on value for technology education.

The curriculum oriented research was mostly theoretical in nature. An important step in technology education research was the emergence of empirical studies. At first these were studies that did not require fully implemented technology education curricula. An example of that is the domain of pupils' attitude towards technology studies. These could be done in cases where there was no curriculum yet (such as in the Netherlands, where the international PATT instrument was developed originally), or maybe still a craft-oriented curriculum, and where the outcomes of such studies could be used to justify the implementation of a curriculum aimed at developing technological literacy. Technological literacy in itself also became the object of studies, both for finding the possible content of that term and for measuring technological literacy. The National Academy of Engineering in the USA had two consecutive committees on this topic, resulting in two important reports: Technically Speaking (Pearson and Young 2002) and Tech Tally (Garmire and Pearson 2006). Not surprisingly, often a link with the philosophy of technology was present in such studies. Measuring technologically literacy appeared not to be simple, particularly on a national level. Lower levels of knowledge could be measured by paper-and-pencil tests, but design and problem solving skills could not be measured in a valid and reliable way by such tests and more complex and time-consuming instruments are needed. Still efforts are made to develop questionnaires to measure certain more theoretical aspects of technological literacy. An example is the effort, led by Stefan Fletcher in the Centre of Excellence for Technology Education (www.cete-net.com) to measure energy literacy.

3 Later developments

Concept learning has been an important topic in science education for decades and gradually it is also winning ground in technology education. One of the most prominent concept in technology education is that of systems. A growing number of studies is being done to find out how pupils' preconceptions about systems can be turned into a more sophisticated understanding of that concept. A Delphi study was done by Rossouw, Hacker and De Vries (2011) to identify other important concepts in technology education, as well as social contexts or practices that can be used as pedagogical strategies for concept learning in technology education. This study resulted in five basic concepts (designing, systems, modelling, resources and values) with sub-concepts per concept. Suitable contexts for teaching and learning these concepts as suggested by the Delphi panel were all related to basic human and social needs (e.g., the need for shelter, food, health, energy, communication, transportation, etcetera).

The attention for design in technology education stimulated another domain in technology education research, namely that of assessment. This is because design projects pose particular challenges to assessment, as they cannot be assessed properly by paper-and-pencil tests, just like technological literacy. The most active group that did a lot of excellent research on assessment in technology education was the one led by Richard Kimbell and Kay Stables (Kimbell and Stables 2008). They showed how portfolios can be used properly for that purpose. Later they did work on electronic portfolios also. Also the idea of pairwise comparison was shown to be a valuable tool for assessing portfolios.

The use of media in technology education seems to be a terra incognita still. This is surprising in a way, as one would expect technology educators to be fully aware of the potential of using technology in education. Certainly there are examples of the use of new media in technology education (Loveland 2012), but a lot of potential is still unused. In particular the use of mobile phones and social media seems to be a rich area of opportunities in technology education, but examples of use that is pedagogically sound are scarce. In particular the use of mobile devices would be interesting to study, as pupils all have mobile phones and use them quite intensively. Exploiting their potential for technology education would be very interesting.

Teacher education is a separate domain of research in technology education pedagogy. In science education the term Pedagogical Content Knowledge has become popular. The term is used to indicate personal knowledge a teacher has about how to teach the specific content of technology. It is in between general pedagogy knowledge, which is subject independent and subject knowledge which is pedagogy independent. For technology education some work has been done to measure PCK (De Miranda 2008; Rohaan 2009; Williams & Lockley 2012), but there are still so many fundamental discussions that efforts to do so seem to have limited success only.

4 Current debates

Two recent developments in the pedagogy of technology education are: 21st Century skills in technology education, and STEM (Science, Technology, Engineering and Mathematics) education. Both were focal points for the 32rd international PATT conference that was held in the Netherlands in 2016. It was always been claimed that technology education is very suitable for stimulating skills such as problem solving, cooperating, communicating, interdisciplinary work, etcetera (Pavlova 2016; Ritz & Bevins 2016). At the same time it must be admitted that the evidence for that is still scarce. Yet, as the term 21st Century skills becomes more and more popular, this term features frequently in international technology education conferences. Intuitively the claim that technology education by nature should be a very proper part of the curriculum for developing such skills seems to be quite reasonable. The challenge remains to provide proof that this potential can really be exploited in practice. As design is a key activity in technology education for which several of such skills are necessary, studies into the pedagogy of design in technology education have been another major topic in research for some time. One important insight that seems to emerge from such studies is that scaffolding is important to avoid the Scylla of pupils drowning in too open-ended design challenges and the Charybdis of pupils being frustrated by strict and seemingly unnatural flowcharts for design processes. As unexperienced designers, pupils need some guidance in the early years, but from the beginning the rationale for certain steps in the design process should be made clear to them so that they can soon make their own decisions as to how to proceed in a design process.

Finally there is the STEM education debate. STEM is a fuzzy term with many possible meaning, the simplest of which is the sum of science, technology and mathematics education. As we do not have pre-university engineering education as a fixed part of the primary and/or secondary school curriculum in most countries, this E in STEM is still largely a puzzle. There are, though, some interesting and promising examples (see for instance, the recent book on Pre-university Engineering Education, edited by De Vries, Gumaelius & Skogh, 2016ii). STEM seems to be a possible solution for at least two problems: the unpopularity of science education with pupils (due to its often abstract character) and the low status of technology education (due to its craft past lingering on) (De Vries 2016iii). Although not much research is yet available, it seems to be quite a challenge to develop STEM projects in which the S, T, E and M are really integrated in a natural way. Either there are nice design challenges in which scientific investigations are made but without any impact on the design, or there are nice inquiry-based challenges on phenomena in technical devices and systems in which the development of the technologies does not play any role. No doubt, pupils will quickly recognize the artificiality of the S in the design challenge or the artificiality of the T in the inquiry activity. The challenge is to identify design projects in which conceptual understanding of science really matters for the design.

5 Concluding remarks

Clearly the increasing international contacts in the field of technology education, due to the emergence of series of international conferences (PATT in particular) and international academic journals (International Journal of Technology and Design Education, Journal of Technology Education, Design and Technology Education: An International Journal, and the Australasian Journal of Technology Education) have given rise to some truly international themes and focal points for research and development. This does not mean, however, that technology education is in a comfortable position. In several countries the position on technology education in under threat. That is why it is important to keep working hard on the development of a technology education pedagogy that is well supported by educational research. That will hopefully show that technology education can be a strong element in the school curriculum with its own subject-specific pedagogy and that it cannot be replaced by science education. Technology educators are faced with the challenge to provide evidenced that technology education makes a difference for pupils. Such evidence can silence those who claim that technology education was an experiment that can now be ended due to lack of success. Fortunately there is already quite a bit of research that at least suggests that technology education does have an impact. The challenge remains to strengthen the position of technology education in the future.

Literatur

Compton, V. & Harwood, C. (2003). Enhancing Technological Practice: An Assessment Framework for Technology Education in New Zealand. *International Journal of Technology and Design Education* 13, 1–26.

De Miranda, M. (2008). Pedagogical content knowledge and engineering and technology teacher education: Issues for thought. *Journal of the Japanese Society of Technology Education* 50, 17–26.

Garmire, E. & Pearson, G. (2006). *Tech Tally. Approaches to Assessing Technological Literacy*. Washington, DC: National Academy of Engineering.

Kimbell, R. & Stables, K. (2008). *Researching Design Learning*. Dordrecht: Springer.

Loveland T. R. (2012). Educational technology and technology education. In: P. J. Williams (Ed.), *Technology education for teachers*. Rotterdam: Sense Publishers.

Pavlova, M. (2016). 21st century skills: how to identify and address them in technology education. In: M. J. de Vries, A. Bekker & G. Van Dijk (Eds.), *PATT-32 Proceedings. Technology Education for 21st Century Skills*. Delft/Utrecht: PATT Foundation, 378–385.

Pearson, G. & Young, A. T. (2002). *Technically Speaking. Why All Americans Need to Know More About Technology*. Washington, DC: National Academy of Engineering.

Penfold, J. (1988). *Craft, Design and Technology: Past, Present and Future*. Stoke-on-Trent, Trentham Books.

Ritz, J. & Bevins, P. S. (2016). Exploration of 21st Century Skills That Might Be Delivered Through Technology Education. In: M. J. de Vries, Bekker-Holtland & G. Van Dijk (Eds.), *PATT-32 Proceedings. Technology Education for 21st Century Skills*. Utrecht/Delft, PATT Foundation, 400–410.

Rohaan, E. J. (2009). *Testing teacher knowledge for technology teaching in primary schools*. Eindhoven, the Netherlands: Eindhoven University of Technology.

Ropohl, G. (2004). *Arbeitslehre und Techniklehre. Philosophische Beiträge zur Technologischen Bildung*. Berlin: Edition Sigma.

Rossouw, A., Hacker, M. & Vries, M. J. de (2011). „Concepts and contexts in engineering and technology education: an international and interdisciplinary Delphi study", *International Journal of Technology and Design Education*, Vol. 21(4), 409–424.

Vries, M. J. de (2016i). *Teaching about Technology. An Introduction to the Philosophy of Technology for Non-philosophers*. Second Edition. Dordrecht: Springer.

Vries, M. J. de, Gumaelius, L. & Skogh, I.-B. (2016ii). 'Pre-university Engineering Education: An Introduction'. In: M. J. de Vries, L. Gumaelius & I.-B. Skogh (Eds.), *Pre-university Engineering Education*. Rotterdam: Sense Publishers, 1–12.

Vries, M. J. de (2016iii). The I in MINT: a tale of two translations. In: J. Vahrenhold & E. Barendsen (Eds.), *WiPSCE 2016 Proceedings of the 11th Workshop in Primary and Secondary Computing Education. October 13–15, 2016, Muenster, Germany*. New York: The Association for Computing Machinery, 1–4.

Williams, J. & Lockley, J. (2012). Using cores to develop the Pedagogical Content Knowledge (PCK) of early career science and technology teachers. *Journal of Technology Education* 24 (1), 34–53.

6.2 Arbeitsbezogenes Lernen An- und Ungelernter für Produktionsarbeit in China

Jürgen Wilke (Fraunhofer IAO, Stuttgart)
Karin Hamann (Fraunhofer IAO, Stuttgart)
Helmut Zaiser (IAT Universität Stuttgart, Stuttgart)

Zusammenfassung

Deutsche und deutsch-chinesische Unternehmen in China beklagen einen starken Fachkräftemangel und China will seine *vocational education* ausbauen. Vor diesem Hintergrund hat das Bundesministerium für Bildung und Forschung (BMBF) verschiedene Initiativen gestartet und ein Forschungsprogramm aufgelegt, aktualisiert zuletzt im September 2016. Hier wird aus dem geförderten Projekt DRAGON[1] berichtet. Nach der Vorstellung der angebotenen Bildungsdienstleistungsarten des Projektes und des Zertifizierungssystems werden der Export von Bildungsdienstleistungen allgemein und speziell nach China sowie der chinesische Markt für arbeitsbezogene Bildungsdienstleistungen, einschließlich des Lernens mit digitalen Medien diskutiert.

Abstract

Work related Learning of Unskilled Employees for Production Work in China

German and German-Chinese Enterprises in China complain about a strong lack of qualified workers and China wants to expand vocational education and training. Against this background the German Federal Ministry of Education and Research (BMBF) has launched various initiatives and a research program which was updated in September 2016. This article reports about the project DRAGON, as one of those funded projects.

[1] DRAGON steht für Deutscher Ausbildungsexport nach China. Der Name des geförderten Projektes ist Entwickeln und Erproben einer virtuellen Organisation für den Export von Bildungsdienstleistungen, Förderkennzeichen 01BEX01A13.

After introducing the different kinds of training and the certification system offered on the DRAGON learning platform, the export of training and vocational services will be discussed in general and in particular with regard to China. Finally this article deals with the Chinese market for work-related education and training, and learning with digital media.

1 Ausgangssituation und Zielsetzungen

Auch wenn die Zahl der Einschreibungen an allen Formen von *secondary vocational schools* in China von 1996 bis 2008 von 13,20 auf 20,87 Millionen Studierende angewachsen ist (vgl. Wang 2010, S. 5), ist, laut der repräsentativen Geschäftsklima-Umfrage der Deutschen Handelskammer in China im Mai und Juni 2015, das Finden von qualifiziertem Personal zur größten Herausforderung für deutsche Unternehmen geworden. 82,4 Prozent der 439 antwortenden Unternehmen sehen ein im Vergleich zum Vorjahr um 8,3 Prozent gewachsenes Problem, das in 2015 selbst das Problem der wachsenden Arbeitskosten überholt hat (vgl. Zenglein 2015, S. 12). Der Fachkräftemangel wird weitere Unternehmen in China treffen, weil das politisch gesetzte Ziel Chinas für Unternehmen heißt: Verlagern von den einfachen Produkten zu hochwertigen, was besser ausgebildete Fachkräfte voraussetzt.

Diese erwarteten wirtschaftlichen Bedingungen lassen den arbeitsbezogenen Markt für Bildungsdienstleistungen in China attraktiv erscheinen. Bekräftigt wird dies durch den iMove Trendbarometer 2016. 24 von 100 international aktiven Bildungsanbietern nennen China als einen der wichtigsten fünf Exportmärkte in Asien, gefolgt von Indien (16) und allen anderen asiatischen Staaten mit einstelligen Nennungen (vgl. Jonda & Heusinger 2016, S. 18).

2 Das DRAGON-Projekt

Vor diesem Hintergrund wird über das vom Bundesministerium für Bildung und Forschung bis Ende 2016 geförderte DRAGON-Projekt ein System zur beruflichen Bildung aufgebaut, über das Weiterbildung nach China exportiert wird, um die Lücken beruflicher Ausbildung zu verkleinern. Inhaltliche Themenfelder sind die industrielle Produktionstechnik und das Produktionsmanagement. DRAGON will dazu beitragen, die Fachkräftelücke zwischen ungelernten Arbeitskräften und Absolventen von chinesischen Technischen Universitäten zu schließen. Das DRAGON-Angebot zur Kompetenzentwicklung richtet sich an der Arbeitspraxis aus und will mit anschaulichen kleinen Lernportionen, die konkrete Arbeitsaufgaben aufgreifen, auch ungelernte Arbeitskräfte ansprechen und Lernen attraktiv machen. Entsprechend anwendungsnah werden die Themen aufbereitet und vermittelt.

2.1 DRAGON Lernangebote

DRAGON bietet Lernmöglichkeiten auf unterschiedlichen Niveaus und mit unterschiedlichen Methoden und Zertifikaten an (s. u.) und adressiert damit vorrangig im Produktionsbereich arbeitende Erwachsene. Kleine, anschauliche Lernschnipsel mit Videos und Slide Shows gibt es kostenlos online; über jedes Smartphone erreichbar. Dabei helfen in wachsender Zahl QR-Codes, die auf Geräten aufgeklebt wurden, um direkt aus der Produktionshalle zu Lerninhalten zu gelangen (Abb. 1).

Abbildung 1: QR-Code auf einem Elektro-Schrauber, der zu Informationen über diesen Elektro-Schrauber auf der DRAGON-Website führt.

QR-Codes sind im Rahmen von DRAGON ein Ansatz, um Impulse zu selbstorganisierten Lernepisoden anzuregen, die vom unmittelbaren Arbeitsumfeld ausgehen und das Wissen über das unmittelbare Arbeitsumfeld der dort Arbeitenden erweitern können. Die Internet-Links der QR Codes führen immer zu einzelnen Seiten der DRAGON-Site und somit zu weiteren, auch systematischeren Lernangeboten.

Das moodle basierte Lernmanagement System (LMS) bietet Kurse im Umfang von wenigen Stunden bis zu zig-Stunden, die mit einer Prüfung und einem digitalen Zertifikat abgeschlossen werden. Es gibt auch hier kleinere kostenlose Kurse und Kurse gegen eine Gebühr. Es gibt Kurse im virtuellen team room: Diese Kurse werden von Experten durchgeführt und können gegen eine Gebühr besucht werden. Die Kurse schließen mit einer Prüfung und einem gedruckten Zertifikat ab.

Es gibt auf höherem Niveau Kursbestandteile mit Remote Laboratories: Kurse an physisch realen Produktionsanlagen, die über das Internet bedient werden. Man prüft das eigene Lernergebnis an der Praxis, indem man kontrolliert, ob das was man programmiert hat, wie erwartet von den programmierten Komponenten ausgeführt wird. Und natürlich gibt es auch Kurse in realen Räumen mit echten Menschen: Das sind Kurse vor Ort bei den beteiligten Bildungsdienstleistern sowohl in Deutschland, als auch in China mit chinesischen TrainerInnen. Dieses Lernangebot umfasst auch praxisbezogene Angebote in Unternehmen und Lern-Exkursionen zu Unternehmen gegen eine Gebühr und mit einem gedruckten Zertifikat. Das umfangreichste Angebot sind Blended Learning Kurse, die viele der oben aufgezählten Komponenten umfassen, individuell an die Bedarfe der Unternehmen angepasst, und bei den Unternehmen mit

Bezug zu deren Arbeitssystem durchgeführt werden. Die umfangreichen Lernangebote sind mit einem Zertifikat der Auslandshandelskammer Shanghai ausgestattet.

2.2 DRAGON Zertifizierungssystem

Da in China vocational education schulisch vermittelt wird, ist das Wissen am Berufsfeld orientiert und das praktische Anwenden weitgehend auf modellhafte Übungsbüros und Werkstätten begrenzt. Dies ist ein Grund, weshalb die Bedeutung von Zertifikaten zum Nachweis der Beherrschung von konkreten Maschinen oder Arbeitstätigkeiten in China eine größere Bedeutung haben als in Deutschland mit seinem stark an der konkreten Arbeit orientierten Dualen Ausbildungssystem. Das gilt in ähnlichem Maße auch für Unternehmen, die häufig im Eingangsbereich ihre zahlreichen erworbenen Auszeichnungen präsentieren. Unabhängig von nationalen Unterschieden können transparente Zertifikate dazu beitragen, die Beschäftigungsfähigkeit der Trainingsteilnehmenden zu erhöhen. Des Weiteren stellen sie ein von Externen überprüfbares Element der Qualitätssicherung dar.

Das oben punktuell angesprochene Zertifizierungssystem für Teilnehmerinnen und Teilnehmer beginnt mit einem niederschwelligen Einstiegszertifikat und führt in Stufen zu einem Niveau, das unterhalb des Universitätsniveaus endet (Abb. 2).

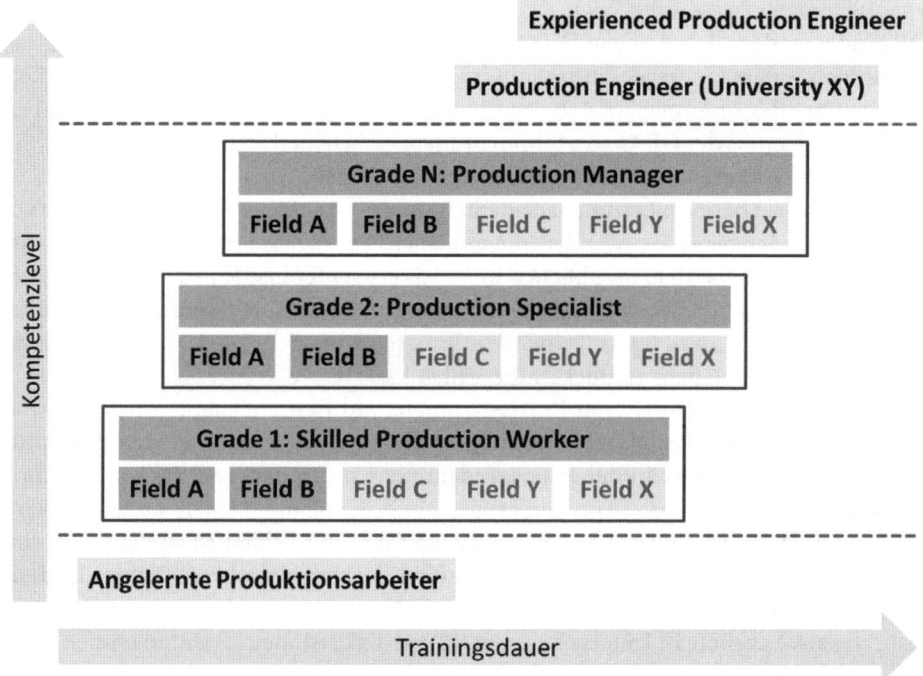

Abbildung 2: Allgemeines, gestuftes Personen Zertifizierungsmodell für verschiedene inhaltliche Felder.

Das Zertifizierungsmodell für Trainingsteilnehmende ist eine symbolische Darstellung der Zertifizierungslogik für das wachsende Angebot an Lernpfaden. In zukünftigen Themenfeldern können auch mehr als drei Zertifizierungsstufen vorgesehen werden.
- Kostenlose Kurse werden digital zertifiziert (Digital Badges)
- Kurse mittleren Niveaus, mit Gebühr, werden digital und von den Projektpartnern schriftlich zertifiziert.
- Kurse hohen Niveaus, mit Gebühr, werden digital, sowie von den Projektpartnern und der Auslandshandelskammer (AHK) Shanghai schriftlich zertifiziert.

In der geförderten Phase sind die folgenden Partner mit verschiedenen Rollen beteiligt: Wissenschaftliche Forschungspartner und Entwicklungspartner für Bildungsdienstleistungen:
- Fraunhofer-Institut für Arbeitswirtschaft und Organisation IAO (Projektkoordination)
- Institut für Produktionstechnik am Karlsruher Institut für Technologie (wbk)
- Competence Center Automation Düsseldorf (CCAD) der Fachhochschule Düsseldorf
- Winkler Bildungszentrum GmbH

Anwendungspartner in China:
- Phoenix Contact GmbH & Co. KG
- MTU China Co., Ltd.
- Robert Seuffer GmbH & Co. KG
- Suzhou SILU Production Engineering Services Co., Ltd.

Technologiepartner:
- vitero GmbH

Das DRAGON System zur beruflichen Bildung ist nach der geförderten Phase ab 2017 für weitere Anbieter von Bildungsdienstleistungen (BDL) offen. DRAGON realisiert damit ein Service-Systemgeschäftsmodell, in dem unter einer gemeinsamen Marke verschiedene Anbieter von Bildungsdienstleistungen als virtuelle Organisation die inhaltlichen Domänen Produktionstechnik und Produktionsmanagement bedienen. Dabei können auch Hersteller von Produktionstechnik beteiligt sein, die im Rahmen des DRAGON-Konsortiums Bildungsdienstleistungen zu ihren Produkten im Zielmarkt China anbieten.

Zur Qualitätssicherung ist wegen des offenen Zugangs für die zukünftigen weiteren Anbieter für Bildungsdienstleistungen über DRAGON ein **Partnerzertifizierungssystem** vorgesehen. Es umfasst die Stufen:

Candidates: Dieses Niveau ist das Basislevel, das aufgrund einer Bewerbung um die Mitgliedschaft frei vom DRAGON Steuer-Konsortium – das bisher aus den Projektpartnern besteht, zukünftig aus allen Mitgliedern nach noch festzulegenden Regeln bestimmt wird – befristet erteilt wird.

Member: Verlangt eine externe Zertifizierung durch ein Experienced Member (s. u.) und führt zu allen Rechten und Pflichten, des normalen Betriebs der Trainings. Member müssen über mindestens einen zertifizierten DRAGON-Trainer (m./w.) verfügen, der mindestens das Basis Trainer-Zertifikat besitzt (s. u.).

Experienced Member: Top-level, das aufgrund einer Berufung durch das Konsortium erteilt wird, mit zusätzlichen Rechten und Pflichten.

Ein weiterer Teil des Qualitätssicherungssystems ist das zweistufige System für Certified Trainer.

Certified Dragon Trainer tragen das Basislevel-Zertifikat, das sie erhalten, wenn sie Kurse zur Nutzung der DRAGON-Trainingsansätze und technischer Hilfsmittel (moodle basiertes Lernmanagementsystem, vitero-virtual team room, remote laboratories, Learn2work serious game, Kenntnis von Struktur und Inhalt der DRAGON-Site) für Trainings absolviert haben.

Der **Certified Dragon Master Trainer** ist das zweite und höchste Trainer-Niveau: Das sind erfahrene Dragon Trainer, die auch neue Trainer ausbilden.

3 Export von Bildungsdienstleistungen

Die im Projekt entwickelten Angebote sollen auch nach der geförderten Phase weiter an chinesische oder deutsch-chinesische Kunden in China verkauft werden. Dazu ist zu beachten, was von Deutschland exportiert und nach China importiert werden kann und was nachgefragt sein wird.

3.1 Export von Dienstleistungen

Die World Trade Organization (WTO) hat seit 1986 ein Regelwerk zum Handel mit Dienstleistungen erarbeitet, das auf die Liberalisierung des Handels mit Dienstleistungen zwischen allen WTO-Mitgliedstaaten zielt, zu denen auch China gehört sowie Deutschland als Teil der Europäischen Union. Für den Bereich der Educational Services gibt es eine Reihe von Vereinbarungen, die auf der WTO-Web-Site zu finden sind.[2]

Über mehrere Verhandlungsrunden sind auf Anfragen von WTO-Mitgliedsstaaten bilaterale Vereinbarungen zwischen den Staaten getroffen worden, die den gegenseitigen Zugang zu den Märkten regeln, allerdings in sehr allgemeinen Formulierungen, mit bestimmten Ausnahmen und für vier unterschiedliche Dienstleistungs-Erbringungsmodi:
– Grenzüberschreitende Erbringung (Mode 1),
– Nutzung/Entgegennahme der Dienstleistung im Ausland (Mode 2),
– Kommerzielle Präsenz (Mode 3),
– Präsenz natürlicher Personen (Mode 4).

---

2 http://i-tip.wto.org/services/(S(dxlybpcejmp5goqwxgwqftxr))/SearchResultGats.aspx.

"Für das Bildungswesen gelten seit 1994 die Regeln des internationalen Dienstleistungsabkommens GATS (General Agreement on Trade in Services). Für die Europäische Union und damit für Deutschland ist der Anwendungsbereich dieser Regeln allerdings auf privat finanzierte Bildungsdienstleistungen beschränkt (vgl. Scherrer 2004)."

Für Bildungsdienstleistungen zwischen Deutschland und China sehen die Regeln zum Marktzugang (Market Access) und zur Inländer Behandlung (National Treatment) für die verschiedenen Sektoren so aus, wie in Abb. 2 wiedergegeben.

Member	Sector	Market Access	National Treatment
China	(Excluding special education services e.g. military, police, political and party school education)	1) Unbound 2) None 3) Joint schools will be established, with foreign majority ownership permitted. 4) Unbound except as indicated in Horizontal Commitments and the following: foreign individual education service suppliers may enter into China to provide education services when invited or employed by Chinese schools and other education institutions.	1) Unbound 2) None 3) Unbound 4) Qualifications are as follows: possession of Bachelor's degree or above; and an appropriate professional title or certificate, with two years' professional experiences.
	A. Primary education services (CPC 921, excluding national compulsory education in CPC 92190) B. Secondary education services (CPC 922, excluding national compulsory education in CPC 92210) C. Higher education services (CPC 923)		
Mode of Supply :	1) Cross-border supply 2) Consumption Abroad 3) Commercial presence 4) Presence of natural persons		

Abbildung 3: GATS-Regelungen für den Import von Bildungsdienstleistungen nach China für fünf Bildungssektoren[3]

"Dieses flexible Liberalisierungskonzept erlaubt es den WTO-Mitgliedern im Prinzip nur in den Bereichen ihren Markt zu öffnen, wo sie es für opportun halten (vgl. Fritz, Mosebach, Raza & Scherrer 2006, S. 20)".

Die Regeln erfahren gelegentlich Veränderungen: Die kommerzielle Präsenz (Mode 3) betreffend hat China zuletzt im Jahr 2013 für die drei erstgenannten Bildungssektoren (primary, secondary und higher educational services) verfügt, dass für joint ventures in China weniger als 50 % der Anteile in ausländischer Hand sein dürfen. Für „adult

---

[3] http://i-tip.wto.org/services/(S(dxlybpcejmp5goqwxgwqftxr))/GATS_Detail.aspx/?id=17849&sector_path=0000500036.

education" und „other educational services" sind zwar ebenfalls in Mode 3: „Commercial presence joint ventures" verlangt, ohne jedoch die Besitzanteile der ausländischen und inländischen Partner vorzuschreiben.[4]

Weil joint ventures für Bildungsdienstleistungen in China erforderlich sind und weil es unerlässlich ist, chinesisch sprechende Partner für Bildungsdienstleistungen in China einzusetzen, ist im DRAGON-Projekt die chinesische Suzhou SILU Production Engineering Services Co., Ltd. mit eingebunden. Diese widerum ist sehr eng mit dem Global Advanced Manufacturing Institute (GAMI) verbunden, welches gemeinsam mit dem DRAGON-Projektpartner ‚wbk Institut für Produktionstechnik' (Teil des Karlsruher Institut für Technologie ‚KIT'), als joint venture mit dem Zhejiang Advanced Manufacturing Institute betrieben wird. Ein weiterer Partner im DRAGON Projekt ist das Beijing Computer Center, das zusammen mit dem Technologiepartner vitero GmbH eine Instanz der vitero-Software für unseren virtuellen Team-Raum in China betreibt.

3.2 Der Chinesische Markt für arbeitsbezogene Bildungsdienstleistungen

China ist sehr unterschiedlich dicht besiedelt: In den westlichen Provinzen, die 64 % des Landes umfassen, leben etwa 4 % der Bevölkerung, in den zentralen und östlichen Provinzen Chinas, den restlichen 36 % des Staatsgebiets, leben 96 % der Bevölkerung. Im Jahr 2010 hat China dennoch erreicht, dass 99,7 % der Gesamtbevölkerung über neun Jahre primäre und sekundäre Schulformen besuchen. „After a long period heavy effort, China has almost made the 9 years Compulsory Education universal. The average time a Chinese receiving education is more than 8 years" (vgl. Wang 2010, S. 6). Die Allgemeinbildung hat in China ein gutes Niveau erreicht, auf das eine arbeitsorientierte Bildung aufsetzen kann.

3.2.1 Fachlich gut ausgebildete Produktionsarbeiterinnen und Produktionsarbeiter

Die Chinesische Zentralregierung betrachtet den Ausbau von vocational education als eine sehr wichtige Aufgabe. „The document of ‚The decision of the State Council on making great efforts to advance the reform and development of vocational education' was published in late September, 2002. It issued the government strategic targets and policies on VTE development in 21 century. In October 2005, the State Council issued ‚Decision on making great efforts to develop vocational education' again. Besides emphasizing the importance of VTE, the document made the VTE as the priorities in the national education development strategies which had already been made as priority in whole country's development, and decided to provide more political and financial support to the VTE based on 2002's policy (vgl. Wang 2010, S. 13)."

Es wurde in den Jahren 2005 und 2006 in China in der Beteiligung an vocational education eine jährliche Steigerung um eine Million Personen erreicht, so dass im Jahr 2006 7,48 Millionen Lernende in secondary vocational schools eingeschrieben waren (vgl. Wang 2010, S. 13).

---

4 http://i-tip.wto.org/services/(S(dxlybpcejmp5goqwxgwqftxr))/SearchResultMzQ.aspx.

In China gibt es dennoch einen starken und zunehmenden Trend zur Akademisierung, was der aktuellen Strategie der chinesischen Regierung entgegen kommt, sich zum globalen Player im Wirtschaftsleben zu entwickeln. Die Zahl der jährlich neu an Hochschulen mit Bachelor-Abschluss immatrikulierten Studierenden hat sich von 1994 bis 2014 kontinuierlich wachsend versiebenfacht. Seit 2010 ist dagegen die Teilnahme an *secondary vocational education* um etwa 25 % zurückgegangen (s. Abb. 4).

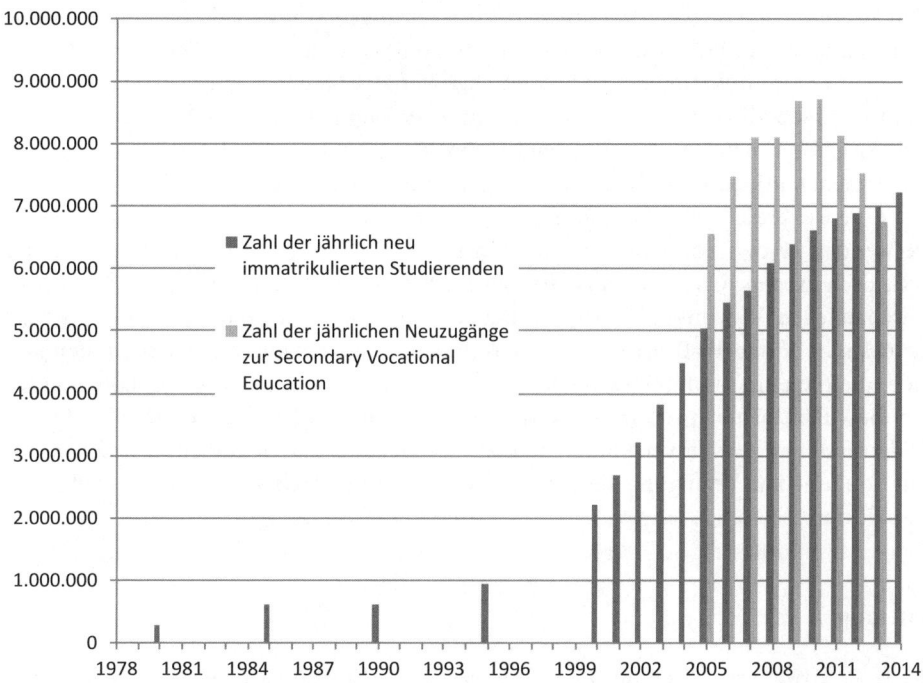

Abbildung 4: Zahl der jährlich neu immatrikulierten Studierenden und der jährlichen Neuzugänge zur secondary vocational education (eigene Darstellung nach Zahlen des China Statistical Yearbook 2015[5])

Es wird daher ein großer Bedarf für den produzierenden Wirtschaftssektor bestehen, die bisher dort Arbeitenden höher zu qualifizieren, um die gewachsenen und weiter wachsenden Anforderungen der Produktion höherwertiger Güter zu bewältigen.

3.2.2 Lernen mit digitalen Medien

Im Dragon Projekt werden unterschiedliche Formate an webbasierten Lernmöglichkeiten angeboten. Der chinesische Markt für digitale Angebote ist rapide wachsend: „… China shared the latest available information on the rapid growth of e-commerce in its market. In 2015, the total turnover of e-commerce in China had attained more than RMB 20 trillion, and the number of online consumers had reached 413 million (WTO

---

5 http://www.stats.gov.cn/tjsj/ndsj/2015/indexeh.htm.

2016, S. 1)." Wie zu erwarten ist der Markt für digitale Angebote stark gewachsen und hat mit 413 Millionen Konsumenten absolut betrachtet bereits ein riesiges Volumen erreicht.

Im DRAGON-Projekt haben wir dennoch einige Einschränkungen erfahren, die für digitale Lernangebote zu bedenken sind. Wir haben bei der Nutzung unseres virtuellen team rooms, der technisch in Deutschland gehostet wurde, relativ große zeitliche Verzögerungen von bis zu zehn Sekunden erfahren, deren Ursachen wir nicht erkunden konnten. Solche großen zeitlichen Verzögerungen von akustischen und visuellen Informationen sind nicht akzeptabel für ein Medium, dessen Vorteil gerade in der synchronen Kommunikation liegt. Die zeitlichen Verzögerungen waren Anlass nach einem Host in China zu suchen, den wir – wie oben erwähnt – mit dem Beijing Computing Center gefunden haben. Die Verzögerungen sind jetzt soweit reduziert, dass synchrones Arbeiten mit chinesischen Partnern gut möglich ist.

Eine weitere Einschränkung besteht darin, dass Links zu Videos auf YouTube nicht verwendet werden können, weil die chinesische Regierung den Zugriff auf YouTube technisch für ganz China nicht zulässt. Deshalb können existierende Lernvideos die zur anschaulichen Wissens-Vermittlung dienen könnten, nicht verlinkt werden,. Es gibt chinesische Video-Plattformen, die allerdings nur von Personen genutzt werden können, die die chinesische Sprache ausreichend beherrschen. Dennoch müssten Videos für diese Plattformen produziert werden, was den Aufwand gegenüber dem Hosten von Videos auf eigenen Servern kaum reduziert, da aus urheberrechtlichen Gründen, die auf YouTube zur Verfügung stehenden Videos nicht einfach kopiert und genutzt werden dürfen.

Literatur

Jonda, B. & Heusinger, W. (2016). Trendbarometer 2016 – Exportbranche Aus- und Weiterbildung. Bonn: Bundesinstitut für Berufsbildung.

Fritz, T., Mosebach, K., Raza, W. & Scherrer, Ch. (2006). GATS-Dienstleistungsliberalisierung. Sektorale Auswirkungen und temporäre Mobilität von Erwerbstätigen. Edition der Hans-Böckler-Stiftung 168. Düsseldorf: Hans-Böckler-Stiftung.

Scherrer, Ch. (2004). Bildungswesen unter Globalisierungsdruck. Die Kernbestimmungen des GATS und deren Folgen. UTOPIE kreativ, 159, 19.

Wang, W. (2010). Key Highlights of China's Approach to TVET/Skills Development. Background Note South-South Study Visit to China and India on Skills and Technical and Vocational Education and Training, November 1–12, 2010. World Bank. Permanent URL for this page: http://go.worldbank.org/V86752A1M0

WTO (2016). Work programm on electronic commerce. Document 16–3713. World Trade Organisation, 2016.

Zenglein, M. J. (2015). Deutsche Unternehmen in China. Geschäftsklima-Umfrage 2015. Deutsche Handelskammer in China, Nord China, 2016.

6.3 Interdisciplinarity at the cutting edge of post-secondary engineering education: Research and praxis

Joachim Walther (University of Georgia, Athens)
Nicola W. Sochacka (University of Georgia, Athens)

Abstract

This chapter focuses on post-secondary engineering education in the US American context and explores the interplay between educational practice and the recently formed discipline of engineering education research. Building on a brief overview of the national discourse around 21st-century engineering challenges, which provides the backdrop for current educational transformation and reform efforts, the chapter provides a contemporary perspective on the role of interdisciplinarity in preparing engineering students for the expanded scope of their future professional roles. The chapter uses an overview and discussion of existing efforts to infuse interdisciplinarity into engineering education to introduce current trends in the areas of design education, entrepreneurship, and STEAM (STEM – Science, Technology, Engineering, and Mathematics + Arts) to the reader. The chapter concludes with a discussion of two of the authors' interdisciplinary projects that illustrate the synergistic relationships between educational innovations and the advancement of knowledge about engineering teaching and learning through fundamental research.

Zusammenfassung

Interdisziplinarität an der Spitze der postsekundären Ingenieurausbildung: Forschung und Praxis

Der Beitrag fokussiert die postsekundäre Ingenieurausbildung im US-amerikanischen Bildungsraum und legt dabei einen Schwerpunkt auf die Verknüpfung der Bildungspraxis mit dem aktuell jungen Forschungsstand im Bereich der Ingenieurausbildung.

Ausgehend von einem Überblick über den nationalen Diskurs im Kontext der Herausforderungen an das Ingenieurwesen im 21. Jahrhunderts, wird die Bedeutung von Interdisziplinarität im Rahmen der zukünftigen Expertentätigkeit von IngenieurInnen skizziert. Das Kapitel gibt zudem einen ersten Überblick über aktuelle Bemühungen den Aspekt der Interdisziplinarität in die ingenieurpädagogischen Konzepte einzubeziehen. Dies erfolgt in den Bereichen der Design Education, des Unternehmertums und STEAM (STEM – Wissenschaft, Technik, Ingenieurwesen und Mathematik + Kunst). Der Beitrag schließt mit einer Darstellung zweier interdisziplinärer Projekte, in denen die synergistischen Beziehungen zwischen pädagogischen Innovationen und der Weiterentwicklung des Wissens über den Ingenieurunterricht erforscht werden.

Global challenges and the emergence of engineering education research as a field of inquiry

A scholarly interest in the education of engineers and exchanges between educators around innovations of teaching practice have a long tradition in the United States and date back to the early part of the 20th century (Seely 1999, 2005). In parallel, national bodies have periodically examined the engineering education system to provide recommendations for its improvement and reform (American Society for Engineering Education 1968; Grinter 1955; Hammond 1940; Jackson 1939; Mann 1918; MIT Center for Policy Alternatives 1975; National Academy of Engineering 2005; National Research Council 1986, 1989; Society for the Promotion of Engineering Education 1930).

In the 1990s, a recognition of the profound shifts in engineering practice catalyzed by global challenges and the rapidly accelerating rate of technological development led to a national (ASEE 1994) and international (IEAust 1996) discussion around the need to transform engineering education systems to adequately prepare students for the complex, multi-disciplinary, global, and inherently socio-technical challenges of their future careers (Jonassen, Strobel & Lee 2006; Pool, 1999).

The resulting reform efforts (Rugarcia, Felder, Woods & Stice 2000) had profound impacts on the accreditation of engineering programs based on a number of broadly framed student learning outcomes (Accreditation Board for Engineering and Technology [ABET] 1995). In parallel, an increasing recognition of the need for systematic, evidence-based approaches to educational reform catalyzed the emergence of engineering education research as a field dedicated to contributing to a growing body of empirical knowledge around engineering teaching and learning (Haghighi 2005; Shulman 2005). From these origins, the field has developed into a vibrant research discipline with dedicated publication venues; funding mechanisms; established university schools, departments, and centers; and an internationally connected community of scholars (Felder, Sheppard & Smith 2005; Streveler, Smith & Miller 2005; Williams & Wankat 2016).

As part of a comprehensive research agenda (Finelli, Borrego & Rasoulifar 2015; Fortenberry 2006; Radcliffe 2006), interdisciplinarity has emerged as one possible avenue for pursuing broad educational goals and as a key locus for investigating the complex processes of engineering professional formation (National Science Foundation 2016; Walther, Kellam, Sochacka & Radcliffe 2011).

Definitions

The notion of interdisciplinarity in education and research has long and diverse intellectual traditions, with a considerable profusion of definitions and understandings (Klein 1990; Petrie 1976). With some level of consensus, scholars have described interdisciplinary work as crossing boundaries of established practice or knowledge domains, a characterization that aligns with the nature and demands of contemporary engineering work in practice (Bucciarelli 1994; Jonassen et al., 2006).

In characterizing work involving multiple disciplinary perspectives, researchers have defined a range of activities – from borrowing knowledge across disciplinary boundaries and shared endeavors that draw on complementary disciplinary capacity, to encounters of different disciplinary perspectives that dismantle and profoundly challenge the boundaries between fields (Lattuca 2001; Nissani 1997). In engineering education, this full range of disciplinary encounters is relevant to the professional formation of future engineers and is reflected with varying degrees of emphasis in educational initiatives.

For the sake of synthesizing existing efforts, we adopt the terminology of multi-, inter-, and transdisciplinarity (Klein 1990). *Multidisciplinary* is defined through the "juxtaposition of disciplines" in an "essentially additive manner" (Klein 1990,p. 56). Multidisciplinary efforts draw on complementary knowledge from participating fields without considerable integration or impacts on the established domains. *Interdisciplinary* approaches are characterized by significant integration of the disciplinary perspectives, knowledge, and methods, often accompanied by negotiating epistemological differences across domains. Such interdisciplinary encounters have the potential to significantly impact the boundaries, assumptions, or worldviews of the disciplinary perspectives, thus changing and enriching the participating domains. *Transdisciplinary* work emerges from disciplinary encounters but ultimately transcends the boundaries of the participating domains leading to an "overarching synthesis" (Rigney & Barnes 1980,p. 126). Such transdisciplinary work can lead to cross-cutting paradigms that offer novel ways of understanding and knowing about the subject matter of the participating domains.

Examples in engineering education

Multidisciplinary approaches to first year and capstone design

Driven by the inclusion of multi- or interdisciplinary teamwork in the ABET accreditation criteria (ABET 1995, 2004), engineering programs are increasingly focusing on integrating multiple disciplinary perspectives into their curricula. This trend has particularly impacted the design components of engineering programs in the US (Dym, Agogino, Eris, Frey & Leifer 2005), which are typically located in the first (freshman) (Sheppard et al. 1997) and final (senior/capstone) years (Todd, Magleby, Sorensen, Swan & Anthony 1995).

The development of integrated design experiences, which are often taught by faculty from multiple engineering disciplines, has emerged as a global trend to introduce engineering students to the discipline before they select their specific engineering area of emphasis (Baillie 1998; Froyd, Wankat & Smith 2012; Mills & Treagust 2003). Freshmen design courses characteristically integrate design experiences, project-relevant technical content, and professional development activities (Sheppard et al. 1997).

In the senior year of a typical four-year engineering degree, project-based design experiences play an integrating role in the curriculum with students having the opportunity to apply previously acquired knowledge and skills in realistic design projects (Howe 2010; Ward 2013). The projects are often situated in, or inspired by, the industrial context (Miller & Olds 1994) or include, in some cases, service learning opportunities where students engage in projects that serve local or developing communities (Schneider, Lucena & Leydens 2009; Smith, Sheppard, Johnson & Johnson 2005). In line with the trend to expand multidisciplinary experiences, senior design courses often include students from several engineering disciplines who, at the end of their studies, have more pronounced disciplinary identities and skill sets that inform the negotiation of the multiple disciplinary perspectives on the design project (McNair, Newswander, Boden & Borrego 2011). A systematic inclusion of other disciplines outside of engineering is relatively rare due to curricular and institutional barriers but does occur in a limited number of cases (Richter & Paretti 2009).

Interdisciplinary entrepreneurship education in engineering

Entrepreneurship education is an emerging trend in the US engineering education landscape that responds to the recognition of engineers' growing role in bringing innovations, novel technologies, and discoveries to market (Creed, Suuberg & Crawford 2002; Nichols & Armstrong 2003). Such efforts inherently encompass interdisciplinary elements through the necessary integration of perspectives from engineering, technology, business, and the social aspects of customer discovery (Duval-Couetil, Reed-Rhoads & Haghighi 2012; Shartrand, Weilerstein, Besterfield-Sacre & Golding 2010).

The diverse range of programs and initiatives focused on entrepreneurship in engineering that have emerged in the context of significant, long-term funding efforts (Weilerstein, Ruiz & Gorman 2003) address these multiple disciplinary perspectives in more or less explicit ways, ranging from multidisciplinary efforts located in engineering programs (Ohland, Frillman, Zhang, Brawner & Miller 2004) to interdisciplinary approaches that purposefully integrate participants and perspectives from disciplines outside of engineering and technology (Creed et al. 2002).

Like capstone design projects, entrepreneurship programs, whether in the form of dedicated courses, components of other instructional efforts, or as co-curricular opportunities for students (Ohland et al. 2004; Shartrand et al. 2010), are typically centered around projects inspired by, or situated in, industry (Creed et al. 2002). The following three components distinguish such efforts from engineering design courses. First, students are invited to explore facets of market analysis and customer discovery alongside the design components of the projects (Wang & Kleppe 2001). Second, instruction or coaching focuses on more explicitly developing the economic aspects of projects through business plans or venture development. And third, entrepreneurship programs place a strong emphasis on leadership and teamwork, aspects that are infused into all stages of entrepreneurship projects (Crawley, Malmqvist, Ostlund & Brodeur 2007; Wang & Kleppe 2001).

A growing body of research has investigated the impact and benefits of entrepreneurship education for engineering students' learning. Studies have identified benefits ranging from increased student achievement and retention (Ohland et al. 2004) to impacts on students' career perspectives and entrepreneurial self-efficacy (Bilán, Kisenwether, Rzasa & Wise 2005; Dabbagh & Menascé 2006; Duval-Couetil et al. 2012; Souitaris, Zerbinati & Al-Laham 2007).

STEAM education as an avenue to transdisciplinary learning

The high priority that the US places on technological innovation and entrepreneurship has catalyzed a movement to bring arts and design to the center of science, technology, engineering, and mathematics (STEM) education. This movement is also referred to as STEAM (STEM + Art) education. Proponents of this inherently cross-disciplinary approach emphasize the value of creative and divergent thinking, aesthetics, and a commitment to asking deep questions about the direction of human progress (Maeda 2013).

STEAM education has experienced the greatest degree of success in K-12 classrooms, where initiatives typically focus on integrating the arts into science and mathematics classes to illustrate key concepts and increase student interest in these subjects (Feldman 2015; Krigman 2014). Some educators are also exploring STEAM as an opportunity to engage students in the creation stage of the engineering design process (Chan 2012), while others highlight the parallels between artistic and engineering design processes and dispositions, albeit with somewhat differing aesthetic intentions (Bequette & Bequette 2012). It is likely that efforts to integrate art and engineering will multiply in the coming years in response to the Next Generation Science Standards (NGSS), which give equal emphasis to engineering design and scientific inquiry in K-12 education (Next Generation Science Standards 2013).

Although less common, STEAM initiatives in post-secondary settings point to the potential for the combination of art and science to transcend disciplinary boundaries. In this context, STEAM provides a space for artists, designers, and STEM practitioners to creatively explore and reconceptualize real-world problems. Work undertaken by the Rhode Island School of Design (RISD), as part of their National Science Foundation (NSF) funded EPSCoR (Experiential Program to Stimulate Competitive Research) project, provides multiple examples of such collaborations (for more information, see: http://expspace.risd.edu/).

Advancing interdisciplinary education through research and praxis

Anchored in the above-described development of interdisciplinary efforts in the US American engineering education landscape, in the following we draw on our own work to explore the synergistic relationships between educational innovation in practice and the advancement of knowledge about interdisciplinary engineering teaching and learning through fundamental research in these settings. More specifically, we describe how an integrated interdisciplinary STEAM education course provided the context for exploring questions concerning students' developing engineering and artistic identities informed by engagement with multiple disciplinary perspectives. We then offer an overview of a transdisciplinary initiative between engineering and social work that led to the integration of empathic communication modules into an undergraduate engineering course. Drawing on the same context, we provide a brief synopsis of a theoretical model of empathy, as it pertains to engineering students' professional formation, that was developed as part of the transdisciplinary collaboration.

Bringing together art and engineering students in an interdisciplinary design studio environment

This project emerged from a collaboration between faculty from engineering, education, and art at the University of Georgia (Costantino, Kellam, Cramond & Crowder 2010; Kellam, Costantino & Cramond 2009). The work was supported by two grants from the NSF and ran over a period of six years from 2009 to 2015. The project resulted in the development and implementation of two interdisciplinary design studios. The first took place in Fall 2009 and enrolled 19 students, including nine students from environmental engineering and 10 students from various art programs in the School of Art (Kellam, Walther, Costantino & Cramond 2013). The second studio took place in Fall 2012 and brought together 11 undergraduate and graduate students from art education, landscape architecture, and civil and environmental engineering (Guyotte, Sochacka, Costantino, Walther & Kellam 2014). In both cases, the courses were co-taught by faculty from engineering and art education.

Practice. The curriculum for the design studios focused on creative thinking and problem framing in complex socio-technical contexts. Activities in the biweekly class meetings (i.e., 2 × 3 hr sessions per week) revolved around two interdisciplinary design challenges, interactive activities based on the two course texts, guided reflection exercises, and guest speakers. In the Fall 2012 iteration, the first design challenge invited students to explore a "zero waste" future, while the second design challenge tasked students with investigating the local relevance of Cynthia Barnett's (2011) notion of a "water ethic." The students' explorations for both projects were visually represented through the creation of artworks (mostly sculptural), which were displayed in a gallery setting in the University of Georgia's School of Art. In addition, the teams were required to prepare gallery talks and answer questions about their creative process.

Research. The design studios provided the context for three subsequent research studies. Each of these drew on the same shared dataset, which included transcripts from semi-structured focus groups, the students' visual journals, and other course artifacts. The focus groups were conducted twice during each semester with groups of 4–5 students and were designed to elicit critical incident accounts of students' experiences (Flanagan 1954; Walther, Kellam, Radcliffe & Boonchai 2009; Walther & Radcliffe 2007). Prompts based on the use of emotional indicators (Walther, Sochacka & Kellam 2011), for example "What was the most exciting / the most frustrating moment in the first few weeks of this class?" were used to draw the students' attention to these experiences. Visual journals are a hybrid between the writer's reflective journal, artist's sketchbook, and engineer's design notebook (Guyotte 2013). The visual journaling process was integrated into the course design as a means of engaging students deeply in the course content; permitting a space for critical reflection, exploration of ideas, and documenting the creative process.

The first study investigated STEAM as a social practice. From an arts perspective, this conceptualization was informed by the relational aesthetics of Nicolas Bourriaud (2002), who emphasizes art as a "social interstice" (p. 16), in which artists create a "hands-on civilization ... which takes being-together as a central theme and focuses on the 'encounter' between beholder and picture, and the collective elaboration of meaning" (p. 15). From an engineering perspective, the study connected to calls to shift prevailing perceptions of engineering as being "hard hat" and highly technical in nature, to a profession characterized by complex social processes of negotiation (Bucciarelli 1994; Robbins 2007; Rojter 2006), with significant implications for social and ecological justice (Baillee and Catalano 2009). Based on qualitative analysis of the data described above, the study proposed a framework for STEAM as a social practice that included the three dimensions of Thinking Through Materials, Considering Audience, and Engaging with Community.

The second study focused on what art and art education students stand to gain from collaborating with STEM students in STEAM settings (Guyotte, Sochacka, Costantino, Kellam & Walther 2015). Drawing on narrative research methods (Clandinin 2016; Clandinin & Caine 2008; Clandinin & Connelly 2000), this study led to the construction of three visual-verbal narratives (Guyotte 2013) of art education students who were challenged to experiment with collaborative forms of creative thinking. Their stories pointed to STEAM as an opportunity for art students to question the notion of the "lone artist," reflect on the tension between product and process, and expand disciplinary-based understandings of creativity thinking.

Finally, the third study problematized prevalent conceptions of STEAM as a vehicle for promoting economic growth and international competitiveness (Sochacka, Guyotte, Walther & Kellam 2013) and, instead, explored how an alternative vision of STEAM might enrich STEM fields in ways that more closely align with the pedagogical commitments of the arts. This study entailed a three-year collaborative autoethnographic exploration (Ellis 1999; Ellis, Adams & Bochner 2011) between the two instructors of the fall 2012 studio (Sochacka, Guyotte & Walther 2016). Their shared engagement and analysis revealed the potential for STEAM approaches to provide engineering students with spaces in which to explore the affective, connected, and deeply human side of the problems they are trained to solve in undergraduate engineering programs. The process of grappling with these relationships to engineering problems, in turn, led students and faculty alike to uncover and critically engage with implicit and explicit facets of disciplinary identity.

A transdisciplinary effort to infuse empathy into engineering

The transdisciplinary project we describe here involves faculty from the College of Engineering and School of Social Work at the University of Georgia (Miller, Walther & Kellam 2012; Walther, Miller & Kellam 2012). Our work has been supported by multiple internal grants as well as funding from the National Science Foundation. To date, the collaboration has resulted in the design and implementation of a set of four empathic communication modules in a compulsory mechanical engineering design course (Walther, Miller, Sochacka & Brewer 2016), and the corresponding development of a theoretical model of empathy for engineering education and professional practice (Walther, Miller & Sochacka 2017).

These examples are the outcomes of a transdisciplinary encounter between two disciplines that may appear profoundly different but, in fact, have remarkable shared similarities related to the challenges of educating practitioners for the shifting societal demands of the 21st century. More specifically, social work explicitly defines professional practice through engagement in social systems with a particular emphasis on human relations and interactions. An emerging discourse in the field is challenging this anthropocentric perspective and advocating for a stronger consideration of the physical environment in the form of, for example, technical or ecological systems (Berger & Kelly 1993; Besthorn & Canda 2002; Coates 2003; Dominelli 2012; Gray, Coates & Hetherington 2012; Mary 2008; Miller & Hayward 2013). Conversely, the self-definition of engineering has traditionally centered on the development of technological solutions. A parallel discourse in this field calls for a deeper consideration of the social and ecological systems in which engineers develop technological solutions. This tension between human interaction as at the core or at the periphery of the respective professions provided the departure point for our sustained transdisciplinary dialogue that is, at the point of this writing, entering its eighth year. In the engineering domain, our efforts have focused primarily on integrating empathy training into undergraduate engineering education as a means to equip students with the skills and orientations necessary to engage with diverse stakeholders and consider the micro to macro ethical dimensions of their labor. Another strand of the research focuses on an investigation of the field of social work's relationship with technology, with a view to expanding the reach of social work practice into the critical appraisal and design of technological systems.

Practice. The empathic communication modules have been integrated into a sophomore-level engineering and society course. This course combines group-based, open-ended design challenges that focus on problem-framing in complex socio-technical contexts, with a series of readings and critical discussions that provide the theoretical and conceptual underpinnings of socio-technical systems.

The readings and facilitated group discussions guide students to understand engineering work as inherently socially situated (Jonassen et al. 2006; Laszlo 1996) and explore aspects of socio-technical complexity such as the relationship of technology to politics and power (Winner 1988) and the challenges of sustainable development (McDonough, Braungart & Clinton 2013). The semester-long, group based design challenges around food and sustainability are designed to offer students opportunities to experientially ground their developing conceptual understandings.

In early iterations of the project, the empathic communication modules were co-facilitated by two instructors, one from engineering and one from social work. The modules are now facilitated individually by instructors from engineering who receive training from the social work member of the research team. Each module includes skill-development exercises followed by an application component. The first exercises are designed to facilitate the development of empathic skills, such as perspective taking, empathic responding, and emotional regulation. These exercises are drawn from the pedagogical traditions of social work and have been adapted to the engineering context. Building on these activities, each module then contextualizes students' developing skills in a real-world, engineering, applied scenario. Facilitating both components of the modules relies on the subtle interplay of experiential elements and guided debrief sessions that elicit students' reactions, engage their potential discomfort with the unusual learning environment, and distill insights and lessons learned. After each module, students are asked to complete individual guided homework reflections to provide opportunities for individual sense-making, introspection, and consolidation of learning outcomes.

Research. In parallel to developing the empathic communication modules, we have sought to address the lack of conceptual clarity surrounding the notion of empathy in engineering (Kouprie & Visser 2009; Strobel, Hess, Pan & Wachter Morris 2013; Vallero & Vesilind 2006). This effort has resulted in the development of a theoretical model informed by a critical synthesis of literature from a variety of disciplines, and observations and emergent findings from the implementation of the modules in multiple cycles in the classroom. The following paragraphs provide an overview of this model. For more details, we direct readers to Walther et al. (2017).

Our model conceptualizes empathy as a skill, a practice orientation, and a professional way of being. As illustrated in Figure 1, the model is purposefully composed to highlight the mutually dependent and supportive nature of each dimension, without ascribing a conceptual hierarchy or developmental trajectory.

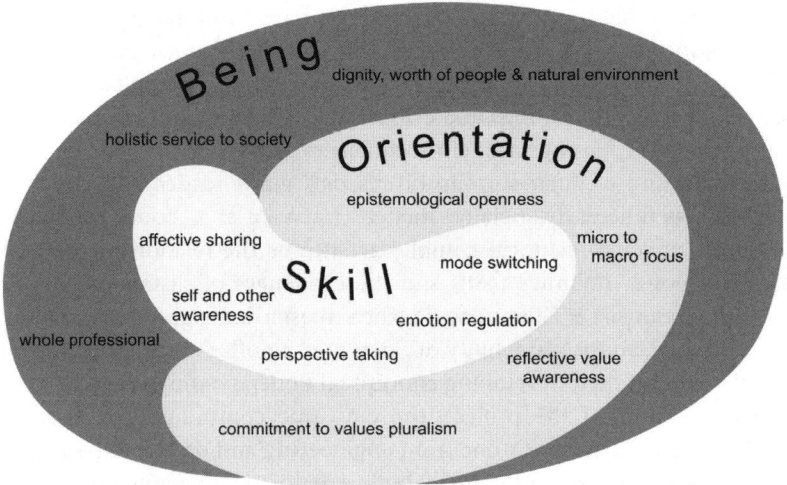

Figure 1: Empathy in engineering: A neurobiologically inspired, context-appropriate, and theoretically robust model (Walther et al. 2017).

The skill dimension comprises five components that, we argue, support empathic communication at the interpersonal level. The first four of these (affective sharing, self and other awareness, perspective taking, and emotion regulation) are neurobiologically established functions that are present in all humans (Decety & Ickes 2009; Decety & Moriguchi 2007). The fifth component, mode switching, acknowledges the need for engineers to develop an ability to effectively switch between analytic and empathic modes of thinking (Cech 2014; Jack et al. 2013). The main implications of this first of the three dimensions in the model are that empathic skills are concretely teachable, and that engineering educators can specifically draw on and leverage students' existing, albeit variably developed, empathic capacities.

The facets included in the practice orientation dimension highlight a range of habits of mind and predispositions that orient practitioners to think, make decisions, and act in particular ways in professional settings. The key implication of this part of the model is that empathic skills can neither be developed nor embodied in practice without attending to aspects of epistemology and values engagement that profoundly inform engineering work. In terms of educating empathic engineers, this recognition implies a need to purposefully and critically explore the often implicit orientations that inform the professional formation of engineers. One example we have encountered in our facilitation of the modules described above is the prevailing perception of engineers as experts and "others" as non-experts (Robbins 2007). The value judgements that accompany such dichotomist orientations can significantly inhibit efforts to empathically engage with others in practice settings and must be explicitly explored alongside efforts to develop empathic skills in the classroom.

Finally, the being dimension acknowledges the need for an overarching values framework to inform and guide the development of the facets of empathy along the skill and practice orientation dimensions. This dimension draws and builds on the relatively well-developed discourse of ethics in the engineering education community (Fleddermann 2008; Harris, Pritchard, Rabins, James & Englehardt 2013; Hashemian & Loui 2010; Jonassen et al. 2009; van de Poel & Royakkers 2011; Whitbeck 2011) and related literature in other fields. We determined the inclusion of a broader ethical perspective as part of the model as necessary in order to provide the intended conceptual coherence, that is, to see the full picture of what it means to develop and embody empathy in engineering. The being dimension thus indicates that in order to conceptually define and pedagogically support empathy in engineering, engineering educators need to critically and reflexively engage with larger ethical commitments and moral principles.

Discussion: Implications for "Technikdidaktik"

The above discussion of current trends in the integration of interdisciplinary approaches into US engineering education programs at the university level points to a number of opportunities to re-envision the role of technology education across educational levels and settings.

For engineering education in the university context, interdisciplinary approaches provide potential avenues for preparing engineering students to assume the expanding responsibilities of the profession in the context of the globally connected, complex, and inherently socio-technical challenges that characterize engineering work in the 21st-century. More specifically, the consideration and purposeful infusion of inter- or trans-disciplinary perspectives could lead the field to critically question the dualism between the established technical canon and broader educational aspects that are commonly subsumed under labels such as professional skills. On the basis of our own work in the interdisciplinary area, we argue that engineering education must overcome this problematic separation and strive for substantively integrated approaches that convey all technical content as inherently and inescapably connected to ethical, political, economic, and environmental factors.

The consideration of a substantive infusion of other disciplinary perspectives into technical education, in turn, points to the profoundly different role that technical content could play in other fields of education. The field of science and technology studies critiques the perspective of viewing technology education as a specialty reserved for specialists and, instead, calls for the integration of technological literacy into all fields of education. Further extending this notion, we argue that education in technology and technological literacy must become a productive and integral part of the Humboltian ideal of education. Drawing on this rich intellectual tradition in the German context would allow educators to frame technology education not as a necessary evil in a technological world, nor as a utilitarian preparation for citizens to contribute to the global technological enterprise, but as a truly transdisciplinary vehicle for all learners, engineers and non-engineers, to become critical participants in the global discourse that frames and shapes the solutions to 21st-century challenges.

References

ABET (1995). Engineering criteria 2000 (EC2000): Accreditation Board for Engineering and Technology.
ABET (2004). Criteria for accrediting engineering programs: Accreditation Board for Engineering and Technology.
American Society for Engineering Education (1968). Goals of Engineering Education: Final Report of the Goals Committee. In: ASEE (Ed.). Washington, D.C.
ASEE (1994). Engineering education for a changing world: American Society for Engineering Education, Engineering Deans Council, Corporate Roundtable.
Baillie, C. (1998). Addressing first-year issues in engineering education. European Journal of Engineering Education, 23(4), 453.
Barnett, C. (2011). Blue Revolution: Unmaking America's Water Crisis. Boston, MA: Beacon Press.
Bequette, J. & Bequette, M. B. (2012). A Place for ART and DESIGN Education in the STEM Conversation. Art Education, 65(2), 40–47.
Berger, R. & Kelly, J. (1993). Social work in the ecological crisis. Social Work, 38(5), 521–526. doi: 10.1093/sw/38.5.521
Besthorn, F. H. & Canda, E. R. (2002). Revisioning environment: Deep ecology for education and teaching in social work. Journal of Teaching in Social Work, 22(1/2), 79–101. doi: 10.1300/J067v22n01_07
Bilán, S. G., Kisenwether, E. C., Rzasa, S. E. & Wise, J. C. (2005). Developing and Assessing Students' Entrepreneurial Skills and Mind-Set. Journal of Engineering Education, 94(2), 233–243.
Bucciarelli, L. L. (1994). Designing Engineers. Cambridge, MA: MIT Press.
Cech, E. (2014). Culture of Disengagement in Engineering Education? Science, Technology, & Human Values, 39(1), 42–72. doi: 10.18260/p.2435510.1177/0162243913504305
Chan, H. (Producer). (2012). STEaM: Engineering Design Process in the Context of K12 Education. Socratech Seminars. Retrieved from https://socratechseminars.wordpress.com/2012/04/10/edp/.
Clandinin, D. J. (2016). Engaging in Narrative Inquiry. Walnut Creek, CA: Taylor & Francis.
Clandinin, D. J. & Caine, V. (2008). Narrative inquiry. In: L. M. Given (Ed.), The SAGE Encyclopedia of Qualitative Research Methods. (pp. 542–545). Thousand Oaks, CA: SAGE.
Clandinin, D. J. & Connelly, F. M. (2000). Narrative inquiry: Experience and story in qualitative research. San Francisco, CA: Jossey-Bass Publishers.
Coates, J. (2003). Ecology and social work: Toward a new paradigm. Halifax: Fernwood.
Costantino, T., Kellam, N. N., Cramond, B. & Crowder, I. (2010). An interdisciplinary design studio: How can art and engineering collaborate to increase students' creativity. Art Education, 63(2), 49–53.
Crawley, E., Malmqvist, J., Ostlund, S. & Brodeur, D. (2007). Rethinking engineering education. The CDIO Approach, 302.
Creed, C. J., Suuberg, E. M. & Crawford, G. P. (2002). Engineering Entrepreneurship: An Example of A Paradigm Shift in Engineering Education. Journal of Engineering Education, 91(2), 185–195.
Dabbagh, N. & Menascé, D. A. (2006). Student perceptions of engineering entrepreneurship: An exploratory study. Journal of Engineering Education, 95(2), 153–164.
Decety, J. & Ickes, W. (Eds.) (2009). The Social Neuroscience of Empathy. Cambridge, MA: The MIT Press.

Decety, J. & Moriguchi, Y. (2007). The empathic brain and its dysfunction in psychiatric populations: Implications for intervention across different clinical conditions. BioPyshcoSocial Medicine, 1(22), 1–21.

Dominelli, L. (2012). Green Social Work. Cambridge, UK/Malden, MA: Polity Press.

Duval-Couetil, N., Reed-Rhoads, T. & Haghighi, S. (2012). Engineering students and entrepreneurship education: Involvement, attitudes and outcomes. International Journal of Engineering Education, 28(2), 425.

Dym, C. L., Agogino, A. M., Eris, O., Frey, D. D. & Leifer, L. J. (2005). Engineering design thinking, teaching, and learning. Journal of Engineering Education, 94(1), 103–120.

Ellis, C. S. (1999). Heartful Autoethnography. Qualitative Health Research, 9(5), 669–683. doi: http://dx.doi.org/10.1177/104973299129122153

Ellis, C. S., Adams, T. E. & Bochner, A. P. (2011). Autoethnography: An Overview. Forum Qualitative Sozialforschung / Forum: Qualitative Social Research, 12(1), 273–290.

Felder, R. M., Sheppard, S. D. & Smith, K. A. (2005). A new journal for a field in transition. Journal of Engineering Education, 94(1), 7.

Feldman, A. (Producer) (2015). STEAM Rising: Why we need to put the arts into STEM education. www.slate.com. Retrieved from http://www.slate.com/articles/technology/future_tense/2015/06/steam_vs_stem_why_we_need_to_put_the_arts_into_stem_education.html

Finelli, C. J., Borrego, M. & Rasoulifar, G. (2015). Development of a Taxonomy of Keywords for Engineering Education Research. Journal of Engineering Education, 104(4), 365–387. doi: 10.1002/jee.20101

Flanagan, J. C. (1954). The critical incident technique. Psychological Bulletin, 51, 327–358.

Fleddermann, C. B. (2008). Engineering Ethics. Upper Saddle River, NJ: Pearson Prentice Hall.

Fortenberry, N. L. (2006). An Extensive Agenda for Engineering Education Research. Journal of Engineering Education, 95(1), 3.

Froyd, J. E., Wankat, P. C. & Smith, K. A. (2012). Five Major Shifts in 100 Years of Engineering Education. Proceedings of the IEEE, 100(Special Centennial Issue), 1344–1360. doi: 10.1109/JPROC.2012.2190167

Gray, M., Coates, J. & Hetherington, T. (2012). Environmental Social Work: Taylor & Francis.

Grinter, L. (1955). Report on evaluation of engineering education (1952–1955). Journal of Engineering Education, 46, 25–60.

Guyotte, K. W. (2013). Visual-verbal narrative analysis: Practicalities, possibilities, and challenges in transdisciplinary visual journal research. London, United Kingdom: SAGE.

Guyotte, K. W., Sochacka, N. W., Costantino, T., Kellam, N. N. & Walther, J. (2015). Collaborative Creativity in STEAM: Narratives of Art Education Students' Experiences in Transdisciplinary Spaces. International Journal of Education and the Arts, 16(15).

Guyotte, K. W., Sochacka, N. W., Costantino, T., Walther, J. & Kellam, N. N. (2014). STEAM as Social Practice: Cultivating Creativity in Transdisciplinary Spaces. Art Education, 67(6), 12–19.

Haghighi, K. (2005). Quiet No Longer: Birth of a New Discipline. Journal of Engineering Education, 94(4), 351.

Hammond, H. P. (1940). Report of the Committee on Aims and Scope of Engineering Education. Journal of Engineering Education, 30, 555–666.

Harris, C., Pritchard, M., Rabins, M. J., James, R. & Englehardt, E. (2013). Engineering Ethics: Concepts and Cases. Boston, MA: Cengage Learning.

Hashemian, G. & Loui, M. (2010). Can Instruction in Engineering Ethics Change Students' Feelings about Professional Responsibility? Science and Engineering Ethics, 16(1), 201–215. doi: 10.1007/s11948-010-9195-5

Howe, S. (2010). Where are we now? Statistics on capstone courses nationwide. Advances in Engineering Education, 2(1).

IEAust (1996). Changing the culture: Engineering education into the future. Barton, A. C. T.: Institution of Engineers Australia.

Jack, A. I., Dawson, A. J., Begany, K. L., Leckie, R. L., Barry, K. P., Ciccia, A. H. & Snyder, A. Z. (2013). fMRI reveals reciprocal inhibition between social and physical cognitive domains. NeuroImage, 66(0), 385–401. doi: http://dx.doi.org/10.1016/j.neuroimage.2012.10.061

Jackson, D. C. (1939). Present Status and Trends of Engineering Education in the United States. In: C. o. E. S. Engineers' Council for Professional Development (Ed.). New York, NY.

Jonassen, D. H., Shen, D., Marra, R. M., Cho, Y.-H., Lo, J. L. & Lohani, V. K. (2009). Engaging and Supporting Problem Solving in Engineering Ethics. Journal of Engineering Education, 98(3), 235–254. doi: 10.1002/j.2168-9830.2009.tb01022.x

Jonassen, D. H., Strobel, J. & Lee, C. B. (2006). Everyday Problem Solving in Engineering: Lessons for Engineering Educators. Journal of Engineering Education, 95(2), 139–151.

Kellam, N. N., Costantino, T. & Cramond, B. (2009). The Impacts of an Interdisciplinary Design Studio on Creativity. Paper presented at the Creativity and Innovation Symposium, Winston-Salem.

Kellam, N. N., Walther, J., Costantino, T. & Cramond, B. (2013). Integrating the Engineering Curriculum through the Synthesis and Design Studio. Advances in Engineering Education, 3(3).

Klein, J. T. (1990). Interdisciplinarity: History, Theory, and Practice. Detroit, MI: Wayne State University Press.

Kouprie, M. & Visser, S. (2009). A framework for empathy in design: stepping into and out of the user's life. Journal of Engineering Design, 20(5), 437–448. doi: 10.1080/09544820902875033

Krigman, E. (2014, February 13, 2014). Gaining STEAM: Teaching Science Through Art, US News. Retrieved from http://www.usnews.com/news/stem-solutions/articles/2014/02/13/gaining-steam-teaching-science-though-art

Laszlo, E. (1996). The systems view of the world: a holistic vision for our time: Hampton Press.

Lattuca, L. R. (2001). Creating Interdisciplinarity: Interdisciplinary Research and Teaching Among College and University Faculty. Nashville, TN: Vanderbilt University Press.

Maeda, J. (2013). STEM + Art = STEAM. The STEAM Journal, 1(1), Article 34. doi: http://dx.doi.org/10.5642/steam.201301.34

Mann, C. R. (1918). A study of engineering education : prepared for the Joint Committee on Engineering Education of the National Engineering Societies. New York: Carnegie Foundation for the Advancement of Teaching.

Mary, N. L. (2008). Social work in a sustainable world. Chicago, IL: Lyceum.

McDonough, W., Braungart, M. & Clinton, B. (2013). The Upcycle: Beyond Sustainability – Designing for Abundance: Farrar, Straus and Giroux.

McNair, L. D., Newswander, C., Boden, D. & Borrego, M. (2011). Student and faculty interdisciplinary identities in self-managed teams. Journal of Engineering Education, 100(2), 374.

Miller, R. L. & Olds, B. M. (1994). A model curriculum for a capstone course in multidisciplinary engineering design. Journal of Engineering Education, 83(4), 311–316.

Miller, S. E. & Hayward, R. A. (2013). Social work education's role in addressing people and a planet at risk. Social Work Education: The International Journal, 33(3), 280–295. doi: 10.1080/02615479.2013.805192

Miller, S. E., Walther, J. & Kellam, N. N. (2012, Nov. 9–12). Social Work and Environmental Engineering: A Transdisciplinary Approach to Educating Reflective Practitioners. Paper presented at the Council on Social Work Education 58th Annual Program Meeting, Washington DC.

Mills, J. E. & Treagust, D. F. (2003). Engineering education – Is problem-based or project-based learning the answer. Australasian journal of engineering education, 3(2), 2–16.

MIT Center for Policy Alternatives (1975). Future Directions for Engineering Education: System Responses to a Changing World. In: M. C. f. P. Alternatives (Ed.). Washington, D. C.

National Academy of Engineering (2005). Educating the engineer of 2020: Adapting engineering education to the new century. Washington, DC: National Academies Press.

National Research Council (1986). Engineering Undergraduate Education. Washington, D. C.: National Academy Press.

National Research Council (1989). Education and Employment of Engineers: A Research Agenda for the 1990s: A Report to the National Academy of Engineering. Washington, D. C.: National Academy Press.

National Science Foundation (2016). Research in the Formation of Engineers (RFE). Retrieved 25 October, 2016, from https://www.nsf.gov/funding/pgm_summ.jsp?pims_id=503584

Next Generation Science Standards (Producer) (2013, October 2, 2016). APPENDIX I – Engineering Design in the NGSS. Retrieved from http://www.nextgenscience.org/sites/default/files/Appendix%20I%20%20Engineering%20Design%20in%20NGSS%20%20FINAL_V2.pdf

Nichols, S. P. & Armstrong, N. E. (2003). Engineering entrepreneurship: Does entrepreneurship have a role in engineering education? IEEE Antennas and Propagation Magazine, 45(1), 134–138.

Nissani, M. (1997). Ten cheers for interdisciplinarity: The case for interdisciplinary knowledge and research. The Social Science Journal, 34(2), 201–216. doi: http://dx.doi.org/10.1016/S0362-3319(97)90051-3

Ohland, M. W., Frillman, S. A., Zhang, G., Brawner, C. E. & Miller, T. K. (2004). The Effect of an Entrepreneurship Program on GPA and Retention*. Journal of Engineering Education, 93(4), 293–301. doi: 10.1002/j.2168-9830.2004.tb00818.x

Petrie, H. (1976). Do You See What I See? The Epistemology of Interdisciplinary Inquiry. Journal of Aesthetic Education, 10(1), 29–43.

Pool, R. (1999). Beyond Engineering: How Society Shapes Technology: Oxford University Press.

Radcliffe, D. F. (2006). Shaping the Discipline of Engineering Education. Journal of Engineering Education, 95(4), 263.

Richter, D. M. & Paretti, M. C. (2009). Identifying barriers to and outcomes of interdisciplinarity in the engineering classroom. European Journal of Engineering Education, 34(1), 29–45.

Rigney, D. & Barnes, D. (1980). Patterns of Interdisciplinary Citation in the Social Sciences. Social Science Quarterly, 61, 114–127.

Robbins, P. T. (2007). Policy Area – The Reflexive Engineer: Perceptions of Integrated Development. Journal of International Development, 19, 99–110.

Rugarcia, A., Felder, R. M., Woods, D. R. & Stice, J. E. (2000). The Future of Engineering Education: Part 1. A Vision for a New Century. Chemical Engineering Education (CEE), 34(1), 16–25.

Schneider, J., Lucena, J. & Leydens, J. A. (2009). Engineering to help. IEEE Technology and Society Magazine, 28(4), 42–48.

Seely, B. E. (1999). The Other Re-engineering of Engineering Education, 1900–1965. Journal of Engineering Education, 88(3), 285–294. doi: 10.1002/j.2168-9830.1999.tb00449.x

Seely, B. E. (2005). Patterns in the History of Engineering Education Reform: A Brief Essay. In: N. A. o. Engineering (Ed.), Educating the Engineer of 2020: Adapting Engineering Education to the New Century (pp. 114–130). Washington D. C.: National Academies Press.

Shartrand, A., Weilerstein, P., Besterfield-Sacre, M. & Golding, K. (2010). Technology entrepreneurship programs in U. S. engineering schools: Course and program characteristics at the undergraduate level. Paper presented at the American Society for Engineering Education.

Sheppard, S., Jenison, R., Agogino, A., Brereton, M., Bocciarelli, L., Dally, J. & Faste, R. (1997). Examples of freshman design education. International Journal of Engineering Education, 13(4), 248–261.

Shulman, L. S. (2005). If Not Now, When? The Timeliness of Scholarship of the Education of Engineers. Journal of Engineering Education, 94(1), 11–12.

Smith, K. A., Sheppard, S. D., Johnson, D. W. & Johnson, R. T. (2005). Pedagogies of engagement: Classroom-based practices. Journal of Engineering Education, 94(1), 87–101.

Sochacka, N. W., Guyotte, K. W. & Walther, J. (2016). Learning Together: A Collaborative Autoethnographic Exploration of STEAM (STEM + the Arts) Education. Journal of Engineering Education, 105(1), 15–42. doi: 10.1002/jee.20112

Sochacka, N. W., Guyotte, K. W., Walther, J. & Kellam, N. N. (2013, June 23–26, 2013). Faculty Reflections on a STEAM-Inspired Interdisciplinary Studio Course. Paper presented at the American Society for Engineering Education Annual Conference, Atlanta, GA.

Society for the Promotion of Engineering Education (1930). Report of the Investigation of Engineering Education 1923–1929. In: SPEE (Ed.), (Vol. 1). Pittsburgh, PA.

Souitaris, V., Zerbinati, S. & Al-Laham, A. (2007). Do entrepreneurship programmes raise entrepreneurial intention of science and engineering students? The effect of learning, inspiration and resources. Journal of Business venturing, 22(4), 566–591.

Streveler, R. A., Smith, K. A. & Miller, R. L. (2005). Enhancing Engineering Education Research Capacity through Building a Community of Practice. Paper presented at the American Society for Engineering Education Annual Conference, Portland.

Strobel, J., Hess, J., Pan, R. & Wachter Morris, C. A. (2013). Empathy and care within engineering: qualitative perspectives from engineering faculty and practicing engineers. Engineering Studies.

Todd, R. H., Magleby, S. P., Sorensen, C. D., Swan, B. R. & Anthony, D. K. (1995). A Survey of Capstone Engineering Courses in North America. Journal of Engineering Education, 84(2), 165–174. doi: 10.1002/j.2168-9830.1995.tb00163.x

Vallero, D. A. & Vesilind, P. A. (2006). Preventing Disputes with Empathy. Journal of Professional Issues in Engineering Education and Practice, 132(3), 272–278.

van de Poel, I. & Royakkers, L. (2011). Ethics, Technology, and Engineering: An Introduction. Oxford: Wiley.

Walther, J., Kellam, N., Sochacka, N. & Radcliffe, D. F. (2011). Engineering Competence? An interpretive investigation of engineering students' professional formation. Journal of Engineering Education, 100(4).

Walther, J., Kellam, N. N., Radcliffe, D. F. & Boonchai, C. (2009, October). Integrating students' learning experiences through deliberate reflective practice. Paper presented at the Frontiers in Education Conference, San Antonio, TX.

Walther, J., Miller, S. E. & Kellam, N. N. (2012). Exploring the role of empathy in engineering communication through a transdisciplinary dialogue. Paper presented at the American Society for Engineering Education (ASEE) Annual Conference and Exposition, San Antonio, TX.

Walther, J., Miller, S. E. & Sochacka, N. W. (2017). A model of empathy in engineering as a core skill, practice orientation, and professional way of being. Journal of Engineering Education, 106(1), 123–148. doi: 10.1002/jee.20159

Walther, J., Miller, S. E., Sochacka, N. W. & Brewer, M. A. (2016). Fostering Empathy in an Undergraduate Mechanical Engineering Course. Paper presented at the ASEE Annual Conference & Exposition, New Orleans, LA.

Walther, J. & Radcliffe, D. F. (2007). Analysis of the use of an Accidental Competency discourse as a reflexive tool for professional placement students. Paper presented at the Frontiers in Education Conference, Milwaukee, Wisconsin.

Walther, J., Sochacka, N. W. & Kellam, N. N. (2011, June 26–29). Emotional indicators as a way to elicit authentic student reflection in engineering programs. Paper presented at the American Society of Engineering Education (ASEE) Annual Conference (ERM Division), Vancouver, BC, Canada.

Wang, E. L. & Kleppe, J. A. (2001). Teaching invention, innovation, and entrepreneurship in engineering. Journal of Engineering Education, 90(4), 565.

Ward, T. A. (2013). Common elements of capstone projects in the world's top-ranked engineering universities. European Journal of Engineering Education, 38(2), 211–218.

Weilerstein, P., Ruiz, F. & Gorman, M. (2003). The NCIIA: Turning students into inventors and entrepreneurs. IEEE Antennas and Propagation Magazine, 45(6), 130–134.

Whitbeck, C. (2011). Ethics in Engineering Practice and Research. Cambridge: Cambridge University Press.

Williams, B. & Wankat, P. (2016). The Global Interconnections of Engineering Education Research. Journal of Engineering Education, 105(4), 533–539. doi: 10.1002/jee.20131

Winner, L. (1988). The whale and the reactor: a search for limits in an age of high technology: University of Chicago Press.

Hintergründe
Standpunkte
Perspektiven

6 Mal im Jahr wissenschaftliche Erkenntnisse und praktische Erfahrungen zu aktuellen Themen der Berufsbildung

BWP Berufsbildung in Wissenschaft und Praxis

Bundesinstitut für Berufsbildung (Hrsg.)
Chefredakteurin: Christiane Jäger

6 Ausgaben pro Jahr, inkl. BWP als E-Paper
ISSN 0341-4515

Die Themenschwerpunkte 2018
Heft 1 Weiterbildung
Heft 2 Kooperationspartner und -strategien
Heft 3 Ausbildungspersonal
Heft 4 Internationale Mobilität
Heft 5 Förderung durch Programme
Heft 6 Forschung in Dialog mit Politik und Praxis

Weitere Informationen
www.bwp-zeitschrift.de oder
www.steiner-verlag.de/bwp

Mehr als nur Fachdiskurs, mehr als nur Erfahrungsaustausch, sondern beides. Die BWP bietet Wissenschaft und Praxis im fachlichen Miteinander. Jede Ausgabe widmet sich einem Themenschwerpunkt, der vielschichtig und fundiert aufbereitet wird.

Die BWP als E-Paper
Lesen Sie die BWP bequem zu Hause oder unterwegs auf dem Desktop, dem Smartphone oder iPad. Das BWP-E-Paper erscheint zeitgleich mit der BWP.

Abonnement für Institutionen/Bibliotheken
Das Angebot für Institutionen/Bibliotheken beinhaltet einen Zugang über die IP-Adresse oder den IP-Adressraum. Den Benutzerinnen und Benutzern steht damit der kostenlose Download des E-Papers zur Verfügung.

Die Nutzer erhalten unbegrenzten, simultanen Online-Zugriff auf die Ausgaben des aktuellen Jahrgangs für den Zeitraum des laufenden Abonnements.

Franz Steiner Verlag
Birkenwaldstr. 44 · 70191 Stuttgart
Telefon 0711 2582-353 | Fax 0711 2582-390
Service@steiner-verlag.de | www.steiner-verlag.de

Bundesinstitut für Berufsbildung **BiBB**
▶ Forschen
▶ Beraten
▶ Zukunft gestalten

Bernd Zinn (Hg.)

Inklusion und Umgang mit Heterogenität in der berufs- und wirtschaftspädagogischen Forschung

Eine Bestandsaufnahme im Rahmen der Qualitätsoffensive Lehrerbildung

DER HERAUSGEBER

Bernd Zinn ist Professor für Berufspädagogik mit Schwerpunkt Technikdidaktik am Institut für Erziehungswissenschaft der Universität Stuttgart. Seine Forschungsschwerpunkte sind Lehr- und Lernprozesse in der gewerblich-technischen Aus- und Weiterbildung, Kompetenzmodellierung, Kompetenzentwicklung, Lehrerbildung sowie Inklusion und Umgang mit Heterogenität in der beruflichen Bildung.

Die Umsetzung von Inklusion und der Umgang mit Heterogenität stellen besondere Anforderungen an die Lehrkräfte. Dieser Band thematisiert die mit der inklusiven Bildung verbundenen Herausforderungen an die Professionalisierung im Lehramt an berufsbildenden Schulen und liefert einen Überblick über die aktuellen Forschungs- und Entwicklungsarbeiten. Die Autorinnen und Autoren skizzieren, in welchen Feldern Aktivitäten für eine Qualitätsverbesserung der Lehrerbildung in der Berufsbildung bereits stattfinden und wo sie darüber hinaus als notwendig erachtet werden.

Die sowohl theoretisch als auch empirisch angelegten Beiträge greifen damit aktuelle Handlungsfelder auf: Sie setzen sowohl im allgemeinbildenden, durch ihre spezifischen theoretischen Ansätze aber auch im besonderen Bereich fruchtbare Impulse für die Inklusionsforschung und geben mit ihren empirischen Befunden Anstöße für die Lehrerbildung in der Berufs- und Wirtschaftspädagogik.

2018
ca. 243 Seiten
978-3-515-11873-6 KART.
978-3-515-11896-5 E-BOOK

Hier bestellen:
www.steiner-verlag.de